博士论丛

高技术生态建筑发展历程

——从高技派建筑到高技术生态建筑的演进

刘云胜　著

中国建筑工业出版社

序

科学技术在人类社会的发展过程中起着决定性的作用，科学技术上的每一次重大进步总会促进人类文明的质的飞跃。建筑作为人类文化艺术的主要特征之一，其演化发展也与技术的进步息息相关，可以说每一种划时代的建筑文化都建立在相应的科技水平上。这其中无疑有着社会、政治、经济、文化等方面的历史动因，但我们可以清晰地看到，它与历史上科学技术发展进步和建筑技术理念演进的阶段性特征紧密关联。另一方面，世纪之初的世界政治、经济、文化格局正发生翻天覆地的变化，这种变化的速度逐渐超越了人类的认知能力与接收范围，不时将各种极为复杂的关系和普遍性的问题构成的世界展现在人类面前。在这个过程中，特别是 20 世纪 50 年代以来日益严峻的全球性问题诸如：工业化国家环境污染严重，公害事件不断发生，人们越来越感觉到生活在一个不安全、不健康的环境中。时至今日，生存和发展与全球环境问题愈演愈烈，人口激增、资源锐减、生态失衡、环境破坏以及能源的日渐枯竭，几乎已经到了一触即发的程度。

严峻的现实问题，引发了许多建筑学科的有识之士和青年学者的深层次思考、研究和努力探索，借助当代高新技术，积极应对当今和未来严峻的资源和环境危机。无疑，刘云胜博士后《高技术生态建筑发展历程》的论著，正是在当今数字时代、生态时代对解决资源和环境危机在建筑发展方向上的一种积极、理性的探索研究，具有紧迫的现实意义、理论意义和实用价值；本文为更多从事高技术生态建筑的当代科技人员和建筑师提供了一个研究和实践的平台，为中国的高技术生态建筑发展起到了很好的铺垫作用。这部专著的可贵之处在于：从哲学的高度指出当代人类决不是简单地抛弃现代科技文明而回到原始洪荒时代，而是要促进科技的人性化以及科技、生态、社会和文化的协调发展；三次科学技术革命促进了相对应的三次建筑技术革命，使得当代高技术与高技派建筑沿着数字化、生态化的技术道路复归；以生态学及生态系统的基本原理与基本特征为研究的基础，建立了科学的、系统的生态建筑观及相应的宏观生态策略框架，并以此为依据进一步建立了中观层面的生态建筑设计原则框架，指出当代生态技术与生态建筑的发展走向高技化、数字化的道路；前瞻性地指出在当代数字技术、生态技术和建筑科学技术融合的趋势下，数字时代、生态时代的数码建筑（数字建筑）、生态建筑和高技术建筑通过融合的技术手段走向了“三位一体”的融合道路，系统地建立了高技术生态建筑的两大理论框架——技术体系和研究体系的理论框架，积极倡导当代高技术生态建筑共生的理性主义哲学。建筑学是一门古老而复杂的交叉学科，同时也是一门与实践紧密结合的应用学科。将高技术生态建筑的理论和实践运用于当代生态城市建设具有极其重要的战略意义和广泛的应用价值——它一方面契合了“可持续发展”的全球共识，是建筑学领域自身的拓延和发展；另一方面也为解决当代或未来城乡建设中的资源、能源和环境问题提供了一个行之有效的解决途径。本书不失为一部很有价值、很值得学习借鉴的专业著作。

作者是我曾经指导的博士生，和他在一起的五年时间里，无论是研究课题、学术讨论还是一同从事建筑创作，熬过无数个日日夜夜。在他身上总有一股与其他学生不一样的“倔劲”，正是由于这种坚韧执著的精神，激发他开拓进取、锐意创新、不达目标绝不罢休，因此，他往往总是能把课题研究、建筑创作完成得尽善尽美。多年的教学、科研和建筑创作实践，使得作者无论从专业基础与技能还是处理人与人交流的能力方面都得到很大的提高，他的设计能力和办事效率都是我所指导过的学生中不多见的。作者在攻读博士学位期间读过数百本著作，满房子的书挤满了他的博士生公寓，几乎无出入之地。他的知识和睿智伴随着勤奋苦读、刻苦钻研而提升，也带给他更成熟、更敏捷的思维。作者在攻读博上学位期间，还受聘去上海临近城市挂职锻炼担任一年的副市长，协助市长分管城市建设工作，这是一份与“象牙塔”里的学校工作所不同的挑战，但同时也锻炼了这位青年学者，通过基层锻炼后的作者对事物的判断和决策，都能有较好的、成熟的工作心态去应对，这些都是与他的这段工作经历分不开的。学术研究的核心在于不断开拓和创新，人的知识和能力无非从书本和实践中得来，作者做到了这些，已经迈出了坚实的步伐，取得了可喜的成果，相信在以后的工作和学习中一定能再接再厉、勇攀学术高峰！

同济大学建筑与城市规划学院教授　博导　刘　云

2008 年夏　于同济大学

论 文 摘 要

本文首先从宏观的角度，以数字时代、生态时代人类面临的严峻资源和环境危机为背景，以科学技术的发展为主线，以建筑技术理念的生成发展为切入点，从哲学的高度深刻剖析了20世纪的哲学思潮以及技术的哲学本质、价值和技术文明，并系统地分析了技术观和发展观的两大走向以及对技术的多元批判，指出当代人类决不是简单地抛弃现代科技文明而回到原始洪荒时代，而是要促进科技的人性化以及科技、生态、社会和文化的谐调发展，确保发展的可持续性——为本文的研究奠定了哲学思想上的基础。

其次，通过对高技派建筑（狭义的高技术建筑）的求本溯源，回顾了近现代建筑发展中的高新技术及其影响，阐述了现代主义的技术理性思想及其美学观。根据技术哲学对技术的研究以及三次科学技术革命相对应的三次建筑技术革命，将高技派建筑的发展界定为本原阶段、异化阶段、软化阶段和复归阶段共四个阶段，重点探讨了高技派建筑在异化阶段和软化阶段的时代背景、社会背景、技术背景和人文背景，系统而详尽地剖析了高技派建筑在异化阶段和软化阶段的具体表现、本质特征和美学观，指出当代高技术与高技派建筑复归的道路——数字化、生态化趋势，为本文的研究建立了逻辑结构。

再次，以生态学及生态系统的基本原理与基本特征为研究的起点，概述了生态学的学科分支、研究方法及城市生态系统的基本构成。系统地分析了早期朴素注重生态的建筑设计理论和实践，深刻地剖析了20世纪60年代以后（全球性的绿色运动以后）“生态决定论”类型和“技术决定论”类型注重生态的建筑设计理论和实践对当代生态建筑设计理论和实践的影响。在上述三项研究的基础上建立了科学的、系统的生态建筑观及其相应的宏观生态策略框架，并以此为依据进一步建立了中观层面的生态建筑设计原则框架，认为生态建筑的普及与推广必须从“浅层”的技术和经济层面走向“深层”的价值和制度层面，指出当代生态技术与生态建筑的发展呈现出高技化、数字化趋势，为本文的研究建构了理论平台。

最后，通过分析数字技术在当代建筑领域的广泛运用及其影响以及数字技术在当代生态建筑设计中的广泛运用及其影响，探讨了当代建筑在数字技术革命、生态技术革命中的演进，并进一步系统地分析了当代高技术生态建筑及多元化探索，前瞻性地指出在当代数字技术、生态技术和建筑科学技术融合的趋势下，数字时代、生态时代的数码建筑（数字建筑）、生态建筑和高技术建筑通过融合的技术手段走向了“三位一体”的融合道路，为本文的研究指明了方向。在上述研究成果的基础上，系统地建立了高技术生态建筑的两大理论框架——技术体系和研究体系的理论框架。总结性地倡导并指出，在科学技术高度发展的今天，技术作为“一种拯救的力量”使得高技术生态建筑成为人类面对当今和未来严峻的资源和环境危机的一种积极、理性的探索，无疑是人类文明、科学技术与建筑进步的具体体现，必将成为当代和未来建筑发展的主流方向之一。

关键词：哲学思想，技术，高技术建筑，生态技术，生态建筑，数字技术，高技术生态建筑

ABSTRACT

Base on digital and ecological age, environment crisis as well as resources shortage that mankind faces, this paper firstly takes the development of science and technology as the main line, the creation and development of architecture techniques as the starting point. It analyzes the philosophy current of 20th century, philosophical essence and value of technology, and technological civilization. It also systematically gives insight into the future of philosophy of technology and philosophy of development. This paper tells that in no way people today will desert advanced modern technology and go back to primitive society. Rather, they will promote humanization of technology, sustainable and harmonious development of technology, ecosystem, society and culture. Thus the philosophical foundation of the paper is laid.

In the next place, through tracing to the source of the high-tech architecture, it looks back the high-tech used in contemporary and modern architectures and its affection. It illustrates the technical and rational ideas as well as its aesthetical conception. According to the research of the technology philosophy and three architecture technology revolutions which are opposite to three science technology revolutions, this paper divides the development of high-tech architecture into four stages: rooting stage, dissimilating stage, intenerating stage and reverting stage. And it focuses on researching time, social, technique and the humanity background of high-tech architecture in its dissimilation stage and the intenerating stage. Meanwhile, this paper systematically gives insight into specific performance, essential characteristics and aesthetical value of high-tech architecture in its dissimilation stage and intenerating stage.

Then, taking basic principle of ecology and ecosystem as the starting point, this paper also talks about subjects and research methodology of ecology and constitution of urban ecosystem. Systematical analysis is given to theories and practices of early architecture that values more on ecology. Also in detail discussed is the impact from "eco-theory" and "tech-theory" (architecture theories existing since 1960s) on eco-architecture theory and practice. Thus scientific and systematic eco-architecture ideas and frameworks are established, based on which a more advanced architecture framework is also done. The advanced architecture framework deems that promotion of eco-architecture ideas has to start with "low level" and then go up to "high level". And modern eco-tech and eco-architecture are becoming more and more high-tech oriented and digitalization oriented.

Finally, by analyzing the wide application and impact of digital technology in contemporary architecture, this paper gives an approach to the development of contemporary architecture in digital and ecological revolution. Furthermore, it also analyzes possibilities of modern high-tech eco-architecture, and for the first time amongst its peers points out that convergence of modern digital technology, eco-technology and architecture technology gives birth to "Three-in-One" architecture, i. e., digital architecture, eco-architecture and high-tech architecture combining together. Consequently, technological and theoretical frameworks of high-tech eco-architecture are established. This paper further concludes that technology as "saviour" has enabled high-tech eco-architecture to represent human being's deep insight into the current and future recourses and environment. It is undoubtedly the reflection of advancement of human civilization, technology and architecture and it will surely be mainstream of future architecture.

Key Words: philosophy, technology, high-tech architecture, eco-technology, eco-architecture, digital technology, high-tech eco-architecture

本文创造性的研究成果

本文对于高技术生态建筑的发展研究，其创造性的研究成果可以归纳为以下几个方面：

（1）对于历史上建筑的发展、技术的发展和其哲学思想的系统考察和分析中，揭示了技术与建筑发展进程中的互动规律，深刻解析了高技术和高技派建筑从本原到异化、软化、复归的“之”字形螺旋上升发展的否定之否定过程。

（2）针对当前在价值观念、方法论和技术路线上都不同程度地存在一定误区的生态建筑（绿色建筑、可持续发展建筑）、生态技术研究和实践，本文建立了科学的、系统的生态建筑观及其相应的宏观生态策略框架，以此为依据界定了生态建筑与生态建筑技术，并进一步建立了中观层面的生态建筑设计原则框架，为微观层面的具体生态建筑设计和技术策略提供了可操作性的理论依据。

（3）科学、系统地建构起高技术生态建筑的两大理论框架——技术体系和研究体系的理论框架，为实践探索提供了现实的、可操作的技术路线和技术保证，为理论研究提供了宽广的视野和新的方向。前瞻性地指出当代数码建筑（数字建筑）、生态建筑和高技术建筑通过融合的技术手段走向了“三位一体”的融合道路，积极倡导当代高技术生态建筑共生的理性主义哲学。

目录

1 绪　论

“人类已经进入21世纪，可持续发展仍然是本世纪的主题，尽管国内国际把21世纪称为生态世纪，然而我们正加速向‘信息社会’迈进，‘数字经济’、‘数字地球’、‘数字城市’的口号已不绝于耳，它标志着生产力极大提高，是人类文明进一步发展的重要方法，但并不是文明进步的全部含义……”——吴良镛

1.1 研究背景

1.1.1 信息社会的来临

始于20世纪中叶的信息[1]革命来势迅猛，从它诞生之日起，已经显示出比工业革命更深远、更强大的威力；20世纪80年代国际互联网给全世界带来更大的冲击，使这一浪潮像一场风暴再一次迅猛地席卷了全球。纵观人类历史长河，这次变革无论在深度和广度上都是人类所不曾经历的，它对整个社会影响将比历史上任何一次浪潮的影响更为迅猛与深远。从美国著名的未来学家阿尔温·托夫勒（A. Toffler）所著的《第三次浪潮》[2]中我们看到，在人类历史的发展过程中曾经掀起过三次产业革命的浪潮：第一次是由“农业革命”开始的“农业文明浪潮”，历时数千年；第二次是由“工业革命”开始的“工业文明浪潮”，历时不过三百余年；第三次是正在进行中的“信息革命”[3]形成新的文明——“信息文明浪潮”，预计几十年即可完成。这次革命是由信息技术的迅速变革而引起的，并正加速进行着不同产业结构的调整与创新，深刻地改变着人们赖以生存的信息环境和物质环境，

---

1 信息和数字是两个不同但紧密相关的概念。进入信息社会以后，这两个概念被高频率地使用。由于本文研究的是信息社会时期的事物，因而在下文中采取诸如“数字革命”、“数字社会”、“数字技术”、“数字时代”这一通常默认的说法，不再强调“信息革命”与“数字革命”、“信息社会”与“数字社会”、“信息时代”与“数字时代”、“信息技术”与“数字技术”的区别。

2 阿尔温·托夫勒．第三次浪潮．朱志焱等译．北京：新华出版社，1996.

3 按照默认的观点，到目前为止在人类文明史上曾经发生过五次信息革命：分别是语言的产生、文字的形成、造纸和印刷术的使用、电气与电信技术的发明和使用、计算机和网络技术的发明使用。

而信息技术的发展、信息社会的形成以及人们信息意识的产生，为我们的科学实践和科学研究提供了重要的依据和新的视角。

1.1.1.1 计算机、互联网的发展历程与信息技术

1946年第一台用电子管作为开关元件的电子计算机在美国研制成功，尽管它体积庞大，运算速度只有每秒5 000次，然而人类以此为起点，步入了第一代电子计算机的发展历程。1952年，冯·诺意曼（John von Neumann）领导制造的电子计算机诞生，成为今天所有计算机的原型，冯·诺意曼因此被誉为现代计算机之父。1959年以晶体管为开关元件的第二代电子计算机也在美国问世。1952年达默提出集成电路思想，1959年集成电路被发明（基尔比等），1964年出现了以集成电路为核心的第三代电子计算机。经过世界各地局域网近二十年的发展，到1989年国际互联网（Internet）通过各地局域网将全世界三十多万台计算机联网，形成了一个在光纤和其他连线里存在的另一个地球、另一个世界、另一个村落，之所以说是另一个世界，是因为在这个互联网的世界里，以往我们需要通过其他方式和媒介完成的许多工作，现在都可以用计算机的方式，通过在网上飞驰的电子来完成，这是一个由“比特”[1]构成的世界。

“信息”（Information）作为一个科学概念首先是由申农于1948年在通信领域中提出的，他认为信息就是不定性减少的量，或者说信息就是两次不定性之差。如果一个消息的内容是收信人已知的，那么收信人收到消息后，就不会引起知识的变化，不定性并没有减少或消除，收信人也就没有得到任何消息；但是如果消息的内容，收信人事先并不知道，那么收到消息后就会引起收信人知识的变化，不定性就会有所减少或消除，所以申农认为信息就是减少或消除收信人的某种不确定性。尽管申农早在1948年就给出了信息的定义，但是直到目前为止学术界还没有一个公认的定义，据统计，世界上已经公开发表有关信息的概念与定义约有39种之多。但从一般意义上讲，到处都是信息，在这一点上，“信息”一词成为概括一切事物特征的一个概念。而对于“信息社会”的界定，一般倾向于把一个有半数以上的人从事信息的生产流通的社会称为“信息社会”[2]。

1957年正值美国工业鼎盛时期，约翰·奈斯比特（John Naisbitt）声称，美国开始步入信息社会，其根据是，在1956年美国的白领人数首次

---

1 比特（字节）——即bit，是构成数字化信息的最小单位，是计算机系统中用来进行运算、处理和存储的最小二进制数，即0和1。由于计算机系统是以二进制数作为其运行的基础，所以计算机和网络信息均是由二进制的0和1组成的，也就是由比特（bit）构成的。所以按照目前默认的说法“比特”代表“信息”或“数字”而用于书面语言和口头语言中，诸如：“比特生活”、“比特城市”、“比特建筑”等等。

2 严耕，陆俊著．网络悖论．北京：国防科技大学出版社，1999：45.

超过从事体力劳动的蓝领人数，因而“在这个新社会，有史以来第一次，我们大多数人要处理信息，而不是生产产品”，信息技术对生产率的贡献率已经超过50%，标志着人类已经开始了信息社会的进程。尽管信息时代到来的具体时间还没有定论，世界各国迈入信息社会的步伐也不一，但它确确实实已经来到我们的身边。在这一事件背后是由于计算机、现代通信等信息设备和技术的大量使用，使得生产自动化、办公自动化、家庭自动化的人工替代手段被普遍推广，从而在一定的区域和行业范围内，让多数人摆脱了繁重的体力劳动，集中精力于认识和创造性的工作。至此，信息产业及相关服务的工作逐步成为社会劳动的主流[1]，人们对于世界和自身的认识，以及改造它们的技术都已加速发展，而各种知识的增长也日新月异。

严格地说，信息技术本身并不是产生和创造信息的源泉，但信息技术的应用能够使信息的传递更加快捷便利，传统的信息传递的载体由于信息技术的应用，有的发生了根本的变革，有的甚至将会被彻底淘汰。需要指出的是，所谓的信息社会的到来并不是指信息的本质发生了改变，而是指信息传递媒介的本质发生了变化。与此同时，由于媒介的变化，信息的传递量有了惊人的增加，仅仅从这一点上看，我们在一定程度上也可以说信息发生了改变。信息具有流动性、可扩充性、可压缩性、可替代性（可替代资本、人工或有形的物质等）、扩散性、可共享性等诸多特点，这也是其借助计算机和网络传输的优势所在。人们逐渐认识到能源、材料、信息是物质世界的三个基本要素。

20世纪70年代以来，随着微电子技术、计算机技术、通信技术、光电子技术等的发展，围绕着信息的产生、收集、传输、接收、处理、存储、检索等，形成了开发和利用信息资源的高技术群——信息技术。其中最主要的是信息处理技术（主要是计算机技术）、信息媒介传递技术（通信技术）及信息存贮技术。在这样的背景下整个世界产生了深刻的变化，以信息技术为代表，新的生产力的发展不仅改变了原有的经济和社会结构，而且使人们的生产方式、生活方式、思维方式和思想观念也发生了巨大的变化。

1.1.1.2 知识经济的崛起与经济全球化

信息革命对经济领域影响的一个方面，就是使原来的工业经济向知识

1 1962年，美国人马克卢普（F. Machlup），将教育、研究和设计、通信媒介、信息社会和信息服务五大类三十多个部门定义为知识产业，并度量了它们的产值，证明了信息业的独立存在及其在经济增长中的作用。1977年，波拉特（Marc U. Porat）在此基础上又提出了信息产业是“第四产业”的理论，划分和定义了“第一”、“第二”信息部门，提出了一整套度量信息经济的方法，并进行了实际测算，发现美国的信息业发展速度大大超过了农业、工业和服务业，为有关信息社会的理论奠定了坚实的基础（汪向东，1998年）。

经济转变[1]。知识经济的概念是在20世纪90年代提出的，1996～1998年世界银行报告指出，不发达国家与发达国家之间的差距，主要的表现是知识水平的差距，发展不仅意味着实物、人力、资本差距的缩小，也意味着知识水平之间差距的缩小，世界银行应成为知识经济银行而不仅仅是资本的银行；OECD（经济合作开发组织）在1996年的一份报告中指出，今天各种形式的知识在经济过程中起着极其关键的作用，无形资产的投资速度远远快于对有形资产的投资，各国经济更依赖知识的生产和利用；世界杰出的管理大师德鲁克针对现代社会发展大趋势明确指出，知识的生产力已成为决定生产力、竞争力、经济成就的关键因素，知识已成为最主要的"工业"，这个"工业"向经济提供生产所需的重要的中心资源。1957年经济学家索罗为计算科技进步对经济增长的贡献率，利用柯布—道格拉斯函数 $Y=A(t)L^{\alpha}K^{\beta}$ 计算出，发达国家20世纪50～60年代技术进步贡献率为30%，20世纪70年代后占50%～70%，20世纪90年代，许多国家达到90%[2]，而这一巨大的发展变化，无疑是以信息技术的应用为前提的。

信息革命对经济领域影响的另一个方面，是信息革命对世界产业结构的影响必然导致经济的全球化。高效率、低成本的信息技术和运输，加速了生产和服务的国际化进程，实现了全球产业结构、生产布局、就业结构与劳动方式的变革。美国未来学家奈斯比特在他的著作《全球杂谈》中描述经济全球化的背景时指出，跨国界的计算机网络和信息高速公路的建立，使电视、电话、计算机连为一体，将整个世界变成地球村。在促使经济全球化形成的技术进步中首先是制造业技术，特别是增长最快的电子机械和信息技术的发展。由于技术更新的加快，产品的零部件和生产阶段具有越来越明显的可分性，使得同一产品可以同时分布在十几个、几十个国家生产，使每个国家发挥其技术、劳动力成本等方面的优势，使最终产品成为万国牌的"国际性产品"，产生明显的技术和成本竞争的优势。即使在全球处于垄断地位的波音公司，其飞机零部件均来自十几个国家和地区，这些大型企业由于国际化生产而带有明显的全球化的特点。

1.1.1.3 社会生活方式的数字化与社会文化的全球化

就像人类历史上的每一次科技革命一样，信息革命正以其无法估量的巨大冲击力改变着社会结构和社会生活方式以及公众的社会文化。信息技术对现有生活方式的改变，使我们生活的许多方面将不再单纯地依靠"原

---

1 阿尔温·托夫勒在《力量的转移》一书中指出，任何经济中，生产和利润无可逃避地依靠三个主要力量：暴力（农业经济、低质权力）、财富（工业经济、中质权力）和知识（知识经济、高质权力）。

2 王滨著．科技革命与社会发展．上海：同济大学出版社，2003：172.

子”而存在，而时时刻刻存在于“比特之城”[1]中。信息社会以前，凡是以“在场”（以获取信息）为前提的行为方式，都是以行为主体在时间上的“同时性”和空间上的“同地性”为前提的，这些在信息时代都相应地发生了改变，甚至在某些领域已经彻底地颠覆了经典的时空观，我们的生活、工作、学习、娱乐、交通以及社会生活的其他方面都将随着信息技术的引入而发生彻底的改变。数字化生存逐步取代工业化生存，其最终结果不仅可以建立适应数字时代的、可持续的和生态化的高质量生活方式，同时还能彻底根除工业社会所无法克服的种种弊端。

1. 数字化的交易——虚拟网络商场

电子商务即“E-Business”这个概念常常与“电子购物”混淆，实际上电子商务涵盖的范围比电子购物要广泛得多，它包括了整个交易的全部过程，而这其中的一大部分是信息交换的过程。以网上购物为例，人们日常购物的很大一部分，即纯功能性的（而非休闲性的“逛街”）采购活动，也是适于通过网络进行交易的，而且具有低成本、高效率的优点。在网络世界购物不必要“逛商店”，而只要动一动鼠标，挑选商品、比较价格、付款，以至直接找厂家按需要定制商品，都可以轻松地在家中完成，甚至还可以建立自己熟悉和青睐的“电子商场”，电子商务的发展使得传统的商贸交易方式发生了根本的变革。随着电子银行、网上交易的兴起，现有的商贸交易模式、存在方式正发生着深刻的变化[2]。

2. 数字化的工作——“SOHO”一族与虚拟网络办公室

写字楼的本质是将工作人员集中到一起，实现信息集约化，提高工作效率，是工业时代的产物。依靠的是文件、信笺和杂志等等来传递信息，这些传统的以物质载体承载信息的方式，与Internet相比在效率、灵活性等诸多方面处于明显的劣势。在信息技术支持下“SOHO”办公应运而生，“SOHO（Small Office Home Office）即小或家庭式办公，靠个人电脑和网络在小的办公室或家中工作”[3]，这种工作方式是信息社会与工业社会的绝佳结合，并且与工业时代的集约化的工作方式互为补充、相互依存，并将成为未来主导性的办公新潮流。现在的“5A智能大厦”里，网络布线已经实现了信息交换比特化，实现了“无纸化办公”，而“SOHO”的办公方式仅仅是将网络延伸到员工的家里，使员工能够在家中办公。在目前的一些行

---

1 （美）William J. Mitchell著．比特之城——空间、场所、信息高速公路．范海雁，胡冰译．北京：三联书店，1999.

2 按照尼古拉·内格罗彭特（Negroponte，1995年）在其所著的《数字化生存》中的观点，通过互联网进行购物、聊天以及各类信息查询，这些变化仅仅是开始，今后人们几乎所有的家庭生活都要与新的信息技术的发展联系在一起。从厨房烹饪到书房阅读，从家庭聚会到安全防卫，能看、能听、能说的智能产品将会把我们带入一个全新的数字化环境中去。

3 郑光复著．建筑的革命．南京：东南大学出版社，1999：394.

业里“SOHO”已经成为事实，诸如：设计、编程、文秘、打字、网页制作等等，“SOHO”在所有以信息为对象的行业里都是可以逐步实现的。“美国和日本在这一方面已经取得了很大的进展，其中美国约有1/5的人口属于“SOHO”族，而20世纪80年代中后期，美国已有200家公司试行“电子通信上班（Telecommuting）”，据估计，到2000年底，全美的劳动力的15%将在家工作。”[1]随着“SOHO”工作方式的不断推广，传统的办公方式将逐步向分散化、小型化、家庭化的方向发展，而它所带来的不仅仅是办公方式的变化，同时也为全球物质和人力资源的重新分配和共享提供了可能。

3. 数字化的学习——虚拟网络学校

“无论是在菩提树下，还是在气氛热烈的课堂，学校或者大学存在的目的就是要使学生与老师之间能够直接交流，其根本点就是‘在校’”[2]，能够使老师与学生进行“一对一”的或者“一对多”的交流和信息传达，而且还必须有相应的作息时间和课程安排。但是随着信息网络在学校的延伸，它将全球学校开设的课程、教材、图书馆、画廊、音乐厅……以及各个研究机构及其技术资料库连成一体，老师即使完全脱离传统的物理场所，同样可以完成传道、授业、解惑的使命，而学生也不必局限于固定的校园，因为高度流通的知识海洋，从全球到个人终端，教育的时空界限已经不复存在，学校的围墙也将不再封闭，这也更加符合现代社会终生学习的要求，并逐步向小型分散化、授课方式灵活化、授课内容形象化的方向发展，因此，学校将会为不同国家、不同年龄、不同文化背景、不同信仰的人提供一个共同交流、学习的平台。

4. 数字化的娱乐——虚拟网络影院

传统的观演娱乐场所，如影剧院、体育场馆等等，其空间模式要求观众与演员同时在场，才能进行一定程度的双向“不对称”交流，观众可以亲身体验现场的氛围，演员也可以亲身感受观众的掌声，但是，在广播、电视出现以后，演员的缺席使观众的信息接收完全变成被动、单向的过程。在信息技术支持下，现在发展中的基于宽带网络的“视频点播系统”（Video on Demand，VOD），已逐步成为人们新的娱乐方式，它的实质就是一个虚拟的电影院，把观众与演员从传统时空关系中的同步娱乐，变成了一种双向异步的娱乐方式，而且随着公众对娱乐节目制作过程介入能力的增强，它也将从根本上模糊娱乐品生产者与消费者之间的差异，新的数字化多媒体的娱乐方式为现有的城市娱乐提供了新的技术条件。

---

1 郑光复著．建筑的革命．南京：东南大学出版社，1999：394.

2 William J. Mitchell 著．比特之城——空间、场所、信息高速公路．范海雁，胡冰译．北京：三联书店，1999：65.

近年来信息技术用于家庭生活的发展，在速度和广度上都呈现加速度增长，“三网（计算机网络、电信网络、有线电视网络）合一”、“信息家电”等等这些新生事物更使得其发展逐步摆脱对人的计算机专业知识的要求，变得更加接近、适于人们的生活，这样一方面方便了人自己，另一方面也为城市交通减轻了压力，减少了交通环节中的能耗和污染等等，与“可持续发展”的原则也是相一致的。

5. 数字化的交通——信息流取代物质流

就流通领域而言，现代流通领域可划分为物质流（包括人流）与信息流两大类。物质流的实现需要占用大量实体空间，耗费大量能源，经历较长时间；而信息流则仅需占用小得多的空间（通信光缆采用头发丝一般细的光导纤维），耗费少得多的能源，例如：一台计算机终端装置，运转时仅消耗 100W/h 的功率，一条电话线使用时仅消耗 1W/h 的功率。按相对能耗量计算，电信要比上下班交通费用低得多，以私人小汽车为例，比率为 29∶1，以公交车计算，比率为 11∶1，而信息流的实现却只需占用片刻时间，并且还可以实现交流的实时化。此外，由于工作在家中得以解决，街头上班族的人数将大为减少，对于解决交通拥挤问题将会起到良好作用。当然，信息流不可能完全取代物质流，但可以取代部分物流，并可以实现对物资流通的优化配置，从而大大减少由于物质流的盲目性和无序化所造成的巨大浪费[1]。

不论是内格罗彭特在《数字化生存》中指出，计算机不再只和计算机有关，它决定我们的生存；还是威廉·J·米切尔（William J·Mitchell）在《比特之城》中声称，未来人们将成为电子公民，未来的城市将是数字化的空间，人类将为自己构筑起一个全新的比特圈，都在向人们传达一个信息：信息时代已经来临，地球正在缩小，逐渐变成一个“地球村”。这种时空维度上的缩减，一方面使人类在社会、经济、科技和文化等各个层面，突破彼此分割的多中心的状态，走向世界范围同步化和一体化的过程；另一方面全球性政治、经济、文化乃至思想，打破国际、民族地域的限制，在以信息技术为主的高科技支持下，更加深入和快速地传播、交流和融合。正显著地改变着人类文化的传承方式，其结果一方面是现有各民族的文化在形态上日益趋同即表现为全球化趋势，而另一方面是整个人类文化在内容上的多元化趋势。这看似矛盾的发展前景，正是在以信息技术为主导的高科技支持下，更加深入和快速地传播、交流和融合所导致的结果。

1.1.1.4 人类思维方式的变化

人类的思维是对客观世界的主观反映和建构，人类为了真实地反映客

---

1 吴硕贤，何光华．信息技术革命对未来建筑领域的影响．建筑师，1997，2：27.

观世界的规律，其思维方式就需要尽可能地与客观世界的规律保持一致，因此科学与技术的每一次进步，人对自然规律的每一次深入认识，既是科学的成果，也是思维方法的成果，都会对人的思维方式产生重要的影响。

形而上学的机械论思维方式是与近代力学和机械技术的发展同步的，辩证的思维是在19世纪科学理论综合的时代建立的。20世纪的信息革命中出现了许多重大的科学理论创新，其中一些具有世界观和方法论意义，因此影响和改变着人的思维方式。人们对复杂性事物的探索影响了人的思维方式，现代思维方式更强调系统性、多维性、概率性和创造性。说明传统的思维方式随着科技的新进展和为取得科技进展所提出的新需求而变化。其中主要表现在两个方面的转变：一是由探索简单到探索复杂的思维方式的转变，二是由逻辑思维到超越逻辑进行创造性思维的转变。

系统科学是一大类综合性和方法性科学的统称。从20世纪40年代创立以来经历了四个发展阶段：第一阶段以一般系统论、控制论和信息论[1]为代表，也称“老三论”（20世纪40年代）；第二阶段以耗散结构论、协同学和突变论为代表，也称“新三论”（20世纪70年代）；第三阶段以混沌理论的创立为代表（20世纪70年代以后进入高潮）；第四阶段以复杂性科学（非线性科学）为代表（20世纪80年代后期）。系统科学理论的发展线索也是人们思维方式不断改变的线索。

1.1.1.5 托夫勒对中国的三大预测和对世界的四大新预言

应中国网通总裁田溯宁先生之邀，美国著名的未来学家阿尔温·托夫勒2001年12月来到北京参加网通的以“宽带产业共繁荣”为主题的“CNC WORLD 2001”活动，期间对中国的发展进行了三大预测，并对世界的发展进行了四大新预言，其中新预言三：下一步生物和信息技术将融合。

“第三次浪潮下一步将集中在生物、遗传等生物学领域，将是一个‘人

---

1 从1948年申农等人创立信息论时起，它就逐步成了人们认识和改造世界的普遍方法。信息论本身采用的方法主要是概率统计数学方法，并以电子计算机为工具。例如，可以把对事物认识的完全无知看成获取的信息为0，完全认知则为1，这样人们认识的完全确定性和完全不确定性的差别就规定为［0，1］。这就成了不确定性与确定性的定量化基础，申农还提出计算信息量的公式。

信息是不守恒的，并不因为信宿获得信息而使信源失去相应的信息。信息还可以共享、传递、储存、转换，同时还有相对于物质、能量的独立性。信息和熵、序参量、对称性、结构等普遍概念有着内在联系。一般来说，信息量越大，熵就越小，序参量就越高，系统就越有序，对称性也越小，结构性就越强，组织化程度就越高。反之，信息量越小，熵就越高，序参量就越低，系统就越无序，对称性就越强，结构性就越差，组织化程度就越低。

信息理论可以转化成方法。信息方法是现代通信理论、控制论、自动化技术、电子计算机技术的综合运用。它运用信息理论，把研究对象抽象为信息及其转变过程，通过信息获取、传输、加工、处理、利用、反馈的过程，来揭示对象的本质和规律，进而认识对象和调控改造对象。

机世界'。据最新的新闻报道，上周以色列的科学家发明了基于DNA技术的计算机，非常小，细胞组织可以储存数以亿万计的信息，而且准确率达到99.8%。未来，这样的计算机可以在人体细胞内担当起一个监视器的作用，以观察人体内部是否有病变，并提出治疗方案，好让医生对症下药。在这之前，都是信息技术改变生物技术，现在则是生物技术更好地改变信息科学和技术。所以我说第三次浪潮有两个阶段，第一个阶段是数字阶段，第二个阶段是生物学和信息技术的融合阶段。这些都是第三次浪潮的组成部分，第四次浪潮将在这之后出现。在第四次浪潮中，人类开始越来越认真地考虑迁到宇宙其他星球上去，并在某些星球上繁衍生息。"[1]。

当前正在全球兴起的数字网络，并不仅仅是一种传输电子函件、万维网网页和数字电视的通信系统，而是一种全新的城市基础设施，一种能像过去的铁路、高速公路、电网和电话网那样极大地改变城市面貌的基础设施。

1.1.2 可持续发展依然是21世纪的主题

世纪之交的世界政治、经济、文化格局正发生翻天覆地的变化，这种变化的速度逐渐超越了人类的认知能力与接收范围，不时将各种极为复杂关系和普遍性问题构成的世界展现在人类面前。此时人类正"脱离建立与第一次工业革命之初，以国家为基础的工业社会，走向在新的技术、新的威胁和新的机遇影响下出现的，相互联系并以信息为基础的全球社会的经济体制。"[2]。在这个过程中，特别是20世纪50年代以来日益严峻的全球性问题诸如：工业化国家环境污染严重，公害事件不断发生，人们越来越感觉到生活在一个不安全、不健康的环境中。时至今日，生存和发展与全球环境问题愈演愈烈，人口激增，资源锐减，生态失衡，环境破坏，几乎已经到了一触即发的程度。

1.1.2.1 人类面临的严峻问题和挑战

1. 资源锐减

自然资源通常可分为可更新资源和不可更新资源两大类。前者指人类开发利用后可更新、可循环、可再生的水资源、生物资源；后者指在人类生存的世界尺度里不可更新、不可循环、不可再生的煤、石油等矿产资源。自然资源和能源的过度消耗，来源于人口增长、技术进步、工业发展以及社会生活城市化进程的加速等要素的发展[3]。

随着现代城市化进程的加快而产生的耕地减少、耗水量的增加和水污染的加剧以及森林的消失等问题日趋严峻。根据美国国务院环境质量委员

1 梅绍华．托夫勒对中国三大预测和对世界四新预言．经济日报，2001年12月4日．

2 E·拉兹洛著．决定命运的选择．李饮波等译．北京：三联书店，1993：3.

3 诸大建著．20世纪科技革命与社会发展．上海：同济大学出版社，1997：152.

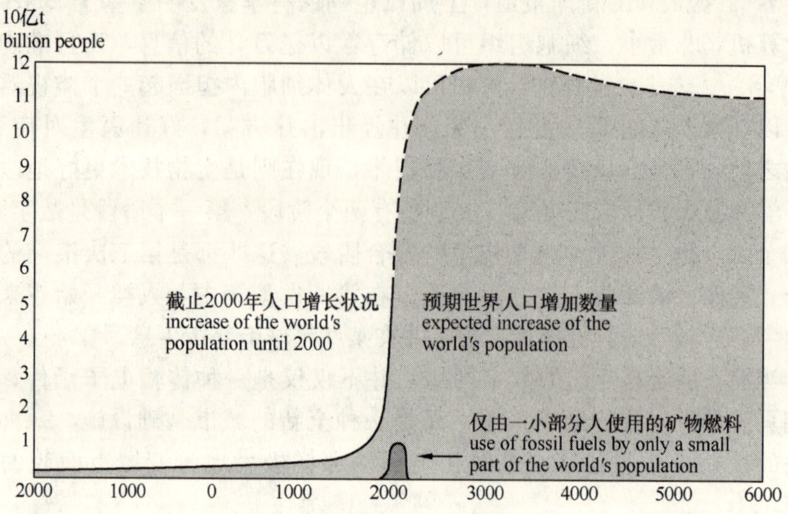

图 1-1　世界人口增长与原油资源的消耗

资料来源：结合太阳能设计//（德）英格伯格·弗拉格编．托马斯·赫尔佐格——建筑＋技术．李保峰译．张凌云校．北京：中国建筑工业出版社，2003：200.

会的报告，水土流失以及沙漠化土地的扩展，使世界人均耕地面积由 1975 年的 3 200m^2 减少为 2000 年的 1 500m^2；全球淡水资源不足的陆地面积约占 60%，大约 20 亿人口饮用水紧缺，还有 10 亿人口正在饮用被污染过的水；在大约一千年前世界上森林面积曾占整个陆地面积的 66%，工业革命前为 55%，现在只有 25%，而且还以每年近 1%的速度在被毁[1]。目前地球上迅速增长的人口正以一个惊人的速度消耗着地球上有限的能源，其中大部分能量是通过以上矿物燃料的燃烧而获得的。一个世纪以前，地球上只有不到 20 亿的居民，而现在已经达到 60 亿。全球人口总量以每年 8 亿的速度递增，而其中 97%都发生在发展中国家。如果以这个速度发展下去，50 年以后，地球上将有 120 亿人口（图 1-1）。按照联合国 1994 年 1 月 20 日公布的报告、1991 年的开采量、当时探明的储量加上可能增加的储量，估计石油还能开采 75 年，天然气只能维持 56 年，如果把没有开采价值的煤储量不算在内，煤大约只能够用 180 年。1997 年 1 月的最新统计表明，石油还能开采 42 年[2]。按照罗马俱乐部报告的统计，非燃料矿物资源从 20 世纪 70 年代初算起，各种金属资源的已知储量最多的只能开采 100 多年，最少的仅够开采 10 年左右。这就意味着到 21 世纪中叶人类将面临全面的传统能源危机！

1　吴季松著．知识经济．北京：北京科技出版社，1998：106.

2　吴季松著．知识经济．北京：北京科技出版社，1998：101.

另一方面，巨大的能源消耗在发达国家已成为主要问题，地球上25%的人正消耗着80%的能源储备（图1-2、图1-3），对人类的未来构成了严重的威胁，自然灾害出现频率增多以及气候的改变也许是自然界的先兆。

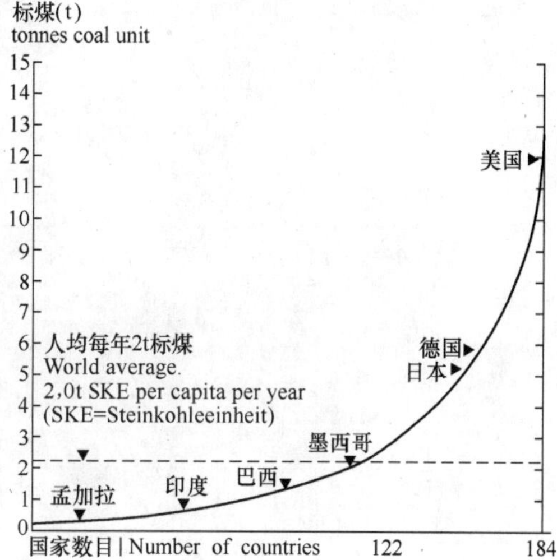

图1-2　1991年184国人均能耗需求量

资料来源：结合太阳能设计//（德）英格伯格·弗拉格编. 托马斯·赫尔佐格. 李保峰译. 张凌云校. 北京：中国建筑工业出版社，2003：200.

2. 环境污染

环境污染是指由于人类活动引起环境质量下降而有害于人类及其他生物的正常生存发展的现象。产业革命后，工农业生产迅速发展，人类向环境排放的污染物大量增加，当某种能造成污染的物质的浓度或其总量超过环境自净能力时，便促使环境中化学、物理、生物的特性发生不良变化，直至破坏生态平衡。根据污染物起作用的空间处所的差别，环境污染按环境要素可分为大气污染、水体污染和土壤污染[1]。

大气污染是当大气中某些气体异常地增多或者增加了新的成分，以致危及人类和其他生物的正常生存而造成的。当代全球性的大气污染问题主要体现于温室效应、酸雨和臭氧层的损耗，温室效应是太阳短波辐射透过大气进入地球表面，而地面增热后放出的长波辐射却被大气中CO_2等物质吸收，从而使大气变暖的效应。温室效应主要来源于人类生产和生活活动，特别是随着现代工业的发展，诸如汽车、飞机、轮船、工厂等对CO_2、甲烷以及氮氧化合物的排放量猛增，加上城乡居民生活燃料的燃烧、森林火灾等等，造成了全球气温的升高。温室效应将导致极冰融化、海平面上升、气候异常，造成严重的生态后果[2]；酸雨是指CO、SO_2、甲烷、氯气、氮氧化合物等气体污染大气后所产生的酸性沉降物。酸雨不仅会腐蚀建筑物和文物古迹，加速金属、石料、涂料等的风化，降低林木抗病虫害的能力，而且还会破坏种植业、林业、养殖业，造成池塘、湖泊、河流的酸化，导致鱼类和其他水生物的减少甚至灭绝。近年来许多工业化国家由于工业生产迅速发展，已经出现了酸雨现象。并且其范围也在扩大，酸度也在提高，

1　叶开源等著. 新技术革命辞典. 石家庄：河北人民出版社，1990：281.

2　由来自世界各地的639名科学家及学者组成的专家委员会——联合国气候变化研究小组指出，假设按目前的速度发展，在21世纪内地球温度将上升5.8K，再加上自然灾害的增多以及动物、植物栖息地的变化，将导致海平面上升80cm，其结果是很多岛屿及沿海地区将被淹没，数以百万计的人将流离失所，人类宝贵的生存空间及人类文明将被毁于一旦。

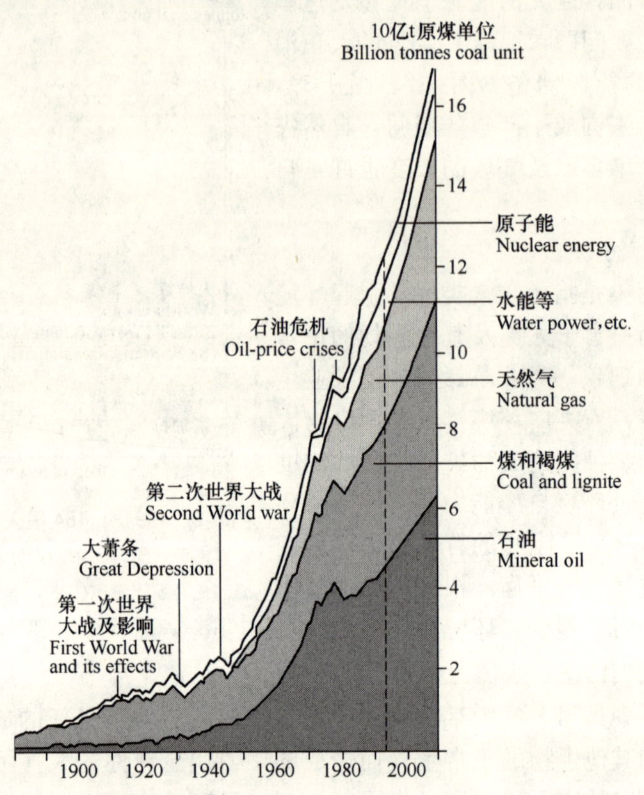

图 1-3　世界能源消耗的变化

资料来源：结合太阳能设计（德）英格伯格·弗拉格编．托马斯·赫尔佐格．李保峰译．张凌云校．北京：中国建筑工业出版社，2003：201

目前世界上已经记录到了 pH 值低至 2.1 的酸雨；臭氧是大气中的微量元素，主要聚集在离地面 20～25km 的平流层内，臭氧层是地球的保护伞，它过滤了太阳 99%的紫外线辐射，保护了地球上的生灵万物。目前由于人类大量使用的挥发剂、冷冻剂、消毒剂、起泡剂、灭火剂等化学制品中，含有消耗臭氧层的氯氟烃气体以及氮氧化合物，因而臭氧层正在日渐损耗。臭氧层的破坏将减弱它对太阳辐射中紫外线的屏蔽作用，增加地面上紫外线的辐射量，危害人类健康和动植物生长。目前在北美、欧洲、新西兰上空，臭氧层正在变薄。南极上空已经发现了很大的臭氧层空洞，损失臭氧约 5%～7%，预计今后 50 年内臭氧将减少 10%～15%。

水污染是当水中的有害物质超出水体的自净能力时造成的，水污染的主要原因是将未加处理或处理不充分的工业废水、生活废水和医疗废水排入河流、湖泊和水库。对人类有严重毒害的汞、镉、铬等物质被排入水体后通过人类的饮水和食用鱼类食品而进入人体，产生“富集”（Concentration Enrichment）效应[1]，对人类健康危害极大。世界卫生组织在 1987 年的一份报告中指出，世界上每天有 25 000 人因水污染而致病或死亡，80％的疾病均与水污染有关[2]。

土壤污染是指土壤中的有害物质超过正常含量而土壤又无法消除和净化这些有害物质。土壤污染除源于被污染的水之外，主要来自化学农药和化肥的大量使用。

3. 建筑的能耗和污染

在英国制造和运输建筑材料所消耗的能源占全国总能耗的 10％，而仅建筑照明就占总能耗的 20％～40％，整个欧洲所消耗的能源大约有 50％用于建筑的运行（图 1-4），另外 25％才用于交通，这些能源大部分来自于日益减少的不可再生的原油，因此这样的能源消费模式已不太可能持续很多代[3]。而且石油在转化为能源的过程中产生的有害物质排放也加剧了对环境

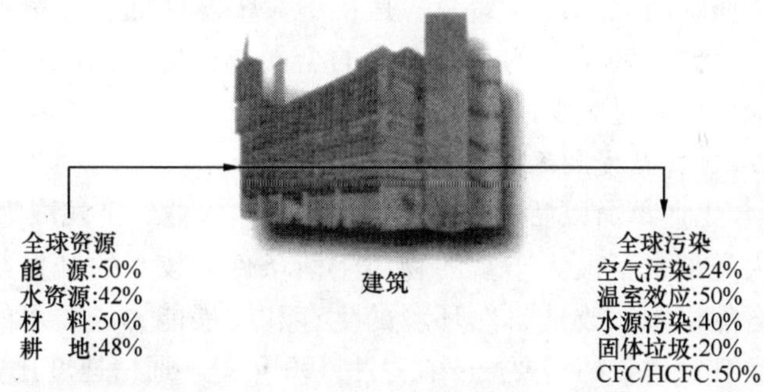

图 1-4　建筑的资源耗费及环境污染

资料来源：李华东主编．高技术生态建筑．天津：天津大学出版社，2002：2.

的负面影响，分析研究表明，大约 50％的温室效应气体来自于建筑材料的生产、运输，建筑的建造以及与运行管理有关的能源消耗，并且建筑活动及运行消耗 40％的原材料、50％的水资源、对 80％的农业用地损失负责[4]。另外，建设活动还加剧了其他的问题如酸雨增加、臭氧层破坏等等，根据欧洲的有关数据，建设活动引起环境负担占总环境负担的 15％～45％。虽然上述问题早已成为常识，但人们一直并未对建筑的生态问题给予足够的重视（图 1-5）。

1　富集效应是指环境中的污染物质沿食物链不断地积累（浓缩）的过程。例如散布在大气中的 DDT 浓度为 0.000003×10^{-6}，当降落到海水中被浮游生物吞食后，浮游生物体内的 DDT 浓度可达到 0.04×10^{-6}，即富集 1.3 万倍；浮游生物被小鱼吞食、小鱼被大鱼吞食后，DDT 浓度可增加到 2.0×10^{-6}，即富集 57.2 万倍；人若食用这些海生生物，DDT 可在人体内进一步富集到 1 000 万倍。

2　诸大建著．20 世纪科技革命与社会发展．上海：同济大学出版社，1997：155-157.

3　李华东主编．高技术生态建筑．天津：天津大学出版社，2002：1.

4　（英）布赖恩·爱德华兹著．可持续性建筑．周玉鹏，宋晔皓译．北京：中国建筑工业出版社，2003：XV.

图 1-5　法国截然不同的两种景象，由于城市化进程产生了大量污染，巴黎最近开始实行环境治理：Dordogne 的乡村美景与灰蒙蒙的巴黎城形成了鲜明的对比

资料来源：（英）迈克尔·威金顿，祖德·哈里斯著．智能建筑外层设计．大连：大连理工大学出版社，2003：4.

4. 新世纪的挑战

当前人类面临的挑战首当其冲的是在不大幅度降低生活标准及舒适程度的前提下，找到一种及时的、强有力的全面减少能源消耗的方法，并开发利用新的能源，同时减少污染废弃物的排放量。

1.1.2.2　可持续发展思想的诞生

自 1750 年工业革命以后，人类的生活活动从农业经济发展为工业经济，机器生产为人类带来了极大丰富的物质生活条件。技术的开发与应用提高了人类获取自然资源、改造自然环境的生存和发展能力：技术的加速度进步满足了人类日益增长的需要——在过去 100 年里，通信速度比一千年前提高 107 倍，交通速度提高 102 倍，数据处理速度提高 106 倍，能源使用提高 103 倍，武器威力提高 106 倍，控制疾病的能力提高 102 倍，人口增长速度提高 103 倍[1]。但在问题的另一方面，技术开发与应用使人类的生产力大大提高，掠夺和破坏自然的能力也大大增强。气候异常、土地退化、森林消失、空气污染、食物链破坏等均构成了人类可持续发展的严重障碍，这些问题的综合化、扩大化与全球化形成了日益严重的生态危机[2]。在严峻的现

1　王书明，张文喜等．技术开发与环境问题——全球问题与可持续发展研究．自然辩证法研究，1997，13（1）：51.

2　人类与大自然的关系可以分为四个阶段：第一个阶段是自然生态平衡的时期，人类以采果、捕鱼、猎兽为生，与洪水猛兽竞争。但生活于洪荒世界中，对人类来说是混乱、没有生活、性命保障；对其他存在于这个地球的万物来说，这是一个平稳时期；一切事物，包括人类，皆由大自然生态规律管制，几十万年如一日。第二个阶段是人类开始小规模式改变地球的外表时期，这就是人类懂得种植和畜牧的时代，学者称它为“农业革命”时代。但人类对地球生态规律的改变仍是以人、畜力为原动力。第三个阶段对地球生态影响最大，这就是人类开始发明非动物原动力的时期，学者称之为“工业革命”时代。这个时代不但干预地球表皮，也影响了海洋和大气层，最大的生态规律干预是人类的人口剧增。第四个时期是人类与大自然相互关系最恶化的时刻，学者称之为“原子时代”，这个时代人类不但对地球环境、生态、水源大规模污染、破坏和开采，更加上人类大幅度互相摧残。这个时期的后期，有些学者称为“高科技”时代，或“信息”时代，它的特征是滥用能源、滥用资源、滥用科技、滥用武力（钟华楠，2001）。

实面前，人们不得不重新审视和评判我们正奉为信条的价值观和发展观——可持续发展思想应运而生。

20世纪中叶以来，生态危机作为对人类生存和发展的重大威胁，已经开始引起人们的关注。1949年美国著名科学家奥尔多·利奥波德和人口学家威廉·福格特分别出版他们的著作《沙乡的沉思》和《生存之路》[1]。在这两部科学著作中，他们通过精心挑选的例证（其中大部分是第一手资料），分别从土地问题和人口资源问题的角度出发，预示和描述了生态危机的可能性及其对人类生存和发展的严重威胁。

当代人类关注生态环境问题的标志是1962年由美国海洋生物学家蕾切尔·卡逊（Rachel Carson）所著的《寂静的春天》（Silent Spring）一书面世。卡逊自1958年起花费四年时间调查研究了美国官方和民间使用DDT等农药对某些生物和人体所造成的无可挽回的危害。她根据大量事实，阐明了毒物污染的迁移、转化与空气、土壤、河流、海洋、动植物和人的关系。在书中卡逊通过一个小镇场景的悲剧性演化进程的刻画，指出威胁人类在自然界中生存与发展的生态危机已经来临，“在人们的忽视中，一个狼狈狰狞的幽灵已向我们袭来，这个现象中的悲剧可能会很容易地变成一个我们大家都知道的活生生的现实。”[2]《寂静的春天》第一次向人类敲响了环境问题的警钟：要正视由于人类自身的生产活动而导致的严重后果。

《寂静的春天》一书的出版对于绿色运动起了重要的推动作用，1970年4月20日美国两千多人举行了人类有史以来第一次规模宏大的群众性环境保护运动，该日成了全球性的“地球日”。在群众性的环保运动中诞生了一批民间环保组织，其中最著名的是绿色和平组织。绿色和平组织于1971年创建，目前有成员和支持者超过250万，他们反对破坏海洋生物资源、倾倒废涂料、污染大气制造酸雨、开发近海油田、制造核武器、建造核电站等。

罗马俱乐部是以意大利著名工业家和经济学家佩切伊为核心，于1968年4月组成的一个非官方研究世界未来问题的国际性组织。1972年该组织发表了他的一份研究报告——《增长的极限》（The Limit to Growth）[3]，报告就20世纪70年代以来人类所面临的问题进行了综合分析，尤其是针对人口、粮食生产、工业化、污染和非再生自然资源浪费等方面不断呈指数增长的本质进行了研究，并指出如果人口和经济照现在这样毫无节制地增长下去，那么下个世纪，将会超过地球有限的资源和环境的极限，而导致全

---

1 （美）奥尔多·利奥波德著．沙乡的沉思．侯文蕙译．北京：经济科学出版社，1992. 和（美）威廉·福格特著．生存之路．北京：商务印书馆，1988.

2 （美）蕾切尔·卡逊著．寂静的春天．吕瑞兰，李长春译．长春：吉林人民出版社，1997：12.

3 Meadows D. H. Meadows D. L, Randers J. The Limits to Growth：Potomac. London：Earth Island，1973.

球毁灭性的灾难。基于这种展望，他们提出“零增长”的对策，即限制人口和经济增长，使人和机器都保持简单再生产的水平，尽快向稳定均衡状态的社会发展，并强调与此相适应根本转变价值观的重要性。

1972年6月5日，联合国在瑞典斯德哥尔摩召开了第一次世界环境大会（又称联合国人类环境大会），有113个国家出席，提出《只有一个地球》的会议报告[1]，并发表了《人类环境宣言》，呼吁世界各国政府和人民为维护和改善人类环境而努力。联合国大会把6月5日定为“世界环境日”。本次大会的主题虽然偏重于讨论由人类经济发展所引出的环境保护问题，但已产生了与今天所说的可持续发展概念相近的思想，被称为“环境与发展时代”的起始点。这次会议也可以说是绿色国际会议的起点，此后这样的会议越来越多，与会者既有政府官员，也有专家和学者，会议内容涉及全球环境，也涉及地区和双边环境。

经过长时间的探索，从1972年在斯德哥尔摩召开的联合国环境大会，1976年在温哥华召开的联合国第一次人居环境会议，1984年召开的“地球的未来”会议，到1989年5月联合国环境署理事会通过的“关于可持续发展的声明”等等，终于找到了答案，明确了可持续发展（Sustainable Development）的思想[2]，吹响了“可持续发展”的响亮号角，人类花了大半个世纪终于逐渐认识到，人类本身是自然系统的一部分，它与其支撑的环境休戚相关。

1992年6月在巴西里约热内卢举行的联合国环境与发展大会，有178个国家的118位国家首脑和上万名政府官员参加，会议通过了《21世纪议程》（Agenda 21）、《里约热内卢环境与发展宣言》和《关于森林保护原则的声明》，签署了《气候变化框架条约》和《生物多样性公约》。本次大会再一次向人类敲响了环境问题的警钟！再一次吹响了“可持续发展”的号角！可以说“可持续发展”这一全新的发展观是基于人类自身遭受到重大的环境创伤而提出的，因而本身具有浓郁的悲怆意味[3]。

通过国际间的协商与讨论，一次又一次的“绿色国际会议”达成并签署了多项重要的环境保护公约，包括为保护臭氧层不再继续遭破坏的《维也纳公约》（1985年）和《蒙特利尔议定书》（1987年），控制危险废物随意处置和越境转移的《伦敦倾倒公约》（1988年）和《巴塞尔公约》（1989年），限制各国排放温室气体以延缓全球气候变暖过程的《气候变化公约》（1992年）和最大限度地保护地球上多种多样生物资源的《生物多样性公

1 报告中明确提出要重建“地球上的秩序”，并指出三个努力的方向：爱护人类共同享有的生物圈；学会在技术圈中生存；制定人类生存的战略。

2 吴良镛．关于建筑学未来的几点思考（上）．建筑学报，1997，2：16.

3 王建国．生态原则与绿色城市设计．建筑学报，1997，7：8.

约》(1992年)。

此后，可持续发展成为联合国召开的有关发展问题的各类国际会议的基本指导思想。1994年在埃及开罗召开的世界人口与发展大会，其主题为“人口、持续的经济增长和可持续发展”；1995年联合国召开的社会发展首脑会议和北京世界妇女大会两个重要会议，再次强调了可持续发展对于人类的重要性，并从不同角度制定了与可持续发展相关的全球战略和行动计划。1996年6月联合国在伊斯坦布尔召开的第二次人居环境会议，是人类人居环境思想史上的一件大事，世界各国首脑纷纷参加并签署了《人居环境议程：目标和原则、承诺和全球行动计划》，使其成为世界性的行动纲领，进一步推动了可持续发展的思想。

世界环境与发展委员会指出：“可持续发展是既满足当代人的需要，又不对后代人满足其需要的能力构成危害的发展。”可持续发展思想主张在技术方式上，社会必须限制传统农业过度开发土地资源，现代工业过量排放余热、有毒气体和废料，控制高新技术的副作用，保护生态系统的完整性和自我调节功能的发挥，把对自然环境的不利影响减少到可以接受的程度。作为一种全球纲领性发展战略，可持续发展是人类在面临 系列严峻的生态问题和生存危机时所提出的一种对策，也是人类社会对工业文明和现代化发展深刻反思的产物。

其实早在一个多世纪之前，恩格斯就特别提醒过我们：“我们不要过分陶醉于我们对自然界的胜利。对于每一次这样的胜利，自然界都报复了我们。每一次胜利，在第一步都确实取得了我们预期的结果，但是在第二步和第三步却有了完全不同的、出乎预料的影响，常常把第一个结果又取消了。”恩格斯预言，当人类的生产行为对自然界的影响愈来愈多，人们愈会重新认识到，人类自身和自然界的一致，“那种把精神和物质、人类和自然、灵魂和肉体对立起来的荒谬的、反自然的观点，也就愈不可能存在了”[1]。现今存在的人口、环境、资源问题，从时间角度来看，它不是一代人造成的，而是人类在世世代代改造自然的过程中积累起来的，不过这种积累效应在20世纪末达到了空前严重的地步；从空间角度看，它不是发生在一个地区或一个国家，而是发生在整个地球，甚至超出地球范围已到达近地空间（现在的地球外层空间也开始弥散着大量的人工垃圾——人造卫星残骸），这个“全球性问题”是由全人类在千百年的活动中造成的，这个问题也“应当由全体人类一齐参加来解决”[2]——包括我们的子孙后代。

---

1 （德）马克思，恩格斯著．马克思恩格斯全集．第20卷．北京：人民出版社，1972：519.

2 伯特金等著．回答未来的挑战，1979：48.

1.1.3 新世纪科学与技术的发展趋势

1.1.3.1 科学与技术

科学[1]和技术[2]是人类认识自然和改造自然的两类实践活动，并构成社会大系统中的重要子系统。

科学是人类活动的一个范畴，它的直接职能是不断探求和系统总结关于客观世界的知识；"科学"这个概念不仅包括获得新知识的活动，而且还包括这个活动的结果，系知识体系；科学这种知识体系还可以物化为社会生产力。简言之，科学是知识体系和由知识所转化的生产实践活动的统一。科学具有"一般社会生产力"即"知识形态生产力"的性质，并且自然科学与其他社会意识形态不同，它不是依赖于特定的经济基础之上的上层建筑。自然科学既无国界，也无阶级界、民族界，并世代积累和继承，这也正是自然科学得以迅速发展的重要根源之一[3]。

技术作为人类改造自然能力的标志，同科学一样本质上也是一个历史性范畴。技术是人类为了满足社会需要，利用自然规律，在改造和控制自然的实践中所创造的劳动手段、工艺方法和技能体系的总和，是反映现代技术形象的科学界说。技术在社会经济系统中，属于直接生产力的范畴。

技术具有自然和社会双重属性：技术的自然属性是指人们在运用技术变天然自然为人工自然的过程中，技术无论作为劳动手段、工艺或技能，都必须遵循自然规律。任何时代的技术都是对自然规律的应用，任何违背自然规律的技术都是不可能实现的。技术的自然属性也决定了技术的内在构成的根本要素是科学知识。技术的社会属性是指人们在运用技术变天然自然为人工自然的过程中，技术严格地受到各种社会条件的制约。没有基于社会需要的技术目的的推动，技术是无从产生的，任何技术目的的规定和实现，都要受到经济、政治、军事、科学、教育、文化、民族传统等条件的制约。这些因素不但在不同程度上影响技术发展的方向、规模、速度和模式，也影响技术的风格和形式。即使依照同样的科学原理、达到同样功能的技术，在不同时代对不同民族也有显著不同的风格和特色[4]。

科学表现了人对自然能动的认识和反映关系；技术表现了人对自然能动的控制和改造关系。科学作为"知识形态上的生产力"要转化为直接生产力也必须以技术为中介。

---

1 科学的词源来自拉丁文 Scientia（知道），所以科学意味着"知"。

2 技术的词源来自希腊语 Techne（"艺术"、"技巧"）和 Logos（"言词"、"说话"）的结合，意味着完美的技艺和演讲。

3 国家教委社会科学研究与艺术教育司组编．自然辩证法．北京：高等教育出版社，1991：252-256.

4 国家教委社会科学研究与艺术教育司组编．自然辩证法．北京：高等教育出版社，1991：257-258.

1.1.3.2 技术的特征与存在方式

技术的自然属性和社会属性决定了技术具有许多特征，归纳起来主要表现在以下方面：技术体现了人对自然界的干预。在漫长的进化过程中，人类适应自然以求得生存，发明和创造了技术，并凭借技术去干预自然，索取自然界的资源，以满足自己生存和发展的需要；技术涉及物质装置，这些物质装置是人类借以改造与控制自然的物质手段，例如推土机、轮船、发电站等；技术涉及技艺，就是说技术可以指称那些从事某一工作时所需要的实践技能，例如操作计算机的程序；技术涉及知识，发明家和工程师在设计和发展新的技术装置时，必然要求助于人类已有的各种各样的知识成果；技术涉及目的，技术活动是一种具有高度目的性的人类活动，人类之所以从事某一具体的技术活动，总是为了实现某一特定的目的；技术是一种可操作性的体系，即技术可以作为一种手段，人类正是借助技术这种手段去改变与控制自然的[1]。技术的上述特征也可以归结为技术的三种存在方式：作为实物的，有工具、机器、装置等；作为观念的，有技能、技巧、经验、知识等；作为过程的，有发明、设计、制造、使用等。在我们的日常语言或一般的用法中，技术总是指称如下几种东西中的任何一种：技术知识、规划与概念；工程或其他的技术实践，甚至包括对应用技术知识的特定职业态度、规范与假定；由这种技术实践所生产或制造出来的物质工具、装置与人造物；将技术人员与工艺建构到技术系统与体制中的组织活动；由技术所带来的社会的技术状况或特点等。

1.1.3.3 第三次科学革命与技术革命

20 世纪初的物理学革命（相对论的创立[2]）不仅引起了物理观念的彻底变革，导致 20 世纪物理学的重大发展，而且还引起了 20 世纪整个科学思想的变革。物理学的思想和方法被广泛应用于自然科学的各个领域，引起化学、生物学、天文学、地球科学等领域的革命性的变化。粒子物理学、现代宇宙学、量子化学、分子生物学、系统科学等新学科的兴起，从微观粒子、宏观天体、宇宙以及生命世界各方面，深刻揭示了自然界的本质和规律。现代自然科学正在形成一个多层次、综合性的科学体系。

自 20 世纪 40 年代以来，在现代科学革命的基础上，出现了以原子能技术、电子计算机技术和空间技术为主体的技术革命。20 世纪 70 年代以来，

1 高亮华著．人文主义视野中的技术．北京：中国社会科学出版社，1996：8.

2 1905 年夏天，德国物理学家爱因斯坦完成了一篇名为《论动体的电动力学》的论文，这篇论文奠定了狭义相对论的基础。1917 年，爱因斯坦依据广义相对论提出了有限无界的静态宇宙模型，开创了现代宇宙学理论的先河。量子论、量子力学的创立，1900 年 12 月德国物理学家布朗克在德国物理学年会上提出了能量子假说，1905 年爱因斯坦把布朗克的能量子概念推广到光量子，提出了光量子假说，为后来的量子力学的创立奠定了基础。

出现了以新技术发明及产业化为主题的世界范围的世界新科技革命，至今方兴未艾。这次革命以高技术和新产业发展为特征，出现了信息技术、新材料技术、新能源技术、激光技术、生物技术、空间技术、海洋技术等新的技术群及新产业，引起传统产业内容、形式的变化，也波及到社会的各个方面。

1.1.3.4 当代的大科学与高技术趋势

1. 大科学

20世纪以来，自然科学发展突出表现为分化的步伐大大加快，大小学科分支数以千计，其专业化程度越来越高。这种高度分化的形式掩盖了当代科学发展更加强大的另一种趋势——高度综合。其实，当代科学发展的重要特点正是在于它既是高度分化的，同时又是高度综合的。这是因为当代产生的新学科大部分是边缘学科、交叉学科，还有一些为数不多，却具有强大整合作用的横断性质的学科，如系统科学、信息科学等等，它们都兼有分化和综合的双重功能。一个新的边缘学科、交叉学科和横断学科的创立（即分化），同时也就架起了某些学科之间的桥梁，从而有助于把原来离散的学科交织为有机的整体。

美国物理学家温伯格于1961年最先指出——当代科学发生了极大的变化，从小科学变成了大科学。1963年美国科学家普莱斯在《小科学，大科学》一书中又指出，由于现代科学取得了如此辉煌的成就，科学已经成为国民经济的重要支柱；现代科学的规模是如此之大，社会对科学的投入是如此之巨，以致我们不能不用“大科学”一词来称呼它。大科学是相对于小科学而言的，所谓小科学是指历史上那种传统的以增长人类知识为主要目的、一个人的自由研究为主要特征的科学。大科学则具有与此不同的鲜明特点：第一，大科学是大规模社会建制化的科学，是科学技术高度社会化的产物。第二，大科学是科学技术一体化的科学，是科学的技术化和技术的科学化相结合的产物。第三，大科学是系统化、整体化的科学，是科学整体化和技术群体化发展的必然结果[1]。

2. 高技术

高技术一词最早出现在美国，有的学者把1942年12月2日，世界上第一座核反应堆在美国开始运行作为高技术诞生的标志。美国经济学界1971年在出版的《技术与国际贸易》中首次使用了“高技术”这一术语。事实上，高技术像文学语言，很不规范，目前还没有一个公认的、能被大家普遍接受的定义。不同国家、不同人、不同时间、不同角度，对高技术有不同的理解。总体上可以从以下三个方面理解高技术：

---

1 国家教委社会科学研究与艺术教育司组编．自然辩证法．北京：高等教育出版社，1991：333.

（1）从社会和经济角度，高技术是对知识密集、技术密集的一类产品、产业或企业的通称。即高技术只表示具体的高技术产品、高技术企业或高技术产业。可以从企业的开发费用、科技人员、产品技术复杂性等方面考察。日本学者认为，高技术是以当代尖端技术为基础建立的技术群。同时认为，尖端技术也是可以付诸应用的，而不仅仅是一些概念或想法等未来技术。因此，高技术不是一个纯技术概念，是与市场和经济连接在一起的，是技术创新、经济贸易、生产管理等多种社会活动的结合。高技术开发的高技术产品具有巨大的商业价值，有高额利润，并能向社会经济各领域广泛渗透。

（2）从技术角度，高技术是在较高技术水平上或最新科学成就的基础上发展起来的，它标志着高技术本身和水平是高层次的、新兴的、前沿的甚至是尖端的。美国的《韦氏词典》中将高技术定义为："高技术是使用了尖端方法和先进仪器的技术。"所谓新技术是指近十几年才兴起并得到实际应用的技术，表现为时间新、对象新和应用范围新[1]。事实上高技术必然是新技术，新技术不一定是高技术。

（3）从时间角度，高技术是一个具有时空性的．发展的、动态的、相对的概念。对某一项技术而言，在一定时间内属于高技术范畴，相对一定的时空，在每一种技术社会形态中，都出现过它的高技术特征，但伴随着普及推广和发展，这种技术就不是高技术了。所以高技术的内涵和外延都将随着科技的不断进步和实践的延续推移发生变化。事实上，高技术产品更新换代日益加快，寿命在不断缩短，从这个意义上说，高技术是一个不断创新和变化的新技术群。

可以将高技术定义为：高技术是一种知识密集、技术密集的最新技术，是在现代自然科学理论和最新工艺技术基础上而创造出来的，能够为社会带来巨大经济效益和社会效益的各种有效手段与方法的总和[2]。创新是一切技术的共性，传动技术进步更多是靠渐变，高技术由于淘汰快，创新成了惟一的选择，以最新的技术开辟与过去有本质区别的新技术途径，所以高技术发展带有更为明显的不连续性、突变性、技术上的跳跃性。

当代由于生产过程社会联系的加强和各种技术客观上存在着互为目的、手段的制约关系，全社会的技术系统还连接成一个整体，形成一个更大的社会技术体系。日本学者星野芳郎指出："无论在同一级技术的相互关系中，或者在低级技术和高级技术的相互关系中，各种技术都是相互联系的。作为一个整体，则形成了一个把所有技术部门从低级到高级联系到一起的、

1　我国一般用"高新技术"这一术语，以表示提倡发展新技术，但也鼓励高层次的技术。

2　王滨著．科技革命与社会发展．上海：同济大学出版社，2003：114.

复杂的、立体网络结构的技术体系。"[1]因此，技术体系是技术在社会中的现实存在方式，是依据自然规律、技术规范和各种社会因素制约而形成的，具有特定结构和综合社会功能的社会技术大系统。在人类文明史上，曾有以手工工具技术为基础的技术体系、以机器技术为基础的技术体系和当今方兴未艾的以信息技术为基础的技术体系。社会技术体系作为一个整体，具有综合的社会功能，表现为一个时代的总的社会技术能力。

1.2 研究动态

1.2.1 相关文献及理论综述——对信息时代、数字技术、高技术建筑的研究现状

加州大学伯克利分校的城市与区域规划学系教授曼纽尔·卡斯特（Manuel Castells）所作的《信息时代三部曲》，其中第一卷《网络社会的崛起》中，卡斯特认为信息化的本质就是“流动空间”的重组。流动空间具有三个层次：电子化的互联构成了流动空间的第一个物质基础；节点与核心构成了流动空间的第二个层次；占支配地位的管理精英的空间组织构成了流动空间的第三个层次。在卡斯特的视野中，网络社会既是一种新的社会形态，也是一种新的社会模式。信息技术就像工业革命时期的能源一样，重塑着今日社会的基本结构。互联网作为现代社会的普遍技术范式，引导着社会的再结构化，从而改变了社会的基本形态[2]。

第二卷《认同的力量》是卡斯特对网络社会的再思考。在网络社会，经济行为的全球化使网络成为社会的组织形式，工作是灵活而不固定的，劳动是个性化的。网络通过改变生活、改变空间和时间等物质基础，构建了一个流动的空间和无限的时间。在这个时代里，新的问题随之产生：工业化时期合法性的认同感瓦解了，人们由此缺乏一种普遍的认同感，不再把原来的社会看作是一种有意义的社会系统。卡斯特提示了当代文明系统之逻辑，理清了信息化社会之意义，全方位展示了信息时代所面临的所有问题，并提出了相应的对策及解决方法[3]。

第三卷《千年的终结》中，卡斯特论述了21世纪初世界将如何演变，致力于研究世界的联系和国家的个性之间的互动而产生的全球社会变化过程。卡斯特从前苏联解体的研究为开端，追根溯源归结为中央集权的计划经济体制的国家对向信息时代迈进的失控。作者论证了全世界的不平等、两极分化、社会排外现象的出现，他对非洲城市的贫困和儿童所处的困境

---

1 （日）星野芳郎著．技术发展模式．转引自科学与哲学研究资料，1980，5：152.

2 Manuel Castells. The Rise of the Network Society. Oxford：Basil Blackwell Ltd.，1996.

3 Manuel Castells，The Power of Identity. Oxford：BLACKWELL Publishers，1997.

非常关注。另外卡斯特还论证了严重影响很多国家的经济和政治的全球化的非法经济问题，分析了亚太地区之所以成为全球经济最动荡地区的政治和文化原因，还思考了欧洲一体化进程中存在的矛盾与冲突，提出了“互联国家”的概念，为千年终结的世界提出了一个系统的总结[1]。

美国麻省理工学院教授及媒体实验室主任尼古拉·内格罗彭特在其所著的《数字化生存》中，描绘了数字技术为我们的生活、工作、教育和娱乐等带来的各种冲击和其中值得深思的问题，指出“信息的DNA”正在迅速地取代原子而成为人类生活中的基本交换物，“计算不再只和计算机有关，它决定我们的生存”，著作中充满了具有洞察力的见解[2]。

麻省理工学院建筑与城市规划学院院长威廉J·米切尔在其所著的《比特之城——空间，场所，信息高速公路》中，从电子会场、电子公民、比特业等多种角度，既系统又深入浅出地勾勒了被信息高速公路所联结的未来“软城市”的实质空间、位置、建筑及生活方式。如他所说，“在一个计算和电信无所不在的世界里，身体能力借助电子手段而大大增强，后信息高速路时代的建筑以及超大规模的信息企业层出不穷。在这样一个时代，城市的概念受到了挑战，而且最终必会重新定义。计算机网络像街道系统一样成为都市生活的根本，内存容量和屏幕空间成为宝贵的、受欢迎的房地产。大多数经济、社会、政治和文化活动转移到了电脑化空间。其结果是，我们必须在根本上重新系统阐释我们所熟知的城市设计问题”。它旨在说明：软件对人类生存方式的控制不断增强，比特的运用不断普及，未来的城市是一个数字化的空间[3]。

米切尔在随后出版的《伊托邦——数字时代的城市生活》讨论的主题是前一本书的深化和延伸。当前正在全球兴起的数字网络，并不仅仅是一种传输电子函件、万维网网页和数字电视的通信系统，而是一种全新的城市基础设施，一种能像过去的铁路、高速公路、电网和电话网那样极大地改变城市面貌的基础设施，米切尔全面、深入地探讨了这种新的城市基础设施及其对我们未来城市生活的影响，作者认为，信息技术的突飞猛进唱响了旧的城市模式的挽歌，而属于数字时代的新型大都市将会历久不休，那时，我们的住宅、社区、人际交往、工作方式、经济活动的形式都将是崭新的。本书围绕创造新型城市的方方面面，从建设必要的数字通信基础设施，建造由智能设备和传统建筑共同构成的智能场所，开发使这些智能

---

1 （美）Manuel Castells. End of Millennium. Oxford：BLACKWELL Publishers，1998.

2 （美）尼古拉·内格罗彭特著．数字化生存．胡冰，范海雁译．海口：海南出版社，1996：80-135.

3 （美）William J. Mitchell 著．比特之城——空间、场所、信息高速公路．范海雁，胡冰译．北京：三联书店，1999.

场所运作起来的软件系统，一直到综合考虑建筑、社区以及城市的空间布局等角度，系统阐述了属于数字时代的新型城市在经济、社会和文化等方面的内涵与意义。

米切尔还认为，要完成这种城市转变，我们必须拓展建筑和城市规划的概念，使其不仅包含真实的场所，而且包含虚拟的场所。同时我们还要拓展相互联系的方式，使其既包括远程通信互联，又包括步行往来和传统的交通运输系统。他还提出，与新型城市相适应的社会关系将延展至四种，除了人们熟悉的主要社会关系和次要社会关系外，数字网络将产生新型的第三、第四社会关系。在此基础上，我们将创建出一种更加智能化的新型城市——伊托邦[1]。

在未来学领域还有阿尔温·托夫勒所著的《第三次浪潮》、比尔·盖茨所著的《未来之路》[2]、约翰·奈斯比特所著的《大趋势》[3]都从不同的侧面探讨了数字技术发展给人类社会及其他领域带来的深刻影响和显著变化。

David M. Gann 在《变化的世界中的建筑变革》（Building Innovation Complex Constructs In a Changing World）中对工业化时代和数字化时代建筑的特点进行了比较研究，指出了建筑变革的动因及应当采取的对策[4]。

台湾新竹交通大学人文学院副院长刘育东在《数码建筑》一书中回顾了建筑设计中数码技术的发展过程，提出了数码建筑具有鲜明的时代性，并且论证了数码建筑可能是一种新工具、一个新理论、一个新时代或者甚至可能是一场新革命。由于数码时代建筑专业、教育、社会、文化上都与传统发生了断裂现象，因此数码建筑必将产生对传统建筑的巨大飞跃（图1-6）。本书还注重从数码化手段的工具性着眼，也即与现代主义的兴起相类比，强调数码时代的技术性将会引起一场建筑设计的革命，并成为建筑史的另一个开端[5]。

著名建筑评论家查尔斯·詹克斯（Charles Jencks）1995 年出版的《跃迁的宇宙中的建筑》（The Architecture of the Jumping Universe）一书中用现代科学的复杂性来解释西方当代的建筑与文化，认为未来的建筑应当追随宇宙观。詹克斯的论点可以概括成以下一条线索：复杂的宇宙衍生—复

---

1 （美）William J. Mitchell 著．伊托邦——数字时代的城市生活．吴启迪，乔非，俞晓译．上海：上海科学教育出版社，2001.

2 （美）比尔·盖茨著．未来之路．辜正坤等译．北京：北京大学出版社，1996.

3 （美）约翰·奈斯比特著．大趋势——改变我们生活的十个新趋向．孙道章等译．北京：新华出版社，1984.

4 David M. Gann. Building innovation complex constructs in a changing world. London：Thomas Telford Publishing，2000.

5 刘育东编．数码建筑．大连：大连理工大学出版社，2002.

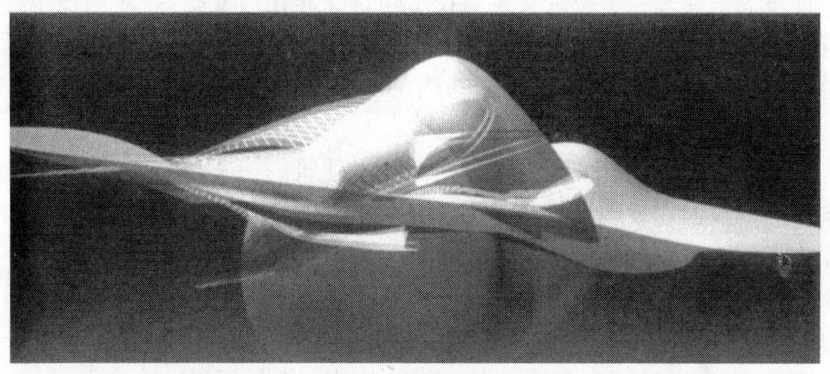

图 1-6　数码建筑必将产生对传统建筑的巨大飞跃

资料来源：刘育东编．数码建筑．大连：大连理工大学出版社，2002：41.

杂的科学—复杂的社会文化—复杂的审美价值观—复杂的建筑风格[1]。詹克斯在他的《高技之战——伴随着重大谬误的伟大建筑》（The Battle of High-Tech：Great Buildings with Great Faults）一文中列举了高技派建筑的六大特征：展示内在结构与设备；展示象征功能及生产流程；透明性、层次及运动感；明亮的色彩；质轻、细巧的张拉构件；对科学技术文化的信仰[2]。

德国建筑师和教育家克劳斯·丹尼尔斯（Klaus Daniels）在《低技术、轻技术、高技术——信息时代的建筑》（Low-tech，Light-tech，High-tech—Building in the Information Age）中探讨了多层次的技术观念。低技术是指简单的建筑设计，最大限度地使用当地可用的自然资源；轻技术意味着我们不只是简单地运用可循环使用的建筑材料，还要开展最有效的运用资源的设计；高技术象征着未来的信息和通信系统对建筑的影响[3]。

西班牙建筑师帕高·阿森西奥在其所编著《高技派建筑》中，从建筑学、内部装饰与设计、理念的实现、具视觉感染力的建筑、作为个性标志的建筑等方面列举了诸多的当代高技派建筑的实例[4]。

国内学者李华东主编的《高技术生态建筑》，从建筑设计的生态考虑和高技术生态建筑选例两个部分来阐述了当代高技术建筑的发展状况[5]。

1　Charles Jencks. The Architecture of the Jumping Universe——a Polemic：How Complexity Science is Changing Architecture and Culture. Wiley，1997.

2　Charles Jencks. Architecture 2000 and beyond：success in the art of prediction. West Sussex：Wiley-Academy，2000：1-140.

3　Klaus Daniels. Low-tech Light-tech High-tech——Building in the Information Age. Basel：Birkhauser Publishers，1998.

4　（西）帕高·阿森西奥著．高技派建筑．合肥：安徽科学技术出版社，2003.

5　李华东主编．高技术生态建筑．天津：天津大学出版社，2002.

同济大学徐理的学位论文《高技术建筑的异化与复归》，对高技术建筑由异化到复归的发展历程及各时期的代表作品进行了分析，并且论述了地域性高技术建筑创作理念的理论基础及理念内容的三要素：高技术美学、工程技术手段及环境系统观[1]。

同济大学蒋玮的学位论文《当代高技术建筑的情感化趋向》，从情感化趋向产生的成因、表现及展望三个方面对高技术建筑这一新的发展方向进行了探讨[2]。

1.2.2 相关文献及理论综述——可持续发展及生态建筑理论的研究现状

早在 20 世纪 20 年代，美国建筑师兼发明家 R·B·富勒（R. Buckminiser Fuller）就曾非常关注将人类的发展目标、需求与全球资源、科技结合起来，用逐渐减少的资源来满足不断增长的人口的生存需要。富勒于 1922 年首次提出了“少费多用”（more with less）的思想[3]，通过对迪马西昂住宅（Dymaxion House）、张力杆件穹隆（短线杆件穹隆 Geodesic Dome）的实践和探索，在 1938 年《通向月球的九个环节》中系统地阐述了“少费多用”的理论[4]，也就是对有限的物质资源进行最充分、最适宜的设计和利用。这种思想和理论首先符合生态学的循环利用原则，其次同普通系统论中的整体协同思想是一致的，即“整体表现大于部分之和”（贝塔兰菲），最后是技术决定论类型的生态建筑[5]设计理论和实践的主要思想源泉。

20 世纪 60 年代初，美籍意大利建筑师保罗·索勒瑞（Paola Soleri）把生态学（Ecology）和建筑学（Architecture）两词合并成为 Arcology，提出生态建筑学的新概念。1969 年索勒瑞在《生态建筑学——人类想像中的城市》[6]中详细地阐述了生态建筑学理论，试图用新的、符合生态原则的城市模式取代现有的城市模式，可以看做为当代可持续建筑理论探索的开端。并在阿科桑底城（Arcosanti）进行了生态建筑学的实践探索，利用太阳能、风能进行城市和建筑的设计，意在倡导一种新的城市和建筑模式，阻止城市的无序扩张，限制能源的消耗[7]。

1962 年由美国海洋生物学家蕾切尔·卡逊所著的《寂静的春天》，第一次披露了生态环境遭到破坏后可能出现的可怕前景，这部著作对绿色运动

---

1 徐理．高技术建筑的异化与复归．上海：同济大学硕士学位论文，1997.

2 蒋玮．当代高技术建筑的情感化趋向．上海：同济大学硕士学位论文，1998.

3 参见本文．4.2.5.1 富勒及“少费多用”思想．

4 参见 Encyclopaedia Britannica’98 中富勒传记［2］R. B. Fuller. Buckminster Fuller：an autobiographical monologue. New York，1980.

5 参见本文．4.2.5 “技术决定论”类型注重生态的建筑设计理论和实践．

6 Paola Soleri. Arcology：The City in the image of Man. Cambridge：MIT Press，1969.

7 Paola Soleri. The city of the Future. G. Thompson Linsifarnel Harper & Row Books，1977：73.

起了重要的推动作用。

自从1969年起，美国生物学家约翰·托德（John Todd）与环境学家、作家南茜·托德（Nancy Todd）就被认为是节水、运用生物疗法净化自然水生环境及城市设计方面的专家，其原则与技术被许多工程所采用。在他们所著《从生态城市到有生命的机器——生态设计的原则》（From Eco—Cities to Living Machines：Principles of Ecological Design）中，探讨了生物的多样性及将"地球作为有生命的机器"的生态设计原则：生命世界是所有设计的母体（Matrix）；设计应遵从而不是违背生命规律；设计必须体现生物地方性；建设必须基于可更新再生的能源、资源；设计应有助于整个生物系统，体现可持续性；设计应同周围自然环境协同发展；设计和建设应有助于我们这个星球修复已有的破坏；设计应遵从神圣的生态系统[1]。

1969年美国宾夕法尼亚大学景观建筑学教授麦克哈格（Lan L. McHarg）所著的《设计结合自然》（Design With Nature）[2]一书的出版，标志着生态建筑学的正式诞生。该书提出在尊重自然规律的基础上，建造与人共享的人造生态系统的思想，并进而提出生态规划的概念，发展了一整套的从土地适应性分析到土地利用的规划方法和技术，即叠加技术（"千层饼"模式）。这种规划以景观垂直生态过程的连续性为依据，使景观改变和土地利用方式适用于生态方式，这一千层饼的最顶层便是人类及其居住所，即我们的城市。L·芒福德（Lewis Mumford）对此书评价很高，他认为这本书是自希波克拉底（Hippocrates）的名著《空气、水和场地》问世后，少数重要书籍中又一本杰出的著作。书中的观点和方法，对于绿色建筑的研究起到了重要的指导作用。

德裔英国经济学家E·F·舒马赫（E. F. Schumacher）在对第三世界国家——印度进行深入研究的基础上，于1973年出版了《小的是美好的》(Small is Beautiful)，反对使用高能耗的技术，提倡利用可再生能源的适宜技术，并积极倡导中间技术。书中第一次提出了中间技术的概念，认为真正需要的科学技术具有如下的特点："价格低廉，基本上人人可以享用；适合于小规模应用；适应人类的创造需要"[3]，并且为自给性设计提供了理论上的依据。通过对环境污染的分析、化石燃料的消耗，舒马赫认为化石燃料、自然界的容许储备量、人类本身构成了所谓的"自然资本"，希望人们"看

---

1 Tod J. From Eco-Cities to Living Machines：Principles of Ecological Design. 转引自 Zeiher L C. The Ecology of Architecture：a complete guide to creating the environmental conscious building. New York：Whitney Library of Design，1996：68.

2 （美）伊恩·伦诺克斯·麦克哈格著．设计结合自然．芮经纬译．北京：中国建筑工业出版社，1992.

3 （英）E·F·舒马赫著．小的是美好的．虞鸿钧，郑关林译．刘静华校．北京：商务印书馆，1984：17.

到发展一种新的生活方式的可能性。这种新的生活方式拥有新的生产与新的消费形式，是一种为达到持久而设计的生产方式。”[1]

1976年约翰·耐尔（Jon Naar）和斯科尔卡（Norma Skurka）合作完成了《为有限的星球而设计——与自然能源共存》（Design for a Limited Planet：Living with Natural Energy），总结回顾了各种使用可再生能源、替代能源的住宅[2]并进行了实验性的探索，大量研究生态住宅的机构和小组此时展开了各种实验性研究，其中比较有影响的研究是加拿大多伦多的生态学住宅和美国科罗拉多州斯诺迈斯的洛基山学会（RMI）研究中心。

1976年生态建筑运动的先驱A·施耐德在前西德成立了建筑生物与生态学会（Institute for Building Biology and Ecology），强调使用天然的建筑材料利用自然通风、采光和取暖，倡导一种有利于人类健康和生态效益的温和建筑艺术。

1965年，詹姆斯·拉乌洛克（James Lovelock）在讨论火星是否存在生命的过程中，对地球及其邻近的火星、金星大气成分进行了比较分析，发现有生命的地球与没有生命的火星和金星大气成分完全不同，但是如果将地球上的生命完全排除，那么三者的浓度非常近似。而且生命的产生有一个漫长的历程，而地球上的气体浓度组成却没有什么变化[3]。因此他提出了盖娅[4]理论，并认为生物对使地球表面环境保持稳定，并适于生物生存的自我调节机制的形成是有贡献的[5]。在20世纪80年代中期，他完成了《盖娅：地球生命的新视点》（Gaia：A New Look at Life on Earth），这本书促进了生态建筑思潮，推进了盖娅运动[6]。盖娅运动的主要观点是将地球和各种生命系统视为具备有机生命特征和自持续特点的实体，倡导人类并非自然的主宰而是盖娅的有机组成部分。要利用洁净能源，使用绿色建材、绿化、自然通风和采光，防止对大气、水体和土壤的污染，沿袭建筑文脉等等。并指出这种从属意识，是真正的健康的源泉，是生态学思想的基本点，盖

---

1 （英）E·F·舒马赫著．小的是美好的．虞鸿钧，郑关林译．刘静华校．北京：商务印书馆，1984：7.

2 转引自 Zeiher L C. The Ecology of Architecture. New York：Whitney Library of Design，1996.

3 郑师章，吴千红，王海波等著．普通生态学——原理、方法和应用．上海：复旦大学出版社，1994：27.

4 盖娅为古希腊神话中的大地女神，她总是努力创造和维持生命。拉乌洛克在这里用盖娅借指地球、大自然。

5 J. Lovelock Gaia and the balance of nature//Ph. Bourdeau，Fasella PM，Teller A. eds. Environmental Ethics：man's relationship with nature interactions with science. Luxembourg：Office for Official Publications of the European Communities，1989.

6 J. Lovelock. Gaia：a new look at life on earth. New York：Oxford University Press，1987. 转引自李道增．21世纪生态建筑与可持续发展，中国环境生态网。
http：//www. eedu. org. cn/Article/ecology/ecoappliacions/ecocity/200408/2247. html

娅式的建筑是舒适和健康的场所，人类和所有生命都应处于和谐之中。

1981年考非（Frank Coffee）完成了《自给自足的住宅》（The Self-Sufficient House）一书，探讨和研究了在当时技术条件下住宅节能、节水的可能性。

1989年英国作家、盖娅运动的建筑师戴维·皮尔森（David Pearson）在其著作《新自然住宅手册——创造一个健康、和谐和生态的家》（The New Nature House Book：Creating a Healthy，Harmonious and Ecologically Sound Home）中明确了盖娅住区宪章并发出了“为星球和谐而设计，为精神和平而设计，为身体健康而设计”的号召，得到了全世界普遍的认同和响应。盖娅住区宪章及其设计原则，是将建筑看做是有生命的有机体，将其外围护结构（Fabric）比作皮肤，就像人类自身的皮肤一样，提供各种对保护生命、绝热、呼吸、吸收、蒸发、调节及交流都很基本的功能。目的是设计能满足人们的物理的、生物的和精神的需求的建筑。建筑室内外的不断交流，依靠一种具有渗透性的“皮服”来维持健康的“活的”室内气候[1]。书中还讨论了住宅区的垃圾处理、室内空气污染、水源净化和环境危机等问题，并研究了住宅的可持续性设计等问题。

1991年秋，在美国的加利福尼亚州姚赛米国家公园内的阿瓦尼饭店召开了地方自治体的官员会议，6名建筑师（P·卡尔索普；M·科伯特；A·杜厄尼；E·P·西伯克；S·宝莱索斯；E·穆勒）共同起草并发表了“阿瓦尼原则”（The Ahwahnee Principles）。在“阿瓦尼原则”中提出来实现城镇必须遵循的各项事项：社区的原则；比社区更大的区域的原则；为实现这些原则所采用的战略。这是在6人共同总结了城镇建设必须遵守的基本原则基础之上，要求在制定今后城市开发计划时必须理解的原则。

1991年布兰达·威尔（Brenda Vale）和罗伯特·威尔（Robert Vale）合著的《绿色建筑——为可持续发展而设计》（Green Architecture：Design for a Sustainable Future）问世，被认为是国际绿色建筑史上的里程碑之一，该书共分为主旨（Purpose）、行动（Performance）、实践（Practice）及建议（Proposal）四章。其主要观点是：节约能源、设计结合气候、材料与能源的循环利用、尊重用户、尊重基地环境、整体的设计观。作者认为绿色建筑不仅仅指的是基地内的单体建筑，它还包括都市环境的可持续发展模式。城市也远远不仅是建筑物的集合，它可以看做是生活系统、工作系统、休闲系统等等各种系统相互作用而形成的建筑环境。

美国早期一些具有影响的有关生态建筑的设计和理论，均可追溯到哲学家、改革家、建筑师威廉姆·麦克唐纳（William Mc Donough），他所设

---

1 劳拉·C·兹赫．生态建筑：69.

计的建筑不仅体现了一个建筑师应有的环境意识和社会责任，而且促使众多的业主、学生、同事以及政策决策者反思他们对待环境的态度。1922 年麦克唐纳事务所受德国政府委托，为 2000 年汉诺威世界博览会拟定了“人、自然、技术”为主题的设计原则。同年，在巴西里约热内卢的世界环境大会上，麦克唐纳作为美国建协代表与汉诺威市环境委员会主任 H·M·霍夫 (Hans Monning Hoff) 正式发表了《汉诺威原则》，通过这个革命性的原则，麦克唐纳把可持续发展的概念推到了建筑行业的前沿领域。

“ERG 计划”是 1990 年由美国建筑师协会（AIA）以及美国环保署开展的一项研究计划，这是在众多建筑界人士和组织做了大量有关环保工作的基础上进行的，并于 1992 年首次出版了由美国建筑师协会编写的《环境资源导引》(Environmental Resource Guide)。其核心概念是全生命周期分析，即常说的“从出生到老死”和“从死亡到再生”。这个概念是考察建筑产品在它们用于建筑之前和之后对环境的影响，它涉及从材料的制造、安装、使用，到它们在建筑被更新和废弃后的再利用，以及循环再生或抛弃这一全过程的评价。《环境资源导引》的主要内容包括了建筑材料分析过程，并通过《计划篇》、《应用篇》和《材料篇》三部分来表述。

在 1992 年巴西里约热内卢召开的联合国环境与发展大会后，可持续发展的思想普遍融入到生态建筑思潮中来：1992 年理查德·L·克罗兹发表了《生态建筑》一书；1993 年美国出版的《可持续发展设计指导原则》一书列出了“可持续建筑设计细则”；1993 年 6 月国际建协在芝加哥会议上通过的《芝加哥宣言》继续为可持续的建筑鼓劲；1994 年米切尔·J·克罗斯比出版了《绿色建筑——可持续性设计指南》一书。

1994 年哈特考夫 (Volkdr Hartkopf) 教授在美国匹兹堡卡内基·梅龙 (Carnegie Mellon) 大学原有老建筑的屋顶上，加建了一整层可持续建筑试验室，运用了最新、最先进的技术装备，号称“智能型办公场所”。他采用可调节的天然采光、可调节的铝合金隔片、可调节的自然通风空调装置；随处都可打开地板；安装计算机连网插件和电话插座、局部通风照明等；办公室间可分可合，布置高度灵活，家具均按人体工程原理设计等等。作为对 21 世纪未来办公空间的探索性试验，此工程得到了许多建筑厂商的支持和资助，并受到美国政府和各办专家的重视。建成后参观的人络绎不绝。这次试验因为既有理论支持又有建成实物而名声大振[1]。

1994 年，西姆·范·德·莱恩 (Sim Van der Ryn) 在美国加利福尼亚的大索尔市 (Big Sur) 著名教育中心伊莎莱研究所召开了由全美生态设计

---

1 李道增. 21 世纪生态建筑与可持续发展. 中国建筑学会 2000 年学术年会——会议报告文集，2000.

http: //www.cnw21.com/maindoc/new/research/corpus/page/ldz-1.htm

的学界领袖们参加的会议，通过了创立“国际生态协会”的议案。这是一个跨学科的、旨在促进生态设计组织、教育机构、政府机构、实业界与设计者密切合作的组织，并且将目前各自分散的研究成果整合起来，以指导下一代年轻的生态设计者的工作。并于 1994 年 10 月 19 日发表了号召“生态革命”的 THE BIGSUR 宣言，内容如下：生态设计重新思考了人类社会的需求与自然界动态平衡的关系。就像工业革命一样，它号召一场新的革命——生态革命；传统形式的农业、建筑、工程和技术没有证明其足以保持人类健康与生态系统的整合关系；我们——国际生态设计协会，号召发展生态设计的科学及工艺，以响应生态原则[1]。1995 年西姆所在的法拉隆斯研究所（Farallones Institute）更名为生态设计研究所（Ecological Design Institute），简称 EDI，西姆创立的 EDI 研究所集中了建筑师、专业设计师、工程师、艺术家及工匠等多学科人才，力图将设计与生态紧密结合，采用最新的技术、程序和方式，努力减少废弃物的污染，改善现行的带有破坏性的建设方式，探索人与环境两者均可健康而持续发展的道路。

1995 年西姆和 S·考沃（Stuart Cowan）合作完成了《生态设计》（Ecological Design）[2]一书，从哲学、原理角度探讨了可持续性与设计，揭示了以生物界与人类作为设计的基础，如何应用生态学原理求解其共生融合的方法和途径。《生态设计》一书的出版被誉为建筑学、景观学、城市学、技术学方面的一次革命性的尝试[3]。

---

1 建立完整的生态开支（Ecological Accounting）概念，以全寿命周期内的环境影响来评价设计。②依靠太阳能。提高能源生产的可再生性及能源利用效率，直至获取的太阳能能完全满足人类的能源需求。③保持生物多样性及支持其具有地方适应性的文化及经济。我们认为保护生态系统和保持生态的景观不言而喻是很必要的，这一点必须伴随着基于地域特点的文化及经济的多样性。④废物等于原料。创建物质循环机制，以使上一个过程的废物成为下一过程的原料。⑤和整个系统协同工作。设计应保持最大程度的内在统一及一致性。⑥设计追随自然。能源及材料的置换应在生态系统自我恢复能力之内允许其充分展示其创造力。

2 Sim Van der Ryn，Stuart Cowan. Ecological Design. Washington，D. C.：Island Press，1996.

3 该书提出了五点生态设计方法和原则：第一原则：设计结果应来自环境本身（Solutions Grow From Place）。设计应当从了解基地环境开始。用 W·贝瑞（Wendell Berry）的话来讲，我们应当问这里的环境允许我们做些什么？如果我们尽可能地去感受基地的微差，我们的设计就不会对环境造成破坏。作者提出了为基地而设计的概念。第二原则：评价设计的标准——生态开支（Ecological Accounting）。必须对设计进行评估，确定其对环境的影响，以此来确定生态设计的可行性。为此，作者提出生态开支在建筑设计中必须作为一个重要的因素来考虑，它反映了整个生态的价值。设计应当认真考虑建筑对于生态在能源、材料、环境等方面的一系列影响，利用各种学科的知识，对其进行量化分析，以确定其是否有助于生态的良性循环。第三原则：设计结合自然（Designing with Nature）。通过与自然的结合，在满足我们自身的基础上，同时也满足其他生物及其环境的需求，使得整个生态系统良性循环。第四原则：公众参与设计。生态设计的开放性还表现在公众的积极参与上。第五原则：为自然增辉；每个人都是设计者。作者在此重点强调了生态设计的又一作用，即为唤起人们的生态环境意识所提供的具体模式，使人类关注和爱护自己所生存的地球。

1995年德国K·丹尼尔斯出版了《生态建筑技术》(The Technology of Ecological Building)[1]的专著，着重从技术角度介绍了目前生态建筑的构成和做法。书中对生态建筑的基本原理及各项技术都进行了具体清晰的阐述，并举实例说明。他认为对生态建筑议论的人多，而实干的人少，一旦面对实际问题，建筑师和工程师就一筹莫展，这是由于他们没有接受过专门的训练。出版此书的目的之一就是力求弥补这一缺陷[2]。

1996年日本建筑学会发表了《可持续发展指南》(JIA：Sustainable Design Guide)，以图表方式列举了可持续发展设计的指导原则和方法，对生态建筑设计有一定的参考价值。其中设计思想分为5类：自然、资源与能源、使用周期、人类、城镇与社区，每一类列出相应的措施和手段。主要的设计因素分为8类：材料与建造方法、功能的可持续性、防护措施、自然资源的利用、有效的资源与能源的利用、保证健康和舒适的环境、设计与地方性的结合、保护生态系统、控制城市气候的变化，每一类均提出了相应的设计方法和策略。

1996年3月来自欧洲11个国家的30位著名建筑师，如皮阿诺、罗杰斯和赫尔佐格等，共同签署了《在建筑和城市规划中应用太阳能的欧洲宪章》(European Charter Solar Energy in Architecture and Urban Planning)，其中提出了有关具体规划设计的极有启发性的建议，并指明了建筑师在未来人类社会中应承担的社会责任；1977年米切尔·J·克罗斯比和英国学者凯瑟琳·斯勒索发表的《生态技术——可持续建筑与高技术》；1997年格拉汉姆(Granham)在总结可持续发展有关文献时指出："生态学肯定是可持续发展的先决条件。"[3]

2001年1月地球宣言基金会(EPF)发表了《可持续建筑学白皮书》(Sustainable Architecture White Papers)，对近年来学术界和实践领域在可持续设计方面取得的成就进行了回顾和总结，进一步明确了可持续设计的若干原则。

许多著名科学家也提出自己的看法。如罗西认为："现代自然科学的主导趋势之一是它的生态学化"；亨德莱认为："生态学是21世纪的科学"；诺维克认为："科学的未来是生态学的综合"。学科发展已使冠以"生态"为名的学科不下百余门。生态学将朝着人和自然相互作用的研究层次发展，将影响人们认识世界的理论视野和思维方法，21世纪的建筑学和城市规划

---

1 Klaus Daniels. The Technology of Ecological Building, Basic Principles and Measures, Examples and Ideas. Berlin: Birkhauser Verlag, 1994.

2、3 李道增. 21世纪生态建筑与可持续发展. 中国建筑学会2000年学术年会——会议报告文集，2000.
http://www.cnw21.com/maindoc/new/research/corpus/page/ldz-1.htm

无论在理论和实践方面势必要进一步生态化[1]。

1.2.3　相关文献及理论综述——技术哲学领域的研究现状

根据德国技术哲学家F·拉普（F·Rapp）的观点，技术哲学的研究迄今为止大约经历了五个时期：第一时期是技术学时期，德国哲学家E·卡普（E·Kapp）1877年出版的《技术哲学纲要》是这一时期的力作；第二时期是从文化哲学的角度研究技术，注重技术与人的形象、人的命运之间的关系，如海德格尔等；第三时期是从社会批判的立场来研究技术，如马尔库塞（Herbert Marcuse）等从政治、经济、宗教、文艺等构成的整体出发来探讨技术在现代社会中扮演的角色；第四时期是20世纪六七十年代以来以罗马俱乐部为代表的一大批学者对技术与生态、技术与人类未来的关系所作的大量实证研究，引起广泛的社会重视；第五时期就是目前各国对技术与传统文化、技术与伦理、技术与政治、技术与语言等课题的广泛研究。

按照目前普遍认同的观点，虽然德国哲学家卡普在1877年就出版了《技术哲学原理》的论著，首创“技术哲学”这一学科名称，被公认为技术哲学的奠基者，但作为学科的真正出现却是在20世纪60年代至70年代。1966年《技术与文化》的“面向技术哲学”专辑和1972年的《哲学与技术——技术的哲学问题读本》的出版，尤其是1978年美国的“哲学与技术学会”的建立与《哲学与技术研究》杂志的创办，以及第16届世界哲学大会对技术哲学的确认，标志着技术哲学的形成，它的出现也正是由于这一时期技术开始成为公众关注的热点。技术哲学的研究范围主要涉及技术观、技术与自然、技术与文化、技术与价值、技术与政治和技术的社会控制等方面，它的主要内容包括技术本质论、技术自然论、技术社会论、技术文化论、技术价值论、技术发展模式论、技术方法论等，它既是一个哲学的分支学科、目前哲学关注的特殊领域，又是一种新的哲学传统、哲学视角和哲学眼光。技术哲学把技术看做人作用于自然界的中介手段，在哲学的层面上研究人对自然界的能动性、受动性及其辩证关系，主要运用各种哲学分析的方法，它更注重从思辨的角度和社会与文化的关系角度来研究技术。20世纪以来有关技术的问题是长期以来一直在争论的问题，技术在现代科学革命的支持下呈现快速发展的态势，许多史学家撰写了大量将科学史与技术史综合在一起的科学技术史著作，而且出现了一批具有广泛影响的技术史专著，如英国的辛格（C. J. Singer）、霍姆亚德（E. J. Hdmyard）、霍尔（A. R. Hall）和德里（T. K. Derry）等人的八卷本（技术史），法国多

1　李道增．21世纪生态建筑与可持续发展．中国建筑学会2000年学术年会——会议报告文集，2000.
http：//www.cnw21.com/maindoc/new/research/corpus/page/ldz-1.htm

玛斯（M. Daumas）的四卷本（技术通史）等等。

技术哲学作为关于技术研究的一门先导学科，20世纪以来呈现比较活跃的发展态势，国外主要的技术哲学理论著作有俄国工程师恩格梅尔（P. K. Englemail）的《技术哲学通论》（1912年）；德国工程师基默尔（J. Zsehimmer）的《技术哲学：论技术的意义和对技术谬论的批判》（1914年）、《技术哲学：技术的理念世界》（1933年）；德国工程师、哲学家德韶尔（P. Dessauer）的《技术的文明》（1908年）、《技术哲学》（1927年）、《技术的核心问题》（1945年）、《关于技术的争议》（1956年）；日本唯物论研究会的论文集《技术的哲学》（1933年）；德国哲学家施罗特尔（M. Sehroter）的《技术哲学》（1934年）；日本经济学家相川春喜的《技术论》（1934年）、《技术论入门》（1941年）；日本哲学家三木清的《技术哲学》（1942年）；日本技术评论家星野芳郎的《技术论笔记》（1948年）、《技术论和历史唯物主义》（1950年）、《技术的逻辑》（1969年）；日本科学技术史家冈邦雄的《新技术论》（1955年）；德国哲学家海德格尔（Martin Heidegger）的《关于技术问题》（1954年）；美国哲学家米切姆和麦克丰编的论文集《哲学与技术——技术的哲学问题读本》（1972年）；德国技术哲学家拉普的《分析的技术哲学》（1978年）等等。

欧美技术哲学近年来的发展，无论是在研究方法上还是在研究领域上，各有其不同表现及特点。总的来说，在研究方法上欧美技术哲学呈现出由单一性研究向多元性研究转向的趋势；从研究的领域看，欧美技术哲学大都把视野转向了某些新兴的学科领域，即技术哲学近来形成的某些特定领域，正在向学术团体讨论的中心集中，这些新领域包括生态学、技术全球化、信息技术、人工智能、多媒体、医疗技术、基因工程等。并且欧美技术哲学家坚信，“如果启开新视野对这些主题进行考察，就一定会产生特定的有待哲学来回答的哲学问题”[1]。近年来国内在技术哲学领域的研究发展较快，一些重要的专题都得到了较为深入的探讨，一些学者在有关方面做出了很多务实的努力，提出了自己的见解：陈昌曙在专著《技术哲学引论》[2]中，列举出“应当从哲学观点考察技术”的十条理由；吴国盛则指出技术哲学是一个有伟大未来的学科，“技术正在或即将成为哲学反思的中心话题”[3]，学者们关于技术哲学的思想会直接影响到建筑及其他领域中对技术的态度。

---

1 转引自郭冲辰等．当代欧美技术哲学研究回顾及未来趋向分析。http：//only. njau. edu. cn/philosophy/review/reviewshow. asp? id=60234. 2004

2 陈昌曙著．技术哲学引论．北京：科学出版社，1999.

3 吴国盛．技术哲学——一个有着伟大未来的学科．中华读书报，1999. http：//www. booker. com. cn/gb/paper41/1/class004100009/hwz40076. htm

1.3 研究的内容、目的、意义与方法

人类社会已然步入数字时代、生态时代，随着数字技术、生态技术日新月异的快速发展，建筑——人类生存、生产、经济和文化活动的容器，也在随着其包容内容的变化而改变着，建筑领域传统的思维、方法、技能以及建筑的空间、形态构成，也在随着时代发展的需要而变化发展。在当代数字技术、生态技术的支撑下，越来越多的有识之士对当代及未来建筑的发展进行着认真的思考，并努力地研究和探索着严峻的资源与环境问题的应对之策。

1.3.1 研究的内容

世纪之交，伴随着当代建筑在数字技术革命、生态技术革命中的演进，结构技术、材料技术、设备技术和施工技术中高新技术的广泛运用，建筑的发展呈现出根据不同的技术路线、面对严峻的全球性资源和环境危机的多元化探索趋势。技术作为推动建筑发展的原动力，它与历史上建筑技术理念的生成和建筑发展进步的阶段性特征紧密相关，本文以技术的发展为主线，从技术、技术观的角度来考察基于数字技术和生态技术的高技术生态建筑的生成发展历程，试图前瞻性地建构基于高技术路线的、节能和环保的建筑技术体系和研究体系的理论框架，为当代和未来大幅度地降低建筑能耗、减少环境污染的建筑研究和实践提供现实可行的理论依据和技术措施。

本文以数字时代、生态时代人类面临的严峻资源和环境危机为背景，通过对历史演进中的技术及技术理念的纵向梳理和哲学思想及技术哲学研究成果的横向吸纳，奠定了本文研究的哲学基础。解析了当代高技术及高技派建筑发展的本原阶段、异化阶段、软化阶段和复归阶段，指出复归并非简单的回归，在新的时代背景下应生成和发展新的原则，为本文的研究建立了逻辑结构。深刻剖析了早期和近现代注重生态的建筑设计理论和实践，建立了科学的、系统的生态建筑观及其相应的宏观生态策略框架，并以此为依据进一步建立了中观层面的生态建筑设计原则框架，也为本文的研究建构了理论平台。通过深入探讨当代建筑在数字技术革命、生态技术革命中的演进，进一步系统地分析了当代高技术生态建筑及多元化探索，前瞻性地指出在当代数字技术、生态技术和建筑科学技术融合的趋势下，数字时代、生态时代的数码建筑（数字建筑）、生态建筑和高技术建筑通过融合的技术手段走向了“三位一体”的融合道路，为当代高技术生态建筑的发展指明了方向。在上述研究成果的基础上，系统地建立了高技术生态建筑的两大理论框架——技术体系和研究体系的理论框架。总结性地倡导

并指出，在科学技术高度发展的今天，技术作为“一种拯救的力量”使得高技术生态建筑成为人类面对当今和未来严峻的资源和环境危机的一种积极、理性的探索，无疑是人类文明、科学技术与建筑进步的具体体现，必将成为当代和未来建筑发展的主流方向之一。

1.3.2 研究的目的、意义

从建筑学科的现实意义来看，数字时代、生态时代建筑学研究涉及的内容包括建筑的技术、功能、类型、形式、美学、伦理以及建筑和城市的关系等等诸多方面。基于数字技术和生态技术的高技术生态建筑发展研究是一个十分有价值的新课题，目前世界各国有关于此的研究基本上都处于同一起跑线上，它一方面契合了可持续发展的时代主题和全球共识，另一方面推动了各学科最新研究成果转化成的高新技术运用到建筑领域，为新世纪创造出“以人和自然和谐为本”的人居环境，提供了理论和技术上的支持。特别是在资源锐减、环境污染的时代背景下，建筑学研究的一个重要方向就是研究和探索节能、环保的高技术生态建筑的技术策略，利用高技术手段将大幅度地降低建筑能耗、减少环境污染变为现实，并使之成为明日的中间技术或适宜技术生态建筑的技术策略。

从建筑学科的理论意义来看，当代科学的发展呈现出大科学与高技术趋势以及高度分化与高度综合的趋势[1]，而古老的建筑学科经历了从辉煌到困境、从巅峰到低谷的全过程，值此世纪之交建筑学科只有适应时代的要求、保持建筑学科系统内部的持续创新才能保持自身的学术活力；只有走向多学科的交叉和融合并借助建筑学科系统外部的推动力，才能实现建筑学科自身的更新改造；只有建立新的建筑技术理论体系，才能完成建筑领域又一次本质性的转变和飞跃。本课题在对建筑学科、信息学科、生态学科的研究成果进行高度整合的基础上，为实现建筑学科高度分化与高度综合的发展提供一个更广泛、更全面的视野，同时也为实现建筑学科自身的拓延和发展撩开冰山的一角。

从历史的视角来看，今天的高技术只是一个相对而言的概念[2]，科学技术将义无反顾地向前发展，今日的“高技术”终将成为明日的“中间技术”或“适宜技术”，今日的高技术生态建筑必将成为明日的中间技术或适宜技术生态建筑，本课题的研究以期引发同仁们更深层次的思考、研究和探索，以期为新千年建构更为完整、详实的建筑理论体系和技术措施体系。

1.3.3 研究的方法

任何学科的研究方法都是与其特有的研究对象和研究内容紧密相关的，基于建筑学的研究对象和研究内容，本文的研究整体上采用了宏观思辨与

1、2 参见本文。1.1.3.4 当代的大科学与高技术趋势.

微观分析相结合、理论研究与实例考察相结合的技术路线，在宏观上从多视野、多视角对技术发展和建筑发展的紧密联系和互动关系加以横向和纵向的研究，形成本文研究的主线；在微观上对数字技术、生态技术等高新技术以及高技派建筑、生态建筑进行系统而又细致的分析，提出具有现实意义的、具有可操作性的高技术生态建筑技术体系的理论框架和研究体系理论框架。主要采用了归纳和演绎方法、比较研究方法、类型学方法、系统分析法、学科交叉方法等等。

本文采用归纳和演绎方法，对所研究的大量实例和理论学说进行了系统的总结归纳和逻辑推演，采用了这一常规、但却踏实的研究方法，意在本着一种严肃、科学的态度，追求真实、客观的理论品质；本文研究中较多地运用了比较研究方法，通过对于不同历史阶段或不同地区所表现出的不同特征的并置、比较，凸显出蕴含其中的共性规律和个性特征，比较研究的运用有利于理论研究接近问题的实质，避免流于浮躁和空洞；在本文研究的一些部分还借鉴了类型学的方法，将已有的建筑现象和原理加以分类总结，归纳出若干基本的形式，并发现其“变体”，从变化的要素中寻找出规律性的本质，同时也使得理论的研究和阐述更具明晰的脉络；采用系统分析法对所掌握的案例资料进行有效的分析，是本研究的技术核心所在，高技术生态建筑作为一个复杂的开放时空系统，其发展几乎涉及人类社会的一切领域，完整的高技术生态建筑理论是建立的社会学、经济学、生态学、地理学、规划学、建筑学、结构学、材料学、计算机图形学等诸多学科基础上的复杂系统，只有对这个系统全面分析论证，才能掌握事物间的内在联系并得出科学的结论；本文的研究中采用了学科交叉的方法，将视野拓展到相关的学科领域，涉及哲学、系统论、信息论、控制论、社会学和美学等多学科的交叉，既包括自然科学又包括人文科学，既有工程技术层面的研究又有艺术审美层面的探讨，正如著名科学家钱伟长先生所说，“今天所说的交叉学科，是在连续体中的一段谱线，一个位置。现在这些位置有许多还是空白，发展交叉学科，正是为了弥补这些空白。”[1] 在本文研究过程中还借鉴了一些其他领域的具体研究方法，比如社会学方法，许多哲学家都指出，人的本质是社会性的，而人的活动也都是在一定社会条件下进行的，因此将各种建筑现象看成是人类社会环境的产物，是社会学方法在建筑学科中得以应用的立足点。

各种研究方法的综合运用，使得本文的研究能够克服以往研究中的若干局限性，使本文的研究成果形成既严密又精确的理论体系，同时又具有鲜明的时代特征和现实意义。

---

1 戚昌滋著．现代设计方法论．北京：中国建筑工业出版社，1985：78.

2　建筑技术理念的生成发展与哲学思考

科学技术在人类社会的发展过程中起着决定性作用，科学技术上的每一次重大进步总是引发人类文明质的飞跃。建筑作为人类文化艺术的主要特征之一，其进化发展也与技术的进步息息相关：原始社会以石器文明创造了原始的村落；奴隶制文明以青铜器为基础，而正是青铜工具的应用和几何学、测量学的原理才使古埃及金字塔得以拔地而起；天然混凝土的运用、半圆券拱和穹隆顶的发明使得古罗马戛合输水道、剧场、公共浴室、万神庙、斗兽场和哈德良山庄组成了人间天堂似的古罗马城（图 2-1），数以千计的城市喷泉与雕塑一同构成了壮丽的城市景观；中世纪庄园城堡的

图 2-1　古罗马城遗址、古罗马斗兽场遗址、古罗马四河喷泉广场遗址、古罗马万神殿遗址

资料来源：http：//kyb. tmmu. com. cn/paris/italy. htm

图 2-2 完工于 1547 年的法国尚博德城堡及庄园于 1981 年列入世界遗产名录
资料来源：http：//www. china. org. cn/Chinese/zhuantilzwyichan/410344. htm

建设为飞扶壁、飞拱、尖头拱、带状肋穹隆顶的创造提供了前提（图 2-2），而当人们将宗教的狂热倾注到教堂建筑时，哥特式教堂的出现就如同雨后春笋一样迅速遍及了欧洲大地（图 2-3）；钢铁、玻璃等新材料的出现、装配技术的突破则使伦敦水晶宫、巴黎埃菲尔铁塔、巴黎世界博览会机械馆得以降生，成为当时的惊世之作；结构技术和设备技术的突破性进展更使得摩天大楼的幻想转变为现实……

图 2-3 哥特式教堂的出现是基督教建筑的开始，在整个建筑的空间形态上，哥特式建筑强调“垂直向上”、“仰望上帝”的空间意象，其尖刺般的高塔，将人们的视线焦点向上延伸至无穷的天庭。窗形由罗马建筑的圆拱窗改变为尖拱窗的形式；而交叉肋拱、飞拱壁等结构技术，也帮助整个建筑体得以挑高，塑造出修长的垂直感
资料来源：http：//lz. book. sohu. com/chapter-1639-3-8. html

科学技术通过两种途径对建筑发生着影响：第一种途径是科学技术本身在建筑中的直接应用，推进建筑技术科学的发展；第二种途径是科学技术发展改变人类的社会生活方式，间接影响建筑发展[1]。作为建筑发展的最根本原动力之一，技术的作用集中表现在物质、制度、精神三个层面上。这也正符合对于建筑文化的三个层次划分：表层的物化形态，即建筑的实体要素；中间的心物结合层，即道德规范、法规和创作理论；深层的精神形态，即文化的整体心态，如伦理道德、宗教敏感性、民族习性和价值观念等[2]。

1 秦佑国．建筑技术概论．建筑学报，2002，7：7.
2 高介华主编．建筑与文化论文集．武汉：湖北美术出版社，1993：13.

应用于建筑领域的科学技术分为三类：第一类作用于建筑师的工作过程，是与设计媒体相关的技术（Mitchell & Mc Cullough，1995 年）；后两者直接作用于建筑，第二类是与建筑的材质相关的技术，包括结构、构造等（Elliot，1994 年）；第三类是与建筑系统相关的技术，主要是建筑内部的各种系统设备（Elliot，1994 年）。而建筑创作是一个综合的思维过程，一方面相对于物质形态的建筑产品而言，它是一个物质生产过程；另一方面相对于作为文化、美学等的载体的建筑艺术品来说，它又是一个艺术创作过程。建筑创作的这种双重属性决定了其必然要受到各种相关领域的影响。其中，建筑技术理念的变革通过对建筑创作的哲学、美学原则和创作方法论等的改造，在制度和精神层面上对建筑创作的演进和变革发挥着重要的引导作用。

科学技术的发展进步直接推动了建筑技术的发展进步，建筑技术的进步又从思想上深入影响到建筑师的设计方法和手段，建筑技术逐步转化成思想的结晶和衡量社会需求及功能的实际尺度，形成新的建筑技术理念。建筑技术和理念的发展、突破对建筑的促进贯穿了建筑史的始终：从古埃及的金字塔到卢佛尔宫前的玻璃金字塔，从古罗马的角斗场到罗马的小体育场，从巴黎圣母院到美国科罗拉多州空军士官学院教堂，从圣马可广场的威尼斯市政厅到日本东京都市政厅……各种新的空间结构及新材料、新的施工管理技术，为当代建筑的百花齐放提供了展现的舞台。在《建筑十书》、达芬奇的方案及勒·柯布西耶（Le Corbusier）的手稿中，都有关于建筑的形象和技术关系的图解，可以说每一种划时代的建筑文化都建立在相应的科技水平上。

2.1 建筑技术理念的演进

建筑技术是对建筑结构、建筑材料、建筑设备、建筑施工等物质手段的应用过程。一般认为，建筑技术是解决建筑艺术的社会目的的方法，是满足建筑功能和创造建筑艺术的物质手段。它是随着社会的发展、人们生产生活的需要的变化以及建筑新材料的出现而不断改进的。建筑技术具有自然、社会、物质和审美四种属性[1]。首先，建筑技术的运用必须符合自然规律，这也是对建筑技术最基本的要求，如建筑结构应满足强度、稳定性等力学要求，材料运用应尊重材料的自然特性——诸如质地、力学性能及养护老化等等。其次，建筑技术的目的最终应服务于社会、服务于人，反

---

1 M. Heidegger. The Question Concerning Technology and Other Essays：12. 转引自罗家昌著．从物质实体到关系实在．北京：中国社会科学出版社，1996：139.

之，社会与人的需求又刺激了建筑技术的发展。再次，建筑技术具有物质性，建筑技术往往以实物的方式存在于建筑当中，例如建筑的结构、设备、材料等均是物质性的因素。最后，建筑技术其本身也包含着美学法则。

目前国际上建筑技术科学与城市规划、建筑设计与理论并列为建筑学的三大分支学科，形成三足鼎立的构架，并且是推动建筑学学科发展最活跃的领域之一。国际上建筑技术学科主要包括两大部分内容：一是环境控制技术，包括音质设计、噪声控制、采光照明、暖通空调、保温方式、建筑节能、太阳能利用及防火技术等等；二是计算机在建筑中的应用（指研究开发）。从目前学科发展的态势来看，建筑技术科学还应包括智能科学、信息科学、行为科学和人类工程学、生态学等在建筑中的交叉和应用研究。

回顾建筑的发展史，由远古时代到中世纪、文艺复兴时代、古典主义建筑和 19 世纪下半叶以来的近代西方建筑、再转入 20 世纪在世界建筑史上具有广泛影响的"现代主义建筑运动"，直到当代流派纷呈、莫衷一是的局面，其间经历了多次阶段性飞跃。这其中无疑有着社会、政治、经济、文化等方面的历史动因，但也可以清晰地看到，它与历史上科学技术发展进步和建筑技术理念演进的阶段性特征不无关联。米歇尔·福柯在《词与物》中曾说："正如我们知道的那样，历史无疑是我们记忆中最博学的、最有意识、最自觉、也许是最零乱的领域；但它同样是一种所有人形成其闪烁不定的存在的深度。"[1] 所以我们通过对于建筑历史发展的五个阶段的纵向梳理，来挖掘其中建筑发展与建筑技术理念发展之间或隐或显的紧密、互动的联系。

2.1.1 原始时期

建筑活动是人类最古老的历史活动之一，在原始社会，建筑的发展是极其缓慢的，在漫长的岁月里，我们的祖先开始使用原始的营建技术艰难地建造穴居和巢居。

随着劳动工具不断进化和营建技术不断提高，逐步发展到建造地面房屋，创造了原始的木构和石构建筑。用以遮风避雨、防止野兽和敌对部落的侵袭是原始建筑产生的直接动因。在生产力极其低下、人类的全部精力都用于为生存而挣扎的情况下，简陋的建筑物主要是满足原始人类对物质形态的建筑实用功能的追求（图 2-4）。

随着社会生产力水平的提高，原始人类学会使用新的建筑材料和新的建筑技术，逐步开始定居，有了村落的雏形，它们的布局常常呈环形结构，并产生了审美的需求。因而建筑也逐步由单纯的物质形态向物质形态、精神形态相统一的方向发展。尽管在原始社会时期建筑技术水平是低下的，建筑形式是简陋的，审美情趣是蒙昧的，但这一时期孕育了建筑的萌生，

1 （法）米歇尔·福柯著．词与物——人文科学考古学．莫伟民译．上海：三联书店，2002：19.

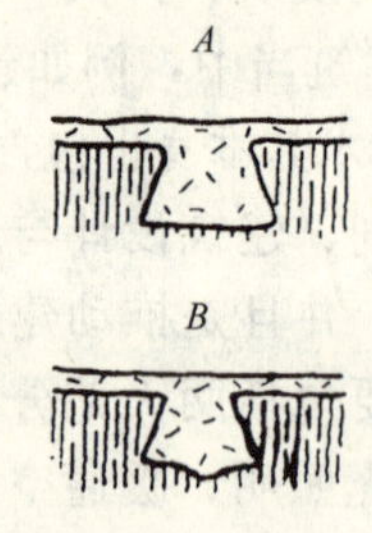

图 2-4　马来亚半岛的巢居、法国阿尔塞斯（Alsace）穴居的两种剖面、美洲印第安人的帐篷

资料来源：罗小未，蔡琬英著．外国建筑史图说，1986：2.

包含了人类建筑文明的一切要素，建筑与技术简单而紧密地结合在一起，表达出原始朴素的技术思想。

2.1.2　前工业时期

我们把建筑技术从古埃及、古希腊、古罗马时期一直到工业革命前夕的发展阶段称为前工业时期。当时的建筑巨匠们身兼艺术家、建筑师、工程师甚至数学家于一身，不论是早期佚名的建筑师，还是文艺复兴时期的伯鲁乃列斯基、达·芬奇、哥特时期的丢勒，或是中国古代的能工巧匠，他们都了解关于建造的所有细节，实践着早期的全体性设计方法（Cooley，1980 年），建造着代表时代发展水平的宫殿、教堂和豪华府邸（图 2-5）。尽管从中国古代的《周礼·考工记》、宋《营造法式》、清《工部工程做法》到维特鲁威（Vitruvius）的《建筑十书》中都用大量篇幅讨论建筑技术，但是与同时期人类文明的进步相比较，建筑技术的发展始终处于较低水平和重复状态，远远不能为人们的建筑创造提供完美的解答。尽管每一次技术的变革，也会使建筑创新和发展，但是常常淹没于风格的替换中。尽管科学技术以第一生产力的身份推动了社会的进步，也以手段和工具的方式直接影响着建筑的发展，但这种影响并非是深刻的，甚至不是主要的因素[1]。在西欧哥特式教堂成为中世纪天主

图 2-5　伯鲁乃列斯基（Fillipo Brunelleschi，1379～1446 年）的杰作佛罗伦萨大教堂，高 91m（仅比现代建筑中超高层的概念少不到 10m），最大直径达 45.52m，在几百年前从设计到施工可以说都是一个奇迹

资料来源：http：//europe. ce. cn/traverl/jianzhu/200406/24/t20040624 _ 1149864. shtml

1　孙澄．现代建筑创作中的技术理念发展研究．哈尔滨：哈尔滨工业大学博士学位论文，2003：14.

教堂的典范，骨架券、双圆心尖拱、飞扶壁等一整套结构体系保证了哥特式教堂产生窄而高、纵向深远、神秘莫测的空间和挺拔向上、直入天国的艺术造型。但是如此巧妙而又清晰的受力、传力过程在当时的建筑技术理念中并未占主导地位，其建构的目的是为了歌颂上帝的至高无上和神权主义。从历史的角度来看，前工业时期人类社会没有遇到大的科学技术变革，建筑技术与建筑艺术简单而近乎完美地统一在一起。但是建筑的内涵和外延被过分地强调，建筑的精神、文化和象征作用被夸大，建筑创作中技术理念始终隐藏在精神功能后面，艺术性始终占据这一时期建筑的主导地位，技术始终处于为艺术服务的工具、手段的从属地位。

2.1.3 工业化时期

我们把1769年瓦特发明蒸汽机为标志的工业革命，到20世纪60年代信息技术的发展使人类开始进入信息社会[1] 统称为工业化时期。这一时期随着蒸汽机的发明、大规模机器制造业、蒸汽动力技术群的形成和发展，人类迎来了第一次技术革命。19世纪70年代随着直流发电技术成为广泛应用的能源和动力，人类文明进入了以电气化为标志的新时代，随着电力技术为核心的技术群形成和发展，人类迎来了第二次技术革命。伯兰特·罗素[2]在《中西文明比较》一文中谈到西欧和美国的精神生活可以追溯到三个来源：希腊文化；犹太宗教及其伦理；现代工业主义[3]。可见工业革命导致世界范围的剧变不仅带来科学技术的伟大变革，同样也深刻地影响到人类精神生活等社会的各个层面，成为人类文明史上的一个重要转折点。波及到建筑领域，带来的一系列的变革，就其深度和广度来说，在建筑历史上都是空前的：它打破了建筑技术与建筑艺术的早期均衡，建筑师不再可能成为一个完美的多面手，技术的发展为建筑创作提供了丰富的可能和依据，建筑技术的进步和创作水平的提高则实现了这种可能性，从而促进了建筑向更高阶段发展[4]。

特别是以1911年格罗皮乌斯设计的法古斯（Faguswerk）鞋楦厂为标志的现代主义建筑的诞生（图2-6），标志着现代科学思维被融入到建筑学

---

1 参见本文.1.1.1.1 计算机、互联网的发展历程与信息技术.

2 伯兰特·罗素（Bertrand Russell）是20世纪最有影响的数学家、逻辑学家和哲学家之一，其学术活动除数学外，涉及物理学、历史、文学、宗教、政治和教育等多方面。1911年当选为亚里士多德学会会长。1918年因反战而被监禁。1920年应邀来中国讲学一年，他盛赞中国的传统文明，并希望中国能创造一种新文化，以弥补西洋文化之不足。1950年获诺贝尔文学奖。1964年创立罗素和平基金会。

3 http：//www.93.gov.cn/93kanwu/200304/mk030317.htm

4 此时学院派建筑师早已淡忘了对技术的研究，只能探讨掩盖了力学原理和使用功能的美学法则，这样的结果在19世纪和20世纪之交时，以Beaux Art为代表的学院培养出来的建筑师被时代远远地抛在了后面，水晶宫便是此时众多令建筑师尴尬的例子中最著名的一个（张利，2002年）。

图 2-6　法古斯（Faguswerk）鞋楦厂

资料来源：罗小未主编．外国近现代建筑史．北京：中国建筑工业出版社，2004：66.

之中，建筑设计的宗旨从单纯的追求美，发展到追求对问题（包括美学问题在内）的综合的、合理的解决，科学技术（建筑技术）、设计方法与建筑艺术紧密地结合在一起。并且将技术理念提升到前所未有的高度，积极主张采用新材料、新结构等新型技术，在建筑创作中发挥新材料、新结构的特性；强调建筑要随时代而发展，建筑应同工业化社会相适应；强调建筑师要研究和解决由于技术和社会变革引起的建筑实用功能与经济问题；主张坚决摆脱过时的建筑样式的束缚，放手创造新的建筑风格；主张建筑形式与内容的一致性，发展技术美学。随着现代主义建筑运动走向成熟，现代主义建筑艺术本身越来越难摆脱建筑技术而孤立地存在，而且在很多情况下，技术与艺术之间是如此的统一，以至于我们根本无法界定出哪里是技术的贡献，哪里是艺术的贡献。这种在现代主义建筑运动发展成熟之时所形成的新的全体性设计模式，是这场运动本身的最大贡献之一，也是那些企图为现代主义下形式定义的“国际式”教条所无法概括的[1]。

所以，现代主义建筑在技术理念上基本上是实用主义的，对技术充满了信心、肯定和乐观主义的精神，技术与艺术、功能、形式的关系处于和谐的高度统一。正如现代主义建筑大师密斯·凡·德·罗所说：“技术根植于过去、控制今天、掌握未来……技术远远不是一种方法，它本身就是一个世界……当技术完成它的真正使命时，它就升华为建筑艺术。建筑依赖于自己的时代，它是时代内在结构的结晶，显示出时代的面貌。这就是技术与建筑紧密结合的原因。”[2] 见图 2-7。

2.1.4　后工业化、信息化初期

我们把 20 世纪 60 年代前后称为后工业化、信息化初期[3]，从历史的角

1　张利．谈一种综合的建筑技术观．建筑学报，2002，1：54.

2　吴焕加著．论现代西方建筑．北京：中国建筑工业出版社，1997：168.

3　哈佛大学教授贝尔（D. Bell）早在 1959 年的一次学术讨论会上就提出了“后工业社会”的概念。1973 年他在《后工业社会的来临——对社会预测的一项探索》中详细地论述了他的后工业社会理论。他认为它是工业社会继续向前发展而出现的新型社会，与前工业社会、工业社会相对。

度看，我们认为这一时期建筑及筑技术发展是一个承上启下的过渡时期。这一时期世界范围内的科学和技术发展极为不平衡，西方发达国家已经完成工业化进程并且刚刚步入信息社会[1]而发展中国家尚未开始真正意义上的工业化之前，便已面对信息化时代的强劲冲击。在建筑领域，西方现代主义建筑开始走向衰败，"千篇一律"、"没有人情味"成为现代主义建筑的代名词，现代主义运动的技术至上、忽略城市环境的技术观的确是不争的事实。这一时期哲学上的混乱导致社会思潮、建筑思潮的多元，建筑流派和理论繁杂，有的甚至相互矛盾，但总的来说都是对现代主义建筑运动技术合理性的质疑，更有对现代科学本身的质疑，有学者甚至提出摆脱现代科学的思维（Perez-Gomez，1984年）。在建筑上表现为多元化时期，即建筑哲学观的多元化、建筑美学观的多元化、建筑历史观的多元化、建筑技术观的多元化、从现代主义建筑观向多元化建筑观的转变。

图 2-7　西格拉姆大厦（Seagram Building，New York，1954～1958年）

资料来源：罗小未主编．外国近现代建筑史．北京：中国建筑工业出版社，2004：262.

从技术理念的角度究其原因，主要是在技术的运用上缺乏新的突破性进展，不足以借用新的科学技术对现代主义建筑形式彻底改观，使得其艺术因素在风格转变中占据了重要地位，以致人们不得不重新审视和评判建筑学的经典理论。建筑多元化思潮的产生究其社会原因，一方面"能源危机"和"环境污染"打破了人们对科学技术成就的一味向往和信心，另一方面西方社会也正从工业社会向后工业社会、信息社会初期过渡，第三次技术革命带来的数字技术等高科技取代了工业社会的机器大工业技术，成为后工业社会、信息社会初期的首要特征。

工业社会造就的现代主义文化已经不能满足后工业社会、信息社会初期的需要，使这一时期建筑创作的技术观表现为多元化取向：后现代主义建筑表现为注重精神文化、向传统学习，对技术采用一种保守和消极的态度（图 2-8）；新理性主义、地方主义表现为只是把技术作为实现他们目的

1　参见本文．1.1.1.1　计算机、互联网的发展历程与信息技术.

图 2-8 菲利浦·约翰逊（P. Johnson）设计的美国电话电报大楼（AT&T Building）于 1984 年落成，成为后现代主义的代表作
资料来源：http：//www.ionly.com.cn/pro/7/74/20050528/060012.html

的一种手段，并没有在他们的理念中占有重要的地位，因此技术在他们的建筑中形象比较暧昧，也没有像在现代主义建筑中表现出充满乐观主义的力量；其中比较引人注目的一支——高技派建筑表现为科学理性的代表、极力推崇运用高科技，对技术持积极和乐观的态度。与现代主义建筑明显不同的是，技术不但是实现功能和形式的手段，而且已成为形式表现的主题，技术的形象无疑已处于主导地位并且日趋外显；解构主义建筑也表现为利用高技术，但却表现出技术悲观主义的倾向，各种支离破碎的形体、爆炸式的空间、各种错乱的墙面、飞梁、柱、地面，从C·希米尔布劳的汉堡媒体天际线大楼到哈迪特（Z. Hadid）的顶峰俱乐部都可以看到这种“废墟”般的形象。

2.1.5 信息化时期

我们把 20 世纪 60 年代以后称为信息化时期[1]。这一时期以来，现代科学技术发展出现了两个巨大的变化：一个是对科学技术（工业文明）的反思；一个是信息技术的突飞猛进。对科学技术的反思主要集中在两个方面：一个是科学技术的强劲发展迫使人文学者批评地反思这种发展的社会后果。后现代主义建筑理论可以看成是人文思潮对科学技术的反思在建筑领域内的一种反应。另一个是对科学技术发展在自然界的后果的反思。能源危机、生态破坏、环境污染、温室效应等引起了全世界的严重关注。可持续发展建筑是这种反思在建筑领域内的反应[2]。

20 世纪 60 年代第三次科技革命正如火如荼[3]，特别是 80 年代以后，信息技术的发展给建筑带来巨大的影响，计算机技术的广泛应用使建筑结构、

---

1 参见本文 . 1.1.1.1 计算机、互联网的发展历程与信息技术.

2 秦佑国 . 建筑技术概论 . 建筑学报，2002，7：7-8.

3 参见本文 . 1.1.3.3 第三次科学革命与技术革命.

构造等技术在精度上达到了空前的水平，它重新带来了技术合理的建筑艺术[1]。伴随着一些高新技术进入建筑领域，数字技术、生态技术的应用和可持续发展的建筑观、环境观的确立，使建筑发展的方向指向了数字化、生态化[2]，呈现出高技术、高情感、高艺术、人性化的特征。21世纪是数字化时代，数字技术应用在建筑领域将会使建筑物的空间构成、实体构件的代替、建筑设备、营建方式等等产生巨大的变化，并且会形成全新的设计理念与方式（图2-9）。尤其是近一二十年以来，数字技术的推动作用不仅表现在新材料、新结构、新设备应用，创造了不同的艺术形式，产生了众多的建筑设计理念。更重要的是它改变了人们的审美价值观念，改变了建筑师的创作观念。它打破了传统建筑单纯从建筑美学角度追求建筑艺术表现的框架，将技术融入到每一个设计理念和人的审美需求中去，使技术与艺术统一起来，最终完成“技术升华为艺术”的目标。

图2-9　盖里设计的西班牙毕尔巴鄂的古根海姆艺术馆

(Guggenheim Museum，Bilbao，1997年)

资料来源：http：// www.ionly.com.cn/pro/7/74/20050529/205141.html

综上所述，从历史发展的脉络中我们可以看到技术与建筑二者之间的密切关系：技术作为建筑创造中的一个重要因素，有着举足轻重的地位。技术进步是建筑发展的基本原动力，是达到建筑实用目的的主要手段，是创造新的建筑形式最活跃的因素。古今中外，一个好的建筑作品，总是反映一定时代的技术水平，历史上每一次科学技术的飞跃，总是带动建筑思潮的涌动，建筑文化会随之产生漂移，新的造型方式、营建手段和审美情趣会一一展现在我们眼前，每一次技术变革后的新建筑都让我们由衷地叹为观止（图2-10）！正如高介华所说：“科学技术是建筑物质生产的第一生产力，是精神生产不可或缺的触媒，是建筑文化

图2-10　台北101大楼以508m高成为世界第一高楼

资料来源 http：//news.rednet.com.cn/Articles/2004/04/552612.HTM

1　参见本文.3.3.1.3　异化时期“高技派”建筑的美学观——第二代机器美学（极端理性主义美学）.

2　参见本文.5.1　当代建筑在数字技术、生态技术革命中的演进.

的尖兵。”[1]美国考古学家宾福德也认为：“技术发展是社会文化演变的关键所在。”[2]有人将科学技术对于人类社会的推动作用归结为四个方面的社会功能：生产力功能、经济功能、政治功能和文化功能，可以说这四大功能对于建筑文化的三个层次均有不同形式、不同力度的推动作用，也正充分说明了科学技术是建筑发展的基本原动力。

2.2 哲学思考

建筑，自从这一物质形式存在之日起，便无法脱离技术的框架。正如建筑大师密斯·凡·德·罗所言：“只要撇开浪漫主义的观念，我们就能看到，古希腊人在建筑上的创造和古罗马人用砖和混凝土所进行的营造，以及中世纪教堂的营造，都是工程技术的大胆成果。毫无疑问，最初的几座哥特式建筑物，在它们的罗马风式样的同类建筑中，必定好像是一些不速之客。”[3] 可以看出，技术理念不管从一开始在建筑领域是否成系统的存在，都会实实在在地在建筑中表现出来；技术理念有其明显的阶段烙痕，而且与整个社会文化、科学世界观的背景息息相关，作为文明大系统中的一个子系统，总是时时受到整个文明环境的反映和制约。运用和表现技术的不同理念，直接影响到建筑创作的观念和方法，客观表现为不同的建筑形式、风格、流派。粗略主义、隐喻主义、高技派、银色派、新乡土主义、典雅主义、后现代主义、晚期现代主义、结构主义、新陈代谢派、共生论……它们在不同的历史时期与不同的社会文化背景下，成为不同地域的建筑界的主流和世界建筑舞台的亮点。各种风格、流派都有其深刻的历史文化意义与科学技术背景，因而它们都是历史偶然性与现实必然性的产物。因此，严格地区分它们具体的概念与内涵是毫无意义也是不必要的。然而，若从技术理念的角度来分析这些建筑流派，却会惊奇地发现它们具有非常明显的分界：包括基于哲学上“理性主义”（Logocentrism）的技术乐观主义和基于哲学上“人文主义”（Humanism）的技术悲观主义两大走向[4]。上升到哲学的高度来考察20世纪建筑的技术观、发展观，将为我们分析和展望本世纪建筑发展的趋势提供更加明晰的思路。

2.2.1 20世纪的哲学思潮

哲学是时代精神的精华，达米特（M. Dummett）曾提出：迄今为止，

---

1 高介华主编．建筑与文化论文集．武汉：湖北美术出版社，1993：15.

2 李思孟，宋子良，钟书华主编．自然辩证法新编．武汉：华中理工大学出版社，1997：197.

3 刘先觉编著．密斯·凡·德·罗．北京：中国建筑工业出版社，1992：213.

4 孙澄．现代建筑创作中的技术理念发展研究．哈尔滨工业大学博士学位论文，2003：17.

西方哲学经历了三个阶段两次转向：古希腊哲学追寻世界的本原与始基，处于本体论阶段；自笛卡尔开始，后经洛克、休谟、康德等人，西方哲学发生“认识论转向”，进入认识论阶段；从弗雷格等人开始，西方哲学发生“语言学转向”，进入语言学阶段，在此阶段，语言问题上升为哲学研究的主要问题，甚至全部哲学问题都会归结为逻辑——语言问题[1]。20 世纪现代西方哲学形形色色、林林总总，但基本上可以归纳为两大主要思潮，一种是科学主义（理性主义）思潮，另一种是人本主义（Humanism）思潮。

科学主义思潮一般以科学认识论、方法论、逻辑、科学发展规律等作为主要研究对象，主张哲学应该排除对传统形而上学的研究，致力于对具体科学知识的综合或对其作逻辑分析和语言分析，以实现科学的统一。这一思潮从孔德（A. Comte）、穆勒（J. S. Mill）、斯宾塞（H. Spencer）的实证主义，经马赫（E. Mach）的经验批判主义演变为逻辑实证主义的分析哲学。此外，波普尔（K. R. Popper）的证伪主义也属于这一潮流的继续。科学主义思潮回避了世界的本原以及事物的本质问题，强调人的认识只能停留于实证的知识并局限于主观经验的范围内，否定了人对主观经验之外的客观实在的认识可能性[2]。

人本主义思潮把科学主义思潮所排除的人的各种问题和社会问题作为研究对象。但他们并不是把人作为世界的一部分来研究，而是研究单个的个人，人的意识、无意识、本能、意志、情感等非理性因素，从而对压抑人的理性、异化[3]现象和社会进行抨击。人本主义思潮始于叔本华（A. Schopenhauer）的生存意志论，他把非理性的情感意志作为人和世界的本原。尼采（F. W. Nietzsche）也肯定意志的首要性并否定科学和理性，但以“权力意志”和“超人”哲学代替了叔本华的生存意志哲学。狄尔泰（W. Dilthey）、齐美尔（G. Simmel）的生命哲学，柏格森（H. Bergson）的直觉主义，弗洛伊德（S. Freud）的精神分析主义，马尔库塞、阿道尔诺（T. W. Adorno）为代表的法兰克福学派都属于这股思潮。存在主义可以说是这一潮流的集大成者，无论是海德格尔、萨特（J. P. Sartre）还是亚斯贝尔斯（K. Jaspers）都把“人类存在”当做全部哲学的基础和出发点，主张“存在先于本质”，只有从这种存在出发，才能排除一切不真实的东西，领悟人生真谛，恢复人的自由和尊严。从以上的人本主义思潮我们可以看出，它否定了工具理性，给了非理性的主体以中心的地位，赋予它某些可靠的主体性内容，从中隐含了对现代资本主义社会那种过分膨胀的意志力和自

---

1 陈波．分析哲学的价值．中国社会科学，1997，4：63.

2 国家教委社会科学研究与艺术教育司组编．自然辩证法．北京：高等教育出版社，1991：275-284.

3 参见本文．2.2.3 异化与技术异化.

信的折射。

但是实际上从存在主义开始，这种主体的主体性就开始退让了，海德格尔把存在（人）变成一个使存在得以显现的场所，就是对人的主体权利的谦逊出让。阿道尔诺既反对启蒙理性，也反对非理性主义的中心地位，这便产生了向后现代哲学的转化。

结构主义和语言分析哲学都从根本上消解了人作为主体在哲学中的中心地位，只不过，结构主义在摈弃主体时保留了逻各斯中心主义，语言分析哲学则不仅摒弃了主体对意义的本原地位，而且对逻各斯中心主义也加以消解。它们都把哲学建立在语言符号的基础上，语言似乎成为世界的本原。

解构主义则否定了结构主义的语言或文本后深层结构的存在，瓦解逻各斯中心主义的形而上学方面，最终走向了终结形而上学和哲学的结果。雅克·德里达（Jacques Derrida）借用了索绪尔语言中的“差异原则”作为其哲学的基点：即所指（能指的意义）只能从与其他能指的关联和区分中获得，并把这一原则推向极致，即符号呈现出意义的绝对的自我不在场，从而瓦解了结构主义文本内部产生意义的深层结构的可能，语言也因而不可能指向先验的实在。

20世纪哲学发展到解构主义可以说走到了否定的尽头，科学主义思潮一开始就否定了任何本体论的基础，人本主义思潮建立的主体地位被结构主义、分析美学的语言观所代替，解构主义又瓦解了深层结构和语言本源性的可能。

哲学的发展不但深深影响了20世纪美学的发展历程，美学也走向了否定的一面，丑与荒诞成为审美的可能，而且也有一些哲学思潮直接地影响到建筑领域，如存在主义对新粗野主义的影响，结构主义对荷兰结构主义、新理性主义的影响，解构主义哲学对解构主义建筑的影响。更为重要的是哲学代表了对世界最根本的思考，哲学的否定代表了人类精神对世界、对自身的否定。这样一种否定必然要反映在建筑思想中。在20世纪上半叶建筑的现代主义时期，乐观的建筑思想还主要表现为对建筑、对文化、对世界的肯定。然而到20世纪下半叶，哲学的否定精神快速地渗透到建筑领域，使建筑思想也部分地转向了嬉戏于否定以及语言的囚笼[1]。

所以，20世纪西方哲学总的发展线索是一条走向否定的道路，从现代哲学贯穿到后现代哲学，哲学走向否定是以反理性和非理性为其特征的。

1　彭怒．多元时代建筑设计思潮．同济大学博士学位论文，1998：19.

2.2.2 技术的哲学本质、价值和技术文明

哲学大师海德格尔[1]认为，在技术本质得以揭示之前，必须做一些准备性的工作，即清理与批判历史上流行的技术观。这些流行的技术观把技术看成是达到目的的手段和人的活动，此观点即工具性的和人类学的技术思想。这些技术观认为，技术是中性的，不涉善恶。技术的影响，无论是好处还是危害，都归咎于掌握与使用技术的人，技术本身不必对技术及其后果负责。工具性和人类学的技术定义虽然正确，但并不足以揭示技术的本质。因为从工具、技术与主体的层面，技术的本质不可能得到敞开，技术中性论也无助于增进对技术本质的理解与把握。在海德格尔看来，许多关于技术的问题，都是未深思的。而只有追问才能使人达到真理层面。要追问技术的本质，就应当用正确的东西去寻找与揭示真理。通过考察他认为技术是一种展现方式，他在《技术的追问》一文中谈到："技术不仅是手段。技术是一种展现方式。如果我们注意到这一点，那么，技术本质的另一完整的领域就会显现在我们面前。这正是展现或真理的领域。"[2]在这里，"海德格尔用展现这个概念把单纯工具性的技术解释提高到一个更基本的等级上"[3]。而且，海德格尔认为："展现贯通并统治着现代技术。"[4]可见展现对于技术的决定性作用。

海德格尔在技术与真理相关联的层面上，探求技术之本质，这种探求基于存在论。针对技术的本质，海德格尔认为："技术不仅是手段。技术是一种去蔽方式。如果我们注意到这一点，那么，技术本质的另一完整的领域就会向我们敞开自身。这正是去蔽的即真理的领域。"[5]在海德格尔看来，技术作为一种去蔽的方式，也是一种真理，技术对真理的去蔽以及技术这种真理，却不是本性的，无关于本性的真理。这在于作为真理展现的一种方式，技术的去蔽是一种挑战性的，其前提与基础就是"设定"（Stellen）。所谓设定就是从某一方面去看待某物，取用某物。技术设定自然、挑战自然，将事物变成为"持存物"（Bestand）。事物作为存在者在表象中成为对象，世界则被把握为图像。因此，技术的去蔽不是本真的。海德格尔把技术的这种挑战性的要求称为"座架"（德文 Gestell，英文 Enframing），并把

---

1 马丁·海德格尔（Martin Heidegger，1889～1976 年）是 20 世纪最有影响的德籍西方思想家之一，从 20 世纪 30 年代开始，海德格尔一直深思科学技术并深切地关注着科技对人类生活的深刻影响，他对科技的沉思极富启迪，对人类社会的可持续发展具有重要意义。

2 （德）海德格尔著．基本著作．纽约：哈普和劳出版社，1977：294.

3 （德）特·绍伊博尔德著．海德格尔分析新时代的技术．北京：中国社会科学出版社，1993：17.

4 （德）海德格尔著．基本著作．纽约：哈普和劳出版社，1977：296.

5 （德）海德格尔著．基本著作．纽约：哈普和劳出版社，1977：294.

它与技术本质相关联，他认为："现代技术之本质居于座架之中。"[1]"座架"构成了技术的本质，技术由此关联世界。"座架"将人与自然纳入到一个刻板性的结构中，"座架是这样一种设定的集合，它设定人，亦即挑战人，使他以命令的形式将自然去蔽为"持存物"，这些"持存物"从属于人并为人所用。"座架就是这样一种去蔽方式，它支配着现代技术的本质，而它本身却不是技术的东西。"[2]也即由座架决定的技术本质本身不是技术的，从而表明了技术与技术本质的区分，同时也表明了技术与技术的本质之间的异化[3]。

作为一种去蔽方式，技术之所以不再作为 poiesis 而去蔽，这是因为形而上学使技术成为"座架"，把自然物设定为技术的"持存物"。技术的本质关联于存在的去蔽与遮蔽。在技术的去蔽中，存在受制于技术，而以存在者的方式显现。因此，技术的去蔽同时也是对存在的遮蔽。在古希腊自然（Physis）指从自身涌现，也即去蔽。这里的自然相关于存在、真理，而技术却干预了自然之本性。近代以来，自然却常以自然物的形式成为技术的对象物。

作为有效的手段与工具，技术在改造自然、刺激人的需要和满足无穷尽的欲望方面，发挥着极其重要的作用。揭示技术的本质有利于正确地对待技术，海德格尔揭示了技术本质的非技术性，技术在此表明为"座架"，技术既不是万能的，也不是一无是处，技术就是技术，它不会由人任意左右。技术强迫事物按照技术设定的框架去展现，事物成为了被技术统治的，只具有单纯的、齐一性的功能的物质。同时，人被技术奴役，存在遭受危险，而这危险源出于技术之本质，"所以，说到底，座架占统治地位之处，便有最高意义上的危险"[4]。技术不会简单地被人类克服，因为技术时代，人已被物化。克服技术和由技术所招致的危险，要比通过单纯地否定技术达到克服技术复杂得多。

技术的本质对存在的遮蔽，也是对真理的遮蔽，因为这里的真理只是存在的真理。而且，这种遮蔽不同于真理自身的遮蔽（林中空地）。问题还在于，技术的这种遮蔽本身仍未彰显，"现代技术的本质还长期遮蔽着自身，即使电动机已被发明，电子技术已经步入正轨，以及原子技术业已运行"[5]。由此可以看到，技术的遮蔽是双重的：一方面，技术遮蔽着存在、真理；另一方面，技术还遮蔽着自身的本质。技术的遮蔽及其双重性，极难

---

1 （德）海德格尔著．基本著作．纽约：哈普和劳出版社，1977：307.

2 （德）海德格尔著．基本著作．纽约：哈普和劳出版社，1977：302.

3 参见本文．2.2.3 异化与技术异化.

4 （德）海德格尔著．基本著作．纽约：哈普和劳出版社，1977：309.

5 （德）海德格尔著．基本著作．纽约：哈普和劳出版社，1977：303.

为已成为技术的“持存物”的常人发现，似乎从未得到过深思（张贤根，2004年）。

完成了对技术本质的追问，对技术价值的思辨就成为技术哲学的核心问题。马克思指出，技术活动的价值在于它体现了人的本质力量。因此以人的问题为核心来考察技术的价值，就只能是人的本质力量的显示，是人的全面解放和精神自由，而非物质生产的有用性等实证主义的倾向，对技术价值的误解会把人当成完成物质生产目标的机械手段，最终导致人的异化[1]。

对技术文明的哲学思考是以技术与社会整体的关系为出发点，考察对象是由技术和社会其他因素构成的文明整体。技术决定论认为每个时代的标志就是那个时代最先进的技术发明，技术的进步具有内在的逻辑必然性，一个文明进步的程度就体现在其技术进步的程度上。技术决定论片面强调技术准则，忽视了文化上的多样性和丰富性，社会成为单一社会，更确切地说是西方文明这一单一模式。而事实上，许多国家虽然技术进步程度相当，但在文化上却表现出巨大的差异，而恰恰是民族文化特征构成了各民族生活最有意义的成分。

2.2.3 异化与技术异化

“异化”（Alienation）一词源于拉丁文“Alienatio”，含有“转让”、“疏远”与“脱离”等意思。最早出自德国古典哲学泰斗黑格尔（G. W. F. Hegel）的哲学体系，意指“意念”自身发展到一定阶段后，“异化”为自然界和人类社会之后再返回意念自身的最高阶段——精神形态。黑格尔用“异化”说明了主体和客体的分裂、对立，并提出人的“异化”[2]。在德国《哲学辞典》中，“异化”是这样被描述的：“异化是一种社会关系，是一种历史的、社会的整个状态。在这种状态里，人之间的关系作为物之间的关系表现出来，通过人的物质活动和精神活动创造出来的产品、社会关系、制度和意识形态，作为异己的、统治人的力量同人相对立。”[3]这是“异化”的基本意义。马克思进一步把“异化”发展为一个普适概念：“事物在一定发展阶段，分裂出其对立面，变成外在的异己力量。”[4]

马克思通过对技术的研究指出，技术的价值在于体现人的本质力量。只有在任何时候任何地方都以人为核心，以人的全面发展和自由为直接目

1 参见本文.2.2.3 异化与技术异化.

2 陈其荣著.自然辩证法导论——自然论、科学论和方法论的新综合.上海：复旦大学出版社，1995：78.

3 转引自姚涛.建筑异化与后现代建筑.建筑师，31：36.

4 陈其荣著.自然辩证法导论——自然论、科学论和方法论的新综合.上海：复旦大学出版社，1995：79.

的，才不至于使人在技术活动中失去生活的意义和充分的自主性。许多西方人本主义学者都在马克思的影响下，以人的问题为核心来考察技术，批判了技术活动中人的异化现象。他们认为，现代西方社会中技术引起人的普遍异化，即人的生活意义的丧失。

海德格尔从文化哲学的角度来研究技术，取得了丰硕的成果。他认为把技术理解为工具、工具系统或物理过程，是对技术本质的传统乐观主义态度的结果，它不能准确地反映现代技术的本质，技术的本质不能脱离“人”这一要素。他在《有关技术的质疑》中进一步发现，技术思维具有控制和主导自然的倾向。由于人是自然的一部分，技术思维也试图控制人类。当柯布西耶在《走向新建筑》中抨击历史对建筑形式的主导作用时，实际上技术思维已经日益起到主导现代世界的作用（图2-11）。在这种思维逻辑中，“存在”变为有“目的的在”，技术成为目的、工具，失去了最初的本意而走向“异化”，而与此相适应，由技术思维所主导的世界也开始异化了。

图2-11　柯布西耶“居住单位”的技术思想——马赛公寓

资料来源：罗小未主编．外国近现代建筑史．北京：中国建筑工业出版社，2004：251.

基于海德格尔的研究，技术“异化”的现象可以理解为两个层次：其一，是技术与自然的背离，这在西方唯技术论中表现无遗，人的技术进步被认为是向自然不断挑战的过程；其二，是人在技术的活动中逐渐迷失了自我，失去了生存的意义。技术为人类创造了文明的家园，同时也造就了牢笼和枷锁，现代技术构造的人类文明世界是人类进步的结果，又是人类本质力量被束缚的见证。现代唯技术论对技术超然存在的理解实际上是误解了技术仅是人类观照自然的一种手段，把这一手段作为人类生活的惟一正确合理之手段使人类生活的本质意义丧失殆尽。正如马尔库塞在他的《单向度的人》中写道的：“对技术的误解最终导致了人类自身的失落……越来越多复杂的机器使人类的生活越来越简单，人类原来经过上百年形成的与自然的关系与生活方式，被科技所代替，甚至最后人类是机器概念中的众多零件的一个。”[1]

2.2.4 技术观的两大走向

20世纪哲学的科学主义思潮和人本主义思潮辐射到技术哲学领域，引发了许多关注技术问题的哲学学派与学者，对于技术的本质、价值等重要问题进行了深刻的探究和剖析[2]。他们的视角往往不同于技术专家和技术史学家按其原理和功能结构来对技术进行严格分析的研究倾向。在他们看来，尽管这种分析极为重要，但却并没有切入问题的实质；只有从作为技术的创造者的人的人性出发，从技术的社会文化条件和技术后果出发，全面分析技术与人、社会和自然的相互关系，才有可能真正把握技术的本质。与两种哲学思潮相对应，对待技术问题的不同认识，导致了技术观的两种不同走向：哲学家对于技术理念的哲学概括为“技术乐观主义”与“技术悲观主义”两种对立观点和态度。

事实上，早在一百多年前的19世纪，以工程师为主体的技术哲学家，已经开始致力于对技术的内部构造进行概括和分析，比如恩格尔麦尔（P. K Engelmeier）、德绍尔（F. Dessauer）、齐墨尔（E. Zschimmer）；一些大学教授也进行了一些组织和综合工作，比如拉普、杜尔宾（P. Durbin）、米切姆（K. Mitcham），还有加拿大的邦格（M. Bunge）。更有极端的科学主义者，基本上把技术哲学看做科学哲学的延伸或者应用。对“技术乐观主义”与“技术悲观主义”的求本溯源可以追溯到18～19世纪或者更早的16世纪。

16世纪英国唯物主义学者F·培根因提出“知识就是力量”的口号，而成为当之无愧的技术乐观主义的先锋。他认为，凡是困难的东西都能够期待技术和人的劳动去解决。再后来的一位技术乐观主义学者——英国的政治哲学家T·霍夫斯曾断言，人类最伟大的就是各种技术。到了近现代，对技术持乐观态度的人更是比比皆是。根据德国哲学家拉普的观点，19世纪技术哲学家大多属于技术乐观主义者，他们对技术的潜力十分乐观。他们把技术看做是文化、道德和知识进步以及人类的“自我拯救”的手段。对于技术的评价普遍看好，把技术看做是普遍提高社会福利的前提条件，坚信技术在全面改变人类生活方面将发挥巨大的作用。

通常人们把技术悲观主义（Pessimism on Technology）理解为反技术主义，认为技术本身的发展直接主宰社会命运，并必然给人类带来灾难。这种观点认为，技术是独立自主的，技术的发展及其社会后果不受社会条件制约，并且会不可抗拒地导致人类的不幸。技术悲观主义是技术决定论

---

1 （美）马尔库塞著．单向度的人——发达工业社会意识形态研究．张峰译．重庆：重庆出版社，1988：216.

2 参见本文．1.2.3 相关文献及理论综述——技术哲学领域的研究现状.

的一种表现形式和变种，它怀疑、否定技术的积极作用，主张技术必须停止增长乃至后退。技术悲观主义在其历史演进过程中有种种不同的表现，18世纪思想家J·J·卢梭、19世纪英国经济学家T·R·马尔萨斯，以及那些以忧虑不安的情绪看待技术进步，并就技术与社会的冲突问题、技术给人类招致灾难的问题展开讨论的科学家都被看做是技术悲观主义者。

对于技术乐观主义和技术悲观主义的二元对立，控制论之父维纳采取了二元论的立场。对于怎样避免技术造成的危险，维纳认为应该依靠人类智慧获得更高的技术；此外它还寻求通过技术的"人道化"来解决技术的危险。事实上也是维纳最早明确提出技术是"双刃剑"的观点，他在1954年修订出版的《论述控制论与社会》的书中指出："新工业革命是一把双刃剑，它可以用来为人类造福，但是仅当人类生存的时间足够长时，我们才有可能进入这个为人类造福的时期。新工业革命也可以毁灭人类，如果我们不去理智地利用它，它就有可能很快已发展到这个地步的。"[1]事实上，无论是技术乐观主义者还是技术悲观主义者，他们当中大多数都还是或多或少地意识到技术影响的双重性。技术乐观主义者更多地关注技术的潜在可能性，对科学技术的未来充满信心，持有乐观的情绪。这样一种认知和情感，无疑将会鼓舞人们促进科学技术发展，推动人类社会的进步。反之，技术悲观主义者则更多的是洞察到技术的种种负面影响，对技术作了富有远见的批评，但他们并没有全盘否定科学技术，更没有彻底抛弃技术。技术悲观主义者的这种认知和情感，无疑将有助于全面而深刻地理解技术及其应用的双重性。

2.2.5 发展观的两大走向

这两大对立走向的技术观演进到20世纪，对于世界未来发展趋势的研究，导致了"发展有极限"和"发展无极限"两种对立的发展观。

极限论的代表人物有乌尔里希夫妇[2]、康芒纳[3]和米都斯[4]等人。1972年3月，米都斯领导的17人小组向罗马俱乐部提交了一篇研究报告，题为《增长的极限》，他们选择了5个对人类命运具有决定意义的参数：人口、工业发展、粮食、不可再生的自然资源和污染。这项耗资25万美元的研究最

---

1 （美）N·维纳著．人有人的用处．陈步译．北京：商务印书馆，1978：55.

2 Ehrlich P. R.，Ehrlich A. H. Population，Resources，Environment：essay in human ecology. San Francisco：W. H. Druman，1970.

3 Commoner B. The Closing Circle：confronting the environmental crisis. London：Jonathan Cape，1971. 中文译本：巴里·康芒纳．封闭的循环——自然、人和技术．侯文蕙译．长春：吉林人民出版社，1997.

4 Meadows D. H.，Meadows D. L，Randers J. The Limits to Growth：Potomac. London：Earth Island，1973. 中文译本：（美）丹尼斯·米都斯等著．增长的极限——罗马俱乐部关于人类困境的报告．李宝恒译．长春：吉林人民出版社，1997.

后得出地球是有限的，人类必须自觉地抑制增长，否则随之而来的将是人类社会的崩溃这一结论[1]。这篇报告发表后，立刻引起了爆炸性的反响，可以说是震惊全球的盛世危言。综合以上学者的观点，极限论认为“世界末日”是客观存在着的，应该采取控制增长的手段，而不是等到面临困境的时候再依靠技术的创新。他们的观点后来虽然有所修正，但是基本观点不变[2]。

无极限论则以卡恩（Kahn H.）[3]、西蒙（Julian. Lincoln. Semon）[4]和威尔夫妇[5]为代表，认为技术足以解决环境问题，应该对生物圈和人类的适应能力充满信心。这一论点的关键在于技术的不断创新，尤其在面临需求的情况下更是如此，因此资源和能源短缺等问题都是可以解决的。

2.2.6 对技术的多元批判

批判精神是20世纪人类的基本精神，在不断地批判过程中人类对自身的认识不断趋于深刻和复杂。20世纪80年代英国著名的建筑理论家肯尼斯·弗兰姆普顿（Kenneth Frampton）写了一本十分经典的论述现代建筑历史的著作，名为《现代建筑——一部批判的历史》[6]。事实上不仅仅是建筑，整个20世纪的人类艺术表现出了一种强烈的批判性。对过去的反思始终是人类进步的力量源泉，现代建筑是在不断批判中演化和发展的。20世纪是人类社会发生巨变的时代，随着对世界认识的不断深化，技术手段的不断进步，分工的不断细化，人类反而失去了总的目标，陷入到前所未有过的困惑当中。当人们不断试图摆脱这种困惑，力求获得心灵的自由时，然而却是陷入了新的、更深的困惑之中，这种不断循环往复成了20世纪人类社会的基本特征。现代哲学的发展，对技术的多元批判，是人类又一次得到了重新认识自身，使自己从传统的束缚中解放出来的机会[7]。存在主义

---

1 参见本文.1.1.2.2 可持续发展思想的诞生.

2 与此同时，另一派学者对工业文明更加以彻底的否定，美国的杰·里夫金与特·霍华德等人把物理学上的熵定律应用于社会历史的研究，提出人类历史的进程就是熵值的增加过程，科技越提高，生产力越发展，熵值就增加得越快，宇宙也就不可挽回地朝着混乱与荒废的方向发展的，最后达到“热寂”状态，即永恒的死亡。在法国也出现了一种被称为“科学暂停论”的观点，认为科学技术的发展已经达到了其消极结果超过积极结果的地步，因此中止这种进步已迫在眉睫，这些观点未免有些偏激，但却深刻地反映出工业社会所面临的技术危机。

3 Kahn H. The Next 200 Years. London：Abacus，1978. 中文译本：（美）卡恩等著．未来200年——建构22世纪全球新蓝图（1978）. 赖金男译．台北：远流出版事业股份有限公司，1992.

4 （美）朱利安·林肯·西蒙著．没有极限的增长（The Ultimate Resource 最后的资源）. 黄江南，朱嘉明译．成都：四川人民出版社，1985.

5 Vale B.，Vale R. Green Architecture：Design for an energy-conscious future. London：Thames and Hudson，1991.

6 （美）肯尼斯·弗兰姆普敦著．现代建筑——一部批判的历史. 原山等译．北京：中国建筑工业出版社，1988.

7 孙澄．现代建筑创作中的技术理念发展研究．哈尔滨工业大学博士学位论文，2003：18.

哲学和法兰克福学派对于技术问题的认识最具代表性[1]。

海德格尔从他的存在主义哲学[2]出发，对现代技术进行追问，并作了本质剖析[3]。他认为“技术是一种展现（存在）的方式”，“座架”是技术的本质。所谓“座架”就是“强求性的要求”，“以便把自我展现的东西（自然物）预定为持存物（原料和能源）”。很明显，“座架”作为一种结构，将人与自然纳入其中，一方面人为了生存要从事技术活动，另一方面又要在技术活动中去强求自然，将自然展现为“持存物”。海德格尔认为，现代技术使人处于危险之中，技术通过把事物物质化、功能化、统一化的展现剥夺了事物的本质，使事物失去了自己的本质，这就是技术的危险。海德格尔认为，克服技术和由技术引发的危险，并不是简单地否定和排斥技术，而是要建立一种新的与事物和世界的交往关系。这是一种非强暴性的关系，这种新的关系使已经发生的全体的存在者内在地向着丰富性和本源物日益减少方向的运动转向。

“哪里有危险，哪里就有拯救的力量。”当海德格尔借用诗人荷尔德林的这句诗时，他要指明的是，陷入危险之中的现代科技同时也是一种拯救的力量。当然现代科技本身并不带来拯救的力量，而只有对作为现代技术的本质的“座架”领悟、沉思与体察即“思”（Denken）时才提供这种可能。在这里，“思”指的不是那些通过逻辑思维来进行的思想活动，当今时代现代科技、形而上学和哲学并不“思”，因为“思”即思存在，它不是对象性的，而是期待性的。真正的“思”是人之为人的一种最本质的生存方式，它表明了人与存在的真切关系，当务之急是唤醒沉睡的“思”。在海德格尔看来，是诗人创建了存在。希腊语言是逻各斯（Logos），希腊人就居住在语言的本性之中。通过诗与艺术语言，可以克服技术语言之缺陷，保持语言的纯真性与生命力。“思”即“诗”（Dichten），二者均是“道说”（Sage）之方式。海德格尔指出：“我们所思的是这样一种可能性：眼下刚刚发端的世界文明终有一天会克服那种作为人类之世界栖留的惟一尺度的技术—科学—工业之特性。”[4]而这正是思之深远意义之所在。“在海德格尔看来，正是在现代技术的虚无主义发展所导致的危机的最后时刻，人类最终走出危机的希望也应运而生。这种希望就蛰伏在思想中，蛰伏在对现代技术的根源与本质的追问之中。”[5]

---

1 参见本文.1.2.3 相关文献及理论综述——技术哲学领域的研究现状.

2 存在主义是20世纪40～60年代在欧洲各国广为流传的哲学思潮，它的基调就是带着恐怖的眼光看待整个世界，而对于技术的声讨则进入了更深的层次。

3 参见本文.2.2.2 技术的哲学本质、价值和技术文明.

4 （德）海德格尔著.面向思的事情.北京：商务印书馆，1999：74.

5 高亮华著.人文主义视野中的技术.北京：中国社会科学出版社，1996：152.

在海德格尔看来，现代人正沉溺于现代科技的控制，陷入了形而上学的主客体对立的思维方式不能自拔，人们并不思，这是一个不思的时代，人们流连于各类角色（存在者）的偏狭而不返，从而遗忘了存在自身，使人性迷失于器物之中。海德格尔由此主张，把自我澄明作为从最危险的技术中获救的转折，重新回归被遗忘的"存在"本身。海德格尔克服科技的思想不是简单否定和排斥，而是把限定和强求收回和接纳到使之得以可能的事物和世界的真理的基础之上。因此，人类决不是简单地抛弃现代科技文明而回到原始洪荒时代，而是要促进科技的人性化以及科技、生态、社会和文化的谐调发展，确保发展的可持续性，构建天、地、人、神四元一体的美好图景，从而实现"诗意的居住"（张贤根，2004 年）。

法兰克福学派的技术批判思想也很具有代表性[1]，首先法兰克福学派对科技异化[2]及其根源进行了深入的探讨，其次该学派对技术理性及其弊端进行了深入的分析，最后法兰克福学派通过批判理论努力寻求技术的人道化。霍克海默、马尔库塞、哈贝马斯、弗洛姆和埃吕尔是这一学派的代表人物。

从人本学的角度出发，探讨并批判发达工业社会科学技术异化的现实，霍克海默和马尔库塞着重强调科技异化在于运用科技的外部因素。霍克海默认为，科学技术作为生产力和生产手段，是推动社会发展的重要原因，但科技在发挥其积极作用时，却陷入了深刻的危机之中。在如何看待这种危机及其原因时，霍克海默说："并不在科学技术本身，而在于那些阻碍科学发展并与内在于科学中的理性成分格格不入的社会条件。"[3]马尔库塞进一步发挥了霍克海默的思想，他认为科学技术的异化与科学技术本身没有必然的联系，而在于现阶段的社会劳动组织方式出了问题，马尔库塞把科技异化的根源归结为理性的工具化。与霍克海默和马尔库塞不一样，哈贝马斯认为科技异化的原因在于科技自身，他认为用社会环境的因素去说明科技的异化，最终必然以对社会环境的批判代替对科学技术本身的批判，从而导致对科学技术批判的不彻底。科技就是导致人的民化与奴役的根源，科学异化在于科技自身。"针对马尔库塞的观点，哈贝马斯坚持赋予科学技术以'原罪'性质，也就是说，科学技术之执行意识形态功能，科学技术之产生消极的社会功能，是其自身固有属性所使然，是由它自身发展的逻

1 法兰克福学派是现代西方流行最广、影响最大的一个西方马克思主义流派，它产生于 20 世纪 30 年代的德国，因发源于美因河畔的法兰克福市的法兰克福社会研究所而得名。二战后，科学技术的迅猛发展加剧了西方资本主义社会的一系列矛盾，科技的极大成功，在深刻地改变社会与人类生活的同时，却也陷入异化之中。现代科技并未像人们所期待的那样，为人们带来空前的自由与全面发展，技术正在成为统治人的物质力量，并进而强化了工业社会对人的统治。对此，法兰克福学派展开了自己的技术批判。

2 参见本文.2.2.3 异化与技术异化.

3 （德）霍克海默著. 批判理论. 重庆：重庆出版社，1989：2.

辑所决定。"[1]可以说正是科技自身决定了它的命运。法兰克福学派对科技异化的看法虽有不同，但出发点与宗旨却高度一致，即以人为关注的目标，以人的主体地位的确立为核心。总之，科技异化的根本原因在于，人的自由自觉的对象化的劳动不再确保自己的本质，而表现为人类本质的异化，基于此的社会则是异化的社会，在异化的过程中遗忘了人自身的存在，只有技术与物的统治（张贤根，2004 年）。

法兰克福学派各成员在技术理性及其弊端的揭批上有高度的共同性。所谓技术理性，指的是围绕着目的的一合理的行为即技术实践所形成的一整套基本文化价值[2]。技术理性是理性观念发展的新阶段，它把自然设计成控制和组织的潜在工具，它包含人对自然的对象化和完量化处理、有效性思维、组织系统与有序化等重要理念。整个现代科技就奠基于这种技术理性之上并得到发展。但是技术理性有其明显的不可遮蔽的弊端，对科技的良性进步与人类社会的可持续发展构成了威胁。对此学派成员达成高度共识，"如我们已一再说过的，研究所对现代社会中的假冒理性进行了严厉批判，其成员认为，工具的、主观的、操纵的理性，是技术统治的奴婢。"[3]马尔库塞认为，从科学方法固有的工具主义特征看，科学技术中立性的解释并不能成立。科学技术和社会操纵合为一体，形成一股强大的控制力量，人们原有的私人空间由于技术的进步而遭到侵占和破坏；自我深化的多样化过程，在工业过程和机械反映的状态下被固定化和单一化，个人只能模仿世界，不能对社会提出抗议；由于技术控制造就的是一个单向度的社会、单向度的人、单向度的思想[4]。

在如何使用新技术，从而把自然从技术征服下解放出来这方面，马尔库塞认为，在一个全新的社会、政治、人道和美学的条件下，一种"替代的"新技术与科学是可能的。这些新技术将冲破现存技术的统治，使自然和人获得解放。马尔库塞把科学技术发展的方向寄希望于科技与哲学艺术的结合上。随着科技的转变，将会出现象怀特海所设想的新理性即理性的功能是促进生活的艺术，在这种新理性中科学、哲学与艺术实现完美的结合。哈贝马斯从人类交往与日常生活世界方面为技术的人道化提出了有益的启迪。哈贝马斯的批判解释学认为，技术理性的泛滥导致科技的意识形态化，使人类的正常交往陷入危机，而要消除意识形态化，就必须全面弘扬人类理性，创造一种和谐的、无宰制的交往情境，彼此能平等地、真诚

1 傅永军等著．批判的意义．济南：山东大学出版社，1997：156.

2 高亮华著．人文主义视野中的技术．北京：中国社会科学出版社，1996：158.

3 （美）马丁·杰伊著．法兰克福学派史．广州：广东人民出版社，1996：308.

4 （美）马尔库塞著．单向度的人——发达工业社会意识形态研究．张峰译．重庆：重庆出版社，1988：216.

地交往和对话，从而达到相互理解，为此，就必须改变技术旨趣高踞于交往旨趣之上的状况。胡塞尔天才地洞察了日常生活世界在近代科学产生以后就遭受损害。哈贝马斯受此启发也极力倡导日常生活世界，因为日常生活世界作为交往背景的直接性和整体性而保证了有效交往。因此，人们应回到日常生活世界中去（张贤根，2004 年）。关于技术的人道化的具体步骤，弗洛姆认为，要促使技术的人道化，必须首先对经济和社会系统加以控制。要通过激活个体、人道化的消费与心理更新等步骤加以实现[1]。当然，人道化的道路是艰辛与漫长的。

2.3 本 章 小 结

纵观建筑的发展历史，其间经历了多次阶段性飞跃，这与历史上技术发展进步的阶段性特征具有紧密的联系。科学技术表现为建筑发展的最根本原动力之一，通过直接的和间接的两种途径对建筑发生着影响，应用于建筑领域的科学技术分为三类。本章首先通过对于建筑历史发展五个阶段的纵向梳理，力图挖掘其中建筑创作与技术理念发展之间或隐或显的紧密、互动的联系。通过对历史的回顾，论述了技术理念在原始时期、前工业时期、工业化时期、后工业化时期和信息化时期五个不同发展阶段所发挥的影响和作用，表明建筑领域的技术理念虽然一开始并没有系统地存在，但在人类建筑实践之初便已表现出来，并如同技术一样带有明显的阶级性、民族性和地域性。

其次阐明了科学技术的发展进步直接推动了建筑技术的发展进步，建筑技术的进步又从思想上深入影响到建筑师的设计方法和手段，建筑技术逐步转化成思想的结晶和衡量社会需求及功能的实际尺度，形成新的建筑技术理念。建筑技术和理念的发展、突破对建筑的促进贯穿了建筑史的始终。建筑技术理念则通过对于建筑创作中哲学、美学原则和创作方法论等的影响，在制度和精神层面上对建筑创作的演进和变革发挥着重要的引导作用。运用和表现技术的不同理念，直接影响到建筑创作的思想和方法，客观表现为不同的建筑形式、风格。

最后上升到哲学高度的深层次思考，通过对 20 世纪哲学思潮的回顾，指出一方面一些哲学思想直接地影响到建筑领域，另一方面 20 世纪哲学的科学主义思潮和人本主义思潮间接地辐射到技术哲学领域，形成了技术观的两大走向——技术乐观主义和技术悲观主义、发展观的两大走向——发展有极限论和发展无极限论。

---

1 （美）马丁·杰伊著. 法兰克福学派史. 广州：广东人民出版社，1996：51.

本章通过海德格尔对技术的追问和本质的剖析，揭示了技术的本质——“座架”，论证了技术“双刃剑”的观点。通过海德格尔的存在主义哲学和法兰克福学派对技术批判的思想，指出人类决不是简单地抛弃现代科技文明而回到原始洪荒时代，而是要促进科技的人性化（人道化）以及科技、生态、社会和文化的谐调发展，确保发展的可持续性，构建天、地、人、神四元一体的美好图景，从而实现“诗意的居住”。

3 “高技派”建筑与高技术的发展历程与信息化、生态化趋势

人类历史长河星光璀璨，建筑这部石头的史书，记载着人类的兴衰与演进，拥有技术的历史几乎与人类自身的发展史一样漫长[1]。建筑的发展从来就是和技术的进步紧密联系在一起的[2]，当原始人类打下第一根木桩时，就是人类技术发展的第一个里程碑。技术的发展历程在建筑中留下了深刻的印记，并对其产生了直接和间接影响[3]。20世纪的近百年，对于源远流长的建筑史而言虽然不过是短短的一瞬间，但这一世纪给它带来的巨变，却比以往数十个世纪的变化总和还要多，西方社会在科学技术不断发展和社会化之后，走向了科学技术高度发达的后工业社会、信息社会[4]。随着技术解决一切的神话的破灭，开始了对工业化的全面反思[5]，建筑也在经历了一个无比憧憬和热情的现代主义之后，陷入了多元反思与多极分化的境地。曾几何时，现代主义的脚步是那样的坚定，然而当20世纪走过中叶之后，却被某些建筑理论家戏剧性地宣告为已经死亡，并且煞有介事地指出了其死亡的具体日期和标志事件[6]。于是建筑似乎掩埋在纷纷登场的后现代主义、新现代主义、新有机主义、新古典主义、新理性主义、地方主义、结构主义、解构主义、极少主义等林林总总的风格流派之中，其中一支被理论家称为“高技派”的建筑流派，与其他力求抛弃或继承现代主义衣钵的流派一起，共同构成20世纪建筑发展道路的风景，它以自己的科学理性[7]精神和技术至上的

1、**2** 参见本文.2.1 建筑技术理念的演进.

3 参见本文.2 建筑技术理念的生成发展与哲学思索.

4 参见本文.1.1.1 信息社会的来临.

5 参见本文.2.2.6 对技术的多元批判.

6 （美）查尔斯·詹克斯著.后现代建筑的语言，里佐利国际出版公司，1977.转引自吴焕加.论现代西方建筑，中国建筑工业出版社，1997，83：同一年，即1977年，詹克斯出版的《后现代建筑的语言》，此书第一部分的题目是“现代建筑之死亡”，詹克斯咬定现代主义已死去，他煞有介事地说1972年某月某日下午，美国圣路易斯城几座公寓楼房被市政当局为拆除而炸毁就是现代主义逝去的时刻。

7 理性（Rationality）又称合理性，是人类长期研究的问题。在传统的哲学家看来，理性是人类寻求普遍性、必然性和因果关系的能力。它推崇逻辑形式，讲究推理方法。

美学追求面对着这个以“虚无”为精神征候的时代。

3.1 “高技派”建筑与高技术建筑

建筑中的“高技派”是指20世纪50～60年代以来，以建筑师诺曼·福斯特（Normal Foster）、理查德·罗杰斯（Richard Rogers）、伦佐·皮亚诺（Renzo Piano）、尼古拉斯·格里姆肖（Nicholas Grimshaw）、迈克尔·霍普金斯（Michael Hopkins）、托马斯·赫尔佐格（Thomas Herzog）等人为代表在欧洲（主要在英国）为主要创作基地的建筑师群体所创作的被称为“高技”风格的建筑作品，这一建筑师群体因此被称作“高技派”。在建筑创作中，他们善于运用当代高技术成果采用新颖的形式、光亮技术、银色美学和丰富的空间艺术，给人们以未来的承诺。“高技派”建筑摒弃了由内而外把功能作为单一表现内容的现代主义艺术教条，发展了以结构形式、建筑设备、动态流程、构造质感为表现内容的独特手法。“高技派”更多地承袭现代主义的思想观念，是对现代主义的扬弃，因此也被人们称为晚期现代主义。需要指出的是，在建筑中采纳了高技术手段并不意味着就体现了高技派的设计取向，因为对高技术手段的采纳可以单纯地为了结构、设备、施工、材料等目的，在形式上依然可以沿用已有的建筑形式，甚至某些建筑形式完全把高技术手段遮盖住了[1]。另外以丹下健三和黑川纪章等人为代表的日本“新陈代谢派”（Metabolism）（图3-1）和美国建筑师赫尔穆特·扬（H. Jahn）的部分作品也可以纳入“高技派”建筑的范畴，但是“新陈代谢派”从其诞生之日起就表现了与英国高技派的哲学观及其创作手法截然不同的特点，虽然“新陈代谢”运动的实质也是一场面向未来的高技术建筑运动。

图3-1 丹下健三设计的1964年东京奥运会代代木体育馆使用了当时还不多见的悬索技术
资料来源：http://www.aaart.com.cn/cn/article/show.asp?news_id=8293&ca_id=13

“高技派”建筑的共同特征是不仅在建筑中采用高技术手段，而且在美学上极力表现高技术带来的审美愉悦的一种设计倾向和思潮。从本质上讲，高技派建筑指的是建筑中理性和科学的代表；从表现形式上讲，高技派建筑热衷于运用和表现高新技术；从时间上讲，

1 彭怒．多元时代建筑设计思潮．同济大学博士学位论文，1998：122.

特指现代建筑运动以后建筑技术革命带来的建筑变革所产生的这个运用技术、表现技术的建筑流派。在20世纪50～60年代，高技派把注意力主要集中在创造性地采用与表现预制的装配化、标准化构件方面；70～80年代强调和表现工业技术；90年代开始其蜕变，走上多元化探索的道路。高技派的核心思想在于对高技术手段带来的美感的追求和强化，以探索建筑的新形式和新风格。

随着人类从工业社会踏入信息社会[1]，应用于建筑领域的高新技术日新月异，建筑理论百花齐放，新的设计流派和思潮层出不穷。在新的历史条件下应该以更为超前、更为宏观的视角去审视高新技术对于建筑的整体与各个层面的作用与影响；研究当代及未来建筑发展的方向和趋势；分析技术高度发展带来的和可能带来的社会、经济、文化、地域、生态等问题在建筑中的反映；利用新思维、新技术对新问题提出新的解决方案；积极研究如何在信息化、智能化、生态化等错综复杂的影响中把握建筑的实质。同时，在研究高技术建筑时不应该被高技派的观点和表现形式所禁锢与束缚。当代建筑潮流发展多元化的格局使各种流派都同时跻身于这个时代，都对技术的高度发展作了各自不同的理解与表达，在积极运用高新技术的探索和实践中丰富和发展了自身的理论体系。因此仅仅将高技派的思潮和手法作为日益广泛、深入地应用高新技术的当代或未来建筑的全权代言人显然是狭隘和片面的。能够全面、综合和准确地体现和表达当今和未来的技术与技术思想的发展水平和趋势的建筑类型，应当是高技术建筑而非仅仅是高技派建筑[2]，所以高技派建筑与高技术建筑的内涵和外延不尽相同。

广义地讲，高技术建筑应当是指在建筑的物质因素上（材料、结构、设备等）运用高新技术、在构成方法上（理论学说、设计方法、美学思想等）表达与反映高新技术思想的建筑。同时它具备以下几个特征：

（1）在物质因素层面上，高技术建筑集中体现了所处时代科技发展的水平，高技术在建筑领域的应用会产生新的结构形式、新的空间形态和新的构造、施工方法。例如当代高技术建筑的技术手段，主要表现在：建筑制品的工业化生产方法、新的结构技术、新的材料技术、新的施工建造技术、不断发展的智能技术以及计算机在建筑领域的全面运用等等。

（2）在构成方法层面上，高技术建筑表达与反映高新技术思想的形式与方法具有多样性和多元化的特征，而非仅仅局限于高技派的美学观和美学思想。高技术建筑作为具有上述特征的建筑集合而存在，而非仅仅如同高技派建筑作为一种风格或流派而存在。不同的建筑流派都可以根据自己

1　参见本文.1.1.1　信息社会的来临.

2　邓浩.面向区域特征的高技术建筑.东南大学硕士学位论文，1999：9.

的建筑理论和美学思想，采用丰富多彩的方式运用高新技术创造出形式多样的高技术建筑。

(3) 在自身发展的时空层面上，由于高技术是一个具有时空性的、发展的、动态的、相对的概念，高技术的内涵和外延都将随着科技的不断进步和实践的延续推移而发生变化[1]，高技术建筑也同样具有这些特征，从这个意义上来说，高技术建筑体系是一个不断拓展的开放体系，不同的时代、不同的地域有着不同时代、地域和气候特征的高技术建筑。

所以，广义的高技术建筑、高技派都与高技术密切相关，都是技术高度发展的产物。不同的是，高技术在对构成建筑的物质因素和构成方法的影响与作用中产生了高技术建筑[2]，而在对美学标准与审美情趣的影响下形成了高技派的主要理论基础与美学追求——"第二代机器美学"。高技派的技术手段充实了高技术建筑的技术构成，其美学思想和风格丰富了高技术建筑对技术思想的表现方法和手段，在技术与艺术关系的表达上做出了有益的探索，客观上对高技术建筑的发展起到了一定的推动作用，并创造了在一定时期内符合时代要求的、特色鲜明的、新的建筑形式——高技派建筑形式。综上所述，高技派建筑是广义高技术建筑的一支，它们在概念上有交叉的部分但并不完全等同。而狭义的高技术建筑是指 20 世纪 50～90 年代，以西方工业社会技术乐观主义的价值体系为基础产生的高技派建筑，它在一定的时期内代表了建筑领域的科学、理性主义思潮。

3.2 "高技派"建筑的求本溯源

科学技术是人类社会进步的阶梯，也是建筑发展的阶梯。技术手段的变革，会超越风格流派等文化因素，对建筑造型产生巨大的影响，并使得建筑创作观念和设计方法也随之发生变化[3]。纵观近现代建筑发展的各个时期，先进技术对建筑以至整个社会的进步起着举足轻重的作用，技术的发展为建筑的发展提供了新的可能和依据，技术的作用也日益为人们认识和接受，这些都深刻地影响到人们的社会文化心理和审美意识。实际上，自进入现代工业时代以来就已频繁地把各种新技术用于建筑中，早在 19 世纪末的折中主义时期，建筑师们就已经采用了当时的新结构技术如生铁结构、铁结构，但往往给这些新结构穿上古典的外衣，也就是说在美学观上没有形成对新技术的审美取向（图 3-2）。

---

1 参见本文．1.1.3.4 当代的大科学与高技术趋势．

2 郑炜．当代建筑的生态高技化导向．同济大学博士学位论文，1999：45．

3 参见本文．2 建筑技术理念的生成发展与哲学思索．

3.2.1 近现代建筑发展中的高新技术及其影响

3.2.1.1 18世纪下半叶至19世纪下半叶建筑发展中的高新技术及其技术表现

把技术作为建筑形式的一种表达方式并非肇始于高技派，1779年达比（Abraham Darby）在英国塞文河（Severn River）上设计的第一座预制结构的生铁桥（图3-3），跨度达30m，高度达12m[1]，他被戴维斯（Colin Davies）称为“第一个高技术结构”（The First High-Tech Structure）的当然候选[2]。1793～1796年在伦敦又出现了一座更新式的单孔跨桥——森德兰桥（Sunderland Bridge），桥身亦由生铁制成，全长达72m，是这一时期构筑物中最早、最大胆的尝试（图3-4）。另外，1786年路易斯（Victor Louis）设计的巴黎法兰西剧院使用了铁结构屋顶（图3-5），实现了真正以铁作为房屋的主要材料。后来这种铁构件便在工业建筑上逐步得到推广，因为工业建筑没有传统束缚[3]。它们的建成不但反映了当时最先进的结构技术和建造技术，更重要的是那种基于预制结构的工业技术而不是传统的建造模式，这对于当时资本主义初期在欧美盛行的复古主义思潮无疑是一次巨大的冲击。

图3-2 伯纳姆与鲁特（Burnham and Root）设计的卡皮托大厦（The Capitol，1892）是金属框架结构，但却是折中主义的形式和东方式的屋顶

资料来源：罗小未主编．外国近现代建筑史．北京：中国建筑工业出版社，2004：40.

资本主义初期，由于工业大生产的发展，促使建筑科学有了很大的进步，新的建筑材料、新的结构技术、新的设备、新的施工方法的出现，为近代建筑的发展开辟了广阔的前途。这是应用了这些新的技术可能性，突破了传统建筑高度与跨度的局限，建筑在平面与空间的设计上可以比过去自由得多，同时也必然要影响到建筑形式的变化。

继初期的生铁结构和玻璃材料在建筑上推广使用之后，1831年巴黎旧王宫的奥尔良廊顶上应用了铁构件与玻璃两种建筑材料配合应用的方法，使它和周围折中主义的沉重柱式与拱廊形成强烈的对比（图3-6）。1833年便出现了第一个完全以铁架和玻璃构成的巨大建筑物——巴黎植物园的温室（图3-7），这种构造方法对后来的建筑有很大的启示[4]。

1、3 同济大学，清华大学，南京工学院，天津大学．外国近现代建筑史．北京：中国建筑工业出版社，1982：16.

2 Colin Davies, High-Tech Structure. First Edition. London：Thames and Hudson，1988：15.

4 同济大学，清华大学，南京工学院，天津大学．外国近现代建筑史．北京：中国建筑工业出版社，1982：18.

图 3-3　英国第一座生铁桥

资料来源：罗小未主编．外国近现代建筑史．北京：中国建筑工业出版社，2004：12.

图 3-4　1796 年在伦敦出现的单孔跨桥——森德兰桥

资料来源：http：//www.abbs.com.cn/bbs/post/view?bid = 6&id = 5696710&sty = 1&tpg=1&age=0&ppg=6

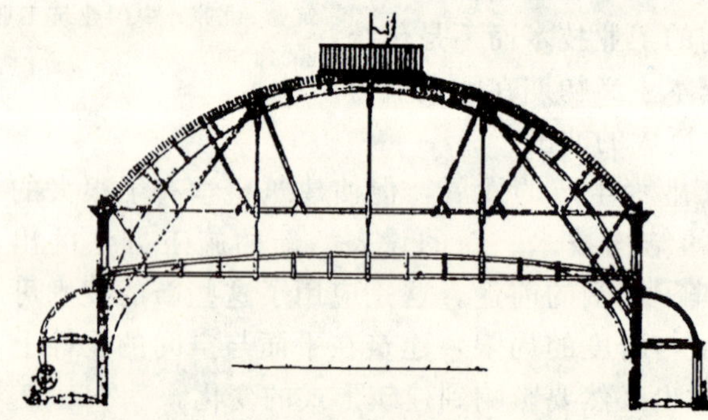

图 3-5　巴黎法兰西剧院铁结构屋顶

资料来源：罗小未主编．外国近现代建筑史．北京：中国建筑工业出版社，2004：12.

图 3-6　巴黎旧王宫的奥尔良廊

资料来源：罗小未主编．外国近现代建筑史．北京：中国建筑工业出版社，2004：13.

美国于1850～1880年间进入了所谓的"生铁时代"，框架结构最初在美国得到发展，初期生铁框架形式的典型个案是1854年在纽约建造的哈帕兄弟大厦，它的主要特点是以生铁框架代替承重墙。1885年出现了第一座依照现代钢框架结构原理建造起来的高层建筑——芝加哥家庭保险公司的十层大厦，虽然它的外形还保持着古典的比例[1]，但它的建成标志着在新的结构技术条件下真正意义上的高层建筑的诞生（图3-8）。

图3-7　巴黎植物园的温室

资料来源：罗小未主编．外国近现代建筑史．北京：中国建筑工业出版社，2004：14.

最能集中体现当时高新技术的代表作品有三个：一个是1851年在英国伦敦海德公园（Hyde Park）举行的世界博览会上，约瑟夫·帕克斯顿（Joseph Paxton）设计的"水晶宫"（Crystal Palace）展览馆，建筑总面积为74 000m^2，长度达到563m，其装配式的玻璃铁架结构充分体现了工业化生产的强大威力，开辟了建筑形式的新纪元（图3-9）；另外的是1889年巴黎世界博览会上的埃菲尔铁塔与机械馆的建成，标志着这一历史阶段新技术发展的顶峰。工程师埃菲尔（G. Eiffel）设计的埃菲尔铁塔以空前未有的328m的高度矗立在巴黎的心脏，其内部设有四部水力升降机。而机械馆以115m的跨度刷新了世界建筑的新记录，其结构方法初次应用三角拱的原理[2]，它们都直接表现了技术形象，有力地促使了建筑新形式的探索（图3-10）。

综上所述，在18世纪下半叶至19世纪下半叶的建筑领域里，新技术、新材料、新结构、新设备的出现与发展，促进了建筑中新形式的探求，并进而促进了新建筑思想的发展。特别是19世纪后半叶大量采用了铁、钢和玻璃的大跨度结构的大量铁路终点站等都同样直接表现了技术形象。

3.2.1.2　19世纪下半叶至20世纪初建筑发展中的高新技术及其技术表现

在这个时期中，以德、法、英、美为代表的资本主义世界生产急剧地发展，技术飞速地进步，资本主义世界一切都处在变化之中，昨天的新东

1　同济大学，清华大学，南京工学院，天津大学．外国近现代建筑史．北京：中国建筑工业出版社，1982：19.

2　同济大学，清华大学，南京工学院，天津大学．外国近现代建筑史．北京：中国建筑工业出版社，1982：22-24.

图 3-8　保持着古典比例的芝加哥家庭保险公司大厦

资料来源：罗小未主编．外国近现代建筑史．北京：中国建筑工业出版社，2004：15.

图 3-9　1851 年英国伦敦世界博览会上的“水晶宫”

资料来源：http：//www.expo2010china.com/expo/chinese/qt/sbwx/sbz

图 3-10　巴黎世界博览会上的埃菲尔铁塔与机械馆

资料来源：http：//www.abbs.com.cn/bbs/post/view？bid＝6&id＝5696710&sty＝1&tpg＝1&age＝0&ppg＝6

西，到今天就已陈旧，一件新东西还来不及定型就已过时了。这时的生产既然发展得如此之快，而建筑作为物质生产部门的一部分，也不能不跟上社会的要求，它迅速地摆脱了旧技术的限制，摸索着更新的材料和结构，而大工业生产为建筑技术的发展创造了良好的条件，新材料、新结构在建筑中得到广泛运用的机会，特别是钢和钢筋混凝土的广泛应用，促使在建筑形式上开始摒弃了古典建筑的“永恒”范例，掀起了创新的运动。

在建筑思潮方面，这时期出现了不少创新的活动。某些资产阶级知识分子严厉指责折中主义，不管材料和结构的变化，不管各类建筑的性质与功能，抄袭历史样式，形式与内容脱离。但是他们批判了折中主义以后，并未能全部解决建筑所面临的各种矛盾，只不过是分别在净化造型、注重功能与经济、强调建筑的工业化生产等方面迈开了新的一步。尽管如此，试图使建筑适应时代的各种新建筑运动，诸如英国的“工艺美术运动”，比利时的新艺术运动，奥地利、荷兰与芬兰的探索运动，美国的芝加哥学派与赖特等，仍然对当时的建筑发展起了一定的推动作用[1]。

1855 年贝塞麦炼钢法（转炉炼钢法）出现后，便在建筑上普遍应用钢材了。钢筋混凝土的发展过程是很复杂的，早在古罗马时代的建筑中，就已经有过天然混凝土的结构方法，但是它在中世纪时失传了，真正的混凝土与钢筋混凝土是近代的产物。1774 年第一次在英国艾地斯东（Eddystone）灯塔建设中采用了石块与混凝土的混合结构，得到成功。1824 年英国首先生产了胶性波特兰水泥，为混凝土结构的发展提供了条件。1829 年曾把混凝土作铁梁中的填充物，后来进一步发展了把混凝土作楼板的新形式。在混凝土结构试制过程中，1868 年有位法国园艺家蒙涅（Monnier），以铁丝网与水泥试制花钵，因而启发了拉布鲁斯特（Henri Labrouste）以交错的铁筋和混凝土在加建巴黎圣日内维夫图书馆的拱顶中取得了成功，它为近代钢筋混凝土结构奠定了基础。

20 世纪初著名的法国建筑师奥古斯特·佩雷（Auguste Perret）善于用钢筋混凝土结构材料，同时也善于发掘新材料的表现力。他最早的钢筋混凝土作品是 1903 年建于巴黎富兰克林路的 25 号公寓，一座八层钢筋混凝土的框架结构，框架间填以墙板，这样就组成了它朴素大方的外表，一切装饰都去掉了（图 3-11）。佩雷曾说“装饰常常掩盖结构缺点”，他在巴黎还建了一座庞泰路车库（图 3-12）与爱斯德尔服装工厂，这两座建筑都显示出钢筋混凝土新结构的艺术表现力。法国另一个建筑师加涅也善于应用

1 同济大学，清华大学，南京工学院，天津大学．外国近现代建筑史．北京：中国建筑工业出版社，1982：35-49.

图 3-11　巴黎富兰克林路 25 号公寓
资料来源：罗小未主编. 外国近现代建筑史. 北京：中国建筑工业出版社，2004：47.

钢筋混凝土这种新结构，在他做的基于大工业发展需要的“工业城市”的假想方案中，建筑物均为钢筋混凝土结构，形式新颖整洁，反映了他探求适应工业时代的建筑的特点。1916 年在巴黎近郊的奥利（Orly）建造了一座巨大的飞船库，为抛物线形的钢筋混凝土拱顶，跨度达 96m，高度达 58.5m，拱肋间有规律地布置着采光玻璃，具有别致的装饰效果（图 3-13）。所有这些新结构方案的出现对于现代的工业厂房、飞机库、剧场、大型办公楼、公寓等的功能要求有了合理的解决，使它们的平面布局、空间组织不再为结构所阻碍，可以更自由、更合理地布置建筑平面和组织空间了。钢筋混凝土的出现和在建筑上的应用是建筑史上的一件大事，在 20 世纪头 10 年，它几乎成了一切新建筑的标志[1]，这些建筑几乎都直接忠实地表现了新材料的质感、创造了新技术的新形式。

图 3-12　庞泰路车库
资料来源：罗小未主编. 外国近现代建筑史. 北京：中国建筑工业出版社，2004：48.

图 3-13　弗雷西内（Eugene Freyssinet）设计的飞船库（1916）
资料来源：罗小未主编. 外国近现代建筑史. 北京：中国建筑工业出版社，2004：49.

1　同济大学，清华大学，南京工学院，天津大学. 外国近现代建筑史. 北京：中国建筑工业出版社，1982：50-53.

综上所述，第一次建筑技术革命是材料技术和结构技术的革命。18、19 世纪特别是工业革命以后，大量应用的钢铁、玻璃和混凝土等人工材料，替代了砖石、木材等自然材料，新材料技术使建筑在高度、跨度和空间组织的灵活性等方面获得了解放。钢筋混凝土结构、钢结构、充气结构以及张拉、悬挂、壳、膜等新结构技术的发展使建筑在空间造型等方面，不再受材料和结构的限制，从而建筑比以前任何时候都能建造得更高、跨度更大，造型也更加自由，出现了许多新的建筑形式和建筑流派。

3.2.1.3 第一次世界大战之后建筑发展中的高新技术及其影响

第一次世界大战之后，建筑科学技术有了很大发展，特点是把 19 世纪以来出现的新材料、新技术加以完善并推广应用。其中，高层钢结构技术的改进和推广就是一个例子。1931 年纽约 30 层以上的楼房已有 89 座，钢结构的自重日趋减轻，经过长期研究的焊接技术也开始用于钢结构；1927 年出现了全部焊接的钢结构房屋，到 1947 年美国建成 24 层的全部焊接的楼房，钢筋混凝土结构的应用也更普遍了。采用有刚性节点的金属框架，特别是钢筋混凝土整体框架的大量应用，促进了对钢架和其他复杂超静定结构的研究。新的计算理论和方法陆续出现，1929 年克罗斯（Hardy Cross）提出超静定结构的渐进法即是一例，结构科学中另外一些复杂问题（如结构动力学、结构稳定等等）也取得了重要的成果。这一时期日益增多的电影院、电影摄影场、室内体育馆、汽车和飞机库等建筑都要求较大的跨度。在各种大跨度建筑中，壳体结构的出现具有重要的意义，经过多次的研究和改进，人们建成了使用混凝土和钢材结合起来共同工作的筒壳形屋顶。

新的建筑材料也陆续用于建筑，铝材除了用于室内装饰外，还用作窗框和窗下墙的面层。不锈钢和搪瓷钢板也开始用作建筑饰面材料。玻璃产量增加很快，质量改进、品种增多，1927 年制造出安全玻璃，1937 年出现了全玻璃的门扇。20 世纪 30 年代初，美国建立专门的玻璃纤维研究机构，30 年代末玻璃材料已广泛用作隔热、隔声材料，玻璃砖也流行起来。塑料开始少量地用于楼梯扶手和桌面等部位。用橡胶和沥青材料制成的各种颜色的铺地砖逐渐推广。木材制品也有很大的改进，20 世纪 30 年代出现了用酚醛树脂生产出防水的胶合板，可以用作混凝土工程的模板。这一时期还研究出多种吸声抹灰和隔声吸声材料，除玻璃纤维外，还使用了蛭石、珍珠岩和矿渣棉等材料，提高了建筑的隔声和音响质量。

建筑设备也得到了迅猛的发展。其中电梯速度大大提高。1923 年有了霓虹灯，1925 年出现了磨砂灯泡，1938 年出现了日光灯。家用电器设备迅速增多，厨房和厕浴设备也不断改进。空调设备首先用于特殊工业建筑中，1930 年在美国建造了第一座完全无窗的工厂，随后空调设备推广到一些公共建筑中。在某些建筑中，设计顶棚已经开始对照明、空调、防火和声学

图 3-14　纽约帝国大厦

资料来源：http：//www.ionly.com.cn/pro/7/74/20050528/060012.html

作统一安排。总之，各种建筑设备的发展使建筑不再像过去那样只是一个空壳，建筑师不但要同结构工程师还要同各种设备工程师共同配合，才能设计出现代化的建筑。建筑使用质量的提高是第一次世界大战后建筑发展的一个重要特点。

建筑施工技术也相应提高。1931 年在美国纽约建成了帝国大厦，大厦一共 102 层，钢结构圆塔顶端距地面 380m，第一次超过了巴黎埃菲尔铁塔的高度。整个大厦用钢 5.8 万 t，楼内装有 67 部电梯和大量复杂管网，从动工到使用只用了 19 个月（图 3-14）。帝国大厦的建成，综合地表现了 20 世纪 30 年代建筑科学技术的水平[1]，成为当时高新技术建筑的代表作。

综上所述，这个时期建筑技术的发展为新建筑运动战胜古典复兴、折中主义的复古潮流，从而走向现代主义的高潮奠定了坚实的物质技术基础。在建筑中采用新技术也成为现代建筑极力倡导的设计原则之一。

3.2.1.4　第二次世界大战之后建筑发展中的高新技术及其影响

第二次世界大战后，随着工业生产的发展与科学技术的进步，建筑领域取得了一系列新的成就，现代高新技术在高层建筑与大跨度建筑的发展中得到了充分的体现，它展示了现代建筑的特征与新技术的威力是以往任何时代都望尘莫及的。

这个时期由于社会生产力的发展和广泛地进行科学实验，特别是电子计算机与现代先进技术的应用，为高层建筑结构体系的发展提供了科学基础，出现了一系列新的钢结构体系及钢筋混凝土结构体系，使高层建筑的发展出现了新的高潮，并在世界范围内逐步开始普及。而这个时期的大跨度建筑的发展，一方面由于社会的需要，另一方面也是基于新材料与新技术的应用所促成的。不仅钢材与混凝土的强度提高，而且新建筑材料的种类也大大增加了，各种合金钢、特种玻璃、化学材料已开始广泛应用于建筑，为大跨度建筑轻质高强的屋盖提供了有利条件（图 3-15）。此外，大跨度建筑的结构形式也得到了发展，创造了各种钢筋混凝土薄壳与折板结构，以及悬索结构、网架结构、钢管结构、张力结构、悬挂结构、充气结构等等（图 3-16），这些新结构形式的出现与推广，充分反映了当代科学技术的

1　同济大学，清华大学，南京工学院，天津大学．外国近现代建筑史．北京：中国建筑工业出版社，1982：58-59.

图 3-15　罗马小体育宫（Palazzeto Dellospori of Rome，1957 年）
资料来源：http：//www. ionly. com. cn/pro/7/74/20050528/060012. html

图 3-16　1967 年蒙特利尔世界博览会西德馆首先使用了膜结构
资料来源：罗小未主编．外国近现代建筑史．北京：中国建筑工业出版社，2004：207.

进步，成为社会生产力突飞猛进发展的一个标志。

工业化预制一开始就沿着大量性建筑（Mass-Building）与单个建筑（Individual- Building）两者相互影响、相互补充的方向发展。继 19 世纪第一个工业化预制高潮后，到 20 世纪初被重视，而真正大规模的发展是在第二次世界大战以后（图 3-17）。大量性建造的工业化建造体系着重发展了部分标准化预制构件（如梁柱构件、楼板构件、砌块等），使用施工机械，把某些操作程序加以现代化和流水化。单体建筑的工业化着重发展了金属玻璃幕墙、预制混凝土外墙板、全装配混凝土单体建筑[1]。

1　同济大学，清华大学，南京工学院，天津大学．外国近现代建筑史．北京：中国建筑工业出版社，1982：178-224.

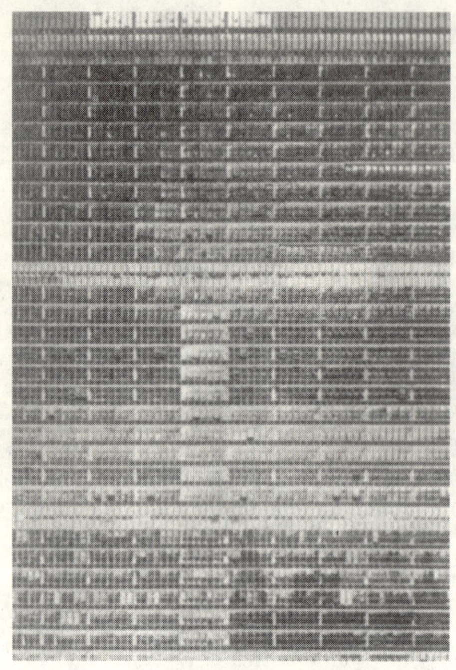
图 3-17 联合国秘书处大楼的幕墙
资料来源：罗小未主编 . 外国近现代建筑史. 北京：中国建筑工业出版社，2004：221.

综上所述，第二次建筑技术革命是设备技术的革命。20 世纪以来，电梯、自动扶梯、人工照明、水处理、人工通风、空调等新技术不断涌现，从 20 世纪 30 年代前后开始对建筑产生巨大的影响。建筑使用功能与建筑空间的构成模式，都随之发生了巨大的变化。建筑造价中设备费用所占的比重也在逐年增加，很多建筑的设备投资都超过了总造价的 30%，建筑设备的优劣也成了评价建筑的重要指标之一[1]。设备技术的革命，对建筑的影响则由空间造型形态方面转向了功能组织。建筑不再受自然环境的限制，交通、朝向、采光、通风、温湿度调节等等都可由人工来处理，建筑的功能组织关系发生了重大的变化。建筑的空间构成模式也与传统的“功能空间”不同，被划分成“目的空间”和“设备空间”两大部分。

3.2.2 现代主义的技术理性思想及其美学观

形成于两次世界大战之间的现代主义建筑运动，其设计原则可以归纳为：①要创时代之新，建筑要有新功能、新技术特别是新形式；②在理论上承认建筑具有艺术与技术的双重性，提倡两者的结合；③认为建筑空间是建筑的实质，建筑设计是空间的设计及其表现；④提倡建筑设计的表里一致；⑤在建筑美学上反对外加装饰，提倡美应当和实用以及建造手段（如材料与结构）结合，认为建筑的美在于其空间的容量与体量在组合构图中的比例与表现，此外，还提出了所谓四向度的时间—空间的构图手法。在这些共同点之外，欧洲的“理性主义”还强调建筑与建筑师的社会责任，因此比较重视建筑的经济性与社会性。美国的“有机建筑”则比较强调建筑的生活趣味，重视房屋同它周围自然景色的配合以及创造所谓诗意的环境[2]。

3.2.2.1 现代主义的技术理性思想

以技术理性为先导，现代主义建筑以强调功能至上展现自身，对古典建筑进行了彻底的革命。18 世纪的英国工业革命导致社会思想和科技文明

1 覃力 . 建筑创作中的技术表现 . 建筑学报，1999，7：47.

2 同济大学，清华大学，南京工学院，天津大学 . 外国近现代建筑史. 北京：中国建筑工业出版社，1982：224.

的巨大进步，新的建筑类型、建筑材料和建筑技术促使建筑观念发生巨变。从1851年英国伦敦世界博览会"水晶宫"用预制钢筋网架和玻璃装配而成，表现出造型全新的时代精神开始，从此世界各地的建筑师开始了对新建筑的艰辛探求。19世纪末至20世纪初，以詹尼（William le Baron Jenney）和沙利文（Louis Henry Sullivan）为代表的美国"芝加哥学派"以新式框架结构建造高层建筑，创立了高层建筑早期的造型风格[1]。1908年，路斯发表了《装饰与罪恶》一文，强调建筑的实用性，否定装饰，被视为现代建筑的宣言性文章。同一时期德意志制造联盟（Deutscher Werkbund）成立，彼得·贝伦斯（Peter Behrens）以工业建筑为基础，设计符合功能、体现结构特征的新型建筑，他设计的德国通用电气公司透平机车间，造型简洁、摒弃装饰，成为现代建筑史中的一个里程碑，也被西方称之为第一座真正的"现代建筑"(图3-18)。

第一次世界大战之后，随着建筑技术的飞速发展，德国的沃尔特·格罗皮乌斯(Walter Gropius)、密斯·凡·德·罗、法国的勒·柯布西耶与美国的有机建筑创立者赖特（Frank Lloyd Wrignt）一起，在贝伦斯等人开创的道路上勇敢探索，以大量系统的理论和成熟的作品为现代建筑运动开辟了一片崭新的天地。1919年格罗皮乌斯在德国魏玛创建了著名的"包豪斯"(Bauhaus）学校，以全新的办学思想奠定了一个在推动现代建筑运动发展方面的里程碑。他是建筑师中最早主张走建筑工业化道路的人，1913年他在《论现代工业建筑发展》一文中谈到："现代建筑面临的课题是从内部解决问题，不要做表面文章……在一个逐渐发展的过程中，旧的手工建造房屋的过程正在转变为把工厂制造工业化的建造部件运到工地加以装配的过程。"[2] "艺术的作品永远同时又是一个技术上的成功。"[3]格罗皮乌斯立足于包豪斯学校，强调工业化对建筑的影响，讲求功能，大量采用装配结构和大片玻璃窗，以使立面简洁、屋顶平整。他设计的包豪斯校

图3-18　德国通用电气公司透平机车间

资料来源：http：//www.abbs.com.cn/bbs/post/view? bid=6&id=5696710&sty=1&tpg=1&ppg=6&age=0#5696710

1　参见本文.3.2.1　近现代建筑发展中的高新技术及其影响.

2　同济大学，清华大学，南京工学院，天津大学.外国近现代建筑史.北京：中国建筑工业出版社，1982：70.

3　同济大学，清华大学，南京工学院，天津大学.外国近现代建筑史.北京：中国建筑工业出版社，1982：77.

图 3-19　格罗皮乌斯设计的“包豪斯”学校

资料来源：http：// www.abbs.com.cn/bbs/post/view? bid=6&id=5696710&sty=1&tpg=1&ppg=7&age=0#5696710

舍，以新的构图手法，从功能出发，按结构和技术的特点确定建筑的平面和立面造型，追求一种全新的艺术效果（图 3-19）。

1923 年柯布西耶出版了他的狂飚式的论文集《走向新建筑》，书中他用激烈的言辞否定了 19 世纪以来因循守旧的建筑观点、复古主义和折中主义的建筑风格，强烈主张创造表现新时代的新建筑。柯布西耶在这本书中说道：“房屋是居住的机器”，“如果从我们头脑中清除所有关于房屋的固有概念，而用批判的、客观的观点来观察问题，我们就会得到‘房屋机器——大规模生产的房屋’的概念”[1]。他认为建筑应该向轮船、飞机、汽车看齐，“飞机是精选的产品，飞机的启示是提出问题和解决问题的逻辑性”[2]；从这些机器产品中可以看到“我们的时代正在每天决定自己的样式”，“机器本身包含着促使选择它的因素”[3]，建筑追求的不是机器般的功能和效率，而是机器般的造型。这就是被称为第一代机器美学的艺术趋向。柯布西耶在书中以犀利的观点批判了保守主义的论点，提出了现代建筑的系统理论，将建筑的机器美学和理性主义推向极致，并提出“新建筑五个特点”，以规范的秩序指明现代建筑的发展方向（图 3-20）。

密斯在积极探求新的建筑原则和建筑手法中强调建筑要符合时代特点，要创造新时代的建筑而不能模仿过去。他一贯重视建筑结构和建造方法的革新，他甚至说：“我们不考虑形式问题，只管建造问题。形式不是我们工作的目的，它只是结果”[4]。在密斯看来，建筑设计与技术的精美、空间的流动变化、设计风格简洁——“少就是多”是至高无上的设计准则（图3-21）。密斯最大的贡献在于他长年专注地探索钢框架结构和玻璃这两种现代建筑手段在建筑设计中应用的可能性，尤其注重发挥这两种材料在建筑艺术造型中的特性和表现力。在工业越发达、钢材应用越多的地方，密斯的影响也越大，在美国和前西德都曾经出现了“密斯风格”。他在 1950 年的一次演

1、2、3　同济大学，清华大学，南京工学院，天津大学．外国近现代建筑史．北京：中国建筑工业出版社，1982：79.

4　同济大学，清华大学，南京工学院，天津大学．外国近现代建筑史．北京：中国建筑工业出版社，1982：91.

讲中谈到：“当技术实现了它的真正使命，它就升华为艺术”[1]，密斯通过他的钢与玻璃的建筑，为在现代建筑中把技术与艺术统一起来做出了成功的榜样。

图 3-20 柯布西耶设计的萨伏伊别墅（Villa Savoy，1930 年）体现了他自己提出的新建筑的五个特点：底层的独立支柱，房间的主要部分都放在二层；屋顶花园；不承重的自由平面；横向长窗；不承重的自由立面

资料来源：http：// www. abbs. com. cn/bbs/post/view? bid＝6&id＝5696710&sty＝1&tpg＝1&ppg＝7&age＝0＃5696710

图 3-21 密斯设计的 1929 年巴塞罗那世博会的德国馆

资料来源：http：// www. abbs. com. cn/bbs/post/view? bid ＝ 6&id ＝ 5696710&sty ＝ 1&tpg ＝ 1&ppg＝7&age＝0＃5696710

赖特对现代大城市持批判态度，他很少设计大城市里的摩天楼，对于建筑工业化也不感兴趣，他把自己的建筑称作“有机的建筑”（Organic Architecture）。赖特认为：“建筑应该是自然的，要成为自然的一部分”[2]。他喜爱并希望保持旧时以农业为主的社会生活方式，这是他的有机建筑理论的思想基础。赖特的作品建筑空间灵活多样，既有内外空间的交融流通，同时又具有幽静隐蔽的特色。它既运用新材料和新结构，又始终重视和发挥传统建筑材料的优点，并善于把两者结合起来。同自然环境紧密配合则是他的建筑作品的最大特色。赖特既是一个浪漫主义者又是一个田园诗人，他的作品具有浪漫主义情调，以一曲“流水别墅”堪称自然主义建筑风格的千古绝唱（图 3-22）。

这四位大师的设计风格或严谨、或粗犷、或精巧、或自然，但都以新的观念指导创作，注重功能和形式，反对虚伪的装饰，认为形式应忠实地

1 同济大学，清华大学，南京工学院，天津大学．外国近现代建筑史．北京：中国建筑工业出版社，1982：98.

2 同济大学，清华大学，南京工学院，天津大学．外国近现代建筑史．北京：中国建筑工业出版社，1982：106.

图 3-22 赖特设计的流水别墅空间形态别致地和小溪的动势融为一体，加上刻意选取的建材及其颜色，使整个建筑和环境完美地结合在了一起

资料来源：http：// www.abbs.com.cn/bbs/post/view? bid＝6&id＝5696710&sty＝1&tpg＝1&ppg＝7&age＝0＃5696710

反映功能，反映技术特征和生产方式，不应有任何虚伪的附加装饰，这些建筑思想随着新技术的推广和日渐深入人心而风靡全球，也造成了其后几十年“国际式”建筑在世界范围的延伸与泛滥。在现代主义者看来，成功的建筑应具备“实用、经济、美观”的品质。这三种品质很大程度上已被以后现代主义及解构主义为代表的非理性主义者看作是现代主义理性精神的教条，分别被贴以“功能理性”、“概念理性”、“逻辑理性”和“经济理性”、“机器美学”等标签概而论之，并提出相应的质疑。

实际上，技术理性是这些“教条”及“标签”的前提和基础，现代主义者正是在科学实在论的基础上以技术理性为出发点进行建筑创作的。在技术高度发达的现代社会里，技术理性作为社会的轴心理性观念，以压倒一切的方式支配着社会文化和意识形态的各个方面，由此而发展出来的技术主义意识将技术理性等同于理性的全部，认为人类的一切问题都必须由科学与技术来解决。在这种意识的支配下，我们不再需要对民主、公众参与予以讨论，我们可以把一切问题交给科学技术专家来处理。在建筑领域，建筑师甚至工程师本应作出最终的决定，但这种决定权实际上已交给了技术，而不是人类自己，现代主义建筑师对技术理性的推崇逐渐变为对技术手段的追求，造成对“建筑为人”的目的的遗忘。

现代建筑在新技术突飞猛进的发展基础上，以理性的名义承诺人类的物质需求，并将逐渐人心涣散的古典主义教条的统治彻底瓦解。许多现代主义建筑师都站在反对古典主义的立场上，鼓吹技术至上的机械美学和工具理性思想。正如布鲁诺·塞维所指出的：“现代建筑法则不仅仅与19世纪和20世纪的建筑大师们相联系，而且是与整个历史中的所有反对神化的教条、清规戒律、先验论、关于风格式样的理论，以及古典主义教规的建筑师相联系的。”[1]总而言之，现代主义的创作原则是建立在技术理性思想之上的（图3-23）。

---

1 （意）布鲁诺·塞维著．现代建筑语言．席云平，王虹译．北京：中国建筑工业出版社，1986：87.

3.2.2.2 现代主义——被曲解的理性主义

图 3-23 芝加哥湖滨公寓（Lake Shore，1953 年）。现在流行的钢框架加玻璃幕墙的摩天大楼均出自密斯的早期构想，笔者以为有些学者对密斯的批判有失公允，试想没有芝加哥湖滨公寓、纽约西格拉姆大厦，何来罗杰斯的伦敦劳埃德船务注册公司大楼

资料来源：http：// www.abbs.com.cn/bbs/post/view? bid=6&id=5696710&sty=1&tpg=1&ppg=7&age=0#5696710

在资本主义发展初期，西方思想家高扬理性主义的旗帜，“一切都必须在理性的法庭面前为自己的存在作辩护或者放弃存在的权利”[1]。那时的目标是建立一个理性的王国，理性主义占据着哲学思想的主流，并伴随着科学主义和乐观主义。

现代主义建筑思想萌生于 19 世纪中叶，到 20 世纪 20 年代走向高潮。受 18 世纪的启蒙运动和产业革命的影响，现代建筑把创作观念牢固地建立在理性主义基础之上。现代建筑的理性主义既包含了推崇演绎逻辑、讲究概念明晰和数理秩序的古典理性，也包含了从经验主义发展而来的、建立在现代实用主义基础之上的理性主义成分。在本体论层次上，它以近代科学精神为指导，强调建筑的物质性；在认识论层次上，它关心经验支持，坚持科学性，反对神秘主义；在方法论层次上，它讲究逻辑推理方法，反对主观与随意性。同时，它把社会进步作为建筑设计的最高价值，体现出“价值的合理性”，并采用工业化的生产手段作为目标的追求方法，体现了“实践的合理性”[2]。在这种理性主义基础之上，并结合当时社会经济状况，现代建筑确立了它的创作观：以解决现实社会问题为目标，以功能需要及技术发展为基础，全力造就符合工业化时代特征的新建筑。在“形式追随功能”、“少就是多”、“装饰等于罪恶”、“房屋是居住的机器”等口号声中，我们就能深切地体会到现代建筑的这种创作精神。

然而，当人们把现代建筑冠以“理性主义”和“功能主义”之名时，一些现代建筑巨匠如格罗皮乌斯、柯布西耶就深表不满，在他们看来这是对他们工作的曲解。格罗皮乌斯反驳道：“许多人把合理化的主张看成是新建筑的突出特点，其实它仅仅起到净化的作用。事情的另一面，即人们灵魂上的满足，是和物质的满足同样重要。”“我认为建筑作为艺术起源于人

1 （德）马克思，恩格斯．马克思恩格斯选集．第 3 卷．北京：人民出版社，1972：56．转引自吴焕加著．论现代西方建筑．北京：中国建筑工业出版社，1997：182.

2 曾坚著．当代世界先锋建筑的设计观念．天津：天津大学出版社，1995：68.

类存在的心理方面超乎构造和经济之外，它发源于人类存在的心理方面。对于充分文明的生活来说，人类心灵上美的满足比起解决物质上的舒适要求是同等的甚至是更加的重要”[1]。柯布西耶认为：“建筑艺术超出实用的需要，建筑艺术是造型的东西”，他甚至走极端地说：“建筑师用形式的排列组合，实现了一个纯粹是他精神创造的程式。”[2]的确，事实并不是许多人认为的那样，现代建筑只注重物质功能而忽视了人的精神与情感需求，相反，现代建筑发轫之时，建筑师们在考虑满足人的物质需求的同时就没有忘记人的精神需求，而且积极倡导、探索一种新形势下新的建筑美学观以及新的建筑艺术风格——一种基于技术上成功的艺术风格。只是由于当时工业化初期经济拮据、城市膨胀、房屋匮乏等严峻现实，社会对建筑提出的现实要求是首先考虑和解决居住、阳光和空气问题。因而此时的现代主义建筑师们表现得更为注重建筑的物质功能，讲求实效、经济原则。由于物质功能具有超越文化和地区的特点，以此作为创作的出发点，导致了现代建筑轻视人类的情感、历史文化和地域特征等缺陷。随着工业化的发展，现代建筑广泛流传，群起而效之，落入教条化、模式化的俗套中，最终成为令人厌恶和诅咒的千篇一律的“国际式”风格。但是，从以上的讨论中，我们已能深刻地感悟到现代主义建筑的早期思想，其根本出发点乃是“人”这一要素，即为了满足人的需求。只是由于当时人的需求更多的是物质上而非精神上的，现代建筑因而表现出“重物轻人”的价值取向，最终被自身束缚而陷入困境[3]。

历史应该公允地认为，给现代建筑贴上“国际式”标签仅仅是对现代建筑的表象认识，理性主义顺应了时代而成为现代建筑的主要哲学特征和倾向，非理性主义和理性主义一同孕育并诞生，但却被现实无情地扼杀在摇篮中。阿尔瓦·阿尔托（Alvar Aalto）指出：“现代建筑的最新课题，是要使理性化的方法突破技术范畴而进入人情和心理的领域……”[4]。这将是非理性在现代建筑中的再生。亡羊补牢，为时不晚。

3.2.2.3　现代主义的美学观——第一代机器美学（理性主义美学）

现代建筑把创作观念牢固地建立在理性主义基础之上，并把理性精神贯穿于它的美学体系与艺术手段中，孕育了现代建筑的理性主义美学。

这种新的美学观诞生伊始，首先就面临着19世纪学院派的复古主义思

1　同济大学，清华大学，南京工学院，天津大学．外国近现代建筑史．北京：中国建筑工业出版社，1982：77.

2　同济大学，清华大学，南京工学院，天津大学．外国近现代建筑史．北京：中国建筑工业出版社，1982：79.

3　邓鸿成．异化、软化、整合——高技术建筑人性化历程．重庆建筑大学硕士学位论文，2000：24.

4　刘先觉编著．阿尔瓦·阿尔托．北京：中国建筑工业出版社，1998：42.

潮的挑战。当时在西方，古典主义学院派在建筑文化中处于统治地位，他们用美学观念来认识建筑，认为经过千百年积累的建筑艺术集中了人类最高的审美情趣和美学成就，后人的任务只是学习和继承。他们没有体会到新的技术发展正影响并改变着人们的审美态度。为此，现代建筑的先驱们向19世纪末叶以来的一些革新派建筑师那样，坚决地同复古主义思潮进行斗争。格罗皮乌斯宣称："我们处在一个生活大变动的时期，旧社会在机器的冲击之下破碎了，新社会正在形成之中。在我们的设计工作中，重要的是不断地发展，随着生活的变化而改变表现方式，决不应是形式地追随'风格特征'"。他进一步指出："历史表明，美的观念随着思想和技术的进步而改变，谁要是以为自己发现了永恒的美，他就一定会陷于模仿和停滞不前"[1]。密斯认为："在我们的建筑中试用以往时代的形式是无出路的"，"必须满足我们时代的现实主义和功能主义的需要"[2]。柯布西耶则大声疾呼："在近50年中，钢铁和混凝土已占统治地位，这是结构有更大能力的标志。对建筑艺术来说，其中老的经典被推翻了，如果要与过去挑战，我们应该认识到历史上的样式对我们来说已不复存在，一个属于我们自己时代的样式已经兴起，这就是革命"[3]。总的来说，工业革命后的复古主义建筑只能体现为延续传统的表象，而忽视了应用新的形式体现新的内容，以致折中主义式的复古，就以玩弄形式而彻底背离了传统的西方理性。现代建筑在变革中把学院派繁琐的、手工艺式的建筑艺术还原为初始的、几何的、适合于工业化施工的简单形式，为建筑艺术思维重建了西方传统理性的框架。

理性主义美学面临的第二个挑战来自于人们传统的美学观念。现代主义本身是工业社会的产物，是工业文明的一部分，工业社会十分重视的就是技术。现代主义积极倡导在建筑中采用和表现新技术，它带有技术乐观主义色彩，宣扬技术至上。在这里，理性主义表现为技术理性，理性主义美学表现为机器美学。然而在当时，人们对机器（技术）怀有一种恐惧感并加以抵制，到后来人们虽然使用机器，但不承认机器和机器生产的东西具有审美价值，在人们心目中只有手工制作的东西才能成为工艺品，才是美的。工艺美术运动即反映了人们的这种思想意识。随着机器产品及其使用的日益广泛，人们逐渐改变旧有的观念，认识到机器及其产品也可以具

---

1 同济大学，清华大学，南京工学院，天津大学．外国近现代建筑史．北京：中国建筑工业出版社，1982：75.

2 同济大学，清华大学，南京工学院，天津大学．外国近现代建筑史．北京：中国建筑工业出版社，1982：91.

3 同济大学，清华大学，南京工学院，天津大学．外国近现代建筑史．北京：中国建筑工业出版社，1982：79.

有审美价值，并且渐渐从审美的角度去看待机器和技术本身。1904 年法国美学家苏里奥（Paul Sourian）在出版的专著《合理的美》中指出：“机器是我们艺术的一种美妙产品，人们始终没有对它的美给予正确的评价。一台机车、一辆汽车、一条轮船，直到飞行器，这是人的天才在发展。在唯美主义者们蔑视的这沉重的大块的自然的明显成就里，与艺术大师们的一幅画或一座雕像相比，有着同样的思想和智慧。一言以蔽之，合目的即真正的艺术。”[1]人们发现了机器和机器产品中包含的功能美和合理美而接受并进而赞赏机器（技术），特别是到了战后经济拮据时期，人们为了迅速重建家园，恢复战争创伤，更加崇尚工业技术，因为只有先进的工业技术才能满足人们对房屋的大量需求。1923 年柯布西耶在他的《走向新建筑》一书中提出“房屋是居住的机器”，认为建筑应该向轮船、汽车、飞机看齐，建筑追求的并不是机器般的功能和效率，而是机器般的造型[2]。这说明了现代主义已经把突出逻辑性、摒弃装饰、注重工业技术、流程、机械设备、结构精简等充满理性精神的原则上升到美学高度，并强调功能和形式的和谐统一，从而构筑了第一代机器美学的框架。

在理性主义的建构下，现代主义机器美学表现出注重物质功能、具有清晰理性目的、符合逻辑的审美追求，人们称之为“硬美学”。其美学特征和原则具体表现在以下几个方面：

（1）重普遍、轻个体。这是一种强调共性与规律，否定个性与特殊性的美学倾向，是“硬美学”的重要标志。从这个美学原则出发，现代建筑大师们努力追求建筑艺术的“通用语言”、“普遍范式”，格罗皮乌斯热衷于“标准化”，柯布西耶寻求“固定词”，密斯追求着“万能空间”。他们都企图建立普遍适应的美学框架，“控制线”、“人体模数”、“数理规则”就是他们普遍适应的美学原则。在建筑中他们提倡简练的处理手法和纯净的形体，反对繁琐的附加装饰，“少就是多”、“纯净的体形是美的体形”这些自然而然地成了至高无上的艺术典范。

（2）重客观、轻主观。这是理性主义“重物轻人”价值取向的反映。在这一美学原则基础之上，现代主义以功能为设计出发点，强调建筑外部形体清晰明确地表达内部功能，在形式与内容关系上高度一致。“我们要内在逻辑性鲜明坦然、不被立面和欺骗手段掩盖……从形式上可以认出其功能的建筑”[3]。同时，强调材料和工艺对形式的影响，重视物质内容决定的外形，而较少考虑精神文化因素。

---

1 吴焕加著．论现代西方建筑．北京：中国建筑工业出版社，1997：59.

2 同济大学，清华大学，南京工学院，天津大学．外国近现代建筑史．北京：中国建筑工业出版社，1982：79.

3 吴焕加著．论现代西方建筑．北京：中国建筑工业出版社，1997：79.

(3) 重永恒、轻短暂。这是西方古典理性主义美学和现代主义美学所具有的共同特征，也是“硬美学”的突出标志。现代主义崇尚“永恒”与“静止”的美学观念，追求“纯净”的理性，因而在建筑中格外重视高度抽象的艺术手法，纯化造型，突出几何性与逻辑性，并背离建筑的共时性与历时性去表达那种超越时空限制的永恒之美。

(4) 重统一、轻多样。这种“非此即彼”的审美取向否定特殊性、多样性，把一切都归结于一个统一的本原，认为所有事物都趋向同一个目标。在这种美学原则下，现代主义确立了单一的审美模式，要求建筑形式明确反映这类“单一”的本质内容以取得美的艺术效果。这种采用单调的手法来追求大同的机械僵硬的国际式建筑，较少顾及地域、民族和文化的不同，如同柯布西耶所言的：“为了国际性，必须废除地方性。”[1]

3.2.3 “高技派”的产生及其美学观

3.2.3.1 相关流派、理论对“高技派”诞生所产生的影响

1. 未来主义

一种风格和流派的理论思想总是先于这个流派的产生，未来主义的理论对“高技派”的产生有着巨大的影响。1909年未来派的奠基人意大利作家马里内蒂（Filippo Tommaso Marinetti）在第一次“未来主义宣言”中宣扬工厂、机器、火车、飞机等的威力，赞美现代大城市，对现代生活的运动、变化、速度、节奏表示欣喜，他否定文化艺术的规律和任何传统，宣称要创造一种全新的未来的艺术。并明确提出未来的建筑要像一个大机器，电梯不应该被掩藏起来，而应该以钢铁和玻璃的面貌暴露在建筑立面上。未来主义的另一重要成员安东尼奥·圣爱利亚认为技术机械美学的核心是推动理想主义建筑发展的动力[2]，而工程是实现这个理想的必要手段，建筑应该完全受工程和技术的左右，他的未来城市预想图充满了高技术的工业细节。

第一次世界大战前夕，意大利未来主义建筑师桑·伊利亚（Antonio Sant'Elia）画了许多未来城市和建筑的设想图，并发表“未来主义建筑宣言”。在“宣言”的八条纲领中详细地列举了未来派建筑学的理论思想：“……我们要歌唱那些由电灯照亮的兵工厂与船坞的午夜狂热；那些贪得无厌地吞食着长蛇般喷烟的列车火车站；那些在弯曲的烟尘所形成的阴天下的工厂；那些在阳光下像刀剑一样闪光的桥梁……那些追赶着地平线探险的轮船，那些用车轮飞驰过大地的胸膛犹如装了钢管马具的骏马般的机车，

---

1 邓鸿成．异化、软化、整合——高技术建筑人性化历程．重庆建筑大学硕士学位论文，2000：25.

2 宋颖，王群．高技派的回顾与反思．华中建筑，2003，3：22.

那些螺旋搅风像伴随着人群喝彩声而飞舞旗帜般从容飞翔的飞机。”[1]这段感情激昂的文字是对工业化时代扩大到电力、交通领域的技术状景的颂扬。而伊利亚的图样提供了具象的图景，图样中都是高大的阶梯形的楼房，电梯放在建筑外部，林立的楼房下面是川流不息的汽车、火车，分别在不同的高度上行驶。伊利亚说：“应该把现代城市建设和改造得像大型造船厂一样，既忙碌又灵敏，到处都是运动，现代房屋应该造得和大型机器一样。”[2]他并且写道：“……现代建筑像一个巨大的机器，电梯不应像独居的虫子躲在梯井里……应该像玻璃和铁的大蛇爬上立面……”[3]。可惜一战的爆发使他的思想光芒埋没于纷乱的战火之中。

图 3-24　桑·伊利亚——新城市的梯度建筑（1914 年）

资料来源：（美）肯尼斯·弗兰姆普敦著．现代建筑——一部批判的历史．原山等译．北京：中国建筑工业出版社，1988：89.

未来主义的理论思想和对建筑与城市的构想宣告了机械化的技术文明在社会文化中所占的首要地位。未来主义的“宣言”从根本上是反文化的，这种有争议的否定态度看来也没有把建筑文化排除。伊利亚发展了一种优秀的制图术，从米兰火车站的“新艺术风格”富于装饰性的线条与形式到“梯度建筑”丰碑式的未来城市形象（图 3-24），未来主义的这种极端技术乐观主义与唯技术论对高技派的形成和发展产生了深远的影响，同时也播下了高技派异化的种子。

2. 构成主义

俄国构成主义创作纲领的范例——第三国际纪念塔（图 3-25）的设计者塔特林（Vladimir Tatlin）曾经谈到：“正如振荡次数和波长是声音的空间度量那样，铁和玻璃之间的比例是材料节奏的度量。通过这些基本材料的结合表达一种紧凑但庄严的简单性，同时也表达了一种关系，因为这两种材料都形成了现代艺术的要素”[4]。正如他所认为的新材料产生新艺术那样，以梅里柯夫（Konstanton Melnikov）为代表的构成主义建筑师不仅

---

1 Kenneth Frampton. Modern Architecture—A Critical History. Revised and Enlarged Edition：London：Thames and Hudson. 85.

2 同济大学，清华大学，南京工学院，天津大学．外国近现代建筑史．北京：中国建筑工业出版社，1982：62.

3 Kenneth Frampton，Modern Architecture—A Critical History. Revised and Enlarged Edition. London：Thames and Hudson：87.

4 转引自徐理．高技术建筑的异化与复归．上海：同济大学硕士学位论文，1997：7.

要创造一种工业时代的建筑形式，同时必须寻求一种与科学技术同构的美学。另一构成主义者A·维斯宁（A·Withlyn）于1923年所作的莫斯科《真理报》大楼方案，有着高技派的原型：十字交叉的钢制杆件、玻璃电梯以及屋顶上貌似卫星接收软盘的物体。然而天才的乌托邦式的建筑形式幻想与可行的技术之间的距离越来越远。“一种超出可能的技术幻景与原始落后的建筑业现实之间的差距使理想化的工艺不得不日益让位于低级技术的寻常机制，这就是一些建筑师走向一种空洞、虚伪的美学主义，与他们开始企图取而代之的形式主义者无甚区别，因为他们被迫去体现一种掺有水分的先进技术形式而实际上都并无真正的介质实现它。”（伯特荷德·卢贝特金）

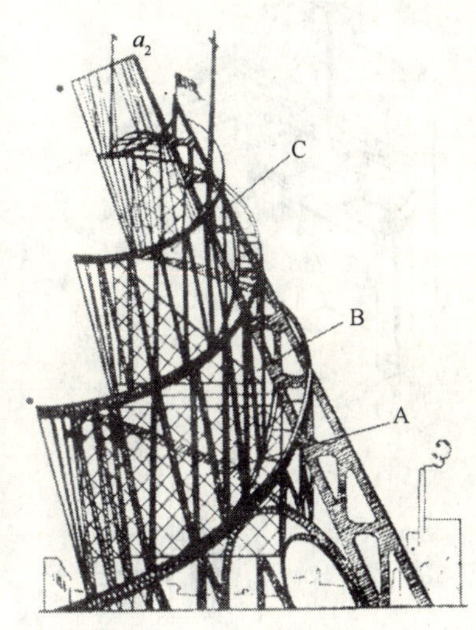

图3-25　第三国际纪念塔
资料来源：罗小未主编．外国近现代建筑史．北京：中国建筑工业出版社，2004：60.

在欧洲由于构成主义的影响，比若埃（Bernard Bijvoet）和嘎候（Pirre Chareau）设计的瓦何大楼（Maison de Verre）完全是机器式构件、批量生产、灵活平面和玻璃外墙的混合物。罗杰斯1959年参观了大楼并承认对他有重要的影响。与此同时法国建筑师吉恩·普鲁维（Jean Prouve）为轻型金属住宅开发了一套可替换的墙体构件系统，其探索一直持续到20世纪70年代。福斯特这样评价他对英国高技派的影响：“没有你我们将没法做到这一切”[1]。构成派的技术美学后来甚至发展到以高技术为幌子，做技术美学的形式主义展示，这对后来的高技派有很大的影响，未来主义和构成主义的一系列主张都基本上奠定了高技派的基本原则。

3. 产品主义

巴克敏斯特·富勒是美国先锋派建筑师，他是美国20世纪30年代独一无二的、风格趋近于构成派的建筑师。富勒于1927年设计的“迪马西昂”住宅（Dymaxion House）的宗旨就是“动态主义加效率”，这种可以系列生产的“迪马西昂”住宅就是产品主义的前身，实际上已抛弃了现代主义追求的纪念性永恒美学，而热衷于一种系列生产的原型的设计。“迪马西昂”住宅方案中运用了当时的航空飞船技术，所以富勒被称为“高技派之父”。他的专利产品——预制卫生间就是住宅生产原型的实现产物（图3-26）。建筑的功利目的被提高到空前的高度，服务设施成为建筑的首要因素，甚至成为建筑表现要素。这种物质至上的观点即“技术至上主义”对后来的高技派影响至深。

1 Colin Davies. High-Tech Structure. First Edition. London：Thames and Hudson，1988：16.

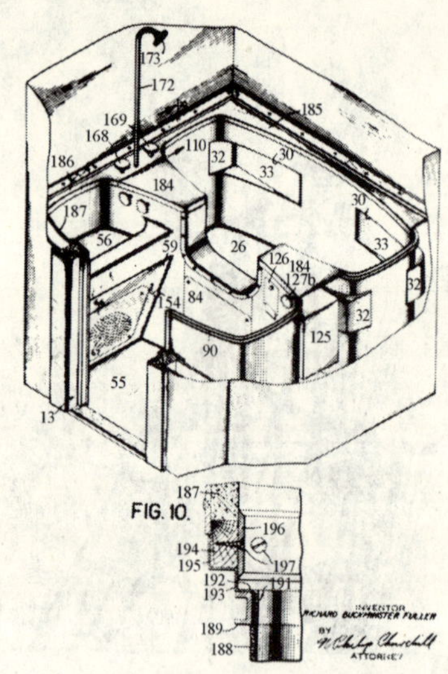

图 3-26　预制卫生间

资料来源：（美）肯尼斯·弗兰姆普敦著．现代建筑——一部批判的历史．原山等译．北京：中国建筑工业出版社，1988：266。

英国评论家雷纳·班纳姆（Reyner Banham）1960年在《第一机器时代的理论与设计》（Theory and Design in the First Machine Age）一文中首次把富勒的实验作为建筑未来的可能模式介绍到英国，1965年在班纳姆的另一篇论文“A home is not a house”中，富勒的标准化建筑容器和大地圆穹演变成有着完美服务设施的压缩空气支撑的气泡。班纳姆认为，建筑的根本是服务设施，它赋予建筑极大的灵活性。至此，建筑已成为不附带任何文化价值的、纯功能性的物质产品，建筑所承担的时代文化精神的外化功能已丧失殆尽。

4. 粗野主义

富勒的思想没能在美国得到繁衍，相反却在英国生根开花，被后来的高技派发扬光大。这可能与英国的社会背景及工业传统有关，并且与英国人的性格气质、思维模式有着密切的联系。美国人不屑于把这种建筑的装配式操作程序提升为建筑美学，只是把它发展为20世纪70年代盛行的产品主义的室内装饰风格。相反，装配式建筑技术在英国有着悠久的传统，这可以追溯到1851年由帕克斯顿设计的水晶宫[1]。英国人最早把建筑与合理的工业技术联系起来，这些传统包括预制装配、标准化和工业化生产。二战期间，新材料和新技术得以发展，这为战后物资匮乏和急需大量住房时期的大量性工业化生产打下了基础。史密森夫妇（A. & P. Smithson）的粗野主义建筑形式提供了一种廉价的、快速工业化施工的建筑形式。他们的代表作亨斯特顿学校（Hunstanton School）[2]具有革命性的完全忠实于材料并暴露了电气管道和钢架上的钢水塔，在形式、结构、服务性设施的处理乃至美学方面都对高技派产生了直接的影响（图 3-27）。另外，英国人崇尚实用主义，自第一次工业革命以来，他们在机械、工程材料、力学与实用技术领域表现卓著，而对材料质感和节点细部的表现一直是他们工业美学的核心，这些因素共同促成了高技派在英国的诞生[3]。

5. 阿基格拉姆（建筑电讯集团）

高技派的先声是英国的“阿基格拉姆”（Archigram Group）又译为

1　参见本文．3.2.1.1　18世纪下半叶至19世纪下半叶建筑发展中的高新技术及其技术表现.

2　同济大学，清华大学，南京工学院，天津大学．外国近现代建筑史．北京：中国建筑工业出版社，1982：243.

3　徐理．高技术建筑的异化与复归．同济大学硕士学位论文，1997：7-8.

“建筑电讯集团”，20 世纪 50 年代后期以其名称命名的杂志《建筑电讯》及《多边形》上发表了一些未来主义的建筑设计和高技术思想，诸如不确定形体、插入式构件、从飞机工业中借鉴的技术等等，提倡一种旨在表现现代生活的生产流程、技术管网的翻肠倒肚（Bowelism）的处理手法，提出用完即可抛弃的美学观，否定永恒的美学价值。许多构想如“插入城市”、“行走城市”、“即时城市”、“居住舱体”、“变形”等都对以后的高技派建筑的形式产生了深刻的影响（图 3-28）。阿基格拉姆（Archigram）在英国建筑界唤起了巨大的热情，这一时期的特征是对技术无与伦比的巨大热情，建筑师、工程师探索那些迄今为止尚未涉足过的领域，广泛开展实验。曾几何时，灵活性、能动性、扩展性和适应性成了建筑界的时髦用语。

在战后的 20 世纪 50、60 年代，各种轻质的建筑材料如合金钢、特种玻璃、化学材料开始应用于建筑领域，同时新的结构形式如充气结构、帐篷结构、悬挂结构、短线穹窿结构等纷纷出现，形成了高技派产生的先兆。意大利著名建筑师奈尔维（P. L. Nervi）于 1956 年设计的罗马小体育宫采用了网络穹隆形薄壳屋顶并在建筑外景中表现了“Y”形支撑结构的美感。富勒于 1967 年设计的加拿大蒙特利尔世界博览会美国馆采用了一个直径为 76.2m 的球体网架结构，并把这一网架结构本身暴露出，显示了结构构件自身的美感（图 3-29)。在同一展览会上奥托（Frei Otto）和加特伯罗（Rolf Gutbrod）设计的世界博览会西德馆，屋面使用了新的柔性化学材料，呈半透明状，钢索网状的张力结构和半透明屋面材料美感的表现是直接的而

图 3-27　亨斯特顿学校

资料来源：罗小未主编．外国近现代建筑史．北京：中国建筑工业出版社，2004：254.

图 3-28　行走城市

资料来源：徐理．高技术建筑的异化与复归．同济大学硕士学位论文，1997：8.

图 3-29　1967 年加拿大蒙特利尔世界博览会美国馆

资料来源：http：//www.abbs.com.cn/bbs/post/view? bid=6&id=5696710&sty=1&tpg=1&ppg=8&age=0#5696710

且是触动人心的[1]。在20世纪60年代的技术乌托邦运动中，英国的“阿基格拉姆”及日本的“新陈代谢派”对高技术乐观的信心以及他们对巨型结构、太空时代的空间机器的建筑形象的设想无疑也为高技派建筑师提供了思想的启发和形式的先例。

3.2.3.2 “高技派”建筑的诞生——对现代主义的扬弃

一种风格或流派的理论思想总是先于这个流派的产生，因而我们很难界定高技派建筑产生的确切时间，而只能确定出一个大致的范围。真正较完整地体现了高技派建筑特点的第一个作品应该算是1963年落成的莱斯特大学工程馆（Leicester University Engineering Building）(图3-30)。这是英国建筑师詹姆斯·斯特林（James Stirling）在其风格转变以前的一个著名作品，在这里，功能、结构、材料、设备与交通系统都清楚地暴露在建筑的表面，直率的形式并没有把形体构图与虚实比例置之不顾，特别是办公楼后面车间上面的玻璃屋顶，45°斜置的玻璃天窗的不断重复构成了一个独特的形式[2]。它没有遵循现代主义的抽象教条，而是以工业化的材料和复杂而又率直的手法表现出一种对技术的向往[3]。

图3-30 莱斯特大学工程馆
资料来源：窦以德等编译．詹姆士·斯特林．北京：中国建筑工业出版社，1993：彩页图6.

由SOM设计、于1962年建成的美国科罗拉多州空军士官学院中的教堂，企图用最新的技术来创造新型的能象征教堂的建筑形式，它的形式既有强烈的“机器美”(图3-31)，同时在视感上又同中世纪哥特教堂的能把人们的目光引向上天的上升感有些联系。教堂的形式同结构是一致的，它的结构是一个一个重复的、由钢管（外贴铝皮）与玻璃组成的四面体单元所组成的，每层一种类型，共有三种类型。在每个四面体单元的几个面

1 二战期间，德国的门格林豪森（MAX Mengeringhausen）开发了“MERO”系统。这是一种用标准构件、金属接头和金属管构成的能够快速组装的结构体系，后来在蓬皮杜中心中得到大量应用。由于德国技术结构的标准化探索，使得前西德在20世纪60～70年代的高技术建筑探索中也处于前沿，奥托与本尼西合作的1972年慕尼黑奥运会主场馆更把这一结构的美感发挥到淋漓尽致。

2 窦以德等编译．詹姆斯·斯特林．北京：中国建筑工业出版社，1993：109.

3 蒋玮．当代高技术建筑的情感化趋向．同济大学硕士学位论文，1998：9.

的接头处还镶以一条彩色玻璃带，以增加宗教气氛。无疑地，这个教堂在使技术创新同艺术效果结合的尝试中是成功的[1]。

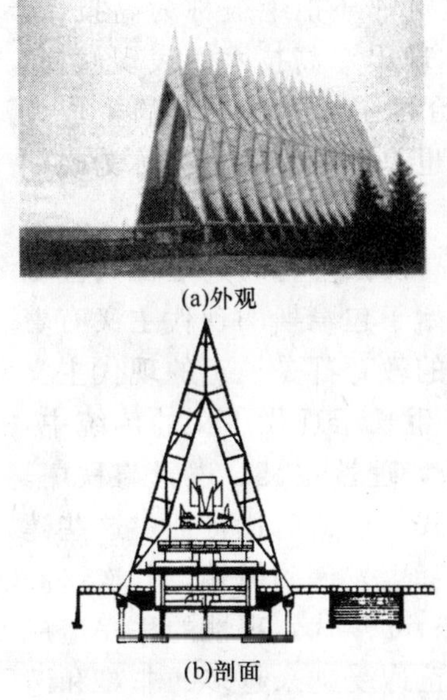

(a)外观

(b)剖面

(c)局部

图 3-31　科罗拉多州空军士官学院教堂

资料来源：罗小未主编．外国近现代建筑史．北京：中国建筑工业出版社，2004：278.

紧接着，罗杰斯和福斯特于 1967 年合作设计了斯文登信托控股公司工厂（Reliance Controls Factory，Swindon），它有一个简单的方形平面、平屋顶和从亨斯特顿学校借用过来的独立式水塔。立面上暴露的钢结构和斜撑涂成白色，成为方盒子上最醒目的装饰。这个建筑立刻受到评论家的喝彩，赢得了 1967 年金融时报最杰出工业建筑奖（图 3-32），这给予设计师们继续探求新样式以极大的信心。另外，格里姆肖于 1967 年设计的国际学生俱乐部（International Students' Club），这个建筑有一个玻璃的、螺旋形的浴室舱体插入后面的维多利亚式房屋中，后者被格里姆肖当时的合作者法雷尔（Terry Farrell）改造为学生公寓。在这里，格里姆肖第一次把插入式服务塔的概念变为现实，

图 3-32　福斯特 1965 年所作的斯文登信托控股公司工厂草图

资料来源：窦以德等编译．诺曼·福斯特．北京：中国建筑工业出版社，1997：63.

1　同济大学，清华大学，南京工学院，天津大学．外国近现代建筑史．北京：中国建筑工业出版社，1982：265.

服务塔概念后来也成为高技派的重要母题。

至此，因为有了较为系统的理论和大量较为成熟的作品，标志着高技派作为一种建筑流派或风格的诞生。高技派没有太多的理论也没有什么有组织的展览和宣言，甚至一些高技派建筑师还拒绝被称为高技派，不过在他们的个人探索及设计作品中还是体现出对高技术的表现倾向，与现代主义一脉相承。现代主义的使命感始终在激励高技派的生成发展，在他们身上涌动着现代主义的血脉，这也是人们把高技派称为晚期现代主义的原因。

现代主义奉行的是第一代机器美学，而高技派奉行的则是在其基础上发展起来的第二代机器美学。高技派与肇始于包豪斯的现代主义有着直接的血源关系：首先，高技派建筑师接受的教育都是纯正的现代主义思想，他们诞生于西方工业社会的文化中，生长于现代主义的传统中，因此自觉不自觉地奉行现代主义的哲学信条。理性主义、逻辑与秩序、技术合理性、工业化生产装配、摒弃传统形式、创造时代特征，这些建筑创作理念都被高技派所继承并奉为圭臬，甚至发展到极端。其次，高技派诞生于现代主义危机深重的20世纪50～60年代，理性的秩序造成大量单调的密斯式建筑语言形式，国际风格正遭受越来越多的非难和谴责。高技派从中吸取了教训，丰富了形式语言的表达，避免重蹈国际式的覆辙。从这个意义上说，现代主义是高技派的基础，高技派是对现代主义的扬弃[1]。再次，高技派对材料质感和构造细部异乎寻常的热衷是对现代主义以密斯为代表的“讲求技术精美的倾向”及“注重高度工业技术的倾向”的继承与发展[2]。最后高技派的思想也受到20世纪初产生的众多先锋艺术流派的影响，诸如未来主义、构成主义、产品主义、粗野主义、阿基格拉姆等等[3]。

高技派的核心思想在于对高技术手段带来的美感的追求和强化，以探索建筑的新形式和新风格。在20世纪50年代，高技派把注意力主要集中在创造性地采用与表现预制的装配化、标准化构件方面，积极主张用最新的材料，如高强钢、硬铝、塑料和各种化学制品来制造体量轻、用料少，能够快速灵活地装配、拆卸与改建的结构与房屋。在设计中他们强调“系统设计”（Systematic Planning）和“参数设计”（Parametric Planning）。正如奈尔维所言：“以谦虚的抱负来接近神秘的自然规律，顺从它们并利用与支配它们，只有这样才可以把它们的崇高与永恒的真

1　徐理．高技术建筑的异化与复归．同济大学硕士学位论文，1997：5-6.

2　同济大学，清华大学，南京工学院，天津大学．外国近现代建筑史．北京：中国建筑工业出版社，1982：233-270.

3　参见本文．3.2.3.1　相关流派、理论对“高技派”诞生所产生的影响.

理引导到为我们的有限的条件与目的服务”[1]。其具体表现是多种多样的，有的努力使高技术接近于人们所习惯的生活方式与美学观，尽管它所标榜的是“机器美”，但是它的“机器美”还是尽量想迎合人们的悦目要求的。代表作品有1949年C·伊姆斯（C. Eames）在加利福尼亚州为他自己设计的“专题研究住宅”，是最早应用预制钢构架的居住建筑之一。20世纪50年代西德的E·埃尔曼（E. Eiermamn）也在这方面做出了出色的成绩，他一直在探求把轻质高强的预制装配式钢构架能坦率而悦目地暴露在外的结构系统，他在构造上的细致处理常使那些没有什么修饰的房屋显得纤巧。在乌西尼织造厂的主车间（Usine Textile）毫不间断的石棉瓦楞墙板在钢架的后面通过，使一座普通的厂房显得并不平凡，并且是可装卸的[2]。

20世纪70～80年代高技派把注意力主要集中在强调和表现工业技术，不仅在建筑中坚持采用新技术，同时在美学上也极力倡导表现新技术，将高科技的结构、材料、设备转化为建筑表现及其自身的手段，其发生和发展都是基于工业和技术的进步。这一时期的代表作品有1976年由皮阿诺和罗杰斯合作设计的蓬皮杜艺术与文化中心（Lc Ccntrc Nationalc d'art ct dc Culture Georges Pompidov）、罗杰斯于1986年设计的劳埃德大厦（Lloyd's of London）、福斯特于1986年设计的香港汇丰银行新楼（New Headquaters for the HongKong Bank）。这三个建筑是高技派兴盛的标志，我们将在以下的章节进行详细的分析。

高技派于20世纪90年代开始其蜕变，走上多元化探索的道路。主要体现在以多层次技术路线为主题的技术观念、尊重传统文化、体现场所精神、重视绿色生态使建筑与自然共生[3]。

3.2.3.3 “高技派”代表人物、代表作品及设计思想

高技派的发展历程不是直线形的，而是呈现出螺旋上升的趋势。

1. 诺曼·福斯特

诺曼·福斯特无疑是当代国际建筑界中的风云人物，也是作品遍及世界各地的建筑大师之一，被公认为高技派的代表人物之一。诺曼·福斯特于1935年6月出生于英国的曼彻斯特，在曼彻斯特大学兼修了建筑和城市规划两个专业。1961年毕业后获得耶鲁大学亨利奖学金，在耶鲁大学就教于保罗·鲁道夫（Paul Rudolph）和塞格·车麦耶夫（Serge Cher-

---

1 Modern Movements in Architecture—C. Jencks，1973：73. 转引自同济大学，清华大学，南京工学院，天津大学．外国近现代建筑史．北京：中国建筑工业出版社，1982：257.

2 同济大学，清华大学，南京工学院，天津大学．外国近现代建筑史．北京：中国建筑工业出版社，1982：259.

3 参见本文．3.3.2.3 “高技派”建筑的软化.

mayeff)[1]。从车麦耶夫那里学习了以技术为基础的现代主义，并且研究了被誉为“发明家—建筑师”富勒的张力杆件穹隆轻质金属悬挂结构、密斯·凡·德·罗钢结构的“万能空间”以及其他高新技术倾向的先锋派现代主义建筑师的成就。

1）人类生态学

在高技派建筑师中，福斯特是最早开始对生态观念持续关注的，20 世纪 60 年代他受到了车麦耶夫和克里斯托弗·亚历山大（Christopher Alexander）思想的影响，在二人合写的《公共与私密性》[2]一书中提出了与 20 世纪 60 年代阿基格拉姆等纯技术趋向不同的见解，强调要以“人类生态学”的概念来实现人的生存安置和社会价值，在人类生态学系统中社会、文化、技术和自然等诸元素作为维持人类生存的要素必须平衡地发展，其就如同对于任何生物物种生存具有决定作用的环境因素相互作用一样。强调人类与自然的共同存在，而不是相抵触，这是对富勒全球哲学观的支持，并且如同车麦耶夫和亚历山大一样，福斯特也强调要从过去的文化形态中吸取教训，提倡那些适合人类生态学要求的建造方式[3]。福斯特在早期作品中就已表现出对人类生态学的关注，维恩河湾住宅（Creek vean House）、天窗别墅（Skybreak House）、河滨住宅（Waterfront House）（图 3-33）不仅采

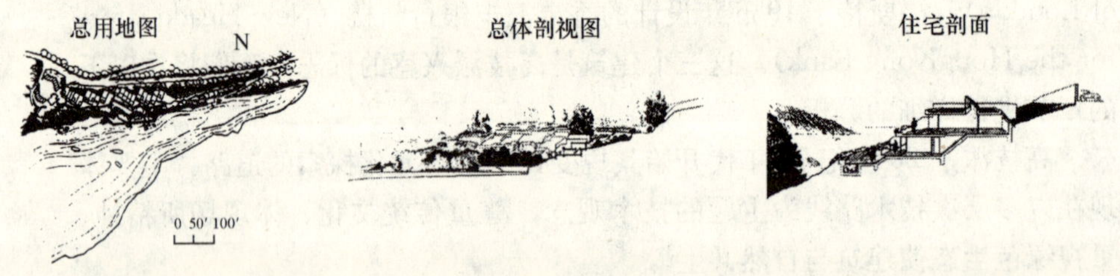

图 3-33 福斯特早期设计的河滨住宅

资料来源：窦以德等编译．诺曼·福斯特．北京：中国建筑工业出版社，1997：59.

用了半地下式的处理而且引入了低层高密度的模式，反映了车麦耶夫和亚历山大人类生态学思想的影响。这些人类生态学的原则影响着年轻的福斯特，这不仅使他早期作品关注生态学的原则而且在成熟时期的作品中仍然

---

1 （韩）C3 设计编．诺曼·福斯特．王西敏译．陈红，谭晓红审校．郑州：河南科学技术出版社，2004：7.

2 （美）塞格·车麦耶夫，克里斯托弗·亚历山大著．公共与私密性．彭奎因图书公司，1963.

3 窦以德等编译．诺曼·福斯特．北京：中国建筑工业出版社，1997：5.

表现出生态学观念的极大影响。

图 3-34　弗雷尤斯地方中等专业学校外景

资料来源：窦以德等编译．诺曼·福斯特．北京：中国建筑工业出版社，1997：彩页．

在成熟时期，福斯特在采用智能化技术的同时采用了传统的被动式环境控制方法。在弗雷尤斯地方中等专业学校（Deuxieme Lycee Polyvalent Regional Secondary School）中，福斯特根据当地的气候和技术条件对材料和建筑技术作恰当、适宜的选择（图 3-34）。考虑当地夏季炎热，吸取阿拉伯传统建筑中的通风技术做法，建筑采用蓄热能力强、热稳定性好的混凝土结构，同时在建筑的布局结构上采用了一个拔风通道提高了通风效果而没有采用机械通风。此外，当地的传统做法，诸如"挑帘"也被用来作为南边的遮阳装置[1]。在斯坦斯梯德机场（Third London Airport Stansted）中，福斯特又采用了智能化的热量再生系统，利用建筑内由照明、设备和人体放热产生的热量来补偿从采用高标准的隔绝设计的墙体和屋面所发生的热损失[2]，以使建筑处于最低的热耗水平。体现出他对日益重要的能源的保护和节约问题的关注[3]。

2）适用技术

福斯特的作品往往被不加区分地贴上"高技术"的标签，但在其早期作品中多采用相对来说常规的重型材料，如混凝土、砖石，并不是什么高技术。他一直争辩他对技术的使用从没有超出过"适用"的范围，而且其作品一直致力于用结构创造空间，技术则围绕着这一目的。福斯特的"适用技术"从狭义上讲与低造价、"再生能源"[4]技术有关，特别适用于发展中国家。广义一些讲，它指采用某些技术时，应根据当地的条件和使用的情况而定。福斯特在加那利群岛的高美拉岛区域规划研究中就曾采用当地的劳动密集型技术和"再生能源"技术维护当地的人类和自然生态环境；当然，无疑的是福斯特在建筑上所作的许多努力正是在当代工程技术的前沿上，香港汇丰银行新楼工程的高造价和许多属太空时代科技的运用，似乎

1　窦以德等编译．诺曼·福斯特．北京：中国建筑工业出版社，1997：158．

2　窦以德等编译．诺曼·福斯特．北京：中国建筑工业出版社，1997：110．

3　（韩）C3 设计编．诺曼·福斯特．王西敏译．陈红，谭晓红审校．郑州：河南科学技术出版社，2004：9．

4　"再生能源"一词通常是和低造价，可以从太阳能、风能直接提取的分散或"独立自主"的技术相关联。

已使“低技”实验大为逊色。而实际上福斯特的许多做法，表明他对“高技”或“低技”全无兴趣，他所最为关切的是“适用技术”[1]。福斯特解释说，他只是将已在其他领域，诸如飞机制造、汽车工业中所开发的新材料、新技术很好地加以直接应用罢了，而这种所谓“技术移植”只有在使用最适宜的办法、产生最大的效果的前提下才被接受[2]。无论“高技”或“低技”表明福斯特对于技术持有明确肯定的乐观信念，正如鲍威尔（Kenneth Powell）在《福斯特事务所近作集》前言中指出福斯特一直认为技术是人类文明的一部分，反技术如同向文明本身宣战一样站不住脚。

3）可变机器

福斯特认为如果在技术和规划设计观念上不采取根本性的变革，那么机械主义的推导很可能出现误导。早期现代主义派曾想将第一机器时代的那些常规机器加以模仿、利用于建筑中，但它们都属于不灵活的机器，诸如钟表一样，它们只能按照一定的模式工作，生产出预定的产品。相比之下，第二机器时代的动力和标志性机器则是有适应性和多种广泛用途的计算机[3]。

同罗杰斯采用张力结构，在室内创造无柱、连续的空间效果一样，福斯特也主张采用先进工程技术的大跨度结构，便于空间的灵活划分，他称之为“可变机器”[4]，也就是设计可用于多种不同用途和具有极大的使用灵活性的空间。福斯特常采用先进工程技术的大跨结构、不封闭的空间使用和无障碍的巨大区域以满足使用者按照其意愿任意安排，甚至可以适应预想计划以外的情况。福斯特所坚持的促使不同使用群体间社会化的组合成一体的目标，使他对功能灵活性强调的内涵更显得复杂和丰富，以至于体现为没有通常的固定的功能概念。在通用的空间表现中，可以看到密斯的钢结构和他的通用空间以及富勒的轻型全用途网架扁壳的影子。对于福斯特而言，似乎根本没有什么固（预）定的功能内容一说，他总是以开放的空间体系提供一个能很容易改变、很快成为多种用途的空间。将高水平、系统化的多种设备综合在一个钢结构屋架系统之中，就确保了空间使用的最大灵活性，把机械设备与空间结构同等重要看待的空间规划设计概念具体化了[5]。而构成其灵活的、庞大体系的、以轻质材料构成的大跨度结构则常常形成了令人起敬的宏伟与壮观的空间表现。由福斯特提出的无界—灵活平面规划和一体化的结构、机械设备和采光系统等已经成为其智慧型、无

---

1 “适用技术”一词通常是和低造价、“再生能源”技术等共同存在，特别多用于发展中国家。然而由于福斯特对这一词在广义上的应用，其已被用来表示，我们决定采用某些技术时，乃根据本地和地区条件来判断，而不论其“先进”与否。

2、3 窦以德等编译．诺曼·福斯特．北京：中国建筑工业出版社，1997：5.

4 由尼古拉思·内格罗彭特提出的“可变机器”一词意旨基于先进的计算机科技和相关技术而具有广泛适应性的机器。

5 窦以德等编译．诺曼·福斯特．北京：中国建筑工业出版社，1997：6.

障碍设施的标志。同时也是其空间表现的特色所在：一种近乎缥缈的通透空间在地面和顶棚之间造成的流动感，一直延伸下去而又无边无际。

4）产品设计、“灵巧工具”制成“灵巧建筑”

福斯特认为建筑设计与产品设计无甚区别，他把一座建筑看作“一件产品”[1]，看重产品设计与建筑设计中对技术的运用和细部构造设计的共通之处。福斯特的建筑作品中不断体现出为实现自己的设计目标，去修改、完善那些工业化的产品的做法。那些有着十足的工艺技术味的细部，精心设计的独特的以精密加工的钢、玻璃和金属板构成的“标准”构件，成为福斯特个性表现的由来，也是其背离通常意义上的工业化和标准化的缘由所在。福斯特认为成功地实现工业化建筑的关键不是如何扩大构配件的数量，而是如何通过精心的产品设计而扩展其使用效果。这一切体现出与第一机器时代的建筑工业化的不同，同时也是建筑师个人风格和美学情感的体现。福斯特通过自身艰苦的实践证实：如果一个建筑师能不辞辛苦和工业企业中的人员紧密合作，或对生产工艺的内容本质进行深入的研究，那么他就有可能设计出一种相对来说生产周期短，甚至可用于某些单独的项目的工程部件[2]。正是对生产工艺的熟悉，使得福斯特可以更为方便地设计自己喜爱的部件并在工厂中加工，特殊部分又可以在现场制作，这样的方式使得福斯特的作品既有大工业生产加工的痕迹，同时其构件和细部又独具个性。在威利斯·费勃和杜马斯公司办公楼的顶棚系统和悬挂玻璃幕墙以及用于塞恩斯伯里视觉艺术中心（The Sainsbury Center for the Visual Art）的可拆换的真空玻璃铝板中（图 3-35），可以看到他参与产品设计的成果。由福斯特设计、米兰特克洛公司制造的“诺莫斯”系列家具，更是展现了其从事工业设计的经验结晶以及第二机器时代的美学思想。[3]对技术和工业化的独特见解同时构成了福斯特的独特技术风格和表现方式，这不能说是普遍意义上的工业化和标准化，但似乎更适应这个高技术、高情感的时代。

图 3-35　塞恩斯伯里视觉艺术中心

资料来源：窦以德等编译．诺曼·福斯特．北京：中国建筑工业出版社，1997：彩页．

1　窦以德等编译．诺曼·福斯特．北京：中国建筑工业出版社，1997：11．

2　福斯特在设计部件时经常想到如何使其在工程上具有更广的使用范围，尽管这些部件又必须在某一特定项目要求范围中受到检验，满足其要求。

3　窦以德等编译．诺曼·福斯特．北京：中国建筑工业出版社，1997：7．

福斯特所有的一贯主张与观点都集中表现在香港汇丰银行总部新楼的设计中，在计算机化的装备条件下，控制理论与技术的作用非常显著，从而将它置于“灵巧建筑”技术的最前沿。它那雄浑有力的抗震结构和柔美精致的细部，带有金属网状遮阳装置的透明外壳之间所形成的强烈对比的美学效果体现了建筑师对机器美学和技术未来的坚定信念。也许福斯特的技术运用于现阶段并非总是合理和真正有效的（从香港汇丰银行新楼工地上多达4 000人的施工人员和近乎天文数字般的造价可以看出这一点），其所体现的对新的生产工艺和技术本质的理性研究，似乎是建筑师关注与驾驭技术、善于发挥新技术所提供的各种潜力的根本力量。

5）文脉主义和坚信未来

图 3-36　尼斯文化中心，近景为罗马神庙

资料来源：窦以德等编译．诺曼·福斯特．北京：中国建筑工业出版社，1997：彩页．

福斯特某些作品似乎更注重的是空间的整一性和扩展性，它们似乎总是存在于自然环境中更为合适些，然而它们也确实突兀地存在于较为空旷的区域。而其他一些位于城市环境中的建筑，如威利斯·费勃和杜马斯公司办公楼以其低层、大分散和紧贴用地的多边曲线的处理方式，建筑铺满了用地并形成了一个起伏错落有致的街景。建筑通体覆盖以玻璃幕墙，以现代技术所实现的自由曲线的形体环境呼应带有自由弯曲街道的英国小镇的城市文脉。而在法国尼斯文化中心（Cultural Centre，Nice）设计竞赛中，更显示出福斯特在精心处理一座面对着被认真加以保护的公元3世纪的罗马神庙（图 3-36），梅森卡里的新建筑时的文脉主义构思，一座钢制门廊呼应着石柱门廊，一条公共通道沿其路径穿通新建筑，将复杂的街道和老城镇编织在一起，建筑面积的近乎一半在地下，以保持建筑的体量能与老城市的建筑一致[1]。尽管福斯特对于这两个建筑的所有初始的灵感都是根植于对早期传统的理解，但最后的方案中这些理念的综合、联系乃是通过当代技术工艺来实现的，说明福斯特关注新旧古今的结合，不管是在同一栋建筑中，还是在历史遗迹区，给古老的建筑注入新的内容，充分享受现代风格是他的目标[2]，体现的是认识一元化的美学观念。建筑以新的技术形象表现了过去的某种精神，而没有混淆新与旧的界限，体现了福斯特的技术观与文脉观的整合。

1　窦以德等编译．诺曼·福斯特．北京：中国建筑工业出版社，1997：8．

2　（韩）C3设计编．诺曼·福斯特．王西敏译．陈红，谭晓红审校．郑州：河南科学技术出版社，2004：9．

福斯特是当代最具创新思想的建筑大师之一，他说："只有展现前沿科技的建筑才能够感染我。"[1]和福斯特设计的所有大型工程项目一样，香港汇丰银行、斯坦斯梯德机场都表现出一种既无所拘束又不去赶时髦，对未来的坚定信念。其表现在丰富多样的结构和令人生畏的巨大内部空间。如此乐观主义加之如此超前的观念，对新的专项技术上的成果、机器美学和社会变化的赞同等问题所具有的前瞻都成为福斯特与众不同的强烈特征。福斯特坚信技术是造福人类的潜在能源，它实实在在地存在着，如果有错，错就错在他的应用方式，而建筑是社会价值和每一个时期社会技术变化的反映。他对技术进步有着坚定不移的信念，是一个十足的乐观主义者。

6）作品评析

从信托控股公司（Reliance Controls Ltd.）开始，福斯特在作品中开始转向工业化建筑技术表现的观念。内部空间取消了管理和生产"前台"和"后台"的划分[2]，只采用可移动玻璃隔断包含各种类型的业务活动，建筑立面上也直接表现了钢框架的斜向支撑构件的构图效果。这在IBM暂设办公楼（IBM Advance Head Office）也有类似的表现（图3-37）。塞恩斯伯里视觉艺术中心是福斯特在20世纪70年代的一个重要作品，包括两个大餐厅、一个保存鉴定室、一所高级艺术学校、大学科系俱乐部、一座300人的对外餐厅和带有工作间与库房的地下室[3]。所有的功能都被置于一个巨大的屋顶下，以便实现艺术作品的研究和社会公众关注的焦点之间最大限度地相互交流与影响。远远望去，这个建筑在开敞的草地中暴露着端部巨大的结构网架，被评论家称为"飞机库"。同时墙面覆以几乎处于一个平面上的铝板和玻璃，使建筑又犹如一件家用设备，强调了"纯粹的工艺技术和逻辑"产生的"显著的感官形象。"[4]

图3-37　IBM暂设办公楼

资料来源：窦以德等编译．诺曼·福斯特．北京：中国建筑工业出版社，1997：彩页．

香港汇丰银行新楼设计任务是福斯特在1979年的有限设计竞赛中赢得

1　（韩）C3设计编．诺曼·福斯特．王西敏译．陈红，谭晓红审校．郑州：河南科学技术出版社，2004：12.

2　窦以德等编译．诺曼·福斯特．北京：中国建筑工业出版社，1997：63.

3　窦以德等编译．诺曼·福斯特．北京：中国建筑工业出版社，1997：85.

4　彭怒．多元时代建筑设计思潮．同济大学博士学位论文，1998：126.

的。可以说是福斯特和业主及香港这一特殊环境共同完成了汇丰银行的最后形象。对于香港这一亚洲特殊的金融中心而言，对于汇丰银行是香港最有地位和发行香港货币的金融集团而言，对于领导汇丰银行的银行家们而言，香港汇丰银行新楼的要求十分明确，就是“建一座世界上最好的建筑”，而不必太多地关注代价。但建筑必须显示力量、坚实和技术精湛，这一在业主眼中今后50年银行建筑的形象，因此建筑最终有了巨大而突出的结构骨架、精美的机械构件和技术细部、象征力量的军舰的灰色和难以置信的昂贵价格（图3-38）。

图3-38　香港汇丰银行新楼
资料来源：http：//www.ionly.com.cn/pro/7/74/20050529/205141.html

福斯特在谈到银行设计的总体构思时说：“我要用建筑中人员的移动来丰富乃至升华建筑形象。”[1]于是在气势恢弘的外部形象中便有了空灵剔透的内部空间，而建筑师的设计手法便是对这些目的的追求和表现。对大厦的结构主体，福斯特事务所经过几轮的设计，最后是一个全新的悬挂结构，将建筑的垂直交通枢纽布置在两侧的八个筒体上。整个建筑悬挂在数个前后三跨的桁架上，形成无障碍的、空前灵活的空间构架方式，楼板可以根据需要拆卸和安装，体现了福斯特对整一和灵活的追求。同时，两层高的粗大桁架将立面分成5段，成为构成强有力的立面形象的主要视觉要素，汇丰银行花费了昂贵的支出得到的是这个银灰色的桥状结构，它的强有力的骨骼和肌肉作为建筑的外部表现深刻地反映了建筑所需表现的内涵：力量和地位。也许这一结构浪费了20%的结构支撑力，但是当想要通过它们表现力量时又有谁会在意呢？这些外露的骨骼的确诚实而美丽地表达了内在真实的结构。但是这已经构成了与富勒的相似之处，自富勒以来的现代主义者包括福斯特曾经常常在意的是：一个结构应当是经济而有效的。这也是高技派当今更艺术化倾向的体现。

汇丰银行新楼集中体现了福斯特的高技派设计概念与方法：系统化的设计。在福斯特看来，所有的建筑问题都可以通过作为一个工业设计、工程机械和手工艺化的高技术方法来解决。这种逻辑与方法成功地体现在建筑那完美的精确性上，严肃且有些冷漠的精确。建筑的每一个细部都被当

1　张良君主编．室内环境与气氛的创造．世界建筑导报丛书：26.

作艺术品来处理，并且是一种冷峻的处理方式。通透的维修步道、透明的电梯设备、逐渐变细的柱子都被单一的高技派美学所主宰，每一个节点都与整体的灰色表现保持了一致，每一个事物都是灰、黑、白或银灰色的。在这里看不见暖色的木板、墙纸等材料，几乎所有设备的表面都是金属和玻璃的。有着日本数寄屋建筑相似比例的上釉金属隔板和银灰色金属的百叶窗，这一切到处体现出冷静的一元化的美学观念。

汇丰银行新楼其内部空间的丰富性和流畅感是福斯特高技派空间观念的体现，与劳埃德大厦一样有着相同的空间布置方式，楼梯、电梯、机械管道、卫生间布置在建筑的周边，从而使建筑的中间形成了一个没有阻碍的一体化的深广空间，空间的中心是一个10层高的中庭空间，在这个有着比哥特建筑更细长比例的中庭空间中，巨大的交叉撑成为空间的视觉焦点，与哥特教堂中那些优美的拱和肋相比，它是笨拙的，但这却是高技派的符号之一。在这一点上是福斯特对于从历史先例中学习的拒绝，导致了一个有些无序的和古典意义上不完美的空间。同样充分开放的建筑地面层，没有公共小品，没有地面的划分，没有空间序列的存在，如此冷冰冰的地面层也导致了一个毫无生气的地面广场，这是福斯特严肃的空间设计理念的重大缺陷。

在考虑建筑与城市文脉的呼应过程中，福斯特曾经想用红色桁架来体现他对东方建筑的理解。最终福斯特采用的是粗壮厚重的巨柱和桁架与悬挂楼板的轻质感以及通透的外表面之间形成的强烈对比，使建筑蒙上一层相似却较为冷峻的东方色彩。同时建筑垂直屹立的柱子和细长的轮廓与香港的办公大厦有着相似的形态。建筑侧立面：3段的平面被4个结构和服务空间核心分割开来的形象所体现的视觉逻辑和它的一层层细部的表现体现了高技术的美学——强壮、活力、真实和复杂。这表现也通过几乎所有的途径体现在平面、立面、构造的设计和后期的施工中。从采用飞机工业技术建造的蜂巢状的铝板结构楼面到银行的办公空间精巧地悬挂在桁架之间，每一个细部和功能构件都被仔细考虑过再安放于它应该在的位置，有着一种轮船甲板般的“整洁干净的健康感”。汇丰银行新楼是高技派建筑师福斯特在香港这个高楼林立的地区进行的一种充满自信心的高技术表演，尽管它有着不足与缺陷，但它所体现的独特的技术形象和设计方法使其成为建筑史上的一座丰碑。

综上所述，福斯特的建筑作品中所表现出的丰富多彩的结构和令人生畏的巨大内部空间，如此的技术乐观主义加之超前的观念，对新的专项技术成果的关注，对机器美学和社会变化的赞同所具有的前瞻性都成为福斯特独树一帜的强烈特征。生态学的趋向，灵活性与第二代“机器”的特征，对环境文脉独特方式上的认同，以及非定制的产品设计与精美的细部手工，构成了其对早期高技派的修正。福斯特对技术进步和人类未来的坚定不移的信念是令人振奋的[1]。

2. 理查德·罗杰斯

罗杰斯1933年出生于意大利的佛罗伦萨，其先辈为旅居意大利的英国侨民。1939年5岁的罗杰斯随父母回到英格兰，但他几乎所有的亲戚仍然在意大利，这也许是罗杰斯和皮阿诺这对异国组合存在的原因。罗杰斯先在英国伦敦建筑学院接受建筑教育，随后和福斯特一起由英国前往美国耶鲁大学攻读建筑硕士学位，也许是相似的建筑教育经历构成了二人相同的对现代工业技术的审美情感和坚定信念。1963年罗杰斯回到英国后与福斯特等人共同成立"四人小组"，在设计了一些小项目后，1967年"四人小组"解体，罗杰斯与其前妻苏·罗杰斯共组"理查德和苏·罗杰斯事务所"，在这之后两三年伦佐·皮阿诺加入进来，事务所的名称改为"皮阿诺与罗杰斯事务所"，1977年"理查德·罗杰斯事务所"成立[2]。

罗杰斯是一位对现代建筑的含义有独特见解的第三代建筑师，他以一种实用主义的态度将现代主义理论变为创作"崭新"形态的依据和出发点，他在技术畅想的建筑中尝试了比现代主义更加接近当代社会情感的形象，并把技术推进到现代主义无法达到的高度，使人们很难抗拒他的建筑中那种工业技术和象征力量的吸引。仅从视觉感受上讲，它们使我们再一次联想到引发现代主义运动的工业革命的力量，同时又驱使我们进一步感受到来自当代技术发展的影响。

1）灵活的空间特征

片断性、灵活性和流动性是罗杰斯作品的空间特征。从蓬皮杜艺术与文化中心和另一名作劳埃德大厦中可以看到罗杰斯所强调的"灵活空间"与密斯的"整体空间"之间的紧密渊源，罗杰斯通常以一个整体的大空间来实现其所追求的建筑空间的灵活性，正如童寯先生在《新建筑与流派》一书中所形容的"作为一个弹性的容器，随需要而变换内容，供文化消费，社会消遣活动。"[3]其所形成的片断性、流动性与灵活性的空间形象深受密斯的影响。另一方面从罗杰斯建筑中的公共和私密空间、服务与被服务区、主导空间和辅助空间的明显划分可以看到路易斯·康（Louis Kahn）的影响，尤其是康的"服务空间"与"被服务空间"的处理手法。不同于康的是罗杰斯运用具有高技术形象的材料元素，而非使用传统材料，其技术形象的强烈以至于技术的表现占据了主要地位，成为外部形体空间中压倒一切的视觉元素。外露的玻璃、钢铁、设备管道使得门、窗、女儿墙、房屋等习惯的构成元素似乎全部消失殆尽，展现的只是一派淋漓尽致的技术美。

---

1 唐军．"高技派"与当代建筑的高技术表现．东南大学硕士学位论文，1998：32.

2 理查德·罗杰斯事务所专辑．世界建筑导报，2005，6：8-10.

3 童寯著．新建筑与流派．北京：中国建筑工业出版社，1980：17.

对罗杰斯而言，对功能和程序的坚持使他能够更为有利地抓住设计的本质，这也是他一贯的根本目标，这一本质体现为保持灵活性的能力，体现为突破形式的桎梏，体现为把握时代精神和不断前进。灵活性和不确定性的微妙关系在罗杰斯的作品中已不可辨认，以便在作品中重新引入尖锐、大胆和激进，正是这种结构不确定性使得罗杰斯的作品本身充满魅力和富有关联[1]。实际上，建筑是社会、政治和环境综合作用的复杂过程中的产物，他的作品强调的是城市和建筑作为一种过程的无终极性，这最大限度地反映在其作品的空间的灵活性上。

2）合理技术与浪漫主义

罗杰斯对科技抱着极大的兴趣和热情，同时他认为使用于建筑中的技术并不一定是高级的或者是低级的，但应当是“合理的技术”（Appropriate Technology）。罗杰斯事务所在为泰晤士河谷大学建成的一座他愿意称之为“非常优美的建筑”中，使用了适当的材料使这项工程的预算很低。在罗杰斯看来，适当的材料和合理的技术的使用是至关重要的，他曾经与联合国教科文组织合作研究黏土如何在非洲获得更长的使用寿命，他们试验了不同类型的黏土和不同类型的化学添加剂，试图使黏土砖增强抵抗雨水冲击的能力，后来这一技术得以完美的运用在实践生产中。但在西欧和美国，罗杰斯事务所使用了相当高级的技术诸如钢梁等，但它们并不昂贵。罗杰斯认为在为社会建造公共建筑时通常需要复杂的技术，在特定的经济环境下使用复杂的技术也是合理的，正如伯鲁乃列斯基在建造佛罗伦萨大教堂的穹隆顶时就使用了复杂的技术，又如哈德良大帝在建造万神庙时使用了那一时代最复杂的技术[2]。因此，罗杰斯总是在最有必要的地方使用复杂的技术，这的确与高技和低技无关。

与福斯特作品中常常运用大跨度支撑构件的力量感来构成宏伟纪念性的表现不同，罗杰斯的作品中更多的是技术表现元素的不断重复，其近乎装饰化的手法所展现的却是一种英国人的浪漫主义色彩。除了运用技术实现其所追求的灵活可变的空间（如蓬皮杜艺术与文化中心的型钢骨架和巨型悬臂连续梁）之外，高技术化的表现元素同时也是罗杰斯实现自己追求的比例、纹理、细部特征以及其他美学方面的手段。从蓬皮杜艺术与文化中心那涂以各种色彩的管道，和劳埃德大厦那银光闪闪充斥整个立面的外楼梯以及精致的光滑曲面给予观者的是工业技术的力量感，也是技术的装饰美与色彩美。罗杰斯注重建筑构造的细部和节点，劳埃德大厦中那完美的钢管焊接结构、精心构思的精密节点、精制加工的墙板以及其他构配件

---

1 理查德·罗杰斯事务所专辑．世界建筑导报，2005，6：34.

2 理查德·罗杰斯事务所专辑．世界建筑导报，2005，6：12.

的完成，不仅仅需要工业标准化的制作，同时也需要技术工人和设计者的高超技艺以及倾入无限的情感和关注，这一点与英国文化的根基不无关系，所以，罗杰斯的高技派作品更像哥特教堂一样渗透了手工艺和浪漫的追求[1]。

3）技术理性与不断探索

罗杰斯认为自己并没有刻意追求高技术，甚至并不喜欢高技派这个词。但他对技术表示了极大的兴趣，并声称自己所采用的技术是“合理的技术”，这个合理的技术与高技和低技无关，这一点与福斯特强调的“适宜技术”有着共同之处。另外，罗杰斯的“灵活空间”、福斯特的“可变机器”与密斯的“整体空间”有着较大的相似之处。特别是在技术手段上、在构造态度上与密斯那种典型的现代主义风格一脉相承，正如他指出：“我相信比例、纹理以及美学的许多其他方面都来自细部特征，而它正慢慢地在许多当代建筑中逐渐丧失……如果你掌握了组成部分之间的关系——这一点和建筑的高宽尺寸一样重要——你就能够通过细部的处理使它产生你所希望的效果。”[2] 体现出这两位高技派代表人物的理性精神，对技术的强调本身就揭示了他们独特的技术的出发点。

罗杰斯曾经写道：“一座易于改造的建筑才会拥有更长的使用寿命和更高的使用效率。从社会学和生态学角度来讲，一项具有良好灵活性的设计延展了社会生活的可持续性；同时，更大的灵活性也不可避免地使现代建筑远离既定的完美形式……但是如果一个社会需要的是能够适应变化的建筑，我们就必须找寻新的形式来表达变异的力量和灵活性……僵化的建筑形式扼杀新的观念，并从而阻碍了社会的进化。”[3] 如果说蓬皮杜艺术与文化中心是罗杰斯以崭新的形象表达他对时代转变的理解，那么其作品风格的不断嬗变则是罗杰斯对不断转变的时代的积极探索。从早期的纯技术表现的方盒子到具有光滑曲面和多变体量的伦敦4频道总部大楼（图3-39）、欧洲人权法庭等作品（图3-40），反映出有机表现主义的倾向。与此同时罗杰斯事务所和其他设计和工程事务所一起致力于智能建筑的研究，他们认为新一代的智能化建筑已经不再完全依靠复杂的设备和先进的科技，他既采用传统的被动式环境控制方法（如选择建筑物朝向、体形等来控制热交换），也采用来自其他工业的科技成果，包括应用在航空和汽车工业中的流体动力学成果以及新材料和控制系统（太阳能电池、热敏涂层、半透明绝

---

1 相比之下，他的前辈密斯在西格拉姆大厦的营造作风要更为清教徒一些，而他的同辈福斯特在汇丰银行中所用的建筑语言要略为规范和逻辑一些。

2 理查德·罗杰斯事务所专辑．世界建筑导报，2005，6：14.

3 理查德·罗杰斯事务所专辑．世界建筑导报，2005，6：24.

缘板等)，[1] 以求材料、形式和朝向为使用者创造高质量的环境，由此也获得了新的建筑形式，如促进气流运动和减少热交换的弧面玻璃墙或屋顶等等。罗杰斯的建筑探索还在继续，近些年明显地表现出对可持续发展、新技术、节能等等建筑业的前沿课题的极大关注。

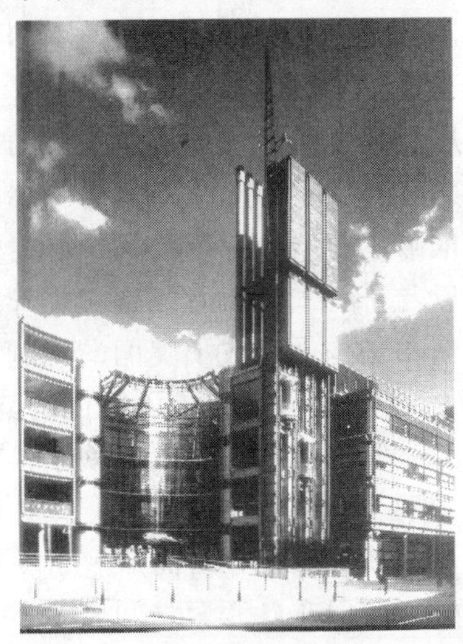

图 3-39　4 频道总部大楼

资料来源：理查德·罗杰斯事务所专辑．世界建筑导报，2005，6：97.

图 3-40　欧洲人权法庭

资料来源：理查德·罗杰斯事务所专辑，世界建筑导报，2005，6：84.

4）作品评析

1977 年在有 6 家事务所参加的伦敦劳埃德大厦设计竞赛中理查德·罗杰斯事务所以一个浪漫的高技风格的方案夺得了大厦的设计权，1986 年当大厦由设计方案转化为现实的时候，在赞誉的同时更是广泛的争议（图3-41）。劳埃德大厦位于伦敦金融区的中心，被邻近的狭窄街巷所包围，方案的平面中明确区分了服务空间与被服务空间，6 座包含着固定设施（如楼梯间、电梯间和厕所）的塔楼布置在一个完整的长方形的主体四周，共同确定了建筑的基地界限。整个空间布置方式为主空间提供了彻底的灵活性和可变性。在罗杰斯看来，建筑不应是一个最终结果。急剧变化的社会使建筑不可能有固定的内容和绝对永恒的美，建筑应有对于时间延续的适应性和开放性。而劳埃德大厦功能安排和立面设计所体现的是使建筑的生命得以不断延续的过程。无论是大厦的主体大楼

图 3-41　伦敦劳埃德大厦

资料来源：理查德·罗杰斯事务所专辑．世界建筑导报，2005，6：45.

1　理查德·罗杰斯事务所专辑．世界建筑导报，2005，6：24.

与服务设施的分离，还是室内每一个办公单元的设备盒、设备墙及楼板的设置都是为了服从于“适应性的过程”这一设计主题。于是建筑便有了不断重复的似乎永无止境的阳台、楼板、栏杆和管道。建筑师甚至将一套蓝色的起重机置于大厦的顶端，以表明他们将永远改造和修饰这个场地。劳埃德大厦用繁复的技术元素所展现的与其说是一个静态的存在，不如说是一个建筑师构想的过程——一个不断变化延伸的过程。

劳埃德大厦引人注目的焦点在于一层层繁复的技术元素所构成的“高技术”风格，外立面的6座服务设施塔楼中的楼梯及管道等设备基本暴露在外并以层层叠叠、犬牙交错的方式紧紧依附在简洁的背景状的中心主楼的侧壁上，就其构成的逻辑和表现而言可以与哥特式大教堂相媲美，奇异的空气循环管道、不透明的刻花玻璃与其他水平构件形成了美丽的比例。穿孔的隔板和竖框固定的玻璃幕墙，小巧的混凝土梁头构成了整体的韵律，一切都展现了一种有序而复杂的肌理关系。罗杰斯在这里以有秩序、有层次形态的组织方法将建筑的形状、总体轮廓、细部的关系、色彩、材料的肌理等众多的因素分类、组织并加以概念化和抽象化。从而产生了一整套象征生命有机器官的建筑形式语言。罗杰斯利用在各元素之间、各部分之间产生有机关系的结构主义手法建立了一种清晰易懂的、有着众多开放性和动态感和协调秩序的建筑结构组织。从而使建筑有了独特的组织尺度和阴影，充满了空间和体积的是层次和光影的变化。而保证这种层面化的繁复的高品质的关键在于罗杰斯对于每一个元素的精心设计。几乎每一个管道、楼梯和连接体都是为了他的特殊功用而作的“有目的的发明”，使这一巨大的结构物变成了一个工业设计的产品，一个独特的、散发着精密技术的魅力的产品。

劳埃德大厦像一组高昂而破裂的器官，令人感受到的是它缺乏柔和和谦虚的存在。它位于本来就十分狭小而拥挤的城市空间中，俨然一架“延续了现代主义运动中心思想，为柯布西耶作释义工作的机器”[1]，许多人对此产生了疑问。然而，在看到上一幅的图景的同时应该看到的是劳埃德大厦对城市及市民而言是一个有活力的场所，它像城市中一个具有生气的凝聚点，将生机和活力向城市扩散与延伸。劳埃德大厦那强烈刺激感的形象在周围暗淡沉闷的环境的对比中产生了强烈的张力，而罗杰斯在底层引入城市公共活动空间，如在底层设置酒吧、购物商场、书店及信息中心，给这活力带来了实在的内容。从另一方面而言，劳埃德大厦像是未完成的崎岖不平的轮廓，同许多英国教堂有着相似之处，一种复杂的、多变的新哥特主义。从三个街区以外看去，雄伟壮丽的一堆灰色的体量融于背景之中，

---

1 王冬．劳埃德大厦——一个矛盾的现象．华中建筑，1998，16：69.

似乎是有文脉的，而每一座塔楼上三个银灰色的管道引导人们的眼睛以一种戏剧化的方式升入天堂[1]。也许詹克斯在《高科技之战——伴随的重大谬误的伟大建筑》中解释了劳埃德大厦深受指责的原因，劳埃德大厦是一个伟大的建筑，但也是一个有问题的房屋；一个高品位的艺术品，但有一些没有解决的问题，其中一些可以并应该被罗杰斯事务所解决掉。但另有一些是无法解决的，它首先是一个位于都市中心的商业的象征物，而这一中心先前是以教堂和政府建筑为特征的。

劳埃德大厦的设计成就集中表现在：技术在建筑中得到了充分的发挥和运用，这一点表现在设计的各个方面。其中有三个方面是突出的：结构清晰、视觉效果完美，钢结构和预应力混凝土相结合；细部精致；结构与建筑功能相辅相成[2]，它体现的是随时代而变化的过程主义设计哲学。罗杰斯的成就在于他对建筑设计的态度，他讲究原则、关注质量，特别是在构造上讲求精美、讲求与技术工种的协调合作，是他成功的关键所在。时代在不断地摒弃旧的事物，而在设计上的智巧、手法上的精炼是永远不会过时的。

综上所述，我们可以看到罗杰斯在设计中表现出的几个明显的倾向：超越思维定势，开发环境潜力，合理使用能源和建材，是罗杰斯"灵活、持久、节能"建筑的基本要素[3]。罗杰斯常常把服务设施和交通体暴露在建筑的外面，创造出室内无障碍的空间效果，同时交通体和服务设施在室外也产生了独特的装饰效果。在罗杰斯的作品中，平面和剖面的设计允许建筑在水平方向上可以有所变动和伸展，如蓬皮杜艺术与文化中心的剖面设计允许楼面可以上下移动，依莫斯微处理器工厂在防水层外附加一层构件使得扩建时不用拆除原有面层，并且在施工中就保证了和原有建筑的密切联系，从而提高了建筑持久性[4]。罗杰斯对结构和服务系统的自主性的关注促使他频繁地使用张力结构，张力结构显著地轻于传统结构，在视觉和实际体量上也极为精炼，并且这种装配式结构的各部分间往往以轴、杆或链的方式连接，它们在空间中连接而构成的结构体往往成为高技术表现最为常见的方式。这些构件需要精密调校的钢部件下厂制造，在工地上只需少量的焊接或装配[5]。在细部处理上，罗杰斯大量采用铆接的方式，甚至整个结构体系也采用这一方式，这得益于结构工程师彼得·莱斯（Peter Rice）的配合。这种铆接结构艺术的重新发现来源于19世纪中期的一些建筑和桥梁结构的启示，班纳姆将这一结构连接方式描述为一次意义重大的冲击，

1 唐军．"高技派"与当代建筑的高技术表现．东南大学硕士学位论文，1998：37-38.

2 理查德·罗杰斯事务所专辑．世界建筑导报，2005，6：40.

3 理查德·罗杰斯事务所专辑．世界建筑导报，2005，6：24.

4、5 理查德·罗杰斯事务所专辑．世界建筑导报，2005，6：26.

动摇了几乎无可争议的刚性节点结构（20世纪50年代兴起的塑性结构理论和算法逐渐取代了密斯式构造的美学优势，从那时起，刚性结构就一直占据优势地位）[1]。此外，罗杰斯的作品中依靠智能化技术，但没有完全依赖复杂的设备与先进科技，既采用了传统的被动式环境控制如建筑选择朝向、体形等控制热交换，也采用来自其他领域的科技成果如应用在航空、汽车工业中的流体动力学成果以及新型材料、控制系统，降低建筑物的运行和维修费用[2]。

3. 伦佐·皮阿诺

伦佐·皮阿诺1937年出生于意大利热那亚一个建筑商的家庭，皮阿诺的童年和少年时代是随着父亲在施工现场度过的，1964年毕业于米兰工业大学建筑学院[3]。在大学学习期间皮阿诺师从弗朗克·阿尔比内（Franco Alibini）——当时意大利最活跃的建筑师之一，其作品中所体现的形式与结构的可识别性，技术完美，细部的精巧以及关注历史文脉的思想对皮阿诺后来的发展不无影响。大学期间皮阿诺同时也照料父亲工地上的事务，此时的皮阿诺被轻质和材料的潜在能力深深吸引，已经有着对细部的明晰性的巨大兴趣。在学生时代以及1964年大学毕业之后皮阿诺为其父亲的工程项目做过结构设计，他用聚酯材料和钢建造了几个暂时性的结构，这些都逐步形成了皮阿诺的个人设计思想及其建筑观："建筑就是将材料元素及其构件装配起来"[4]，这一思想伴随着他职业生涯每一阶段的成功进展而变得富有不同的意义。

1965～1970年间他先后在费城为路易斯·康、在伦敦为马克渥斯基（Makowski）工作，这个时期他最重要的良师益友是吉恩·普鲁维，同时他还受到阿基格拉姆的影响。从1971年起到1978年与罗杰斯合作，1978～1980年与爱尔兰工程师彼得·莱思合作，1981年创建伦佐·皮阿诺工作室。回顾他自从20世纪60年代中期开始的建筑创作的历程，他认为自己的早期作品中有一个乌托邦的因素，"我在寻找一个没有形式的完美的空间类型和没有重量的结构……当时，轻盈的主题准确地说是一种游戏，也是非常基于本能的研究的线路。我觉得自己是建造马戏的一部分……"[5]。在20世纪60年代末的实际作品如米兰14届三年展展馆（Pavilion for the 14th Triennale）、大阪博览会意大利馆（Italian Pavilion，Osaka Expo）中皮阿诺探索了轻盈的小型单元式的膜结构的多种可能。在1970～1977年间他与罗

1、2　理查德·罗杰斯事务所专辑．世界建筑导报，2005，6：30.

3　（韩）C3设计编．伦佐·皮阿诺．王西敏译，陈红，谭晓红审校．郑州：河南科学技术出版社，2004：113.

4　程世丹编著．现代世界百名建筑师作品．天津：天津大学出版社，1993：49.

5　Renzo Piano. the Renzo Piano Logbook. London：Thames and Hudson，1997：22.

杰斯合作，共同设计了蓬皮杜艺术与文化中心。其后皮阿诺在科西阿诺的实验住宅区（Experimental Residential Quarter in Corciano）和奥特朗托城市更新方案的化学厂区（District Laboratory for the Urban Renewal Scheme in Otranto）中继续了蓬皮杜艺术与文化中心的设计思路。曼尼尔博物馆（Museum Building for the Menil Collection in Huaton）是这一时期的代表作，在这个作品中，业主曼尼尔先生要求建筑"在室外看起来小巧但在室内要显得宽大"，皮阿诺便"创造性地使用了纤维混凝土'叶片'具有百叶的功能，使光线自然地倾泻"（A. Papadakis，Architecture of Today）。这些叶片被固定在白色钢网架上，在室外延伸为一片长廊，减少了建筑的体量感，在室内叶片则使光线更为柔和地漫射[1]。皮阿诺近期的杰作当数日本关西机场，这个建筑比起他早期的作品，尤其是蓬皮杜艺术与文化中心来讲，少了文化上的激进和反叛色彩，更多了形式的优美以及对人文的关怀。

伦佐·皮阿诺与其他高技派建筑师不同之处在于，他有着别具一格的独立性，却没有先入之见。每一项工程就像一次独特的集体历险，历险中会找到解决技术问题的方法，会适应历史条件和自然环境，更重要的是会与各方参与者进行有益的对话和充分的沟通[2]。这使得皮阿诺的作品风格似乎总在不断地摇摆和嬗变之中，从蓬皮杜艺术与文化中心到落成的曼尼尔美术馆的出现，人们简直难以认出这二者是出于同一建筑师之手，但其中似乎有着隐约可见的共同之处。

1）体量的消解和自然元素的物化

也许是故乡意大利古城热那亚那深刻却并非全是美好的印象，皮阿诺对传统街区的封闭而沉重的体块有着深深的反感，他以一种片断方法打破封闭固态的大块体量、将小片段连接而成为大片的线性结构方式进行设计，从曼尼尔博物馆到关西机场均可以看出皮阿诺对个别元素的强调、对线形的表现。曼尼尔博物馆占据整个造型的是以光线为主体的构件元素所展现的有机形象；关西机场是"风"这一自然要素物化而成的整体建筑线形，成为建筑形象的出发点。不同于西方传统对体量的展示，对片和线的强调构成了皮阿诺作品自始至终的连续性，成为其风格的一部分[3]。

2）对技术的全面理解和对材料的关注

技术对皮阿诺的影响与皮阿诺的家庭环境关系密切，建筑商家庭的出

---

1 彭怒．多元时代建筑设计思潮．同济大学博士学位论文，1998：127.

2 （韩）C3设计编．伦佐·皮阿诺．王西敏译，陈红，谭晓红审校．郑州：河南科学技术出版社，2004：122.

3 唐军．"高技派"与当代建筑的高技术表现．东南大学硕士学位论文，1998：45.

身培养了皮阿诺对建造（包括技术和过程）的兴趣，赋予他作为一名建筑师的最基本的素质。这种素质是纯真的、原始的，从而使皮阿诺在常新的感觉中自然而然地成熟起来，逐渐形成自己的特色。事实上，在形成独特建筑观的道路上，学校教育远不及他的童年和家庭背景对他的深刻影响，此外他还从许多合作者那里学习到了很多。在皮阿诺的设计作品清单中，工业设计、舞台设计、展场设计占有相当重要的地位。皮阿诺先后设计过两种车型："飞毯"和"菲亚特 VSS"试验车型，探讨了汽车骨架对多种造型的灵活适应性，并将建筑材料引入汽车工业；他设计的大型豪华游艇也已下水，游艇的造型就像一头优雅的鲸。皮阿诺还设计过玻璃家具系列、舞台装置以及大量的展览场馆。这些设计必须将技术性和艺术性融为一体，皮阿诺从这些远比建筑工业先进的行业里收益良多，为他的建筑设计提供了良好的技术素养和灵感源泉，使他能够对技术做出全面的理解和掌握。

基于对技术的全面理解，皮阿诺在建筑中所运用的材料从来都不是一成不变的，从混凝土到钢与玻璃、从砖到精致的陶板和陶瓷片、从聚酯到铝板贯穿于建筑的始终，而各种材料的结合运用，并非只是钟情于金属和玻璃，也是他与其他高技派建筑师的相异之处，不再仅仅是冷峻的形象和情感，钢和木材的结合传达出一种温馨的质感。皮阿诺对技术的理解和掌握不但全面而且透彻，结构、材料、构造、光、声、风、气候等都是他得心应手的语汇，他所擅长的材料既包括作为高技派建筑师所青睐的金属、玻璃、张拉膜，又包括传统的木材、石头、素混凝土和黏土。他同时是仿生设计的积极实践者，他的许多作品都可以从自然界找到原型：恐龙骨架、贝壳、叶脉……[1]

3）硬高技的软化和对环境的关注

在皮阿诺早期的设计和轻质结构试验中，他的兴趣几乎全部在于结构、材料和建造本身。在后来的职业生涯中，皮阿诺在对技术的掌握越来越熟练的同时，并没有把兴趣继续停留在抛光金属和玻璃的冷酷外表上，而是率先对高技术进行了软化，不停地加入了温和的文化内涵。木头和石头是最频繁出现的两种材料，加上他擅长引入自然，因此皮阿诺的作品总能贴切地反映当地的历史和传统。皮阿诺由此完成了从重金属（Heavy Metal）的高技派到文化的高技派的转变，因此又有人称他的风格为"软高技"。皮阿诺的作品不像传统的意大利风格，而更具有希腊式的开放、雅典和北欧建筑纯净、平和、生活化的特质。

---

1 冯江，苏畅．主题，在技术之外——伦佐·皮阿诺的设计活动和设计观分析．华中建筑，2000，2：22.

皮阿诺的作品中总是试图在多种复杂的要素中寻求一种精巧的平衡：时间与地点、技术与自然、科学与美学等等。在皮阿诺看来设计应顺应环境——无论是物质环境还是人文环境——本来的状态，新的设计出于原有的存在之中，就像溪涧加入河流一样自然。他设计的不是建筑在某个时刻的状态，而是它的发展。从这个意义上讲，他的设计哲学比有机建筑理论具有更好的历史动感和生活色彩，是一种积极的自然天道思想。皮阿诺认为建筑不是一门单纯的学问，设计不是孤立的艺术创作，而是和周边的一切以至整个宇宙紧密相关的。世界以自己的方式存在，历史按照自己的规律前进，皮阿诺所做的就是找到建筑介入其中的特定时刻和特定位置，不破坏原有的平衡状态，不偏转时间箭头的方向，一切都顺其自然。而且重视设计的生活色彩，强调生活的多元化，没有公式性的手法套路，而是在本能和直觉的牵引下，去敏锐地发现每个设计的特质，为不同的建筑赋予不同的主题。成熟建筑观的确立展示了他从一个技术爱好者成长为一位用技术表达深邃思想的建筑大师[1]。

4）摒弃传统、建筑解放与对技术的不懈努力

皮阿诺有意疏远建筑传统和成规，甚至疏远现代建筑大师，他的感性设计策略从事实开始，然后移向物体和空间的关系。在他的作品中尤其是处理密集的城市环境时，体现了惯例的某种融合，在里昂、洛迪和柏林使用的赤陶贴面展现出一种风格，与城市的节奏和容量和谐一致，同时保留了赤陶多孔质的奇妙莫测；皮欧神父教堂建在一个像螺壳一样的螺旋形体上的。这样的工程被认为是独立式建筑的典范，努力实现以前表现主义艺术家那样的梦想。这种愿望既产生于场地独特的环境，也来自设计方面的精神追求。现代技术和环境风貌结合在一起，达到了高度的融合。

皮阿诺的设计作品中传达出强烈的挣脱束缚的冲劲，在艺术上借助于拼贴艺术，通过借鉴非写实派的经验，摒弃对艺术实体的盲目崇拜，利用感知现象之间的短暂关系（比如光线、颜色、声音、水、自然和行为）。在建筑上他同样呼吁摆脱一成不变，倡导“参与分享”。对技术的不懈努力使得皮阿诺的每项工程都有革新但技术的痕迹趋于淡化。皮阿诺“建筑解放”的成就有两个回归倾向：首先，透明的宗旨，内外之间的透明，房间与房间之间的透明；第二，通过交叉设计空间，把辅助作用与必须的功能结合起来，达到更大的社会复合效果。蓬皮杜艺术与文化中心由可穿透的管架、透明的升降机，以及把图书馆、影院、门厅、艺术博物馆结合起来的设计，

---

1 冯江，苏畅．主题，在技术之外——伦佐·皮阿诺的设计活动和设计观分析．华中建筑，2000，2：22.

这一切依然是透明和交叉设计宗旨最明显的典范，同时也获得了最丰富的社会效果。在近些年的工程中，皮阿诺也同样提供了接触非物质服务的机会，如阿姆斯特丹的新都市科技中心，就在房顶上建起了全景广场，同时把各种不同兴趣的活动集中在同一空间，增强了人际交往[1]。

在皮阿诺的故乡热那亚有两样事物给皮阿诺留下了深刻的印象，那便是古老的传统街区和巨大的港口以及繁忙的船队，前者构成了皮阿诺对传统的消解和坚实的思想操作方法，而后者构成了皮阿诺对新兴工业现代化、现代技术的热情和不懈追求。尽管皮阿诺的作品并不都是以先进的工业形象出现，有时甚至远离形象，但他对最先进的工业技术系统却从来没有远离过，而是运用它们塑造了一个又一个不同的建筑形象。皮阿诺工作的发展是与工业进程的新发展同步前进的，运用古老的陶板作为建筑材料，然而他更感兴趣的是现代计算机技术可以将其切成3mm的薄片。通过与掌握高技术和新知识的专家的不断合作，使皮阿诺拥有了对现代最新知识的了解，而这一切是皮阿诺认为作为一个建筑师必须拥有的工具。

5）作品评析

1969年法国总统蓬皮杜决定在巴黎中心区名为波布高地的地点兴建一座综合性的艺术与文化中心，1971年法国当局举办国际建筑设计竞赛，从49个国家送去了681个竞赛方案，由皮阿诺和罗杰斯合作的方案中选（图3-42）。1972年开始动工，1977年初完工，这时蓬皮杜总统已经去世，这座文化建筑被命名为国立蓬皮杜艺术与文化中心。

中心所在地距著名的卢佛尔宫和巴黎圣母院约1km左右，周围是大片古旧的房屋。艺术与文化中心包括四个主要部分：公共图书馆，建筑面积约16 000m^2；现代艺术博物馆，面积约18 000m^2；工业美术设计中心，面积约4 000 m^2；音乐与声学研究中心，面积约5 000 m^2。加上附属设施和停车场，总面积为103 305m^2。除音乐与声学研究中心单独设置外，其他都集中在一个长166m、宽60m的六层楼之内。这个大楼一面紧靠着主要街道海勒赫路，另一面朝向一块空地。机电设备和停车场（容700辆汽车）等放在地下。大楼采用钢结构，几乎全部结构都暴露在建筑的外观上。更加特别的是，在它的沿街立面上不加遮挡地安置了许多设备管道，红色的是交通设备，蓝色的是空调管道，绿色的是给水管道，黄色的是电气设备。五颜六色，琳琅满目。在面向空场的立面上，突出地悬挂着一条蜿蜒而上的圆形透明通道，里面装有自动楼梯，它是把人群送上楼层的主要交通工具。蓬皮杜艺术与文化中心的外观使人眼花缭乱，而它的内部布置却极为简单。

---

1 （韩）C3设计编．伦佐·皮阿诺．王西敏译，陈红，谭晓红审校．郑州：河南科学技术出版社，2004：125.

图 3-42　蓬皮杜艺术与文化中心

资料来源：http：//www. cc. ln. gov. cn/lantu/zcjz/peng. htm

每个楼层都是高 7m、长 166m、宽 44.8m 的诺大空间，除去一道在建造过程中加上的防火隔断外，它里面没有一个内柱，没有固定隔墙，也不做吊顶。所有部分不论是图书馆还是演出厅，也不管是办公室还是交通线，统统用家具、屏幕和活动隔断临时地、大略地加以分割，可以随时改动[1]。

蓬皮杜艺术与文化中心设计的一个核心问题是按照建筑物的功能需要恰当地组织建筑空间：这座大楼的大多数构件和全部门、窗、墙等部件做成了可以重新拆装的东西；每个楼层都搞成了统一的没有固定分割的畅通空间，这样就构成了一座可以随时调整变动的、高度灵活的建筑，与密斯的"全面空间"一样都是为了增加建筑的灵活性。使许多人最不满意的还是蓬皮杜艺术与文化中心的建筑形式，它一改文化建筑的艺术性和纪念性，立面上和室内一大堆自来水管和空调管道之类的东西，使人们不免惊奇继

1　吴焕加著．论现代西方建筑．北京：中国建筑工业出版社，1997：127.

而又惶惑不解。皮阿诺、罗杰斯进一步阐述他们的意图说："这座建筑是一个图解，人们要能立即了解它。把它的内脏放到外面，就能看见而且明白人在那个特制的自动楼梯里怎样运动。电梯上上下下，自动楼梯来来往往，这是基本，对我们非常重要的东西"[1]，这是一种明确的建筑艺术观点，这个观点产生于他们对建筑的根本看法[2]。

综上所述，对技术的全面理解和对材料、构造方式的关注使皮阿诺形成了独特的"技术性思维"，即从科学技术的角度出发，捕捉结构、构造和设备技术与建筑功能、建筑造型的内在联系，寻求技术与艺术的融合，将工业技术及高度复杂的"软技术"以造型艺术的形式表现出来。这种思维方式强调了两点：其一，从科学技术的角度出发。皮阿诺认为："新技术使人群间和文化间的联系进入一个前所未有的阶段……对于当代表现形式的探索，不能与技术革新相分离，也许这才是我们时代文明的显著特色和影响设计的主要因素。建筑师应该使用时代赋予他们的工具，拒绝使用当代材料完全是徒劳的，技术就像放在柄上的剑，是在那里尽职，而不是用来炫耀。"[3]皮阿诺深刻地认识到技术进步是推动建筑发展的直接动力，技术的关键性作用在于它既是解决问题的工具，又是时代感的象征。设计不是从风格样式出发，而是从技术需求出发。其二，这是一个动态的过程，从技术到艺术的过程。如果把建筑最终达到的造型作为艺术的表现形式，那么要达到这个形式还需要与技术多回合的碰撞，碰撞中加进建筑师对周围自然与人文环境的理解[4]。即在分析功能需求后，确定技术原理，选择构造方式，同时由环境因素所决定的形式需求对构造方式进行制约、筛选，最后达到功能需求与形式需求的平衡。

在技术的观念上，皮阿诺继承了现代主义建筑的技术乐观主义倾向，主张从功能需求出发，用技术来解决现实问题，用时代的材料来体现建筑的时代感。在形象的表达上，力求与环境相融合。日光反射材料、光控遮阳构件以及各种新奇的控制阳光辐射和热量进入的外墙做法，增添了建筑外观的魅力，其高质量的工艺水平表达了新时代的技术审美情趣。

4. 尼古拉斯·格里姆肖

尼古拉斯·格里姆肖早年就读于爱丁伯格艺术学院，毕业后在伦敦建

---

1 布兰顿．巴黎蓬皮杜中心的演变与冲击．美国建筑师学会会刊，1997，8.

2 建筑从来不是单纯的技术科学，任何时代重大的建筑活动都是牵涉很广的、复杂的社会现象。探讨每一座较为重要的建筑和建筑师的活动必须联想到它所代表的建筑思想和当时的社会历史背景。蓬皮杜艺术与文化中心的建筑和它的建筑师代表的是英国的一个建筑流派——"阿基格拉姆"的建筑观点，这个流派是第二次世界大战后西欧建筑思潮变化的产物。

3 http：//www. rpwforg/logbook/"genius loci"转引自董春波．"技术性思维"——伦佐·皮阿诺的创作思路分析．华中建筑，2002，2：27.

4 董春波．"技术性思维"——伦佐·皮阿诺的创作思路分析．华中建筑，2002，2：27.

筑师协会工作和学习了三年，1965 年离开后便独立开业。格里姆肖的独特建筑风格与其家庭和所受教育有极大的关系，他的父亲是一名飞机工程师，他的祖父是一名颇具前卫思想的土木工程师，因而他从小便对研究机械构件之间的组合构造及如何共同工作很有兴趣。他的另一位先祖阿特卡森·格里姆肖是一位著名的维多利亚派画家，很擅长对风景细部微妙变化的描绘。他禀承了各位先祖的遗传基因，在建筑这个艺术与技术结合的特殊领域里发挥了自己的特长，对工程的热情和对细部的关注使其作品中具有了与众不同的结构美。

求学期间瑞勒·巴哈马所写的《第一个机器时代的理论与设计》和书中所提到的美国未来学家富勒设计科学的思想给了他极大的冲击和震撼；在建筑师协会学习时又幸运地遇到了曾师从勒·柯布西耶的马克斯勒·弗瑞和他的妻子简·珠，他们使格里姆肖熟练掌握了对轴网和几何图形的运用，并深深意识到建筑艺术与结构的和机械的紧密结合的重要性。这些经历使格里姆肖在建筑创作实践中逐步形成了自己独有的风格和魅力[1]，他将自己前期所关注的设计主题总结为 6 点：生活与工作的关系；几何秩序；建筑结构和服务设备的关系；使用者对其周围环境的控制权；环境和节能；细部构件的组合及相互的工作关系[2]。在 1988 年之后的作品中他又融入了另外四个主题：对场地和建成环境的理解；对材质的表现意义的追求；对空间及其穿越其中的运动的描述；对历史的尊重[3]。由于经历过 20 世纪 70 年代的石油危机，这对格里姆肖的生态意识具有非同一般的影响，他始终将紧缺资源和环境保护作为其设计的重要关注点。富勒关于用尽可能少的材料创造尽可能大的空间以及低造价的概念对其影响颇深，至今他仍然经常引用富勒的哲学。

1）机动性和适应性

要减少资源的浪费和对环境的负面影响，建筑的机动性和适应性非常重要，那种无法循环使用的拆除和影响使用功能的扩建都是违反生态原则的。职业生涯始于厂房设计的格里姆肖很早便认识到了机动性和适应性对于建筑的意义，在他的许多作品中都体现了这一原则，在德国科隆伊古斯（Igus）厂房设计中更是发挥到了极致（图 3-43）。伊古斯厂房所有内部空间同高，可以适应各种功能组合和变化，办公室则做成夹层插入其中，厂房

---

1 吴玉坚，庄蓑．空间·结构·细部——读 N·格里姆肖和他的三个作品．华中建筑，2003，2：35.

2 Colin Amery. Architecture，Industryan Innovation——The early work of Nicholas Grimshaw & Parterners. London：Phaidon Press Limited，1995.

3 Hugh Pearman. Equilirium——The Work of Nicholas Grimshaw & Partners. London：Phaidon Press Limited，2000.

构造上可以拆散并在另一个地方重新建造，其外皮与承重结构脱离，标准窗单元或标准金属墙板单元可以互换，内外墙单元也可以互换，以适应未来厂房扩建和改建的需求[1]。

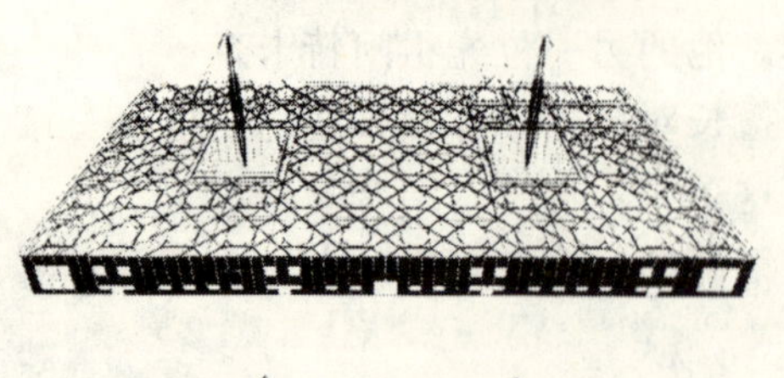

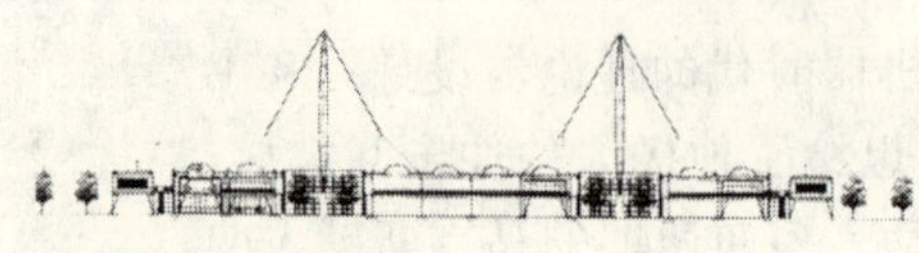

图 3-43　伊古斯工厂的结构透视、横剖面、室内局部、室外局部

资料来源：李华东主编．高技术生态建筑．天津：天津大学出版社，2002：143.

2）对结构、构造和细部的执着追求

格里姆肖的作品中最为突出的是因创造空间、满足功能需求而表现出对结构、构造和细部的执着追求。他特别擅长使用实验性钢结构、玻璃和新型材料，利用这些元素正如别人使用石头、木材和砖一样。他认为工作态度和方法对设计也很重要，在决定方案前他会多次与制造商和承建商见面，了解材料本身的性能和潜质，了解制造加工方面可能产生的缺陷以及建造过程对材料和构件选用的限制，以确保设计的科学性和经济性，这对于一个建筑师而言是绝对重要的前提条件[2]。在格里姆肖设计的许多优秀的建筑作品中，如牛津滑冰馆（Ice Rink，Qxford）、斯托科伯瑞吉休闲中心、布伦特福德总店等等，均采用了相同的主体结构体系——悬挂体系来满足无柱大空间的要求，但巧妙的结构构思、不同的细部构造处理和色彩运用却塑造了风格迥异的建筑形象，充分展示了格里姆肖非凡的艺术和技术才能。

3）采用金属材料

金属材料虽然初始能耗较高，但可以循环使用。据统计，铝材循环铸造能耗仅系提炼新铝锭所需能耗的10%以下，按目前发展，循环使用的铝材足以满足全部需求[3]。金属材料可以在工厂中加工，对施工场地、气候条件要求不高，预制构件运输容易（因而给环境增加的负荷也小）、自重轻、建设速度快且耐久，易于拆卸和改建，更重要的是其提供的内部空间更自由，且有

1　李保峰．生态，技术和诗意表达——格里姆肖的建筑创作之路．世界建筑，2002，1：60.

2　吴玉坚，庄葵．空间·结构·细部——读 N·格里姆肖和他的三个作品．华中建筑，2003，2：35.

3　Ken Yeang. The Skyscraper——The basis for designing sustainable intensive buildings. Prestel，1999，136.

更灵活的功能适应性。而从结构角度来看，金属结构可以最优化地利用材料的强度，因而更经济。丹尼尔斯将其称为轻技术（Light Technology），并对其生态意义给予了高度的评价[1]。格里姆肖的作品几乎全是采用的这类轻技术[2]。

4）自然采光

建筑的人工照明耗用太多的能源，在进深大的建筑中尤其明显，而这本是一笔可以节省下来的资源。格里姆肖的设计十分强调自然采光，金融时报印刷厂工程（Financial Times Printing Works）中透明的大玻璃为车间内部提供了良好的自然采光，同时也为室内的人们提供了良好的视线，而科隆伊古斯厂房的北向异形天窗及内院也为车间提供了良好的室内光线[3]。

5）积极以适应气候

建筑采暖、制冷耗能巨大，不可再生的化石燃料不仅储量有限，而且在使用中还会产生大量有害的气体排放，导致空气污染、土壤酸化、气温上升……鉴于此，使建筑积极地适应气候，减少对化石燃料的依赖成为具有生态意识的格里姆肖的重要关注点。实际上，各种生态策略并非孤立的手法，而是都综合体现在格里姆肖的许多作品中，柏林证券交易所底层巨大的空间不仅满足了当前的功能，也为将来的变化提供了余地，其自然采光和自然通风体现了强烈的节能意识[4]；伊甸园工程体现了最优化的结构及材料选择和太阳能利用；科隆伊古斯工厂综合考虑了自然采光、自然通风以及未来建筑变化发展的可能性[5]……

6）作品评析

从20世纪60年代中期开始设计实践后，格里姆肖无论是在70年代设计的雪铁龙汽车仓库（Citroen Warehouse），还是80年代的荷曼仓库（Warehouse for Herman Miller）、宝马汽车公司英国总部（Headquarters for BMW）中都沿袭了方盒子建筑的精神内涵，并在材料上选用了轻质的铝板等高技术材料。在1984年的牛津滑冰馆中，格里姆肖的个人风格开始摆脱了完全方盒子建筑的影响。此后的四年里，格里姆肖发展了这一帆船式的结构形式。在1988年的金融时报印刷厂工程中，格里姆肖创造性地使用了全新的外张拉式幕墙系统（Outrigged Glass Cladding Support System），很好地解决了大面积玻璃幕墙的温度变形问题。它是通过钢架把玻璃挂在幕墙外的钢柱上，再在玻璃上按网格拉钢索加固，由于玻璃分块悬挂在钢板上，钢索和钢架又有很好的延展性，解决了玻璃的热胀冷缩的变形问题。同时，这一悬挂方式又有高技术的表现能力，悬挂着玻璃的三角

---

1 Klaus Daniels. Low-Light-High Tech. The building in information age. Birkaeuser，1998，8：2.

2、3、5 李保峰．生态，技术和诗意表达——格里姆肖的建筑创作之路．世界建筑，2002，1：60.

4 宋晔皓．建立生态环境意识——评格里姆肖的环境策略及实践．世界建筑，2000，4：35.

形钢架、长条形圆弧端头的悬挂钢柱、距离玻璃面 10cm 的网状钢索的连接体无一不显示出构造的精美、施工的准确[1]。

牛津滑冰馆是该市市政府提议为年轻人修建的一个社交场所，在该作品中格里姆肖第一次使用了悬挂结构体系（图 3-44）。这种体系在他心中蕴

图 3-44 牛津滑冰馆远眺及节点细部
资料来源：吴玉坚，庄葵．空间·结构·细部——读 N·格里姆肖和他的三个作品．华中建筑，2003，2：36.

藏已久，早在 1951 年尚未成为建筑师的他就被当时由保尔和靡亚设计的伦敦云霄塔的张拉建筑形象深深吸引。在该方案中采用这种结构体系并非他的偏爱，也不仅仅在于需要创造一个极大的无柱的使用空间，和塑造出富有特征能吸引人的建筑形象，更重要的原因是该建筑场地的地基条件很不好，若采用别的结构形式需要打很深的多个桩，会延长建造时间并增加造价，而悬挂体系则很好地解决了这个矛盾。该方案只打了四个桩，两个承重，两个起稳定作用。以最短的传力路线来组织结构构件，这是结构构思的一个重要原则。该建筑的传力简洁明了，屋盖的重量主要由横梁承受并传给纵向主梁，主梁则将荷载通过钢索传给柱再传给基础，两根 30m 高的主柱、4 组拉索承受了 72m×38m 的无柱空间的主要荷载并提供了一个 56m×26m 的溜冰场地以及其他服务空间。值得强调的是，平行的拉索不仅具有美感而且富有逻辑性，因为它减少了主梁的跨中弯矩。该建筑的各个拉索节点细部都是由格里姆肖自己设计的。

该建筑在整体上完全对称、高耸的双柱、平行的拉索，强调了力度、秩序和几何美感，但局部的变化、同向的楼梯、靠边的主入口坡道，使其显得并不单调。围护材料选用了冷冻库常用的、灰色的、光滑的墙板，廉价适用而且看起来同溜冰场的形象很相配。简单的几何造型、现代的材料并没有使该建筑与该市悠久的历史、甜蜜的生活情调相冲突，大面积灰色的墙板衬以白色的柱子，而且这种灰色在灿烂的阳光里呈现出非常细微而丰富的色调变化，材料的物质性通过光线而得到了充分的表达[2]。建筑静卧

1 彭怒．多元时代建筑设计思潮．同济大学博士学位论文，1998：127.

2 吴玉坚，庄葵．空间·结构·细部——读 N·格里姆肖和他的三个作品．华中建筑，2003，2：35.

在绿色的草坪上，显得典雅、含蓄和内敛，封闭的外壳将内部喧嚣的景色紧紧包裹起来，从而表达了格里姆肖对该市历史和建成环境的尊重，也得到了市民的喜爱和认同。

综上所述，格里姆肖在注重生态的同时对建筑形式的创造也投入了极大的热情，他反对简单化的“功能主义”，他认为：“建筑史证明：没有一个成功的作品是以绝对的功能来评价的。”[1]他的设计往往从结构、构造和材料的逻辑出发。“对我来说，最重要的是发展一种可以满足需求的结构，推敲各类构件借以结合的构造方式和复合材料逻辑的精确的节点。”“我们很少问：使用什么材料；但我们常问：如何使用这些材料?”[2]格里姆肖认为：材料不应是孤立的东西，它们属于建筑的整体，要在使用时给其意义，使建筑形成一个表里一致的整体。格里姆肖非常欣赏阿斯普隆德（Asplund）、阿尔托以及与自己同时代的皮阿诺那种驾驭材料的能力和密斯推敲细部、精益求精的态度，他反对那些室内设计师仅仅关注强烈视觉效果的、表面化的设计方法，始终坚持基于材料特性的、符合建造逻辑的真实表达。他用作品证明：应用新时代的技术和材料，现代建筑是可以实现优雅、富有诗意和人文色彩的表达的[3]。格里姆肖认为，建筑应是有活力、有生命的单元，应是具有变化能力的有机体而非“僵化的纪念碑”。“作为建筑师，我十分重视英国的传统……认真推敲细部节点，注重构造关系的塑造。”[4]正是这种继承传统精神，而又拒绝简单地使用传统符号和形式的理念导致了其作品强烈的个性和时代感。格里姆肖以极大的热情关注生态问题，探索研究造型艺术，推敲建造技术，不断地创造着富有诗意的建筑作品[5]。

5. 欧美及日本的其他高技术倾向的建筑师

托马斯·赫尔佐格曾经说过：“我将建筑设计看做是进入特定的研究过程的机会。”[6]不断提出新的想法并进行验证，不断地创新和探索，正是对赫尔佐格的鲜明写照。在赫尔佐格看来，建筑的实际应用价值和最终成效是通过设计的高品质和对现存资源与环境的保护得以实现的。他认为为了探

---

1 李保峰．生态，技术和诗意表达——格里姆肖的建筑创作之路．世界建筑，2002，1：60.

2 李保峰．生态，技术和诗意表达——格里姆肖的建筑创作之路．世界建筑，2002，1：63.

3 这种重视结构、材料及构造逻辑的设计方法实际上是源于英国维多利亚时代的建筑遗风——在这种建筑中，每一个构件、每一个细部既是承重构件，又有装饰功能。

4 Structure. Raum and Haut. Nigula Grimshaw and Partners Bauten and Projekte. Ernst and Sohn，1993：11.

5 李保峰．生态，技术和诗意表达——格里姆肖的建筑创作之路．世界建筑，2002，1：60-65.

6 （德）英格伯格·弗拉格编．托马斯·赫尔佐格——建筑＋技术．李保峰译．张凌云校．北京：中国建筑工业出版社，2003：8.

求面向未来的建筑设计，需要善于提出和发现新问题，必须时刻保持对问题的探索，并且需要一种盘根问底的精神，一种开放式的思考和研究方法。这种建筑的新尝试也需要由物理学家、工程师、医务工作者、生物学家和材料科学家的紧密合作来进行，在这种合作中技术和美学不再相互矛盾[1]。赫尔佐格最有代表性的作品是 1996 年汉诺威 26 号展厅（Hannover 26th Hall），作为 2000 年世博会的第一件展品，他的设计体现了本次世博会的主题，即：人—自然—技术（图 3-45）。巨大的展厅长 200m、宽 116m，布置成三跨。整个建筑外观是一种独具艺术性的技术在建筑结构和对环境中可持续发展的能量形式进行优化开发的完美体现。通过开发一种人工和自然相结合的通风结构，使其在建筑中空调方面的投资费用减少 50%。大厅通过巨大的、面向北方的玻璃窗进行采光，同时屋顶下端局部安装的镜面反射区可以将人工光与自然光射到室内。在这个作品中，赫尔佐格开发的这种大尺度建筑几何造型，使其综合了以下特点：具有适应大跨度空间的理想形式的悬挂屋面结构；具有代表性的断面形状，使功能性的空间高度足以呼应大厅的巨大面积，同时能提供一个自然通风的必要高度，从而保证了使热量上升的构造效果得以充分发挥；建筑物的大面积区域允许自然光线进入，但同时又可避免阳光的直射，明亮但不耀眼的光线是创造整个大厅空间品质的关键之所在；天然的可再生材料被用于建筑物的合适部分。木材作为屋面嵌板用于面积达到 20 000m^2 的屋顶，不仅因其低廉的造价，还考虑到这种材料在降低能耗方面的优点。在平面上以新的方式开发设计的大厅分为两个区域：一个是空间宽敞、没有支柱、可以进行灵活布置的展示区；另一个是较窄的、置于展示区域之间的交通流动和服务区。在这些区域设有脚手架状的钢柱，用

图 3-45　汉诺威 26 号展厅

资料来源：李华东主编．高技术生态建筑．天津：天津大学出版社，2002：60.

1　（德）英格伯格·弗拉格编．托马斯·赫尔佐格——建筑＋技术．李保峰译．张凌云校．北京：中国建筑工业出版社，2003：8.

以承受悬挂屋顶和水平方向的荷载[1]。从这个作品中可以看出赫尔佐格的建筑中所蕴含的，正是现代建筑长期以来被人们所认可的理念。尤其是他的设计以坦率和严密为特点，常常以一种高效的、能够被迅速建造的结构设计为开端，这样既确定了建筑的主要外在形式，同时还创造了合适的内在功能空间，更重要的是减轻了对环境的负面影响。

迈克尔·霍普金斯曾在20世纪70年代与福斯特共事，其设计观和方法深受福斯特的影响，“其作品就是从福斯特那里取得的经验的直接延伸。”[2] 1976年他和妻子帕特西亚（Patricia）合作开设了自己的事务所。霍普金斯最有代表性的作品是苏拉姆伯格研究中心（Schlumberger Research Centre）、芒得看台（Mound Stand）、巴塞尔顿市政广场围墙（Town Square Enclosure）。在这些作品中，霍普金斯充分利用了由Geiger Berger和Dupont在与SOM合作的Haj候机楼中首创的半透明的特氟隆表面（Teflon-Coated）的纤维玻璃织物于帐篷结构中。尤其在苏拉姆伯格研究中心，霍普金斯用带采光井的门形构架、桅杆、拉索把纤维玻璃织物固定成多个方向变化的屋顶单元，创造出别具一格的帐篷穹顶形式，使这一结构形式得到了多样化的表现[3]。

圣地亚哥·卡拉特拉瓦（Santiago. Calatrava）既学习过建筑又在苏黎士理学院攻读过土木工程，所以他既是建筑师又是结构工程师，他设计的埃拉米诺大桥（Alamillo Bridge）犹如一张古希腊的七弦琴，把结构技术与艺术完美地结合为一体，这一作品使他在工程界声名远扬。在建筑中他也把这二者的结合充分地发挥出来，由此被称为继意大利著名建筑大师奈尔维之后最善于发挥结构与材料特性的设计师。由于他深厚的结构功底使他能够把钢筋混凝土结构与钢结构的力学性能充分地运用于他那不受约束的、自由的有机形式中，突破这两种结构体系自身的极限。

西萨·佩里是美国多元化的代表，他的作品中既有古朴的砖石和木构建筑，又有新潮的金属和玻璃建筑；既有摩天楼，又有校舍。他在谈到这一点时说：“我们刚好生活在一个材料极大丰富的时代，砖、不锈钢或石材都没有错——我们为什么只求保持一成不变的协调性而人为地限制使用我们的调色板呢?”与此同时佩里还认为：“当代建筑是空间的容器，当被赋予技术和标准后变得坚固和高效。”[4]从中可以看出，佩里既有肯定技术又有重视情感的价值取向，这一点在他的建筑中体现得尤为明显。西萨·佩里

---

1 （德）英格伯格·弗拉格编．托马斯·赫尔佐格——建筑＋技术．李保峰译．张凌云校．北京：中国建筑工业出版社，2003：118.

2 A. Tzonis，L. Lefaivre. Architecture in Europe Since 1968. Thames and Hudson，1997：168.

3 彭怒．多元时代建筑设计思潮．同济大学博士学位论文，1998：128.

4 高强，覃力．“高技术”与“高情感”——一种信息社会中的建筑设计倾向．建筑师，81：55.

最有代表性的作品位于北卡罗来那州夏洛特市的夏洛特城市中心，这是一个巨大的综合体，它由北卡罗来那布鲁门斯表演艺术中心、国家银行中心和创始人大厅3部分组成。周围环境差异较大，既有玻璃幕墙的摩天楼，又有低层的砖石建筑，加之巨大的体量和各不相同的使用功能都给建筑的造型处理带来了一定的困难。但佩里巧妙地将狭长的艺术中心的入口设计得非常高技术化，采用了不锈钢和玻璃来建造，与相邻超高层的国家银行中心取得协调。而在另外两个沿街立面却采用了他在校园建筑中常采用的砖作为外墙材料，从而与周围的低层砖石建筑取得了一致。在这一建筑中佩里使用了花岗石、大理石、砖、不锈钢、铝合金和玻璃等多种建筑材料，建筑的室内外处处存在着充满现代感、高技术的构件和洋溢着人情味的舒适环境。

让·努韦尔（Jean Nouvel）和包赞巴克等人表现高技术形象的豪情壮志始于法国人庆祝巴黎大革命200周年大兴土木之际，如同1889年的巴黎世界博览会一样，法国试图以高技术武器向世人表明巴黎是一座高效率的、高科技的城市，同时也是世界信息、文化的中心。努韦尔设计的阿拉伯世界研究院（The Arab World Institute）位于巴黎塞纳河畔的一块敏感区域内，这个建筑分为两部分：半月形的部分沿着塞纳河的河岸线弯曲；平直的部分呼应着城市规则的道路网格；中间是一个贯通顶部的露天中庭。从正面看上去，蓝灰色的玻璃衬托出划分精致的钢骨架，一片温和的曲面墙顺着道路自然展开，这一形式及色彩使钢材造成的坚硬形象被软化。曲面墙在拐弯处被狭长的缝隙所打断，通过这个缝隙可以看到被建筑框出的巴黎圣母院，似乎是作为两种文化相交流的象征。南立面上有上百个照相感光的窗格（Photo-Sensitive Panels），它们使快门式的屏幕变得更为活跃，象征着万花筒般神秘变幻的阿拉伯世界，这些窗格中大大小小的快门随着外界光线的强烈变化而变化，在室内也留下不断变幻的光影。努韦尔是一个善于运用各种形式的金属格网的大师，从他的贝松诊所（The Bezons Clinic）、Bouliac旅馆、Thermes旅馆（The Hotel des Thermes）、低造价住宅（Nemausus）等可以看出，条形、方格网、半金属格网反复出现，这使努韦尔的建筑细部十分丰富，其中贝松诊所建筑转角处的圆弧处理以及饰面材料的光亮使这个建筑犹如一个电子产品，体形温和，线条流畅，又与机械产品截然不同。

高松伸是从20世纪80年代才开始活跃于建筑界的日本建筑师。他成长在京都，但这个古都却使他感到历史的条条框框的束缚。他的建筑从一开始就表现出对文脉的反叛和对机械装置式的技术表现的嗜好。高松伸的早期作品有代表性的是织阵以及织阵三期工程，织阵是京都的一个老商店，无论是一期工程还是三期工程，高松伸的思路都是一致的，那就是形式上对机器装置的比拟。这个建筑在平面上较为简单，为两核心式，但建筑形式却异常复杂并令人困惑。建筑内部的功能与外观毫不相干，人们从外部根本无法正确判断室内真正的功能。这个建筑主体犹如圆形活塞，八面体上开了16个尖窗尖锐而准确地从主体伸出，单薄的形体如同从环形窗口伸出的翅膀。建筑的中部连接体为住宅，其开头犹如大功率发动机的内部装置，也如同昆虫类和爬虫类的机械装置，“在这里建筑的法则、机械的法则和动物机械装置的机体法则为一种支离破碎的形式。”[1]高松伸设计的ARK仁科齿科医院既有蒸汽车的造型因素又如巨大的爬行动物。Syntax位于京都的最北端，Syntax意为“统辞法”，高松伸在这里意指建筑将与环境及都市文脉毫无关系。的确这个建筑悬挑出两边的顶部犹如张开的双臂无视着周围的环境，机器构件般的门窗精确地分割着建筑的形体也同相邻的地段的坡顶建筑格格不入。在20世纪90年代以后，高松伸早期作品中如昆虫肢体般的构件形式得到了更为突出的表现，这使他的建筑形体偏向了有机形态，其实例是东京Earthtecture Sub-1。

若林广幸也表现出与高松伸类似的对机械装置的模拟的倾向。他也出生在京都，也一样主张对文脉的反叛。京都丸东第15号大楼、祇园怪诞大楼（Gion Freak Building）、东濂涩谷Humax塔就是这类作品。它们都非常相似，既如火箭般等待发射又如巨大的机械昆虫。怪诞大楼里机械脚似的钢柱还若有其事地立于传统建筑中常见的石头柱础上。也许由于若林广幸没有受过正规的建筑教育，他的作品中有天外来物或者非建筑的意味[2]。

不同于福斯特、罗杰斯、皮阿诺、格里姆肖、霍普金斯等在美学上对新型结构体系（如张力结构、悬挂结构等）的表现或是对新型建筑构造体系的技术表现，努韦尔、高松伸、若林广幸等建筑师则是随着后现代思潮的影响，体现出高技派建筑的另一种美学取向——机械美学的审美价值观，在作品中多采用金属机械符号，用类似工业设计的手法创造出一种特殊的装饰风格，力图在建筑中表现出机械机器或电子机器的拟态式的技术美感，使其作品呈现出“机械装饰风格”。另外，同样是受后现代思潮的影响，美国的韦斯利·琼斯、尼尔·德纳里、肯·凯普伦等人为代表，他们并不醉心于高科技和新技术的表现，而是退回到沉郁的古典机械时代，在庞大的重机械装置中寻找创作灵感，利用技术去抒发个人的情感，是一种符号学表现方式的“机械装置风格”的高技派建筑[3]。

槙文彦的作品总是表现出一种清新、雅致的风格，抛弃了现代主义的英雄主义色彩，还给人亲切优雅感。其作品大多不具有纪念性而表现为精细、谦逊、亲切和优雅的技术形象。从Sprial大厦到藤泽市秋叶台体育馆等

---

1 （日）市川政宪等著．后现代佳作图集．胡惠琴译．天津：天津大学出版社，1990：100.

2 彭怒．多元时代建筑设计思潮．同济大学博士学位论文，1998：130.

3 覃力．建筑创作中的技术表现．建筑学报，1999，7：49.

建筑中，可以看出他试图运用现代技术扩展现代主义建筑之路的创作理念。藤泽市秋叶台体育馆的不锈钢屋脊以象征主义的形象——科幻素材 UFO 与日本传统形象庙顶头盔的综合——体现了高技术的巨大创造力，多种层次的空间组合以及多种建筑语汇的运用则体现出现代技术与传统并存的复杂的社会现象。在槙文彦那里真正关心的并不是技术本身，而是建筑之中的一种复杂的内在关系。

原广司与槙文彦同为东京大学建筑系毕业，他们对现代主义都有着深厚的感情，都是致力于探索以理性的方法来修正现代主义的建筑师。也许这是与二者都曾受过东京大学的教育有关，但在都强调技术的同时他们又有着对建筑各自的理解。原广司在继承了现代主义对技术的热情和运用的同时，对现代主义各向同性的均质空间进行了深刻的反思，在考察和研究了世界三十多个国家的集落之后，他认为这种由部分可推知整体（或相反）的空间概念是以抽象的人的物质性——身体为参照尺度的，忽视了具差异性的人的意识，将复杂的、不断变化的世界文化简化了。在设计中他努力摆脱现代主义原则的纠缠，以异质空间代替均质空间，以日本式尺度的几何形和曲线来装饰，反映出与自然力共存的表现形式。大和国际公司大厦是原广司集落理论集大成的作品，这座大厦表现为多层构造形态、由几个可转换的表层相叠而成，表面仍是一派银灰色美学，立面被处理成“云母状”反映着光的微妙变化，人们在这里处处感受到空间的差异性、不定性、随机性的同时，也可以感受到“高技术的村庄”的感觉，一种当代技术覆盖下多彩的集落形态。在其作品大阪新煤田城中更体现出技术为手段的、有着多样空间的建筑风格[1]。

伊东丰雄善于运用金属材料的品质来创造一种似乎失去了形体的建筑，在大量的、精巧的部件如轻钢骨架、帐篷、隔栅、穿孔金属网等这些已经很通透、轻盈的构件上还涂以银色，使之进一步失去了重量感，以这种诗一般的“空无”来反对过于丰富的折中主义，体现了作者独特的建筑美学观。“银色小屋”便是伊东丰雄的美学观的最好例证，在这个伊东丰雄的自用住宅中，7 个筒状的轻质钢拱顶置于规整的混凝土柱子上，其系统的规则性被不对称放置的菱形窗、尺度不同的拱顶和开敞空间所打破，中心部分是一个透空的网格状屋顶，在阳光下书写着光影追逐的故事。其余部分是一个个筒壳、尺度 3.5m、6m 到 7.2m 不等，预制的构件精致地结合在一起，并且被其他轻质材料诸如帆布所衬托。金属和帆布的结合使建筑展现出一种柔软的飘浮感。这种金属在小巧的、可塑的尺度上的操作，和充满手工艺的做法展现出伊东丰雄有着现代工业技术而又传统的风格。住宅的

---

1 唐军．“高技派”与当代建筑的高技术表现．东南大学硕士学位论文，1998：63.

室内有着与福斯特相似形状的家具，被安置于这个银色的背景之中，这一总体环境体现出设计者有着把工业材料应用得和木材相似的技能，再现出日本建筑精致的手工艺传统。而其作品在自然界中的若有若无般的存在，体现的是技术在自然界中的另一种存在方式，如“风”般飘逸而过，一个“不安的宁静”的细腻感觉。

长谷川逸子和伊东丰雄一样在作品中延续了日本建筑的“银色美学”，以银色的外表和现代工业技术与材料的运用为标记，创造了一种被称为“诗意化的机器”的建筑技术美学。长谷川逸子在作品中近乎诗意地运用铝和钢等轻质工业材料，并致力于应用现代工业材料来再现传统尺度和特征以及清新的自然气息。穿孔铝板是她最喜爱的高技术建筑元素之一，她对于这一构件的应用，如同日本传统纸屏风的高技术翻版一样，制作成各种形式，用来塑造半透明的光影空间，或被附着于建筑的外表上，造成一种失去重量的如云如雾般的形象。富谷事务所和 S. T. M. 办公楼充分表现了长谷川逸子这种运用现代技术材料的方式。前者在外层“膜”的铝板上，用带孔的铝板间隔出天空的云彩，细长的钢架模仿吊车的悬臂斜向插入“云”中。相同的手法也表现在 S. T. M. 办公楼的设计中。以彩虹的模仿形成玻璃的表层，同样三条玻璃墙面斜向延伸到空中，在突破玻璃方盒子办公楼和惯行构图的同时形成了鲜明醒目的独特外观。在 1989 年设计的湘南台文化中心中，“远远望去仿佛一艘降临地球的神秘飞船，静静停泊在神奈川县藤泽市喧哗的市区里，漫步其间，可见四个大小不一的晶莹球体在高低错落的小方屋顶簇拥下熠熠生辉；广场上几座金属制作的树状雕塑，有的如童话般镶嵌着时钟，有的似闪电熠熠生辉；那用穿孔金属网板制作的凉棚如空中的朵朵白云；喷涌的泉水从一个悬浮的球体下涌出，沿着地面蜿蜒的溪沟流向远方……”[1]。人们在这里忘却了都市的喧嚣和人世间的烦恼，仿佛自由自在地徜徉于大自然之中。面对建筑中穿孔的金属网板、纤细的铁件等塑造的“铁树、钢板云”，可以看出现代技术在长谷川逸子手中已经成为重新诠释建筑和自然关系的手段。高技术所再造的象征化的自然景观，充满了浪漫的情怀和诗化的气质，也反映出工业社会中的城市向自然回归的无奈方式[2]。伊东丰雄和长谷川逸子在当今日本社会的高度工业技术条件下，以一种超乎常规的对技术的理解，给了工业技术产品以另一种隐喻和情趣，构成的建筑成为“诗意化的机器”。在他们的手中，技术与自然、技术与传统文化之间好像本来就没有什么不和谐。他们的作品是高技术的，然而不同于福斯特等西方高技派建筑师正不断地努力摒弃历史主义

---

1 邓小红．建筑·第二自然——长谷川逸子建筑哲学观及作品简析．新建筑，1996，4：35.

2 唐军．“高技派”与当代建筑的高技术表现．东南大学硕士学位论文，1998：64.

的形象和元素的是，他们的作品有着明确的、引起回忆的空间和特色。

高技派的一些年青的建筑师，如西班牙的艾瑞克·米拉莱斯、日本的山本理显和上文介绍的伊东丰雄、长谷川逸子等人，在设计中常利用钢构架和金属材料所带来的“科技感”和“金属感”去隐喻某些虚构的意象，并招致了对结构、力学性能表现出无足轻重的“伪技术”的出现：他们的建筑多从现代的结构技术和材料技术中获取某种暖昧的造型感觉，或将钢构架当做一种造型标志，或追求光滑亮泽的金属材料所表现出的“浮游”效果。使用现代轻质金属材料的可塑性、延展性和高强超薄等特点，作为表皮来塑造出某些具有空间形式特征的建筑体块。另一些人如美国的迈克·索金、勒贝斯·伍茨等则走得更远，他们的作品将机械装置、生物形态和未来时代的某些特征结合起来，带有强烈的乌托邦色彩，更接近绘画、雕塑领域中“技术艺术”家们的作品，这说明技术在一定的场合之下，已发展成为一种展现和揭示现代社会现象的“道具”而被艺术家们所利用[1]。

其实有很多建筑师如赫尔穆特·扬、法雷尔、帕歇（Gustav Peichl）、阿索普（Willian Alsop）、韦伯和布兰第事务所（Weber，Brandt and Partners）、未来系统（Future Systems）、丹下健三、黑川纪章的某些作品都根据自己的不同理解，创造性地使用和表现新技术，都可以划入“高技派”建筑的范畴，尤其是20世纪80年代以来高技派的一些典型手法几乎成了设计语言上一种可供选择的样式，在此不一一列举。从上述我们对高技派建筑师的代表性的作品及其设计思想的分析可以看出，高技派在20世纪50年代的兴起绝非偶然。虽然高技派并没有自己的宣言、组织，一些建筑师甚至还否认自己属于这一派别，但无可否认的是，在当代众多建筑师作品中，确实存在对高技术表现的倾向。随着20世纪70年代以来建筑的发展，功能的实现与解决居住的社会责任已渐渐不成问题，各种高技术手段又收入建筑中，那么在采纳了高技术手段的同时在形式上表现高技术带来的独特美感也就再自然不过了。

总的说来，在高技派建筑中，对高技术的形式表现主要集中在这样几个方面：一是对新型结构技术的力学特征表现，如格里姆肖、法雷尔对悬挂结构，福斯特、皮阿诺、罗杰斯对张力结构，霍普金斯对帐篷结构的表现。二是对新型构造体系的技术特征的表现，如福斯特等对铆接方式的表现，格里姆肖对幕墙外张拉系统的表现。三是对设备管道的裸露或涂以工业用色彩以显示建筑内部的技术构成成分。在蓬皮杜艺术与文化中心、亚琛工业大学医学系、加利福尼亚大学分子科学大楼等作品中有所体现。四是对机械和电子产品等高技术工业品的拟态，努韦尔、若林广幸、高松伸

1 覃力．现代建筑创作中的技术表现．建筑学报，1999，7：49.

的作品中就体现了这种倾向[1]。

3.3 “高技派”建筑的异化、软化和复归

人类社会发展到今天，科学技术已成为我们社会生活中一种决定性的力量。科学技术创造了巨大的物质财富，维系着地球上几十亿人口的生存，它不断地提高着我们的生活质量，为人们带来了更多的方便、闲暇和自由。随着人类对于技术的理解与应用的深入，对技术的反思也从未停止过，技术在这种探索与反思中不断走向前进，建筑中高技术的运用也同样呈现出不断发展变化的景象。基于海德格尔对技术的研究，技术“异化”的现象可以理解为两个层次：其一是技术与自然的背离；其二是人在技术的活动中逐渐迷失了自我，失去了生存的意义[2]。技术为人类创造了文明的家园，同时也造就了牢笼和枷锁，现代技术构造的人类文明世界是人类进步的结果，又是人类本质力量被束缚的见证[3]。马克思通过对技术的研究指出，技术活动的价值在于体现人的本质力量。许多西方人本主义学者都在马克思的影响下，以人的问题为核心来考察技术，批判了技术活动中人的异化现象，并且认为，现代西方社会中技术引起人的普遍异化，即人的生活意义的丧失[4]。另外法兰克福学派对科技异化及其根源也进行了深入的探讨，并且对技术理性及其弊端进行了深入的分析，认为应该寻求技术的人道化的努力[5]。同样，高技派建筑的发展也经历了这样的历程。

对现代主义建筑继承和发展的高技派建筑，自20世纪50年代起登上历史舞台，诞生于技术社会。在20世纪50～60年代，高技派建筑创造性地采用与表现预制的装配化、标准化，这一时期称为高技派建筑的本原时期即高技派建筑的初期[6]。这一时期的代表作有西格拉姆大厦、昌迪加尔行政中心、莱斯特大学工程馆等等。

在20世纪70～80年代中期，高技派建筑强调和表现工业技术，技术、

1 彭怒．多元时代建筑设计思潮．同济大学博士学位论文，1998：130.

2、4 参见本文．2.2.3 异化与技术异化．

3 现代唯技术论对技术超然存在的理解实际上是误解了技术仅是人类观照自然的一种手段，把这一手段作为人类生活的惟一正确合理之手段使人类生活的本质意义丧失殆尽。正如马尔库塞在他的《单向度的人》中写道的：“对技术的误解最终导致了人类自身的失落……越来越多复杂的机器使人类的生活越来越简单，人类原来经过上百年形成的与自然的关系与生活方式，被科技所代替，甚至最后人类是机器概念中的众多零件的一个。”（马尔库塞）

5 参见本文．2.2.6 对技术的多元批判．

6 因为在这一时期，高技派建筑的主要特征是将机器大工业的标准化、装配化生产运用到建筑中，并未形成一种鲜明的风格或流派，也没有系统的理论或大量成熟的作品，只是表现为讲求技术精美的倾向和注重高度工业技术的倾向，所以在以下章节不展开作深入的探讨。

人与社会异化的结果给它带来了直接的影响，极端的理性主义使高技派建筑最终也走上了异化的道路，这一时期则为高技派建筑的异化时期即高技派建筑的发展时期，也是高技派建筑的顶峰时期[1]。这一时期的代表作有蓬皮杜艺术与文化中心、劳埃德大厦、香港汇丰银行新楼等等。

经过整个20世纪60年代的社会忧患、思想体系重构和70年代初的石油危机，对于终极目标的追求让位于对现实状况和实现过程的反思，各种令人不安的社会因素和不断变化的时代潮流要求对建筑和文化做出新的诠释，同时作为个体的人的存在受到了前所未有的关注。从20世纪80年代起高技派建筑在继续关注时代进步和高新技术发展的同时，把个体之人作为建筑设计的核心、出发点与归宿，在建筑美学的本体论、认识论和方法论层次上，都从“物”回到“人”的本身。这一时期则为高技派建筑的软化时期即高技派建筑的转折时期[2]。这一时期的代表作有曼尼尔博物馆、尼斯文化中心等等。

时代的演进伴随着对现代主义沉沦的反思，对技术及高技派建筑异化现象的思考，对全球面临的严峻生态问题的关注，以及对地域文化重新认识的世界性潮流，高技派建筑也逐渐向“数字化”及“生态化”的倾向发展，这是基于数字技术的迅猛发展、人与自然关系的重新认识。从20世纪90年代开始，数字技术、生态技术和建筑科学技术的高度分化与高度融合使得高技派建筑（基于数字技术和生态技术的高技术生态建筑）呈现出多元化探索，这一时期则为高技派建筑的复归时期即高技派建筑的多元化时期[3]。高技派建筑的发展历程不是呈现出直线形，而是呈现出螺旋上升的趋势，高技派建筑的发展史是一部从本原到异化、软化与复归的历史[4]。

3.3.1 “高技派”建筑的异化

技术、人与社会异化[5]的结果给高技派建筑带来了直接的影响——高技派建筑受西方工业社会文化的熏陶，它的一系列特征诸如技术至上主义、手法的形式主义、对文化传统的漠视、与环境的对立等等，是以西方理性主义为核心的社会文化体系的消极因素在建筑领域的表现，它使技术成为建筑创作的必然力量，成为建筑的目的而非手段。人作为建筑的使用者，

---

1 参见本文.3.3.1 “高技派”建筑的异化.

2 参见本文.3.3.2 “高技派”建筑的软化.

3 参见本文.5.2 基于数字技术和生态技术的高技术生态建筑及多元化探索.

4 对于高技派建筑的发展研究，如果按建筑师来划分，某个建筑师在某一时期的设计倾向不一定完全就是他过去所主张的东西，他们也处在不断的探索、变化之中；如果按称谓来划分也不妥当，因为同一名称常会有不同的含义；如果按照建筑师的年龄辈分来划分似乎更不妥当。实际上数字化倾向、生态化倾向、历史文脉倾向、场所精神倾向、与自然环境的协调等等，某种倾向在某个时期可能业已存在，或者某些倾向可能在某个时期并存着。笔者这样划分高技派建筑发展的目的和意义在于：其一，某些倾向在某个时期表现得更为突出；其二，按照高技派建筑发展的主流倾向提供一个明晰的时间脉络。

5 参见本文.2.2.3 异化与技术异化.

越来越失去其本来的面目，人类经过百万年积淀下来的同自然的关系与生活方式被技术至上的种种行为粗暴地代替。“房屋是居住的机器”，高技派建筑师正是承袭了现代主义大师勒·柯布西耶的精神，把人视为同一模式的客体，而把“建筑机器”视作充分展现的主体，这种本末倒置的建筑观点，使建筑最终走上了异化的道路。

3.3.1.1　异化时期“高技派”建筑的具体表现

（1）高技派将现代主义、阿基格拉姆等的理论和观点推向极端[1]，更大程度地追求建筑技术（包括结构技术、材料技术、设备技术等）的可能性，在技术手段科学性、逻辑性、系统性等理性因素引导下，进一步将理性因素推向极致，并把技术的精确、和谐、等级系统等技术因素视作建筑艺术的全部内容，这样技术便成为设计与施工过程的主导因素，设计则成为将技术转译为一定建筑表现形式的过程。其实质和结果是忽视了技术的本质实际受制于文化的本质，受制于处在一定文化状态的人这一客观事实，高技派建筑实际充当了一个密集技术的载体，极端化的设计理念和手法使建筑脱离了其作为艺术的原旨：即通过形式的塑造达到外在表象与内在意义的诗意的融合[2]，高技派建筑的这种把技术手段作为建筑艺术的惟一手段甚至目的，已经走上了异化的道路。尽管高技派对自己的作品倾注了大量的艺术情感，但这种非大众化的、非人性化的艺术普通人很难接受，建筑中文化的内涵很难为人所感知或者根本不存在，对他们来说呈现在眼前的只是冷漠的技术构筑物[3]。

（2）高技派在形式美与技术的合理性、科学性的权衡中往往偏向于前者，并非一味坚持极端理性主义的原则，形式美学的重要性往往胜过功能、技术与装配化程序。为了追求形式美有时甚至牺牲技术合理性，他们用高技术激发艺术灵感，天才里“玩弄”结构和技术，沉醉于精美的构造节点、等级鲜明的结构体系以及作为建筑主要表现因素的服务系统（垂直交通、设备管道），这些手法的极端发展就趋同于形式主义[4]，所以高技派在很多情况下追求形式美是以技术与经济的合理性为代价的。

1　参见本文.3.3.1.3　异化时期“高技派”建筑的美学观——第二代机器美学.

2　徐理.高技术建筑的异化与复归.同济大学硕士学位论文，1997：14.

3　肯尼斯·弗兰姆普敦在评论蓬皮杜艺术与文化中心时尖锐地指出：“它无能代表一个文化机构所应享有的地位。它之所以引起轰动，可能源于参观者的猎奇心态，而来访者中70%从未使用过其中的文化设施。”这种说法是不无道理的，目前存在于蓬皮杜艺术与文化中心之类的高技派建筑的不适用问题日趋严重，亟待更新和解决。

4　舒伦堡中心的屋顶结构是由建筑师霍普金斯与工程师共同确定的，在对薄壳和薄膜张拉结构进行选择时，薄壳因缺乏形式的表现力而没有被选用，虽然薄壳技术更成熟更合理；在对内张拉薄膜与外张拉薄膜进行选择时，内张拉薄膜因缺乏外部的表现力而不被采用，虽然外张拉系统在技术上有许多不合理的因素（张拉钢构件的防水、抗腐蚀等问题）。

（3）高技派建筑在技术力量的驱使下使人与自然的关系发生了背离，这在高技派建筑初期的发展历程中尤其明显。这种人与自然对立的哲学观不完全继承于现代主义，如果深刻剖析的话，还源于有几百年历史的西方人文主义、理性主义[1]。科学技术发展的基础，是人同自然界之间的主体、客体的确定。在这个新的世界图景中，人处于世界中心位置，是能动的、有意识的存在物，而自然界作为人的生命存在的资料，人可以通过理性和理性化的活动来认识它、把握它、改造它、征服它，让它按人的设想和意愿来为人服务。西方的人物二分论是高技派建筑的哲学根基，通过技术媒介的操作来达到人与自然隔离的目的[2]。

（4）多数高技派建筑对社会文化采取漠视的态度，以"反文化"的社会角色自居，自诩为反映时代精神的先锋艺术，人们会随着时间的推移而逐渐接受他们；认为没有必要与周围环境的关联域协调，而应在广义的城市环境角度来考察建筑与环境的关系。殊不知建筑形式与建筑内容有着千丝万缕的联系，建筑形式是历史文化历经千万年沉淀的物质外化，如果形式缺乏这种文化的映射关系，那么文化虚无缥缈的精神内涵何以依附？因此在高技派建筑的表皮上仍然需要充斥情感的和符号的张力[3]。

高技派认为技术的进步具有内在的逻辑必然性，技术是一切文明最有活力的力量。一个文明进步的程度，就体现在技术进步的程度上。这种技术决定论使得高技派借助于高科技这一"单一译码"创造震撼人心的艺术形象，而不与任何历史和文化关联，忽视了文化上的多样性和复杂性。现代技术不只是西方文化这惟一模式，文化的民族特征事实构成了各民族生活中最有意义的成分。现代技术在不同地域、不同场所，应当有不同的表现形式，应当存在对技术的不同理解。

高技派建筑在物质形式的构造技术方面有很高的艺术成就，但形式不

---

1 在西方宗教社会，人设定自身之外的"神"作为自我文化活动的总体性代表，作为自我文化意向的一种综合性表达。世界图景的排列秩序是"上帝—人—自然"。当世界一切为神而存在的神学目的论的世界图景被文艺复兴和宗教改革迸发出的人自我意识的觉醒打碎后，人成为世界中心和自然的绝对统治者和征服者。在这种背景下，古希腊哲学论题——"人是万物的尺度"得以延续。人文主义的本质是，人们所追求的都只是自身所表现出来的生活意义和以自己存在为中心的文化世界的意义。人文是人道主义的张扬，理性是人的理智能力的绝对优越地位，人自信可以理性地认识外部世界，这种认识系统化为科学，对自然的改造系统化为技术。这种情况下，人顺理成章地成了大自然的主人，成了"主体"，大自然成了"客体"。

2 罗杰斯提倡"服务空间"与"被服务空间"，后者是人的空间，而包围它的前者却隔绝了人与自然的联系，人与自然的联系需要通过服务空间间接进行。建筑在罗杰斯的哲学体系中是自给自足的内向系统，是一个在技术支持下隔绝自然条件适宜人的生活的空间。劳埃德大厦就是这种哲学的现实产品，它在伦敦中世纪街区营造了一个独立于环境的自我封闭系统，其体外观则是以纪念碑式的英雄主义姿态凌驾于城市的上空。

3 （法）马克·第亚尼编著．非物质社会——后工业世界的设计、文化与技术．滕守尧译．成都：四川人民出版社，1998.

能代表内容，它的意义却相对贫乏，它只是隐喻了技术时代的技术乐观主义与纪念碑式的英雄主义等有限的语义信息。建筑艺术的真正意义是以大众审美心理为媒介的指向自然、社会及人自身的精神内涵。技术不能决定文化的本质，更不能代表人的一切。高技派建筑的创作实际是把设计还原为它的施工方法，是创作内容的枯竭[1]。

总之，异化时期的高技派建筑在其艺术性、情感性方面为人们所关注，很多针对于高技派建筑激烈争论的焦点也正是围绕着这一主题的。避开其经济性而言，高技派建筑一直被人们定论为没有艺术性、缺乏情感，从而遭到很多人的反对。例如巴黎蓬皮杜艺术与文化中心在建造过程中以及建成之后一直是人们议论的中心，"在继埃菲尔铁塔之后，从来还没有一座法国建筑在世界上引起如此矛盾的兴趣"[2]，这座建筑使不同的人产生了"从地狱到世外桃源的种种不同的联想"，叫人"想到炼油厂和宇宙飞船发射台"[4]，这些争论与评论反映了高技派建筑在其激进的外观形式下隐藏的一个问题——情感性、人道性的缺乏。

3.3.1.2 异化时期"高技派"建筑的特征——极端的理性主义

"高技派"建筑自其诞生之日起，就表现出它对科学技术的发展和工业生产的强烈敏感性[5]，技术手段与表现方法的统一、动态的多维视觉效果一直是现代建筑创作所追求的目标和原则，"高技派"建筑正是承袭这一原则来进行创作的。在这一时期，他们主张直接表现所有的建筑元素，如结构体系、管线、空调等，将工业化批量生产的型钢、玻璃、硬塑料、金属板和钢索等作为自己的表现元素。查尔斯·詹克斯在他的《高技之战——伴随着重大谬误的伟大建筑》(The Battle of High-Tech: Great Buildings with Great Faults)一文中列举了高技派建筑的6大特征及主张：展示内在结构与设备；展示象征功能及生产流程；透明性、层次及运动感；明亮的色彩；质轻、细巧的张拉构件；对科学技术文化的信仰[6]。

1. 6大特征及主张

1）展示内在结构与设备

高技派建筑的结构体系与服务设施被暴露在外，并成为建筑的主要装饰主题，这是高技派区别于其他建筑流派最为显著的特点之一。现代主义主张真实地表现结构，后现代主义提倡一种有机的、符号化的装饰，高技

---

1 徐理．高技术建筑的异化与复归．同济大学硕士学位论文，1997：16.

2 参见．今日建筑［法］，1977，2：41.

3、4 参见．美国建筑师学会会刊，1977，8：80.

5 参见本文．3.2.3.2 "高技派"建筑的诞生——对现代主义的扬弃．

6 Charles Jencks. Architecture 2000 and beyond : success in the art of prediction . West Sussex: Wiley-Academy，2000：1-140.

派则是强调表现结构、构造及设备，这三者最终都必然走向装饰之路。与现代主义、后现代主义不同的是，高技派建筑一般将建筑本身的结构、构造及设备等作为装饰，其注重理性、逻辑性的特征也得到了充分的体现。这种表现主义的机械美学观在高技派的早期作品中表现得尤为明显，诸如蓬皮杜艺术与文化中心、劳埃德大厦；而后期的作品则显得较为含蓄和稍有节制，比如霍普金斯的舒伦堡剑桥研究中心，虽然也将结构暴露，但却将通风管道等放到了建筑的地下。

2）展示象征功能及生产流程

这是指对结构逻辑和理性的强调，借此过程，高技派建筑能够表达对任何技术运用更完美的功能。强调设计理性使得建筑师们更多地从其他领域，诸如几何学、工业设计等领域寻求依据或借鉴新的方法，如“参数设计”和“系统设计”都是从宇航等工业中受到启发的新概念。另外，计算机在高技派建筑中得到了比其他领域更广泛的应用，并深刻地影响了从结构计算到建筑表现的设计各个阶段。罗杰斯的一段话较为明确地说明了高技派建筑的这一特征：“确定性所要表达的内容以及这种表达的等级秩序所构成的信息就是建筑，这些复杂多样的形式必须由相联系的构造要素来表达，这些要素的本身则严格地构成从而产生一个可识别的空间和体量的清晰的等级。”[1]

3）透明性、层次及运动感

高技派建筑透明的建筑表面处理，使人们对其内部的逻辑关系有更清晰的理解。这一方面表现在高技派建筑对玻璃的运用上：建材工业的发展涌现了大量具有各种物理性能的玻璃制品，也为高技派建筑大量使用玻璃提供了可能，或多或少这是对密斯采用玻璃作为建筑外墙的设想的发展和具体化，如贝聿铭的香港中国银行大厦便是一个很好的例子。另一方面则是表现在高技派建筑的空间结构上：通透的结构杆件之间，包含着空间与它们的相互影响和相互作用，有层次、有节奏地表达成为建筑及结构逻辑的自然衍生。高技派建筑的外部形体无论采取哪一种构造手段，都力求表现它的时空关系，用运动代替静止，用运动感来充分体现我们时代的科技发展的视觉效果。高技派建筑的这种动态构成具有自己独有的特征，如极端重复、构件的交叉、建筑形体的推进与退让、旋转等，这种受到夸张的运动特征体现了这一种生产手段，它既适应了工业化的生产和施工要求，又在形式上体现了机器美学的“以少做多”的特征和戒律。

4）明亮的色彩

无论室内或室外，高技派建筑中各种暴露的管道和部件都涂上了明度

---

1 A+U临时增刊，1988，12：23.

和彩度都较高的色彩，材质同时又十分光滑和纯净。这或许是高技派建筑的风格显得比较前卫的另一个原因，各种纯净的、看起来毫无关系的色彩搭配在一起，显示出一种前所未有的独特效果。这种强烈的色彩提高了建筑物的视觉效果力度，丰富而富有诗意的细部处理强化了建筑物的整体效果。如蓬皮杜艺术与文化中心的各种颜色管道的有节奏的重复，斯图加特美术馆长长的坡道和大的平台上红、蓝二色的扶手等，无疑再次以“以少做多”的手法加强了建筑物在整体效果上的表现力度。从更深的意义上说，这是高技派建筑为了表达它们建筑语义上的含义而运用不定的色彩来产生交融混合的效果，换句话说，就是以审美上和手法主义上的不定性来补助建筑语义上的不定性。

5）质轻、细巧的张拉构件

这些构件的运用充分体现了现代科技的发展，展示了高技派建筑前所未有的建筑语汇。新颖的结构形式，尤其是悬挂结构使得高技派建筑在表现构件的精美方面得以充分的发挥，从福斯特的雷诺汽车公司分发中心，格里姆肖的牛津滑冰馆，到罗杰斯的英国威尔士污水处理厂，以及霍普金斯的舒伦堡剑桥研究中心，悬挂结构一直是高技派建筑师乐于表现的主题；而在巴黎蓬皮杜艺术与文化中心以至香港汇丰银行新楼中，尽管建筑的主结构没有像在前面所举例那样“与天空玩把戏”，悬挂的概念却贯穿始终，香港汇丰银行新楼的主要结构就是以两排四个钢管柱组成的八个支撑桁架作为垂直结构，以及悬挂七层楼板用的桁架作为水平支撑结构的。高技派建筑对质轻、细巧的张拉构件的表现使工业化生产的材料性能被发挥到极致，并使建筑与外部环境的明确界限被打破，内外空间相互渗透，调整了空间的功能属性。建筑物的外部空间更有层次，与建筑物的关系更为密切。

6）对科学技术文化的信仰

高技派的理想是将机器本身与人格化的时空合二为一，将现代技术发展为完整的工业文化，这是高技派建筑最为根本的出发点和理论基础。高技派表现的主要是机械技术的外在形式，并以此隐喻社会技术与智力技术，采用当代最先进的技术为手段，采用并表现预制的装配化。它认为建筑应表达它所处时代所给予的形式，建筑是那个时代观念的体现，而观念会因科技发展所带来的新信息的影响而发生变化，这暗示了过去的东西不可能从整体上再去把握，对传统形式断章取义的运用必将违背建筑的时代背景[1]。

以上是对詹克斯所总结的高技派建筑的 6 个主要特征的分析与理解，这 6 条主要是从高技派建筑的技术观和历史观以及高技派建筑的外观特征来描述高技派建筑的特点的。从设计特点，施工特点，材料、结构和构造节点，

1 蒋玮．当代高技术建筑的情感化趋向．同济大学硕士学位论文，1998：15-18.

空间特征和历史观、环境观来说，高技派建筑还有以下若干点特征可以作为詹克斯的6点特征的补充：

2. 设计特点

1）设计的出发点

服务性设施取代了结构成为设计的出发点，设计的目的是由各种机械和电子设施充分服务于通用空间，结构降到次要和从属地位，这是高技派极端重视技术先进性的逻辑的结果。高技派建筑师认为，设计开始于服务性设施而非结构，各种服务性设施和管道作为表现的因素被不加装饰地暴露在外，体现了高技派的技术乐观主义与自信。

2）平面设计的特点

高技派建筑多采用开放的平面布局，因为各种服务设施辅助空间要么被放在建筑的两侧，要么被安置在楼板下的夹层里，使得大片的、无划分的空间提供了使用上的灵活性，如蓬皮杜艺术与文化中心，地上各层内部所有空间的间隔都采用弹性体系——办公室的隔断在一分钟内便可拆除，美术馆的大型悬吊隔板拆除约需一小时，而防火墙也只需一天便可被拆卸，使建筑物能通过适当的调整来适应不断变化的新需要，这几乎是所有高技派建筑师的设计哲学的基石。在这种理念的指导下，建筑物的要求被尽可能地抽象和简化，直到仅仅提供一个适用的统一空间，而这种统一空间是各向同性和被充分服务的，这种各向同性的空间具有明显的使用灵活性和可变通性。

3）对流线设计的极其强调

高技派建筑师比现代主义者更强调建筑的动态和流动特征，并在形式上突出地表现。如蓬皮杜艺术与文化中心的主立面上的玻璃筒自动扶梯成为其构图的主要元素；劳埃德大厦中垂直交通被突出到主体建筑之外；依莫斯工厂中的一条巧妙的兼作轴线的内部通道体现了对水平流线的精心处理。

4）设计的理性和逻辑性

西方人文主义、理性主义构成了哲学与科学的基础[1]，高技派自诞生之日起便高举理性主义的旗帜，为了强调技术理性，不仅借鉴学院派美学的几何关系、比例推敲，还从现代工业设计领域借鉴系统设计、参数设计、计算机辅助设计等一系列新技术手段运用到建筑设计中。理性主义的设计思想、严谨的逻辑性贯穿设计过程的始终，使得空间形式不再占主导作用，总体秩序被提升到前所未有的高度，内部通道、外部交换系统的逻辑化处理使高技派建筑有了超越单纯工业建筑的品质。

1　参见本文.2.2.4　技术观的两大走向及2.2.5发展观的两大走向.

3. 施工特点

1）建筑工业化程度高

高技派崇尚工业技术，并将建筑视为工业技术的一个分支。在建造方式上，热衷于工业化的预制装配生产方式，建筑所采用的构件大部分由工厂预制，运至现场直接装配。因构件大多选自制造商的产品目录，高技派建筑甚至被称为产品目录建筑（Catalog Building）。但建筑毕竟不是工业产品，它需要适应不同的基地条件和使用要求，因此高技派建筑师努力在这种工业化的建造方式中与制造商通力合作、共同设计、研究和检验构件体系，以满足建筑具体的要求，福斯特把这种过程称之为“设计开发”。

2）工业化施工的精确性

由于高技派借鉴系统设计、参数设计、计算机辅助设计等一系列新技术手段运用到建筑设计中，并将集成制造系统（CIMS）运用到施工中，所以高技派建筑有着精密的施工及工程技术。在雷诺中心施工时，主梁的制作误差只有 0～2mm，预应力主桅结构的装配误差只有±3mm，主跨构件张拉后的安装精确度为±10mm；在舒伦堡研究中心的屋面结构上，为了保证帐篷屋盖张力的均匀，空间节点的定位偏差不能超过±10mm。这些数据说明了高技派建筑的施工技术达到了相当的精度。

4. 材料、结构和构造节点

1）使用并表现新材料

高技派主张使用并表现新材料，诸如玻璃幕墙、高强钢、铝、塑料、特氟隆（Teflon）、铝合金等材料在高技派建筑中得到广泛的运用，使新材料的高技术性能在建筑中发挥到极致。在高技派建筑中材料本身和结构、构造、节点一起都成为表现的主题，尤其是新材料胜于传统材料的高性能，既满足了日趋复杂的功能需要，又适应高技派建筑对新形式的表现要求，体现了高技派独特的材料价值观和美学观。

2）使用并表现新结构

高技派提倡运用先进的、非常规的结构技术，并努力在外形上表达与反映结构的先进性。通常高技派建筑通过采用建筑结构构件的高效率，从而追求一种轻盈的美学感，这是高技派的美学思想之一。霍普金斯设计的英国剑桥斯隆伯杰研究中心，采用帐篷张拉结构，悬挂于黑色钢拉索之上的半透明织物、表面的双曲面与拉结的褶皱点和钢的坚硬形成了强烈的对比，表现出独特的结构形象，钢拉索和半透明的树脂玻璃薄膜充分体现了张力结构构件的轻盈感。

3）使用并表现特殊节点

高技派建筑通常积极并善于运用新结构与新构造，努力表现出这两者所带来的新的节点形式所展现出的现代工业技术的精密性与美感，这也许是高技派建筑最动人的魅力所在。对细部节点形式美学表现的独特认识和理解加之构件组成极端重复的韵律感，使建筑呈现出丰富的诗意组合，展现的是技术的加工过程，体现出技术加工程序的精确性和冷静而理性的特征，从而表现了技术规律的客观性和强大的技术力量。

5. 空间特征

建筑空间是建筑的灵魂，而建筑技术对于建筑空间的构成有着决定性的意义。建筑艺术作为与时代发展紧密相关的艺术门类，其空间构成及形态语言的创新是其发展的重要标志。每个时代都有着自己具有代表性的建筑空间，在技术时代高技术的运用同样对高技派建筑空间形态产生了巨大的影响，展现出独特的空间特征。

1）空间的完整性和灵活性

在现代建筑技术的支持下，高技派建筑虽然常常有着精美复杂的外形，室内空间却十分完整简洁。人们可以在水平方向上自由地分隔空间，同样在垂直方向上空间也有自由调整的可能，它所带来的空间形象成为高技派建筑表现的特征之一，也是高技派建筑空间区别于其他建筑流派静态空间的显著特征。这在蓬皮杜艺术与文化中心、香港汇丰银行新楼、塞恩斯伯里视觉艺术中心等作品中表现得尤为明显。

2）空间的均质性与同一性

征服空间的愿望似乎自古以来就存在于人类的心目中，大跨度建筑的实践贯穿于人类的建筑史之中。从充气结构、网架结构到短线穹隆结构，完整的大空间展现了现代建筑技术的力量和人们对大跨度空间实现的宿愿。沿袭现代主义建筑的理性主义哲学基础，均质、同一、通透的大跨度空间成为高技派建筑表现的特征之一。蓬皮杜艺术与文化中心在每层 7m×166m×44.8m 的诺大空间内，除了一道在建造过程中加上的防火隔断外，既没有一个内柱，也没有固定隔墙，更没有吊顶，表现出各向同性。

3）空间生长与发展的持续性

高技派建筑统一的模数化设计、标准化的结构和构造部件，为预留空间生长的节点提供了有力的手段，使建筑能够适应未来不确定的变化，实现建筑空间灵活、方便地生长与发展，保持建筑持续的适应性与生命力，同时也成为高技派建筑形象上表现出来的重要特征。斯坦斯梯德机场中央大厅的结构柱形成面积 $36m^2$ 的网格，屋面的支撑结构是由 4 根钢管柱组合而成的树桩组合管簇结构，所有公共设施都设计成独立封闭式或成盒子式小间，为未来发展、扩建和改造，提供了良好的灵活性；山犁文化会馆，竖向支撑结构上悬挂的空间体量则是建筑在纵向上生长和发展的典型形态，表现出现代技术给建筑带来的持续生命力。

4）空间比例和尺度的巨构性

在大型公共建筑和办公建筑中，借助现代建筑技术强有力的手段，高技派建筑的空间通常表现为巨大的尺度和比例的技术元素所构成的强有力的技术形象，强调的是建筑的力度感和技术的超现实感，表现了与众不同的美学观，以夸张的技术手法给观者以震撼人心的力量。香港汇丰银行新楼整个建筑悬挂在8榀钢制桁架上，前后共3跨，建筑沿高度分成了5段，每段由两层高的桁架连接，成为楼层的悬挂点，悬挂着由底部每段8层到顶部4层不等的5段楼层，其巨大而有力的形象是香港汇丰银行新楼立面坚实感、永恒感的主要表现元素。

5)“服务空间”和“被服务空间”的明确区分

从高技派建筑中的公共和私密空间、服务与被服务区、主导空间和辅助空间的明显划分可以看到路易斯·康的影响，尤其是康的“服务空间”（如盥洗室、厕所、楼梯间等）与“被服务空间”（如观众厅、餐厅、办公室等）的处理手法[1]。高技派建筑师认为建筑是由一个从固定到可变的不同部分的等级制度所组成的，其中使用寿命长达30～40年的通用空间，应同1～30年短时期使用的、必要的技术服务活动空间区分开来。

6. 历史观、环境观

二元论的单一历史观使高技派把场所空间、风格传统、城市文脉置于相对次要的位置，高技派的历史观认为建筑形式是时代所赋予的、是那个时代观念的体现。而大众的审美观在时代的演进中会自然而然地跟上时代的步伐，过去的东西不可能从整体上再去把握，对历史形式断章取义的运用必然违背建筑的时代背景。因此他们拒绝对历史文脉进行有意识的参照，认为没有必要从传统文化中借鉴相对的低技术所对应的建筑形式。高技派的环境观欣赏对照的和谐，认为和谐同样可以产生于各种对照的方法，反对狭隘地认为文脉的和谐只能通过模仿周围建筑风格的主张。他们主张的是一种更广义和包容的、城市层面上的文脉和谐。

综上所述，在继承和发展现代主义的众多倾向中，高技派是其中“重理”的倾向之一，它奉行现代主义的哲学信条，理性主义、逻辑与秩序、技术合理性等理念[2]，与后现代主义偏重非理性相比，高技派更推崇理性，并在新的历史条件下将现代主义、阿基格拉姆等的理性主义推向极端，是一种极端的理性主义。

3.3.1.3 异化时期“高技派”建筑的美学观——第二代机器美学（极端理性主义美学）

高技派的先声是英国的“阿基格拉姆”[3]，这个流派主张现代建筑学应该

1 参见本文.3.2.3.3 “高技派”代表人物、代表作品及设计思想.b理查德·罗杰斯.

2 参见本文.3.2.3.2 “高技派”建筑的诞生——对现代主义的扬弃.

3 参见本文.阿基格拉姆.3.2.3.1 相关流派、理论对“高技派”诞生所产生的影响.

同“当代生活体验”紧密相关，提出“流通和运动”、“消费性和变动性”等概念作为当代生活体验的特征，并把这些概念引入建筑学，作为建筑设计的指导思想。阿基格拉姆的想法反映了科学技术进展和社会生活变化对建筑的影响。他们触及到了问题，但只是停留在认识事物的感性阶段，因而他们的主张和方案大多数都是幼稚的、虚夸的和脱离实际的，只是对未来的一些乌托邦式的幻想。然而正是这些乌托邦式的幻想，如“插入城市”、“行走城市”、“即时城市”、“变形”等，构筑了运动发展、生长变化的美学思想体系。阿基格拉姆站在未来主义的立场上，提倡一种旨在表现现代生活的生产流程、技术管网“翻肠倒肚”的处理手法，提出用完即可抛弃的美学观，否定永恒的美学价值[1]。

高技派最轰动的作品——巴黎蓬皮杜艺术与文化中心就是皮阿诺和罗杰斯继承阿基格拉姆的美学观而付诸的实践，他们解释道：“这幢房屋既是一个灵活的容器，又是一个动态的交流机器……它的目标是要直接了当地贯穿传统化惯例的极限而尽可能地吸引最多的群众。”[2]的确，巴黎蓬皮杜艺术与文化中心展现给观者的是“向着未来世纪的祝酒”[3]。阿基格拉姆存在的时间并不长，但它从当代科学技术发展中领悟了科学思维中“运动”、“变化”与“不确定性”的美学内涵，从而对建筑设计、城市设计的理论与实践产生了深远的影响，构筑了高技派建筑美学的主要理论框架，奠定了第二代机器美学的基础。

另一方面，高技派继承了现代主义的许多理论观点，诸如现代主义基于理性主义的技术乐观主义与自信等等，努力发扬现代主义艺术的实验思想和建筑的真实技术美的倾向，并把目光投向了未来，在美学上极力表现新技术、新材料，并把这些观点、手法推向了极端夸张的形式，因而从另一方面也避免了现代主义理论的局限性和建筑形式的单一性。

詹克斯认为高技派注重于各个艺术形式的自成一体和自我表现，其美学观是一元论的，强调解释问题的技术和经济解答，表现的也是后工业社会的技术形象，受到“国际大同”影响，他们将现代主义、阿基格拉姆等的理论和观点推向极端，是一种极端的理性主义。由于极端的理性化，使得现代建筑的技术理性原则被高技派精巧复杂的手法主义所取代，利用高科技追求艺术化的效果。第二代机器美学观坚持不渝的真理，即是美可以产生于工艺技术的完善，在一定程度上建筑手段也是它所追求的目标。其特征是夸张了现代主义的若干方面，用“推向极端”的方法取代了现代主

1 参见本文．阿基格拉姆．3.2.3.1　相关流派、理论对“高技派”诞生所产生的影响．

2 同济大学，清华大学，南京工学院，天津大学．外国近现代建筑史．北京：中国建筑工业出版社，1982：267.

3 吴焕加著．现代西方建筑．北京：中国建筑工业出版社，1997：129.

义的逻辑性——极端的逻辑性、极端的重复模数构件、极端强调流线和机械设备，形象趋于后工业时代、信息社会的高科技艺术形象，是对技术进行了做作的装饰性的运用，是国际式的复杂体现，也是抽象的而不是习俗的形式语言[1]。因此“极端化”是高技派建筑典型的美学特征，从本质上来说是极端的“硬美学”，然而这些“极端化”地强调技术表现的做法却常常被人们冠以“巴洛克式高技派”的称号。正如詹克斯所说：“我们看到理性主义走向极端就要成为荒唐的事，也看到理性主义若只要一半付诸实践就简直是非理性的。”[2]

不同于第一代机器美学往往偏重于过分突出逻辑性、流程、机械设备、技术和结构[3]，第二代机器美学则比第一代机器美学更轻巧、也更灵活，趋向于外骨骼效果：像昆虫一样，骨骼在外面，而循环系统则紧贴其内，结果是密斯式的“皮包骨的建筑”占据主导地位，而“插入式”的“舱体”则是第二位的。表现出一种过分的和夸张的力度，好像完全趋向机器的形象结构是建筑的表现的最重要的东西，而结构所承托的空间或建筑的内容变得可有可无，并且这种机械构件可以无限的添加，因此从概念上，这类建筑完全是一堆结构构筑物，而且这种机器手段有时仅仅作为装饰，其目的就是想增强这种机器式的艺术感染力[4]，所以第二代机器美学表现出明显的高技化倾向。不同于第一代机器美学是将交通车辆、舱体和电梯的运行在幕后或是用实体围护起来，第二代机器美学的另一个基本主题和标志是凝固的运动，这一基本主题的重点是适应晚期资本主义能量过剩这一特征的思想概念的[5]。

高技派的主要理论和手法特征表现在极端化倾向、雕塑形式和夸张手法。极端化倾向表现在三个方面：①极端重复。高技派的极端重复是对现代派建筑单一构件重复进行戏剧性夸张，由此形成极端重复的效果，体现当今技术时代科技的力量。②极端同一表面。极端同一表面手法通常是赋予建筑表面以统一规格的同性材料。这一方面是现代主义工业化生产的极端化；另一方面也是高技派工艺技术精美思想的体现。这种工业化生产和工艺技术表现达到了运用同一材料和统一规格而产生的技术的艺术装饰效果。③复杂与简单的组合。现代建筑趋于简单精练，许多建筑都要求被净化为简单规则的形体，而高技派在保留这种总体简单的前提下，允许建筑

1 （美）查尔斯·詹克斯著．晚期现代建筑及其他．刘亚芬等译．北京：中国建筑工业出版社，1977：26.

2 （美）查尔斯·詹克斯著．晚期现代建筑及其他．刘亚芬等译．北京：中国建筑工业出版社，1977：46.

3 参见本文．3.2.2.3　现代主义的美学观——第一代机器美学（理性主义美学）．

4 刘先觉主编．现代建筑理论．北京：中国建筑工业出版社，1999：248.

5 刘先觉主编．现代建筑理论．北京：中国建筑工业出版社，1999：249.

变得不规则和复杂，形成一种“复杂与简单”的混合体，一种多少有点牵强的两种相反性质的结合。有的可能是平面、立面都很复杂，而采用同一材料的简朴处理效果加以统一；也可能是由一些规整的基本形体构成的错落有致的轮廓线；也可能是一个简单、浑然一体的形象在细部处理上搞得非常复杂；也可能就是模棱两可的参照符号，这种形式往往能使人联想起超过它愿意的更多的内容。雕塑形式和夸张手法表现在：①结构形象雕塑化。高技派倾向于纯粹雕塑性的结构技术和材料质感的表达方式，20 世纪 60 年代他们以很具表现力的粗混凝土、夸大的弧形悬索等方法，创造雕塑建筑艺术效果，而这个趋势一直继续到 20 世纪 70 年代，其效果有时太过分、太混乱。他们经常采用夸张的手法，以过分的形式，特意表现宏大的、压倒一切的大曲线来给人以深刻印象。②抽象几何雕塑形式。高技派建筑往往是在巨大的尺度下追求抽象的几何艺术形象，这些建筑的体量有时变得非常巨大、夸张，有时甚至达到一种歪曲。各种几何形状被精心地组合在一起，或是产生一种扑朔迷离的效果，或是在阳光下产生强烈的光影变化，从而使建筑变得更冷静、更轻、更安详，甚至成为超现实的纯艺术作品。③光技建筑。光的建筑的特点是运用抛光的金属面材或塑料包裹建筑或是建筑的某一部分，而使其形成无接缝的光滑整体，给人以人体般的感受。它强调光滑表面的同时，还强调表面的无接缝。通常建筑内外表面用同一材料，造型上常常运用抽象幽默的象征手法，目的是为了给人以有机体隐隐约约的感觉[1]。

3.3.2 “高技派”建筑的软化

3.3.2.1 技术软化及其社会背景

自从工业革命以来，机器的渗入改变着人们的生活方式和人类原有的尺度概念，“人—机”关系成为社会的主题。1969 年 7 月 16 日，阿波罗 11 号飞船登上月球，标志着人类用科技征服了自然，一个新的技术世界秩序正在形成并发挥着作用，它激发了人们对高科技的无限热情和向往，人们曾一度认为任何事情都可以通过先进的科学技术得以解决[2]。人类从工业社会过渡到后工业社会、信息社会初期，科学技术更是得到日新月异的发展，然而事情的另一面却是，人们不但没有实现对技术的控制，反而感觉到技术正在“失去控制”[3]。同时由于滥用科技产生的弊端更是日益显著：臭氧层破坏、环境污染、资源浪费、人口激增、生态平衡的破坏[4] 等等，使得科

1 （法）刘先觉主编．现代建筑理论．北京：中国建筑工业出版社，1999：242-246（有改动）。

2 参见本文．2.2.4 技术观的两大走向．

3 （法）马克·第亚尼编著．非物质社会——后工业世界的设计、文化与技术．滕守尧译．成都：四川人民出版社，1998：24.

4 参见本文．1.1.2.1 人类面临的严峻问题和挑战．

学技术可能被人们看做是陌生的东西而存在于某种疏远的情感[1]，这种情感由恐惧、不信任产生，更产生于科学技术本身的“破坏效应”[2]，人类面临的技术危机已日渐凸现。

技术的高度发展使技术的进步变得似乎是惟一的决定因素，然而正是这种技术的进步，其结果不是人的控制在不断地增强，而是一些全新的、困扰人的难题由于这种技术的进步而产生了[3]。曾任罗马俱乐部主席的佩奇（A. Poccei）曾指出：“人在控制了整个地球之后，并未意识到这些行为正在改变着自己周围事物的本质，人污染自己生活所需的空气和水源，建造囚禁自己的鬼蜮般的都市，制造摧毁一切的炸弹。这些功绩具有临终前的抽搐的力量。”[4] 佩奇认为技术进步使人类本身失去了平衡，使得人们“站在自己因狂热而造成的遗留物上，内心却感到无比的孤独、茫然和不安”[5]。后工业社会、信息社会初期，尽管技术在质与量上大大扩展了人们的活动能力和范围，而且服从人的意志，然而技术却将自身作为一种实在模式强加于人，日益决定人们的日常生活，决定日常生活的外部形式、节奏和潜在的可能。这些东西在人与自然之间，甚至某种意义上在人与人的本性之间形成了一道越来越大的屏障[6]。在这种新的生活中，人的地位逐渐被吞噬，人的本性逐渐被扭曲和压抑。技术的异化导致了人的异化，人的情感、矛盾性与复杂性被异化成了逻辑符号和马尔库塞说的“单面人”[7]，人正在变成物质化、非人化。人的“异化”使得“人的自我感觉不是来自于一个有着爱和思想的个人行动，而是来自于他的社会经济作用”[8]，技术社会面临的人性危机也已日渐凸现。

技术危机、人性危机以及人文精神的失落等等一系列社会问题，对“人类中心主义”、“工具理性主义”提出了挑战，助长了人们对现代社会、现代观念的怀疑、厌倦和否定情绪。技术是人类对自然界的干预，人类适应自然以求得生存，发明和创造了技术，并凭借技术去干预自然、索取自然界的资源，以满足自己生存和发展的需要。技术的自然属性和社会属性

---

1 参见本文.2.1.4 后工业化、信息化初期.

2 （法）让·拉特利尔著.科学和技术对文化的挑战.吕乃基，王卓君，林啸宇译.北京：商务印书馆，1997：66.

3 （荷）C·A·冯·皮尔森著.文化战略.刘利圭，蒋国田，李维善译.北京：中国社会科学出版社，1992：33.

4 佩奇.世界的未来——关于未来问题一百页，1981.转引自吴焕加著.论现代西方建筑.北京：中国建筑工业出版社，1997：171.

5 （法）姚涛.建筑异化与后现代建筑.建筑师，31：36.

6 （法）让·拉特利尔著.科学和技术对文化的挑战.吕乃基，王卓君，林啸宇译.北京：商务印书馆，1997：66.

7 尹国均.当代中国建筑——未能实现的“先锋”.建筑师，80：45.

8 姚涛.建筑异化与后现代建筑.建筑师，31：36.

决定了技术活动是一种具有高度目的性的人类活动，人类之所以从事某一具体的技术活动，总是为了实现某一特定的目的；技术是一种可操作性的体系，即技术可以作为一种手段，人类正是借助技术这种手段去改变与控制自然的[1]。然而今日的技术在一定程度上已失去了最初的意义，背离了最初的责任，其结果是技术与人类分离而走向异化[2]，所以使技术回归其原型——人，实现技术的人性化即软化[3]，是技术向前发展的一条必由之路。

3.3.2.2 与两大走向的技术观相对应的美学观——高技术与高情感

技术作为一种理性行为伴随着人类社会的演进，它的每一次进步都从思想上深入地影响着人们对技术的审美观。长期以来，与技术乐观主义和技术悲观主义的两大走向[4] 相对应，在对技术的审美上存在着两种截然不同的观念，这两种审美观念在建筑上的表现就是对高技术的表现和对高情感（High-Touch）的追求，它们在立足点上相互对立、在时间上却是相互交织的。从某种意义上来说，自技术的产生之日起便伴随着这两种倾向的对立，从更深层次上来说是因为不同的价值取向产生了这两种审美观的对立。

技术乐观主义基于哲学上的理性主义，寄情于未来并运用当代高科技的成就、采取各种方法给予人们以未来的承诺，并坚持认为科学技术可以解决一切问题。技术的乐观主义对高技术的表现，在建筑美学观上有两种不同的立场：一种是努力使高技术接近于人们所习惯的生活方式与美学观，即高技术同样也要迎合人们的悦目要求；另一种则认为人们的生活方式和美学观都会随着社会和技术的进步、发展而发生变化，人们应有远见地去领会、适应和接受这种高技的美。这两种立场并不矛盾，都是站在未来主义的立场上表现建筑的空间、几何性与光感，将高技术本身作为他们的表现主题；他们都认为人们不能阻止社会发展中技术的进步，并且人们不能拒绝技术进步给美学带来的变化。人们能够而且必须在技术进步的过程中实现对技术的艺术性的整体的理解，“美，或者至少是形式上的完美，来自于最完善的机械效能……”[5]。然而从这句话中我们可以隐约地看出，这种技术的乐观主义虽然在技术为建筑带来某种形式之美这一点上显示出充分的自信，但对建筑的内容、深层次的情感方面的问题则含糊其辞，不能做出一个明确的判断[6]。

---

1 参见本文 . 1.1.3.2 技术的特征与存在方式 .

2 参见本文 . 2.2.3 异化与技术异化 .

3 “软化”（Mollescence）意指一种道德的或情感的状态显现，其哲学特征是非理性因素的渗透。

4 参见本文 . 2.2.4 技术观的两大走向 .

5 （美）爱德华·德·朱尔柯著 . 功能主义理论的溯源：82. 转引自蒋玮 . 当代高技术建筑的情感化趋向 . 上海：同济大学硕士学位论文，1998：22.

6 蒋玮 . 当代高技术建筑的情感化趋向 . 同济大学硕士学位论文，1998：22.

与技术的乐观主义寄情于未来相反，技术的悲观主义沉溺于历史，它基于哲学上的人本主义，将目光转向过去，企图从大众文化、历史文脉、地域特征中寻找后工业时期人们失落的情感。这种美学观念反映到建筑中则是对建筑的情感化、艺术化的追求，是对20世纪20年代以来现代建筑只重视人的生理需求而忽视人的心理需求和精神需求这一现象产生的反思，并从而做出的补偿[1]。1966年罗伯特·文丘里（Robert Venturi）在他的《建筑的复杂性与矛盾性》一书中谈道："作为建筑师，我有意识地把我深思熟虑过的历史观作为行动的指南……我宁要暧昧不清的，而不要条理分明、刚愎、无人性、枯燥和所谓的'有趣'；我宁要世代相传的东西，而不要'经过设计'的……"[2]。从这句话中我们可以明显地看出建筑审美信息的多义性与模糊性，通过历史隐喻主义和文脉主义对建筑语义的丰富性和情感性的表达，体现了对建筑高情感的追求。

技术乐观主义（高技术）与技术悲观主义（高情感）由于审美价值观的不同，因而在各自建筑语言上的表达也截然不同，在某些方面甚至是完全对立的。技术乐观主义所代表的高技术与技术的悲观主义在建筑上所代表的建筑的情感性两者是一对相互矛盾、相互对立的范畴，但它们统一在对技术的运用上。然而在当今社会发展中，建筑美学领域存在着一种"软化"[3]的发展趋势，这或许从理论的高度证明了二者融合、相生的可能性和必然性[4]。

3.3.2.3 "高技派"建筑的软化

哲学上后现代主义的泛文化思潮在20世纪60年代左右产生于西方发达国家，广泛存在于艺术、美学、文学、语言、历史学、政治学、社会学、伦理学等领域中，80年代，后现代主义哲学的旋风席卷了整个世界，历史、文脉、环境受到了空前的关注，另外科学技术的软化、经济结构的软化、审美观的软化也在同步进行，在意识形态领域改变着社会的传统观念、价值标准，深刻地影响到人们的社会文化心理和审美意识，在思想和社会领域带来了一系列的反思和变革。纵观历史上任何事物的发展，当其到达了顶峰或谷底，都意味着转化的来临。

反映到建筑领域，在多元的审美观念背后支撑的多元化价值观体系正在发生转变，表现出各次元之间的交集增多的倾向，后现代主义、解构主义、高技派等各流派的之间的界线已日趋淡化，各流派之间隐含着一种存在的融合关系。在这种背景下高技派建筑开始寻求转变——在保持自身原

---

1 蒋玮．当代高技术建筑的情感化趋向．同济大学硕士学位论文，1998：22.

2 （美）罗伯特·文丘里著．建筑的复杂性与矛盾性．周卜颐译．北京：中国建筑工业出版社，1991：1.

3 曾坚著．当代世界先锋建筑的设计观念．天津：天津大学出版社，1995：30.

4 蒋玮．当代高技术建筑的情感化趋向．同济大学硕士学位论文，1998：23.

有的对技术乐观和自信的基础上，从现代的和传统的众多风格流派中引入异质要素，相互兼容而克服自身的局限——采取较为温和的手法来调和其负面影响，呈现出一种软化的发展趋势。“软化”意指一种道德的或情感的状态显现[1]，其哲学特征是非理性因素的渗透，其基本目的是在建筑创作中，实现人性的复归[2]。因此高技派建筑的“软化”，其核心是“人性化”（Humanization），即是一种赋予人性的行为或过程[3]。它针对技术“异化”的现象，把个体之人作为建筑设计的核心、出发点与归宿，在建筑美学的本体论、认识论和方法论层次上，都从“物”回到“人”的本身。这是一个从“物化”到“人化”（非物质化）的发展过程，是工业社会向信息社会（非物质社会）转变的真实写照[4]。这是一个转折时期，在这一时期高技派建筑最突出的表现是：其一，高技术表现的软化趋势；其二，走向与历史文脉、场所精神和自然环境的融合。

1. 高技术表现的软化趋势——从“物化”到“人化”

异化时期的高技派建筑作为一种英雄主义的宣言，呈现出一种夸张的、尖利的形态，给人一种生硬、激进、“没有艺术性、缺乏人情”[5] 的印象。为了体现时代感而不屑于考虑位置、场所和文脉，运用大量的高新技术材料和结构工艺手段，在形式上与环境产生极端的冲突而形成鲜明的形象特征，可以说先进技术的运用常带有相当的盲目性和强迫性。诸如蓬皮杜艺术与文化中心、劳埃德大厦的张扬形象、翻肠倒肚地暴露结构，令人感到的是一种技术表现的张扬与压抑感。而随着实践与技术美学的发展，在美学领域中存在着一种软化的变异趋势[6]，高技术表现的软化趋势也渐渐显露出来，设备、结构不再毫无选择地全部暴露在建筑外表面，建筑形象也由复杂、生硬、激进转向明晰、轻柔、富于人情化。对具体的建筑构件来说，高技派建筑仍然强调其在结构力学和构造上的作用，但不必强求经济与高效率，更为重要的是寻求情感的抒发——一种对高技术的热爱和信心的抒发。例如福斯特在塞恩斯伯里艺术中心的扩建工程中，将建筑的绝大多数部分布置在地下，在一片青翠平坦的草地上，露出地面的是1.8m高的扇形玻璃屋顶和倾斜的弯曲挡风玻璃板，与视觉中心原有的建筑相比，无论从形体还是细部，工业化的色彩都被大大软化了（图3-46）。从芝加哥奥海尔机场与关西机场的不同表现中也可以看出高技派建筑由生硬走向人情化的趋势。

1、3 参见．辞海．上海辞书出版社，1979：165.

2 曾坚著．当代世界先锋建筑的设计观念．天津：天津大学出版社，1995.

4 邓鸿成．异化、软化、整合——高技术建筑人性化历程．重庆：重庆建筑大学硕士学位论文，2000：20.

5 同济大学，清华大学，南京工学院，天津大学．外国近现代建筑史．北京：中国建筑工业出版社，1982：270.

6 曾坚著．当代世界先锋建筑的设计观念．天津：天津大学出版社，1995：30.

图 3-46　塞恩斯伯里艺术中心的扩建工程外景及下沉式的讲堂、放映厅、视觉艺术中心

资料来源：窦以德等编译．诺曼·福斯特．北京：中国建筑工业出版社，1997：142-143.

事实上，建筑不仅是建筑技术的表现物，而且是人类集体情感、意识长期积淀的物质外化，是技术体系的艺术化产物，因而建筑技术应该具有人性化的特征。高技派建筑中高技术表现从"物化"到"人化"的软化趋势不仅仅是对大众审美观的趋同，更为重要的或许是工业社会走向信息社会，高技术所呈现的一种人文关怀。

2. 走向与历史文脉、场所精神和自然环境的融合

现代建筑、异化时期的高技派建筑的空间观念是一种抽象的、各向同性的均质空间观念，他们将人考虑为抽象的、无差别的、纯物质性需求的有机体，而忽视了人们的情感和心理需求的多样性。这种空间观使他们的作品凌驾于周围环境之上，在城市中"表演"，与环境不相融合甚至矛盾。事实上，真实、具体的人类行为不会发生在抽象的、无特性的均质空间中，而是发生在有特性的空间中[1]。自 20 世纪 80 年代早期开始，随着对建筑与城市环境关系的认识的深入，在实践中高技派建筑开始有了一个微妙的转变，逐渐树立了"以人为中心的环境创造"观念，以关心具体的人、真实的人，以人的物质、精神、心理等诸多方面需求的满足为目的，追求舒适和有人情味的空间环境。这种转变使高技派建筑摆脱了早期冷漠、孤立的城市观念的束缚，注重城市的整体环境，在城市尺度、空间特质和细部处理上与周围环

1　沈克宁．建筑现象学理论概述．建筑师，70：19.

境取得“对位”的协调关系，“为城市而存在”。福斯特在法国尼斯文化中心设计竞赛中，精心处理一座面对着被认真加以保护的公元3世纪的罗马神庙；梅森卡里的新建筑时的文脉主义构思体现了这种转变，一座钢制门廊呼应着石柱门廊，一条公共通道沿其路径穿通新建筑，将复杂的街道和老城镇编织在一起，建筑面积的近乎一半在地下，以保持建筑的体量能与老城市的建筑一致[1]。尽管福斯特对于这两个建筑的所有初始的灵感都是根植于对早期传统的理解，但最后的方案中这些理念的综合、联系是通过当代技术工艺来实现的，说明福斯特关注新旧古今的结合，不管是在同一栋建筑中，还是在历史遗迹区，给古老的建筑注入新的内容，充分享受现代风格是他的目标[2]。建筑以新的技术形象表现了过去的某种精神，而没有混淆新与旧的界限，体现了福斯特的技术观与文脉观、场所观的整合，更加说明了高技派建筑对人类在建筑和环境中的生活经验的体验和情感的重视[3]。

高技派建筑与自然环境相协调的形态表现可以说是建立在其技术运用的基础之上，以一种谦和的、空灵的态度面对大自然，尽量减轻自然环境中的人工痕迹，最大限度地维持自然环境的原始风貌，是高技派建筑自20世纪80年代以来的另一个转变。福斯特在设计巴塞罗那长途通信塔时，面对连绵起伏的山脉景观，位于山顶上的通信塔以最新的结构技术，将所有的部件都作了最小尺寸，塔身核心被三条呈120°的钢索从中牵拉，整体结构被安装在山体上的后张预应力缆索所固定，悬挂的模数化楼板构件固定在主体结构上，使塔身轻盈、通透、体量感减少至最小，最大限度地减少了对自然环境的改变（图3-47）。福斯特为西班牙圣地亚哥设计另一个电信通信站时，更加注重对自然植被的保护，将整个通信站的主体建筑由两根坚固的、落地的钢结构交通筒体高高托起在树顶之上，建设中不需砍伐一根树木，这种新颖独特的结构设计，使人们身处景色优美的自然山岭中，基本上看不到建筑物的存在，建筑在这里消失了

图3-47 巴塞罗那长途通信塔

资料来源：窦以德等编译．诺曼·福斯特．北京：中国建筑工业出版社，1997：彩页．

1 窦以德等编译．诺曼·福斯特．北京：中国建筑工业出版社，1997：8.

2 （韩）C3设计编．诺曼·福斯特．王西敏译，陈红，谭晓红审校．郑州：河南科学技术出版社，2004：9.

3 参见本文．3.2.3.3 “高技派”代表人物、代表作品及设计思想．诺曼·福斯特．

自身，保持了原有自然风貌的韵味。高技派建筑已从技术的自我欣赏走向与自然环境的有机结合，并以他们自己对自然的独特理解做出了明确的回答。

至此，高技派建筑把建筑中的技术、人文、历史、文脉、自然、环境等因素视为同等重要的因素，建筑中对于高技术的表现呈现出人情化的趋势，高技术与历史文脉、场所精神、自然环境的融合达到了完美的境地。这些构成了高技派建筑走向软化的道路，但探索仅仅只是开了个头。

3.3.2.4　软化时期“高技派”建筑的特征——软化的理性主义

在哲学上，物质即理性，精神即非理性。法国哲学家让·拉特利尔(Jean Ladriere)认为：“人本身存在的感性与理性的两重性甚至对立，但最后还是在人的理性力量的实现中，人才达到和谐的境界。”[1]在黑格尔看来，建筑诸范畴中最重要的因素之一，是精神与物质这一对范畴。建筑的发展过程，似乎就是这两者之间此消彼长的过程[2]。纵观建筑发展的各个历史阶段，理性与非理性一直没有找到一个平衡点或融合点，它们相互对抗，又相互补充，推动了建筑的发展。尽管理性主义是现代建筑运动的主流，但也包含了一些非理性的倾向，“理性主义从来就是在某种程度上是非理性的”[3]，在现代建筑中，理性、非理性两者兼顾；后现代主义干脆扯起非理性大旗，非理性倾向占据上风甚至全盘否定理性主义，理性走向失落，但并未从根本上“消亡”；至异化时期的高技派建筑，理性主义被推向极端，但也出现理性失落的种种迹象，这种失落大多是将理性推向极端所致，从极端理性到非理性，这似乎又是反对理性主义的另一种手段。

具有讽刺意义的是，后工业社会、信息社会出现了一个令人困惑的景象：科学、技术、工业繁荣昌盛，人的哲学思想却鄙夷理性，转向非理性主义，科学水平愈高，非理性程度也愈深[4]，这或许是“物质效用递减律”的作用。理性与非理性从“对立”走向“对话”，最终非理性占据了西方哲学的主导地位。在建筑领域，阿尔托的论断给予了“理性与非理性”这对矛盾终极意义上的解释，现代建筑在过去的一阶段中错误不在于理性化本身，而在于理性化的不够深入。现代建筑的最新课题，是要使理性化的方法突破技术范畴而进入人情和心理的领域……这是实现建筑人性化的惟一途径。理性、极端理性、非理性的思潮虽是针对现代主义中的一些问题而出现，但这些问题的产生不是因为理性化所带来的，相反是因为“理性化

1　(法)让·拉特利尔著．科学和技术对文化的挑战．吕乃基，王卓君，林啸宇译．北京：商务印书馆，1997：66.

2　刘碧玛．建筑空间的文化内涵．建筑·文化·人生．转引自邓鸿成．异化、软化、整合——高技术建筑人性化历程．重庆建筑大学硕士学位论文，2000：30.

3　吴焕加著．论现代西方建筑．北京：中国建筑工业出版社，1997：183.

4　吴焕加著．论现代西方建筑．北京：中国建筑工业出版社，1997：182.

的不够深入”所造成的。难怪詹克斯曾经感叹：“我们不得不考虑宣布现代建筑运动的死亡是否意外地给它带来了活力？”[1]

异化时期高技派建筑的出现为现代建筑的继承、发展找到了突破口，并且也为“理性的失落”增添了积极的成分，理性主义和非理性主义从“对立”、“对话”走向“融合”，这就是理性因素和非理性因素的相互渗透并从而实现理性主义的“软化”，异化的高技派建筑通过高技术表现的软化趋势、与历史文脉、场所精神和自然环境的融合，走向软化的高技派建筑。事实上，建筑中的理性和非理性或反理性的界限的确很难区分，每个著名的或重要的建筑都包含这两方面的成分，既有理性，又有非理性的成分，甚至可以说缺一不可，缺了任何一方面都成不了 Architecture，就具体的建筑物来说只有偏于这一方或那一方之别[2]。软化的理性主义从社会进步的角度，结合科学、技术、文化的发展方向，吸收各流派理论中的进步内核，融合了理性与非理性这一对哲学范畴，为曾经对立的双方提供了一个对话、交融的平台。这不是一种简单化的倾向，而是一种延续、变革与发展的关系，这将使高技派建筑真正进入成熟时期，并成为信息社会建筑发展的重要趋势之一。

3.3.2.5 软化时期“高技派”建筑的美学观——第三代机器美学（软化的理性主义美学）

20 世纪前半叶人们希望提高物质生活水平，寄望于科学技术的进步，认为明天必将比今天美好。这种思想通过人们的审美期望或审美理想，在现代主义建筑艺术中显现出来，我们看到那时对技术的偏爱，对物质的炫耀，同昨天告别的决心，对摩登气派——现代化象征的追求，异化的高技派建筑艺术更是将其发挥到了极致；20 世纪末，西方发达国家的社会文化心理却转到了相反的一面，物质丰裕以后又感到物质主义、技术主义之害，个性丧失、精神空虚之苦。反映到建筑审美观念中，人们希望在建筑物和建筑环境中看见过去，看到今天缺失的诗情画意，还希望看出某种哲理性，使当今建筑审美趋势呈现出重建建筑的精神文化价值，特别注重与当代某些流行的哲学思想相符的精神文化价值。技术主义还在，但人文主义重新升起![3]“有可能从进化的意义上判断风格的价值大小，根据就是他们所含的有利于新生的质素的多少，这是创造新事物的潜力，这种评价并不总是跟一个艺术品的形式因素的质量一致。”[4]前苏联著名建筑理论家 M·Я·金兹堡在 20 世纪 20

1 （美）查尔斯·詹克斯著．晚期现代建筑及其他．刘亚芬等译．北京：中国建筑工业出版社，1977：55.

2 吴焕加著．论现代西方建筑．北京：中国建筑工业出版社，1997：158.

3 吴焕加著．论现代西方建筑，中国建筑工业出版社，1997：182.

4 转引自刘丛红．现代建筑之前和现代建筑之后．建筑师，36：47.

年代写下的这段话，为高技派建筑提供了思想和方法上的指导。

从现代到后现代、异化高技派、软化高技派的过程，是理性主义软化的过程，表现在建筑审美领域中，是指价值观多元化、信息模糊化、审美扩大化的软化趋势，它反映了社会的物质需求、社会文化心理、社会审美意识以及人的思想情感趋于软化。在不断扩大的审美观念和审美领域里，建筑各流派之间的界限逐渐淡化并且隐含了一种存在的融合关系。高技派遵从了"有利于新生"的价值观，在保持对技术的乐观和自信的基础上，突破了第一代、第二代机器美学的局限，引入非理性的异质要素，与其他流派的设计手法相互兼容、和睦共处，克服了极端表现技术所带来的非人性的负面影响，而转向人性化的关怀，更多地关注人、关注建筑的精神功能。在这些理念的重构下，形成了软化的高技派建筑美学——第三代机器美学，它的核心内容包括三个方面：其一，继承了西方哲学主流由理性主义向非理性主义的转变，并走向理性主义和非理性主义的融合；其二，在不断扩大的审美观念和审美领域里，由"硬美学"转向"软美学"，走向和谐的形式美与非和谐的形式美的融合；其三，继续保持对科学技术的乐观和自信，继续以高度发展的技术条件为其创作的物质基础；其四，对高技术的表现逐渐软化，走向与历史文脉、场所精神和自然环境的融合，使建筑技术具有人性化的特征、重建建筑的精神文化价值，体现了人文的关怀。

3.3.3 "高技派"建筑的复归

黑格尔在他的哲学体系中把"异化"概括为"理念"由其逻辑形态演变为自然形态的过程[1]，黑格尔所指的"复归"就是理念的自然形态上升为精神形态的过程；那么从这个意义上来说，"复归"是指事物发展到其对立面后又回复其自身本真的过程，这是一个否定之否定的过程、是一个螺旋上升式的发展过程。这种复归"已具有一种独有的紧迫性：因为人类在所有领域都面对着现代技术，面对着它的全面发展，面对着它向人类、自然和社会展示的种种难题。"[2]"科学技术成就已把我们和这个星球带入前途暗淡、危机四伏的境地。"[3]

由于高技派建筑的异化始于对技术的不全面认识，以异化理念为指导的建筑实践带来一系列问题与危机，纯粹的理性遭到质疑，排斥自然、漠视文化的传统价值观产生动摇和受到冲击，最终使高技派建筑走向软化[4]。在数字时代，人们不得不从更深层次重新思辨技术的本质与价值[5]、深刻地

1 参见本文．2.2.3 异化与技术异化．

2 （英）E·舒尔曼著．科技文明与人类未来．李小兵等译．台北：东方出版社，1995：43.

3 （德）孙志文著．现代人的焦虑和希望．陈永禹译．北京：三联书店，1995：4.

4 参见本文．3.3.2.3 "高技派"建筑的软化．

5 参见本文．2.2.2 技术的哲学本质、价值和技术文明．

反思建筑的目标及原则、重新认识和评价建筑创作中的技术理念，寻求高技术与高技派建筑复归的道路，当前在审美价值观、自然观、文化观等方面都表现出一种复归的趋势。

3.3.3.1　数字时代高技术的复归道路——数字化、生态化趋势

当代科学技术的发展，并不足以构成当前一系列全球问题的产生和加剧的充分条件，并不能够认为这是当代科学技术发展的必然结果。在海德格尔看来，危险的东西倒不是技术，而是神秘的技术的本质[1]，作为一种"天合的展现"，技术本质是一种拒斥人进入原初的展现并进而去体验更原初的存在的危险，这是一种最高意义上的危险，但危险总是同机遇并存的，这正是对"危机"一词的最好的阐释。正如海德格尔所说："现代技术在危机人的同时，也是一种将人从他对存在的疏远中解救出来的可能性。"[2]这阐明了陷于危险的当代技术同时也是一种拯救的力量，当代科学技术的复归已成为人类寻求共生性关系的一种解放力量。马尔库塞也同样认为，技术即使不是提供人类自由的保证，也至少是它的必要条件。据此，他提出了一种"解放的技术"的概念。这种能确定人类解放的技术必须是一种新的技术，它拥有新的设计，并以一种新的方式去接触自然。新技术建立在新的自然观的基础上——即不再把自然当做一个仅仅是被控制和操纵的纯粹客体，而是把它当做一个具有自己权利的主体，一个与人生活在一共同世界中的主体——倡导对自然人道的占有：指向自然内在的、能提高生活的、感性的质，结果将是"实在的重建——一个由从服务于毁灭与剥削中解放出来的技术所导致的世界的改变。"[3]他提出这种"非暴力的、非毁灭性的、着眼于现实生活的重建"的"新技术"的概念，表明技术的发展是可控制的，而新技术也会构造出一新的自然，这在本质上是提出了一种关注自然生态环境的技术发展观。在这种哲学思想的影响下，人们已逐步建立起对数字时代科学技术的全面认识——既具有生产功能又具有生态功能[4]。正如英国学者贝尔纳所说："科学的功能有两个主要方向：消除可以预防的人类祸患；开辟可以满足社会需要的那种新的活动领域。"[5]

如果说第一次技术革命是以机械化为特征的蒸汽动力技术群的形成和

1　参见本文．2.2.2　技术的哲学本质、价值和技术文明．

2　Martin Heidegger. The Question Concerning Technology and Other Essays：32. 转引自高亮华．人文主义视野中的技术．北京：中国社会科学出版社，1996：150.

3　Herbert Marcuse. An Essay on Liberation. Boston，MA：Beacon Press，1969：31. 转引自高亮华．人文主义视野中的技术．北京：中国社会科学出版社，1996：76.

4　科学技术的生态功能是为人类提供调整自身行动、控制自然界朝有利于人类的方向发展的手段和途径．

5　（英）J·D·贝尔纳著．科学的社会功能．陈体芳译．北京：商务印书馆，1982：507.

发展，第二次技术革命是以电力技术为核心、以电气化为特征的电力技术群的形成和发展[1]，那么正在进行的第三次技术革命是以信息化、数字化为特征的信息技术群的形成和发展[2]。20世纪70年代以来，随着微电子技术、计算机技术、通信技术、光电子技术等的发展，围绕着信息的产生、收集、传输、接收、处理、存储、检索等，形成了开发和利用信息资源的高技术群——信息技术，其中最主要的是信息处理技术（主要是计算机技术）、信息媒介传递技术（通信技术）及信息存贮技术[3]。伴随着信息化、智能化和自动化的步伐，信息技术、新材料技术、新能源技术、激光技术、生物技术、空间技术、海洋技术等新的技术群及新产业蓬勃发展，并走向高度分化和高度综合，使当代高技术发展表现出数字化（信息化）趋势。

同时，可持续发展思想突出了生态环境和人类社会的相互依赖性，特别是强调了人类活动对生态系统的紧密依赖性[4]，一些学者认为可持续发展思想不但具有科学性还兼具人文性[5]。依托信息技术群的形成和发展，人类通过一系列高技术对节约能源和保护环境的能力极大地提高，而对于当今世界面临的全球问题，行之有效的解决之道是开发益于生态环境的新技术，同时不污染环境、不依赖稀缺的自然资源，综合高效利用自然资源、开发富有资源来代替稀缺资源，已成为当今高技术的主要发展方向之一。随着全球性可持续发展战略的确立，一种新的生态价值观正在成为规范我们社会行为的一种指导原则；科学技术范式（Paradigm）也因此发生根本的改变，普遍认为生态学[6]在解决人和自然关系的矛盾上，始终处于首要地位，以人类的生态实践需要为纽带，生态学对当代科学的整体布局和发展方向产生了重大而深远的影响[7]，表现出当代高技术发展的“生态化”趋势。在科学领域，它表现为生态学和环境科学日益受到重视，这些学科愈来愈深刻地提示出生态系统运动的规律[8]，客观上为人类利用这些

---

1 参见本文.2.1.3 工业化时期.

2 参见本文.1.1.3.3 第三次科学革命与技术革命.

3 参见本文.1.1.1.1 计算机、互联网的发展历程与信息技术.

4 参见本文.1.1.2.2 可持续发展思想的诞生.

5 李道增.21世纪生态建筑与可持续发展.中国建筑学会2000年学术年会——会议报告文集，2000. www.cnw21.com/maindoc/new/research/corpus/page/ldz-1.htm

6 生态学是1866年由德国学者海克尔（Haeckel）提出的一门关于研究有机体与环境之间相互关系的学科。它把传统的动植物研究扩展为人与环境之间的相互关系的研究。其中共生与再生原则表明了不同物质之间的合作共存和互利关系，以及自然界中物质资源的有限性问题。

7 这主要表现在两个方面：第一，以生态问题为中心，产生了研究自然规律和社会规律相互作用的一系列交叉学科，如生态经济学、政治生态学、生态法学、社会生态学、人类生态学、历史生态学、文化生态学、环境医学、生态心理学、生态伦理学、生态美学、生态神学等等，学科发展已使冠以“生态”为名的学科不下百余门。第二，生态学在其发展过程中，由于不断地和其他学科相互渗透和交叉，也形成了高度综合和分化的特点。

8 参见本文.1.2.2 相关文献及理论综述——可持续发展及生态建筑理论的研究现状.

规律创造了条件，实现人与自然的持续发展和协同进化。在技术领域，对技术的运用不仅要从人的物质及精神需要以及生活的健康和完善出发，而且要求技术选择与生态环境相容。这种征兆在世纪之交的今天已经变得十分明显[1]。

3.3.3.2 数字时代"高技派"建筑复归的道路——数字化、生态化趋势

历史唯物主义认为，作为哲学范畴的社会意识，并不是独立于社会存在之外的某种实体，它不过是活动着的意识主体对运动着的社会物质生活的反映。社会存在决定社会意识，社会存在的发展决定社会意识的发展，这是社会意识对社会存在的依赖性和同一性。建筑创作理念作为社会意识在建筑领域的反映，它的发展与变化同样受到社会存在的制约；建筑以物质状态存在、作为人类财富与技术的结晶，受到技术的促进或制约更为深刻[2]。自 20 世纪 70 年代以后的计算机技术、光纤通信技术、电子技术和节能技术等高技术进入建筑领域[3]，使得数字化技术和网络基础设施迅猛发展，原有物质化的空间方式被信息化的空间方式（Cyberspace）所代替，"信息流"改变和重新定义了城市、建筑和环境的现实意义[4]。城市功能中居住、工作、交通、游憩等问题在 Virtual Community 和 E-business、Email 和 Ftp、Multimedia 等数字化手段的介入渗透下正在发生着巨大的变化。同时，城市结构、建筑的类型、内容和形式都正在进行着一场深刻的变革：自动化的楼宇管理系统、防灾报警系统、保安监控系统的发展，以及可持续发展的建筑观和环境意识的确立[5]，尤其是 20 世纪 90 年代以后，使得当代高技派建筑（狭义上的高技术建筑[6]）沿着数字化（信息化）和生态化的道路复归[7]。

1. 数字时代高技派建筑技术理念的跃迁

综观建筑历史，建筑的发展无不直接受生产力和社会意识状况的影响和制约[8]，产业革命之前的建筑历史几乎是手工工匠建造的历史，其中皇权、宗教建筑基本上也代表了手工工匠建筑的最高水平。现代建筑的诞生是基

---

1 李道增 . 21 世纪生态建筑与可持续发展 . 中国建筑学会 2000 年学术年会——会议报告文集，2000. www. cnw21. com/maindoc/new/research/corpus/page/ldz-1. htm

2 参见本文 . 1. 1. 3. 1 科学与技术 .

3 参见本文 . 1. 1. 1. 1 计算机、互联网的发展历程与信息技术 .

4 参见本文 . 1. 1. 1. 3 社会生活方式的数字化与社会文化的全球化 .

5 参见本文 . 1. 1. 2. 2 可持续发展思想的诞生 .

6 参见本文 . 3. 1 "高技派"建筑与高技术建筑 .

7 当代高技术智能建筑和生态建筑的大量涌现与数字化技术密切相关。高技术智能型建筑的出现是数字化技术对建筑影响的直接结果，为了满足现代社会信息传递的要求，在建筑中利用数字化的通信技术，完成建筑物内与外之间信息流的交换，即是最基本意义上的智能化建筑。

8 参见本文 . 2. 1 建筑技术理念的演进 .

于大工业的生产方式和新艺术运动的探索过程。20世纪初，经济的迅速膨胀和战后大量的重建为新建筑的成长提供了历史舞台。之后，城市大量的建设使得建筑师不得不去寻找那些渐渐逝去的文化精神，并对现实的逻辑进行批判，建筑发展的轨迹在现实和理想中交织演进[1]。工业化作为生产力进步的象征，给建筑的发展注入了巨大的动力，在这期间高技派建筑经历了本原时期、异化时期和软化时期，数字化作为工业化的最高实现形式，彻底变革着生产技术的发展进程，同时也极大地改变着人们的生活方式和思维观念[2]，进而使高技派的建筑理念实现跃迁和复归，这些都对高技派建筑的发展也产生了广泛而深远的影响。

第三次技术革命波及到建筑领域，同样也迎来了第三次建筑技术革命——信息技术革命。从原子到比特、从物质到信息、从现实到虚拟，数字化技术本身就是一种有力的工具，为建筑师探索未来高技派建筑提供了诸多新的可能性，给未来高技派建筑带来更广阔的发展空间，并构筑起全新的设计审美体系，但是利用数字化技术不可能完全代替建筑师对高技派建筑问题的认知、理解和解决[3]。所以在数字化技术对建筑领域的影响下，高技派建筑师从更广阔的技术背景、生态环境、社会环境、人文背景中来分析对待建筑问题和建筑设计，用其独特的图式语言探索未来高技派建筑的多样性和丰富性[4]。

与材料、结构技术的革命相比，当代信息社会里的高技术正渐渐地向"不可视化"演变，它对建筑的直接影响，也不再局限于空间造型和功能组织关系，而是改变了建筑的内在中枢；它对建筑的间接影响体现在建筑创作理念上，高技派建筑师正有意识地将技术作为一种建筑表现手段，与早期的直接再现技术不同，而是通过展示"技术"的运作方式和揭示"技术"的内在逻辑，将不可视的"软技术"可视化[5]，以迎合人们日趋增强的崇尚科学技术的心理和信息时代的社会文化心理[6]。而这种设计观念的变化，又使得技术美学重新成为时代的表现主题，并逐渐形成了一种追求技术表现的审美价值取向，高技派建筑师往往将这种价值取向及功能上的变化反映在高技派建筑的形式上，并形成自己的设计理念。

2. 高技派建筑的数字化

1 白静，于华．数字化技术与建筑发展．华中建筑，2002，2：46.

2 参见本文．1.1.1　信息社会的来临．

3 白静，于华．数字化技术与建筑发展．华中建筑，2002，2：46（有改动）．

4 参见本文．3.3.2.3　"高技派"建筑的软化．

5 覃力．建筑创作中的技术表现．建筑学报，1999，7：47.

6 实际上高技派建筑早已将信息技术融进设计理念和人的审美需求之中，试图通过结构形态、设备裸露和空间流线去展示技术，利用玻璃那梦幻船的透明特性的钢筋结构装配化、集成化的机械特性去寻求现代科学技术的表现。

广义地讲，“数字化”、“信息化”是一种信息符号，人类的认知历史就是信息符号[1]发展的历史，人类认知与思维的发展有赖于信息符号的介入与发展。而法国哲学家雅克·德里达开始对西方传统思维结构中信息符号的哲学批判，开启了新的审美方式，时至今日，对信息符号的重新阅读、自由操作往往使原有的形式和功能、物质和精神、主体和客体关系陷入尴尬的局面，原有的秩序陷入混沌，关系变得复杂、甚至对立。也许，只有这样才有可能还给世界原本的意义；也许，复杂的世界应用复杂的观念来认知才不会丧失其应有的内涵，历史的发展才会有新的价值取向[2]。在信息时代随着信息技术在建筑领域的全面介入，高技派建筑表现为一种在科学、艺术、文化上的探索创新精神，从建筑文脉、符号、场所、语言等等“话语”角度建构的理论无不是强调建筑的场所感、多元性和差别化[3]，使建筑的自身生态不致丧失平衡，使城市、建筑与环境保持其应有的生命力；随着数字化技术的方法和手段功能的扩充和重新定义，高技派建筑的设计原则也随之延伸和演化，使高技派建筑的发展呈现出数字化、信息化发展的倾向。

高技派借助数字化技术（电子图板与虚拟建筑）改进传统的建筑设计方法，使真正意义上利用数字化技术的建筑设计方法——虚拟建筑建造的过程得以实现：利用计算机模拟三维建筑材料来模拟建筑物的建造，同时计算机还可以给设计者输出建筑虚拟场景（动画和静帧效果）、建筑的平、立、剖面等工程图纸，以及在建筑搭建完成后，对建筑所用的材料作一个系统的统计及造价估算等等。“虚拟建筑”（Virtual Architecture）一旦“建造”起来，其所有构成元素的控制参数和文本信息都可以方便地修改、编辑。诸如 ArchiCAD 等建筑软件便是在此观念基础上发展起来的，这种“虚拟建筑”观念直接将建筑视为一个三维的信息体，完全代替电子图板从不相关的二维图形建构三维建筑的设计过程[4]。所以从这个意义上来说，数字化技术是一种手段、一种工具或者说是高技派创新的源泉，同时也在建筑设计行业内广泛地推广，是信息时代生产力水平的一种体现，这种技术不仅最大可能地为高技派建筑设计带来更科学、更精确和更有效的工作方法，而且它也影响到他们的创作思维、创作方法以及建筑形式、建筑建造等诸多方面。例如，美国著名的建筑师弗兰克·盖里（Frank Gehry）设计西班

1　信息符号包话语言、文字、图形、数字等等。

2　白静，于华．数字化技术与建筑发展．华中建筑，2002，2：46.

3　参见本文．3.3.2.3　“高技派”建筑的软化．

4　目前数字化技术在建筑设计软件中的发展前景，不仅是要综合解决建筑设计信息的表达方式、方法，而且在建筑形式生成语法、专家系统和基于数据库的建筑设计系统等方面也亟待作深入的研究．

牙古根海姆博物馆时，就使用了许多数字化的设计手段：雕塑化模型用三维数字化仪扫描，利用参数化 CAD 软件（法国战机设计软件 Catia Program）修改建筑结构和表面模型，结构和模型立体输出等等。只有利用这些数字化的设计技术，才有可能实现其“流动金属”式的建筑雕塑效果（图 3-48）。现代数字化技术为高技派建筑创作提供了强有力的支持，高技派建筑师可以在建筑空间构成上大做文章，当然这里不是提倡种种离奇的“数字形式”，只是说明利用数字化的手段，为探索高技派建筑形式的多样性和复杂性提供了更多的自由度。又如，盖里为 1996 年巴塞罗那的 UIA 大会设计的类似“一条鱼”的建筑时，也是充分利用法国航空制造业的三维数字化仪、Catia Program 等软件，整个设计与施工的过程几乎没有用到传统的图纸、包括施工图。

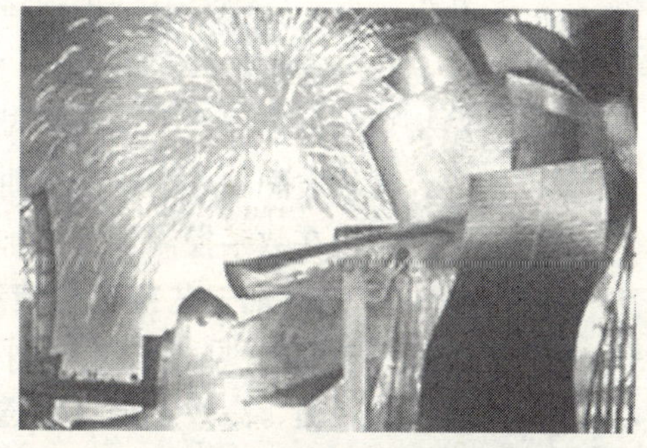

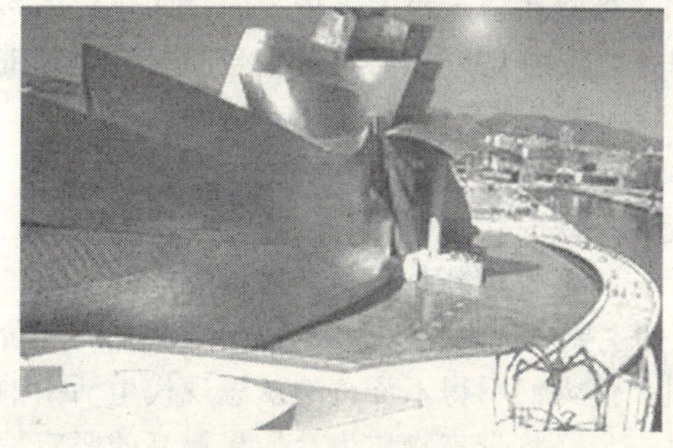

图 3-48　毕尔巴鄂古根海姆博物馆

资料来源：http：//www. china. org. cn/chinese/WISI/392070. htm

基于二维和三维造型及其数据分析处理技术的日趋完善，数字化技术在高技派建筑中的运用也日新月异：由绘图到智能分析，由单机操作向网络化、集成化过渡，由参数化设计到全柔性制作，由建筑设计信息集中化到信息的分散化、全程化等等。数字化技术有着强大的信息储存、处理和交流能力，利用这一优势可将有关建筑的标准、规范及各种技术性要求建立在建筑设计软件之中，并在其中建构相应的评价高技派建筑是否满足建筑工程技术要求的机制。从而为设计师、业主及管理者提供便捷的参考，使高技派建筑的设计建造体系运行得更加高效。计算机集成制造系统（CAD/CAM/CIMS）最早是美国波音公司生产和装配飞机部件时所使用的、飞机中的所有零部件的设计、制造过程完全在计算机的控制下完成，在建筑的设计建造体系当中，高技派建筑将这一高度数字集成化的概念引入，虽然与机械零件的加工、集成制造与建筑材料的“加工”、“集成制造”之间有很大的差别。但是随着建筑部件产品化水平的日趋提高，在建筑设计中，高技派建筑将产品商提供的各种建筑产品部件（例如：各种设备和建筑门窗等等）组合在“虚拟建筑”当中；建筑产品部件的设计信息也可以反馈给生产商[1]；同时，全息的建筑设计信息还可以在建筑施工过程中方便读取[2]。高技派率先使用计算机辅助建筑建造（Compute Aided Architecture Construction，简称 CAAC）就是强调建筑设计与建造过程之间的“数字化”结合，CAAC 是“虚拟建筑”的工程设计深入，除了可以完成对现代产品化的建筑部件、材料的“组装”以外，在对高技派惯用的玻璃与金属结构单元加工制造上的运用就更为典型。与机器零部件相仿，通过工厂加工、现场装配的方法，任意曲面的玻璃和复杂的金属结构表面、杆件、结点都可以在数字控制下得以加工完成，完全可以满足高技派建筑施工精度的要求[3]，体现工艺技术的精致水平。同时为设计师、材料及设备供应商、工程承包商提供共同工作的平台，设计建造的信息在传递和变更上也会变得更加便捷、高效、全息和透明。当然在一定程度上传统的设计建造体系所固有的惯性也会有所延续，但高技派的 CAAC 必将为信息时代的建筑带来许多重大变革的机遇，也会影响到未来建筑的设计建造体系[4]。

3. 高技派建筑的生态化

高技派建筑在工业技术时代以反映时代为特征、以迎合时代需求为己任，充分利用和关注新技术成果，积极发挥新技术的各种潜能，并提倡把技术手段的表现作为其时代象征的主要表现内容。20 世纪 70 年代初石油价格调整而引发的全球性能源危机，使人们不得不深刻地反思现代生活中消耗能源的方式，并且对工业技术进步必将带来物质生活质量提高的坚定信

---

1 参见本文 . 3. 2. 3. 3 “高技派”代表人物、代表作品及设计思想 . 诺曼 · 福斯特 .

2 盖里为 1996 年巴塞罗那的 UIA 大会设计类似“一条鱼”的建筑时，最初的概念草模是用软木框成的，在经过粗略的调整后被数字化并输入计算机。在计算机内部，有两个模型同步地得到加工——一个是用于视觉分析和表现的表面模型，另一个是用于结构分析的线框模型。建筑师主要工作于表面模型之上，而与之配合的结构工程师则将线框模型用于分析软件中。当计算机三维模型最终确定下来，这个数字化的模型被传递到西班牙当地的一个工厂，该工厂负责生产制造“鱼”的全部构件。施工所用的钢结构框格、围护板材全部根据数字化模型进行划分和定型，最后施工时安装的依据也是由计算机模型给出的。

3 参见本文 . 3. 3. 1. 2 异化时期“高技派”建筑的特征——极端的理性主义 .

4 白静，于华 . 数字化技术与建筑发展 . 华中建筑，2002，2：46（有改动）。

念产生了动摇；机器时代的盲目乐观被生态环境的恶化与地球资源的日渐枯竭所引起的悲观情绪所取代，价值观的失落使人们感到日渐远离明媚的阳光、清新的空气和纯净的水。由于缺乏“人情味和艺术性”且造价昂贵、耗能量大，加上与地域环境不和谐、对社区文脉的破坏，标榜“机器美”和“技术美”的高技派建筑陷入了从辉煌到困顿、从巅峰到低谷的困境[1]。然而，直接继承现代主义技术理性思想衣钵的高技派建筑在继续追求新技术、表现新技术的同时，不再局限于门户之见，在与其他流派的手法积极融合并引入异质要素的基础上，不断拓展自身的表达语汇，走向与历史文脉、场所精神和自然环境的融合，使建筑技术表现具有人性化的特征，重建建筑的精神文化价值，实现了高技派建筑的自我拯救[2]。然而，高技派建筑的自我拯救仅仅才刚刚开始，在信息时代数字技术的支撑下，高技派建筑正在走向一条浴火重生的涅槃道路——将“环境与资源”、“可持续发展”的理念导入到建筑设计中，紧密结合各地自然生态条件与最新的生态理论，充分利用新技术和新材料来解决生态环境问题、最大限度地减少能源消耗问题成为当今高技派建筑探索的主要方向之一，使高技派建筑的发展呈现出生态化的倾向。

生态化倾向的高技派建筑借助数字化的控制技术，充分使用当代前沿的生物技术、防治污染技术、再循环和资源替代技术、生态式的能量供应技术以及环境保护技术，建立了建筑与自然环境共生、减少环境负荷的建筑节能技术[3]、保持建筑废弃物的可循环再生、创造舒适健康的室内环境、尊重历史文脉将建筑融入历史与地域人文环境中的主要技术路线。在当今的高技派建筑实践中，其技术核心是环境控制系统——可分为被动式系统[4]、主动式系统[5]、建筑管理系统[6]。被动式系统自身不消耗能源，仅仅对环境的物质和能量进行有选择的利用，能够保持建筑在低能耗的状态下运行，所以常常被优先考虑或使用：如杨经文在马来西亚槟榔屿州（Menara Umno）中设计的“风墙”、赫尔佐格仿北极熊皮毛设计的墙体都属于被动式措施[7]。由于环境较差或无法依赖周边自然环境采取被动式系统时宜采用

---

1 参见本文.3.3.1.1 异化时期“高技派”建筑的具体表现.

2 参见本文.3.3.2.3 “高技派”建筑的软化.

3 比如：由计算机控制的“双层皮”幕墙使高技派建筑成为具有自我调节功能的“敏感机器”，或者把它称为“建筑的皮肤”——建筑物作为内部空间和外部环境的中介物，使高技派建筑的能耗远远低于普通建筑。

4 把建筑的形态和研究建筑与周围自然环境的关系作为设计的出发点。

5 依赖建筑的电气设备系统而实现对环境的控制。

6 依赖建筑数字化、智能化系统，依据环境控制的各个参数，对主动式系统和被动式系统进行调控管理，实现建筑室内外物质和能量的合理循环。

7 因为被动式系统常关注建筑形体与环境之间的关系以及强调建筑维护系统的多功能性，所以杨经文称之为“生物气候学”的设计方法。

主动式系统，主动式系统自身需要消耗能源，依靠建筑电气设备来实现建筑人工生态系统与周围自然环境的物质和能量循环，达到改善整体环境质量的目的，其表现为人工环境自然化。主动式系统和被动式系统常常被混合使用来达到环境控制的要求，例如在德国慕尼黑住宅联合体的设计中（图 3-49），赫尔佐格将光电机、集热器、吸热百叶和遮阳织物置于 45°斜面钢架体系上，建筑的底部和顶部是大尺度的通风口，两种系统被混合使用来达到环境控制的目的。冬季引入日照辐射，可减少取暖能量，通风口也关闭起来，以免冷风的侵入；夏季为避免过热，安装了白色织物组成的遮阳物件，能够自由调节遮挡的面积和位置，通风口开启使热风从顶部的风口排出，冷风从底部的送风口送入，使室内温度降低。另有三个 400 L 的水箱可储存太阳能热水器收集的热量和空调机排出的热能，可提供 23％的日用热水。此外还安装了面积 60m² 的太阳能发电设备，产生的电流可供住宅使用或储存在电池中，光电系统以这种形式应用于建筑中还是首次。建筑管理系统则是环境控制系统的神经中枢，其核心是利用计算机进行分析、控制温湿度、舒适度、采光、照明和通风等室内物理环境参数，并在建筑设计中注意利用和发挥建筑的生态效应，以达到最大程度节约能源的目的。数字化生态技术的运用对建筑与自然环境的协调产生重要的影响，同时也给高技派建筑带来了形式上新的表现手段和方法。福斯特设计的法兰克福银行，结合了办公信息化和人接近自然的双重要求；格里姆肖设计

图 3-49　慕尼黑住宅

资料来源：（德）英格伯格·弗拉格编．托马斯·赫尔佐格——建筑＋技术．李保峰译．张凌云校．北京：中国建筑工业出版社，2003：55-56.

的伊甸园工程则更是利用数字化的环境控制技术为游人再现了大自然的美丽。另外，高技派建筑的生态化倾向还表现在与建筑仿生学相结合的趋势：其一，是建筑的形式、特别是结构和构件的形式，模仿生命体的形式以获得良好的力学性能和视觉感受。其二，是建筑的设计理念来自生命原理的启示[1]。

高技派建筑在20世纪80年代蜚声国际，当今又以擅长运用各种高新技术解决生态问题而再领时代的潮流，这与高技派自诞生之日起就一贯秉承技术乐观主义、拥有丰富的技术经验和知识并具有高度的社会责任感不无关系。在高技派建筑多元化探索的今天，生态化倾向要求设计师不但具有高度的综合素质，更要关注和利用相关领域的最新生态技术的发展动向，根据地域的自然生态环境特征，积极地应用高新技术手段，对建筑及其周围自然环境的物理性质（诸如光线控制、通风控制、温湿度控制以及建筑新材料特征等）进行最优化的配置、合理的安排并组织建筑与其他相关环境因素之间的生态作用，使建筑与外界环境成为一个有机的、互动的生态系统，因此它具有可持续性的特点。高技派建筑的生态化倾向是其对当今生态危机的一种积极、主动的反映，并且是行之有效的解决方法之一，也指明了高技派建筑是未来建筑发展方向之一。

3.3.3.3 “高技派”建筑复归的目标——共生

正如海德格尔认为的那样，技术系统的自身必然性如此根深蒂固，以至于人们很难自觉地根本扭转技术的异化、软化历程，必须从技术哲学的角度开始重新认识技术的复归及其目标。同时如果我们不是局限于欧洲中心论的西方人文空间观来审视信息时代的建筑与技术、建筑与环境、建筑与人以及建筑与文化的关系，我们就会看到诸如日本、东南亚各国及我国台湾等地在吸收西方技术时，并未发生如同西方广泛的技术异化现象，当代技术并非具有固定不变的先验本质，技术的本质实质受制于技术存在其中的使用方法的本质，高技派建筑的发展同样遵循技术的发展规律。

高技派建筑在历经了倍受争议的异化阶段后，把建筑中的技术、人文、历史、文脉、自然、环境等因素视为同等重要的因素，建筑中对于高技术的表现呈现出人情化的趋势，走向与历史文脉、场所精神和自然环境的融合，进入了软化阶段，这也是高技派建筑的转折阶段。进入数字时代特别是20世纪90年代以来，在数字技术、生态技术的支撑下高技派建筑呈现出多元化探索的趋势，这一时期的突出特点表现为：其一，以英国为基地的欧美高技派发展了所谓的“生态高技派建筑”，采用先进的高技术解决建筑的自然采光、通风以及对太阳能的有效利用。以人与自然对立为实质内容

---

1 参见本文.5.3.3.1 高技术生态建筑的自觉应变能力.

的西方人文主义传统观逐渐趋向于人与自然共生、共存的东方传统自然观。其二，黑川纪章基于“新陈代谢”运动[1]的理论、实践和东方文化的精髓发展了共生哲学，认为工业时代之后全世界正进入数字时代同时也进入了生命时代，这是一个技术与自然、技术与文化、技术与历史共生的时代，西方非此即彼的二元论应该被更具包容性的多元论所取代。黑川纪章的共生理论使“新陈代谢”运动走上了技术与人的生活意义的全面展示、共生之路[2]，至此，“西方高技派”和“东方高技派”[3]通过各自的实践和探索逐渐从哲学观上走向了认同，可谓是殊途同归，共同进入最新的发展阶段——复归时期即数字时期与生态时期，两者在审美价值观、自然观、文化观、技术观等方面都表现出一种复归的趋势。

共生源于生态学中不同种类有机体之间的合作共存和互利关系的界定，1860 年西方学者凯泽尔提出了生态理念，这个理念涉及审美观、对自然的态度等等，1866 年德国生物学家恩斯特·海克尔（Ernst Haeckel）提出了关于研究有机体与环境之间相互关系的学科即生态学，目前人类生态学把生态学的研究已从传统的动植物生态扩展为人与环境之间相互关系的研究，特别是 20 世纪 60 年代以后生态学迅猛发展并向其他科学进行渗透，而成为一门综合性的科学[4]。从目前的发展趋势看来生态是一种竞争、共生、再生和自生的生存发展机制，是一种不断完善的通向可持续发展的进化过程，是一种时间、空间、数量、结构和秩序持续与和谐的系统功能，是一种保育生存环境、发展生产力的战略举措，是一场技术、体制、文化领域的社会转型（王如松，2002 年）。尚未形成完善体系的生态建筑学理论是生态学理论在建筑和规划领域的发展和延伸[5]，就营造结合自然并具有良好生态循环的人居环境而言，生态学中的共生[6]与再生[7]原则就具有重要意义[8]。当前高技派建筑强调建筑和自然环境的结合和协作；善于因地制宜、因势利导

---

1 日本的“新陈代谢”运动从其诞生之日起就表现了与英国高技派哲学观及创作手法截然不同的特点，虽然“新陈代谢”运动实质也是一场面向未来的高技术建筑运动，但是其倡导者的空间观迥异于英国同行的欧洲中心主义（Euro-Centrism）空间观，他们致力于复苏现代建筑中被丢弃或忽略的要素，如历史传统、地方风格和场所精神，用最先进的当代技术和材料表现地域的可识别性，“新陈代谢”运动所走过的道路类似于高技派建筑软化时期所走过的道路。

2 新陈代谢、变化、生长、中介空间和超越二元论的共生现象——都是用来表现生命组织学、系统学和生物学中的重要特点。目前“共生现象”这一观点，正渗入到许多领域中，诸如生命科学、物理学、生物化学、电子学、医学和哲学。

3 这里只是笔者形象的比喻。

4 参见本文．4.1.4　生态学的学科分支及研究方法．

5 参见本文．1.2.2　相关文献及理论综述——可持续发展及生态建筑理论的研究现状．

6 共生原则是指不同种类有机体之间的合作共存和互利的关系。

7 再生原则是认为自然界中的物资资源是有限的，因此高级的自然生态系统必须表现出对物质资源的高效与循环利用。

8 蔡镇钰．中国民居的生态精神．建筑学报，1999，7：53.

地利用一切可以运用的因素和高效地利用自然资源；减少人工层次和建筑能耗而注意人居的自然环境设计；主张世界是动态的、开放的、变化的、多元的、共生的生命哲学。

综上所述，高技派建筑的数字化（信息化）和生态化倾向一方面契合了“信息技术全球化”的时代主题，另一方面也为人类当前和未来面临的可持续发展问题提供了一个行之有效的解决之道，代表了高技派建筑未来发展的方向。当前高技派建筑发展的主流沿着数字化、生态化的道路复归，复归的目标是——共生，主要表现为异质文化的共生、人与技术的共生、内部与外部的共生、部分与整体的共生、地域性与普遍性的共生、历史与未来的共生、理性与感性的共生、宗教与科学的共生、建筑与自然的共生、人与自然的共生等。而崇尚生命、赞美生机则构成了共生的生命哲学的审美基础。

3.4 本章小结

人类历史长河星光璀璨，建筑这部石头的史书，记载着人类的兴衰与演进，拥有技术的历史几乎与人类自身的发展史一样漫长，建筑的发展从来就是和技术的进步紧密联系在一起的。20 世纪的近百年，随着技术解决一切的神话破灭，开始了对工业社会的全面反思，然而历史的步伐却已悄然迈入信息社会，建筑也在经历了一个无比憧憬和热情的现代主义之后，陷入了多元反思与多极分化的境地。本章首先界定了“高技派建筑”与高技术建筑的外延与内涵，分析了它们的区别及联系，指出能够全面、综合和准确地体现和表达当今和未来的技术与技术思想的发展水平和趋势的建筑类型，应当是高技术建筑而非仅仅是高技派建筑。

其次以技术的发展为主线，论述了从 18 世纪下半叶至第二次世界大战之后的四个阶段，近现代建筑发展中的高新技术及其对建筑发展的影响，阐述了现代主义的技术理性思想及其美学观——第一代机器美学（理性主义美学）的特征及其影响。系统地剖析了现代主义、未来主义、构成主义、产品主义、粗野主义、阿基格拉姆（建筑电讯集团）等风格流派对“高技派”建筑诞生所产生的影响，指出高技派建筑的诞生是对现代主义的继承和发展、是对现代主义的扬弃。并详细地介绍了高技派建筑的代表人物诺曼·福斯特、理查德·罗杰斯、伦佐·皮阿诺、尼古拉斯·格里姆肖、欧美及日本的其他高技术倾向的建筑师的主要作品及设计思想。

最后根据技术哲学对技术的研究，及三次科学技术革命相对应的三次建筑技术革命，将高技派建筑的发展界定为本原阶段、异化阶段、软化阶段和复归阶段（高技术生态建筑阶段）共四个阶段。讨论了高技派建筑在异化阶段和软化阶段的时代背景、社会背景、技术背景和人文背景，系统而详尽地剖析了高技派建筑在异化阶段和软化阶段的具体表现、本质特征和审美观：异化阶段“高技派”建筑的本质特征是极端的理性主义，而与之相对应的美学观为第二代机器美学（极端理性主义美学）；软化阶段“高技派”建筑的本质特征是软化的理性主义，而与之相对应的美学观为第三代机器美学（软化的理性主义美学）。指出信息时代高技术以及“高技派”建筑的复归道路——信息化、生态化趋势，“高技派”建筑复归的目标——共生，这也是“高技派”建筑对当今和未来面临的可持续发展问题的理性思索和务实应答。

4 生态建筑与生态技术的发展历程与高技化、数字化趋势

在人类刚刚踏入新的千年——21世纪时，回首人类20世纪科学技术、城市建设和建筑事业的发展，令人倍感骄傲和自豪。城市与建筑经历了巨大的变革和演进，从巨型城市、大中城市、小城镇、到建筑，几乎无一例外地都发生着历史性的变革，同时人们从生活方式到价值观念也都发生着变革。先进神奇的新技术及其产物和某些仍然存留着的旧技术及其产物并存，是今天城市与建筑的普遍现实。然而，人类文明的发展也并非尽如人意：人们在享受物质文明所带来的方便与舒适的同时，也饱尝了由于世界范围内人口激增、土地严重沙化、温室效应、环境恶化、淡水资源以及能源的日渐枯竭，以及各种自然灾害和人为灾害频发，甚至城市发展本身带来的意想不到的“城市病”。面对人类生存的危机，人们花费了半个多世纪的时间终于明白“我们只有一个地球”，为此，1992年联合国环境与发展大会明确提出了人类要走可持续发展之路[1]，以实现人类发展与自然的和谐共生。可持续发展思想的提出不仅揭开了人类文明发展的新篇章，同时也带来了人类社会各领域、各层次的深刻变革。

发展是人类社会永恒的主题，科学技术义无反顾地前进，经济、社会不可逆转地发展，新世纪人类对生存和生态环境质量提出越来越高的要求，使得现代城市规划及建筑设计的方法、理论，常常被拖在时代列车的最后一节车厢，发展十分滞后而显得苍白无力。建筑作为一个古老的行业，在20世纪经历了从辉煌到困顿、从巅峰到低谷的全过程，不断边缘化的整个建筑学科沿下行轨道滑落多年，欲振乏力、前景堪忧。在新世纪只有以学科交叉为引导[2]，弃除偏见、主动出击，建筑学科才能将自己的触角伸向域外更广阔的世界、更未知的领域，并基于这个完整世界的背景去理解人类生存的完整性[3]。在世界性的可持续发展大潮中，生态建筑应运而生，由于多学科的交叉使得建筑的发展也日益显示出勃勃生机。

---

1 参见本文.1.1.2.2 可持续发展思想的诞生.

2 参见本文.1.1.3.4 当代的大科学与高技术趋势.

3 栗德祥，周榕.建筑学的千年涅槃——建筑的学科困境与自我拯救.建筑学报，2001，4：4.

4.1 生态学及其基本原理

生态学的形成和发展经历了一个漫长的历史过程，并且是多元起源的，概括而言大致可分为四个阶段：生态学的萌芽阶段（19世纪以前）；生态学的初创阶段（19世纪）；生态学的形成阶段（20世纪前半叶）；生态学的发展阶段（20世纪后半叶至现在）[1]。生态学 Ecology[2]一词是从希腊文 Oikos（本义为房子、住处、家务、居住地或隐蔽所）[3]和 Logos（本义为学科、研究或讨论）衍生而来，从字面上可以直接理解为：研究生物住处的科学。然而，当今"生态"一词的含义远远超越了其原来的本意，它不仅是指一种关系，如生物与环境的关系、人与环境的关系等，即生命有机体与其生存环境相互作用所形成的结构和功能的关系，而且是指一种和谐，一种复杂关系的和谐。生态是指一种和谐，是自然界的和谐，是生物与其生存环境相互关系的和谐；生态是指一种自然，是自然界（包括人类）的和谐；生态是指一种环境，是生物生存的环境、自然环境、人类生存的环境；生态是指一种适应，是生物对环境的适应，人对环境的适应；生态是一种综合，是多因素的综合作用的系统；生态是整体；生态是发展，是演变，是动态演化等等[4]。

4.1.1 生态学的形成、发展及研究对象

和其他学科一样，生态学自有历史记载以来，经历了一个漫长的、间歇式的发展过程，尽管生态学一词来源于希腊文，从古希腊著名医生希波克拉特斯、哲学家亚里士多德（Aristotle）和古希腊其他学者的著作中都包含有明确的生态学内容，但他们在著作中并没有直接使用生态学一词。生态学是近代创造的词汇，1860年西方学者凯泽尔提出了生态理念，这个理念涉及审美观、对自然的态度等等[5]；在1866年由德国生物学家恩斯

1 沈清基编著．城市生态与城市环境．上海：同济大学出版社，1998：4.

2 在英语中生态与生态学都是同一单词 Ecology.

3 E·P·奥德姆著．生态学基础．孙儒泳，钱国桢，林浩然等译．北京：人民教育出版社，1981：3.

4 杨士弘等编著．城市生态环境学．北京：科学出版社，2003：4.

5 19世纪下半叶，随着经济社会的发展，环境问题已开始受到社会的重视，地理学、生物学、物理学、医学和一些工程技术等学科的学者分别从本学科角度开始对环境问题进行探索和研究。德国植物学家C·N·弗拉斯在1847年出版的《各个时代的气候和植物界》一书中论述了人类活动影响到植物界和气候的变化。美国学者G·P·马什在1864年出版的《人和自然》一书中从全球观点出发论述人类活动对地理环境的影响，特别是对森林、水、土壤和野生动植物的影响，呼吁开展保护运动。德国地理学家K·里特尔和F·拉策尔探讨了地理环境对种族和民族分布、人口分布、密度和迁移，以及人类聚落形式和分布等方面的影响。但是他们过分强调地理环境的控制作用，陷入地理环境决定论的错误。马克思和恩格斯批判了这种理论的错误，并且根据许多科学家包括弗拉斯的调查材料，指出地球表面、气候、植物界、动物界以及人类本身都在不断地变化，这一切都是人类活动的结果。英国生物学家C·R·达尔文在1859年出版的《物种起源》一书中，以无可辩驳的材料论证了生物是进化而来的，生物的进化同环境的变化有很大关系，生物只有适应环境，才能生存。达尔文把生物和环境的各种复杂关系叫做生存斗争或者叫适者生存。地球上生命的历史，是生物同它的周围环境相互作用的历史。

特·海克尔[1]在其所著《普通生物形态学》(Generelle Morphologie der Organismen)一书中首次提出并定义为：生态学是研究有机体与环境之间相互关系的科学，这里他所指的环境包括非生物的自然环境（无机物因素）和生物环境（有机物因素）两类，海克尔指出："我们可以把生态学理解为关于有机体与周围外部世界的关系的一般性科学，外部世界是广义的生存条件。"[2]随着研究工作的不断深入，对生态学一词的定义也在不断地发展变化，例如泰勒（Taylor）认为生态学是研究所有环境与全部生物间的各种关系的科学；史密斯（Smith）则认为eco代表生活之地，因此生态学是研究有机体与生活之地相互关系的科学，认为生态学又可以称为环境生物学（Environmental Biology），即使如此，生态学的基本含义其实仍然没有发生根本变化。

生态学作为独立学科归功于英国植物学家坦斯利（A. G. Tansley），他把生物与环境看成一个整体，并于1935年提出了生态系统（Ecosystem）的概念[3]。坦斯利在提出生态系统的概念时认为，有机体与其共存的环境是一个不可分离的整体。这里的有机体包括多种生物的个体、种群和群落，其生存环境则由水、热、光、土、空气及生物等因子构成。有机体与其无机环境各组成部分之间并不是孤立的，也不是静止的，更不是偶然地聚集在一起的。它们息息相关、相互联系、相互制约，有规律地组合在一起，并处在不断运动之中。每个因子不仅本身起着作用，而且相互发生作用，既受周围其他因子影响，反过来也影响着其他因子，当一个因子发生变化，其他因子也会产生一系列连锁反应。这种错综复杂的生物和非生物因子密切相关，通过能量流动和物质循环，在自然界中构成一个相对稳定的整体。这种相互进行物质和能量交换的生物与非生物因子构成的相对稳定的系统就是生态系统[4]。在坦斯利的墓碑上就刻着这样的墓志铭："只有我们从根本上认识到有机体不能与其所处的环境分离，而是与所处环境形成一个自然生态系统，它们才会引起我的重视。"[5]其后继者伯吉（Birge）、朱迪(Judy)、林德曼（Lindemann）等对生态系统作了进一步的实验研究和定量分析，使

---

1 恩斯特·海克尔（Ernst Haeckel 1834～1919年）——德国自然科学家，著名生物学家，达尔文主义者。反对自然科学中的唯心主义，积极同神秘主义和僧侣主义作斗争。

2 （德）恩斯特·海克尔著．有机体普通形态学原理．转引自余谋昌著．生态学哲学．昆明：云南人民出版社，1991：12.

3 5年之后，前苏联科学家B·H·苏卡乔夫又独立地提出了"生态群落"的概念。在这两个概念中都包含着生物与非生物环境的整体统一性，以及作为生物群落与周围非生物环境联系的基础的物质循环和能量转化的思想。生态系统概念和生物地理群落概念非常相近，现在大多数生态学家同意把二者作为同义语使用。

4 祝廷成，董厚德著．生态系统浅谈，1992：62.

5 陈清硕．生态学在现代科学发展中的地位．生态学杂志，1992，11：10.

生态系统的概念具体化为一个系统的综合实体[1]。自生态系统的概念提出以后，扩展了人们的思路与眼光，开拓了生态学的范畴，使现代生态学的定义也随之产生了一些变化。

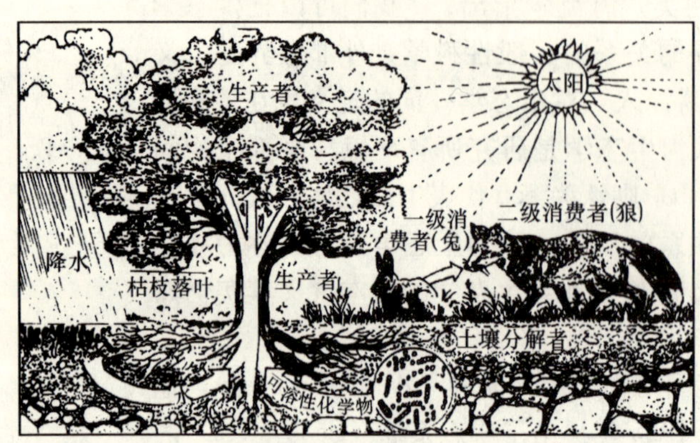

图 4-1　生态学是研究生物与外界环境相互关系的科学
资料来源：何强，井文涌，王翔亭编著．环境学导论．北京：清华大学出版社，1994：31

概括而言，生态学就是研究生物聚居地的科学，即研究生物（包括人类）生存的环境。简称"生境"或"生态位"（Niche），生物的栖息地（生境）或龛（小生境、生态位），也就是生物或各种物种具体居住、生活的地区所具有的生物因素总和，它包括各地地理位置、地形条件、土壤、气象（候）等及周围所形成的各种各样的生境类型（图 4-1）。按照目前普遍认同的观点，任何生物群落[2]与其作为非生物环境的综合体就是生态系统，有人甚至概括了一个简单明了的公式，即：生态系统＝生物群落＋环境条件[3]。生态系统是生物群落及其环境相互作用的自然系统，它由无机环境、生产者、消费者和分解者四个基本部分组成。生态系统内以生物为核心的能量流动和物质循环是其最基本的功能和特征。生态系统一词突出强调了生物与其环境之间的关系，强调生态学研究的重点是各组成部分间相互依存的关系，而不是一个孤立的单体。生态系统这一概念的运用范围十分广泛，据此，一块草地、一片森林、一处沙漠、一个水池、一条河流、一座山脉等等都是生态系统，除了自然生态系统之外还有大量人工生态系统[4]。众多小型的生态系统能组织成大型的生态系统，而简单的生态系统则能演化成复杂的生态系统，最终，大量的、形形色色的生态系统最后汇合成生物圈（Biosphere）——生物圈本身就可以视为一

1　R·L·林德曼对生态系统理论的建立起了重大的作用，他和他的妻子于 20 世纪 30 年代末期在明尼苏达州对一个衰老的湖泊进行了详细的生物学研究，阐明了养分从一个营养级位到另一个营养级位的移动规律，因而创造了营养动态观点。1942 年，他发表了题为"生态学中的营养动态方面"一文，这是一篇关于生态系统中能量流的经典著作，具有划时代的意义，成为后来关于动、植物群落中能量流动的许多研究的理论基础。并且林德曼还以数学方式定量地表达了群落中营养级的相互作用，建立了养分循环的理论模型，标志着生态学开始从定性走向定量。

2　一个生物物种在一定范围内所有个体的总和在生态学中称为种群（Population），在一定的自然区域中许多不同种的生物的总和则称为群落（Community）。

3　陈易编著．城市建设中的可持续发展理论．上海：同济大学出版社，2003：3.

4　例如水库、运河、农田、村落与城市等等都是人工生态系统。

个无比巨大而又精密的生态系统，是地球上所有生物（包括人类）和其生存环境的总体，生物圈也可以称为生态圈（Ecosphere）。

目前人类生态学（Anthropo Ecology）[1]把生态学的研究已从传统的动植物生态扩展为人与环境之间相互关系的研究，特别是20世纪下半叶生态学迅猛发展并向其他学科进行渗透，而成为一门综合性的科学[2]。美国著名生态学家佐治亚大学教授奥德姆（E. P. Odum）在1971年出版的《生态学基础》（Fundamentals of Ecology）一书中，就把生态学定义为：研究生态系统的结构和功能的科学[3]。在他1997年出版的《生态学》一书中又提出：生态学是综合研究有机体、物理环境与人类社会的科学；并以科学与社会的桥梁作为该书的副标题，以强调人类在生态学发展中的作用[4]。奥德姆的这一提法反映出现代生态学的特点，即生态学已成为一门综合的边缘科学，它综合了自然、社会、经济以及人文科学等多方面、多方位的当代最复杂的科学。纵观生态学的发展进程，其中有三个主要的特点：从定性探索生物与环境的相互作用到定量研究；从个体生态系统到复合生态系统、由单一到综合、由静态到动态地认识自然界的物质循环与转化规律；与基础科学和应用科学相结合，发展了生态学，扩大了生态学的领域[5]。

4.1.2 生态学的基本原理

尽管地球上存在着各种不同类型的生态系统，但它们都具有一些共同的原理和特征，这些原理和特征不但有利于人们更深、更全面地理解生态学，而且对于其他学科的研究也有参考价值，生态系统内以生物为核心的能量流动和物质循环是其最基本的功能和特征。一般而言生态学、生态系统具有如下共同原理：

①整体性原理又称联系性原理。生态系统的整体观，即生物与环境是不可分割的有机整体，相互依存、相互制约，这是生态学最基本的原理[6]。②物质循环再生原理即生态流原理。生命的各种表现都是与物质循环、能量流动、信息传递分不开的[7]。③主导因子原理。生态因子中对生物或人类起直接作用的因子称直接因子，如光、温、水、二氧化碳、氧

---

1 研究人类与环境之间相互关系的科学，以区别于生物学界的生态学。

2 参见本文.3.3.3.1 数字时代高技术的复归道路——数字化、生态化趋势.

3 尚玉昌，蔡晓明著.普通生态学.北京：北京大学出版社，1992：86.

4 马光，胡仁禄编著.城市生态工程学.北京：化学工业出版社，2003：3.

5 何强，井文涌，王翔亭编著.环境学导论.北京：清华大学出版社，1994：30.

6 生态环境中各因子不是孤立的，而是彼此联系、相互促进、相互制约的，任何一个单因子的变化，必然引起其他因子不同程度的变化及其反作用。

7 自然生态系统中的能量来自太阳，生态系统通过生产者、消费者、分解者组成食物链、食物网结构，而进行物质生产、能量流动和信息传递。

气等；通过影响直接因子而间接影响生物与人类的，称间接因子，如地形、坡向、坡度等，通过对光照、温度、风、土壤质地的影响，才能对生物与人类发生作用。④因子的不可代替性和补偿性原理。环境中各种生态因子对生物的作用各有其重要性，尤其是主导因子，如果缺少便会影响生物的正常生长发育，甚至导致疾病和死亡。所以从总体上说生态因子是不可能代替和补偿的。但在一定条件下的多个生态因子的综合作用过程中，由于某一因子在量上的不足，可以由其他因子来补偿，同样可以获得相似的生态效应。⑤限制因子与耐性定律原理。任何生态因子在数量和质量上的不足和过多都会损害生态系统的功能。生物生长发育受它们需要的综合环境因子中那个数量最小的因子所控制，称最小因子（最低量）定律[1]。生物生长发育同时也受它们对环境因子的耐性限度（不足或过多）控制，称耐性定律。两者结合就是限制因子原理。⑥生态位原理。生物生态位是指种群在群落中与其他种群在时间和空间上的相对位置及其功能的关系，或有机体在与环境的相互关系中的功能和地位[2]。⑦生态平衡原理。生态系统具有抵抗胁迫、保持平衡的倾向，受外界干扰时，能通过自动调节在新的水平上实现新的平衡，但有一定限度[3]。⑧拮抗作用与协同作用原理。各个因子在一起联合作用时，一种因子能抑制或影响另一种因子起作用时称拮抗；两种或多种化合物共同作用时的毒性等于或超过各化合物单独作用时的毒性总和称协同作用；两种或多种化合物共同作用时的毒性为化合物单独作用时的毒性的总和称叠加。⑨生态演替原理。演替是一个有序的过程，是可以预见的；变化由外因引起，但受生命系统控制；生态演替以系统的稳定为发展顶点。⑩人与自然统一性原理。"天人合一"是生态学的本质。顺应自然、尊重自然规律、发挥主观能动性；师法自然、建立人与自然和谐的关系；强调自然生态建设与经济生态建设的统一，充分合理利用自然资源、能源，保护环境，维护生态平衡[4]。

---

1 植物生长取决于最小状态的因子，作物产量常常不是受需要量大的营养物质所限制，而是受那些只需要微量的营养物质所限制。

2 每种生物的生存都需要一定的空间和资源，为了获得这些资源和空间，都有扩张的本能倾向，即扩大它们的分布范围。但资源和空间都是有限的，因此必然引起有同样需要的物种间竞争。由于竞争的影响，种群所占领的实际生态位总是小于其没有竞争条件下可能达到的生态位（基础生态位）。种群间通过竞争和选择，可产生生态位隔离，使得生态位不重叠或少重叠，从而达到一定范围内许多物种共存。

3 在自然界中，生态平衡是通过生物与环境的物质循环、自然调节来实现的。但是这种自然调节在一些地方不可能永远正常地进行下去。因为生物的发展、物质的积累，可能会引起循环不正常，从而导致失调、出现不平衡。城市人工生态系统的稳定性，则可以通过人为的调节来实现。

4 杨士弘等编著．城市生态环境学．北京：科学出版社，2003：9-12（有改动）。

4.1.3 生态系统的基本特征

生态系统和其他"系统"一样，都是具有一定的结构、各组成成分之间相互关联、并执行一定功能的有序整体，从这个意义上来讲，生态系统与物理系统是相同的。但生态系统是一个有生命的系统，使得生态系统具有不同于机械系统的许多特征，这些特征主要表现在以下几个方面：

①生态系统的开放性。生态系统是一个开放系统，它表现在不断地同外界进行着物质与能量的交换。生态系统中的能量一般呈单向流动，不断接受来自太阳的光能，最终则以热能的形式被消耗，不断再被利用并形成循环（图 4-2）。生态系统中的物质则是循环的，维持生命所需的碳、氧、氮、磷等元素，最初以无机物的形式，从一个营养级转移到另一个营养级，最后形成有机物，然后再被微生物分解而回归环境，继而再开始新的一轮循环（图 4-3）。此外，按照信息论的观点，生态系统中除了能流和物流之外，还存在着信息流[1]。②生态系统的运动性。生态系统不是一成不变的，它处于不断的运动之中。当生态系统中的生产者、消费者和分解者之间能维持一定的稳定关系，生态系统中的能量流动和物质循环能较长时间地保持平衡状态时，一般就认为该系统达到了生态平衡，这种平衡是相对稳定的动态平衡。即使处于生态平衡时，生态系统仍在不断地进行着能量流动和物质循环，只不过这时的运动对生态系统的性质不会发生重大影响。与此同时，随着时间的推移和条件的不断变化，生态系统本身也在不断地改变与演化着[2]。③生态系统的自身调节和复原性。一个处于平衡状态的生态

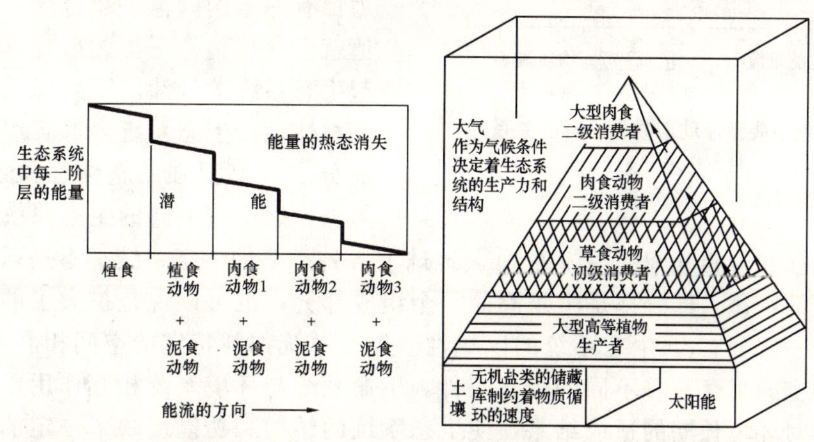

图 4-2 生态学金字塔
资料来源：戴天兴编著．城市环境生态学．北京：中国建材工业出版社，2002：42.

1 生态系统内部及生态系统与外部之间都存在着信息的交换与流动，这在一些人工生态系统中往往表现得尤其明显。

2 对生态系统来说，运动是永恒的，禁止则是相对的、短暂的。

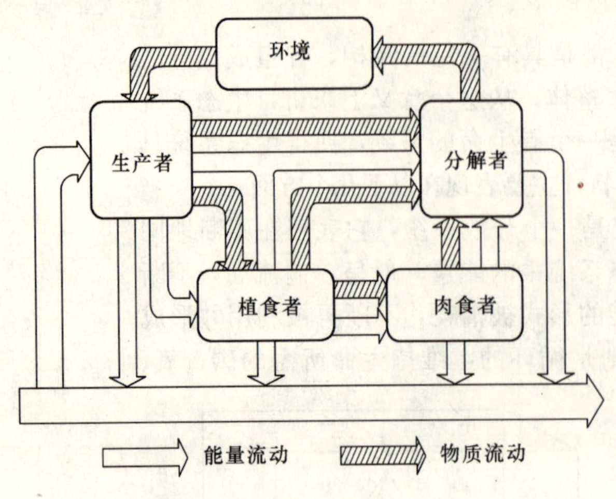

图 4-3　生态系统中能量流动与物质循环的关系

资料来源：戴天兴编著．城市环境生态学．北京：中国建材工业出版社，2002：44.

系统，当它受到外力干扰时，自身有一种恢复调节的能力，能够从不平衡状态返回平衡状态，能调节自己并忍受改变了的条件，实行生态系统的反馈。这种调节与复原能力常取决于生态系统组成成分的多样性，以及能量流动和物质循环的复杂性[1]。但是任何生态系统的自身调节和复原能力都有一定的阈值，超过这一阈值就会导致整个平衡的破坏，引起生态系统的崩溃。④生态系统的整体性。生态系统内部各组成成分之间有很强的整体性关系，另外，即使在不同的生态系统之间也存在着相互间的整体关系[2]。地球上各种类型的生态系统都不是孤立存在的，每一部分都是生物圈的一个组成部分，也可以说是扩大了的整体的一部分[3]。⑤生态系统的区域性。生态系统都与特定的空间相联系，这种空间都存在着不同的生态条件。生命系统与环境系统相互作用以及生物对环境长期的适应结果，使生态系统的结构和功能反映了一定的区域特征，这也是生命成分在长期进化过程中对各自空间环境适应和相互作用的结果[4]。

4.1.4　生态学的学科分支及研究方法

生态学是一门综合性很强的科学，一般分为理论生态学和应用生态学。生态学学科的大发展，形成了庞大的生态学学科体系。据估计目前冠以“生态”名词的学科，已有百门之多[5]，交叉的学科如生态哲学、生态伦理学等人文科学的出现，显示出人们对生态的意识已经进入一个崭新的高度。同时，自 20 世纪 60 年代以来，生态学不仅在生物学领域中占据了独特的地位，而且也产生了诸多边缘学科，并逐渐渗透到自然科学和人文科学中去，显示出它

1　一般而言，成分多样、能量流动和物质循环途径复杂的生态系统，其调节与复原的能力就比较强，反之则较弱。

2　首先，人们很难划分不同生态系统之间的界限，不同生态系统之间进行着大量物质、能量与信息的流动。其次，任何生态系统都有其发生、发展、衰落的过程，随着时间的推移，一个生态系统可能被另一个生态系统所改变甚至替代，从而发生连续的演替过程。

3　陈易编著．城市建设中的可持续发展理论．上海：同济大学出版社，2003：4.

4　戴天兴编著．城市环境生态学．北京：中国建材工业出版社，2002：35.

5　马光，胡仁禄编著．城市生态工程学．北京：化学工业出版社，2003：8.

强大的生命力[1]。正如我国已故著名生态学家马世骏教授所言："生态学不仅是一门包括人类在内的自然科学，也是一门包括自然在内的人文科学。"[2]生态学的影响正在不断扩大，一个崭新的、生态学的时代已经悄悄到来，人们将越来越以生态学的观点来研究、探讨人类面临的各种难题[3]。

20 世纪 50 年代后，科学的研究方法，信息论、控制论和系统论的发展（老三论）为生态学带来了自动调节原理和系统分析方法，使得生态学得以进入大发展阶段。而 20 世纪 60 年代后，人类生存环境日趋严重，特别是人口的城市化进程加快，促使人们对全球环境问题日益重视，并促进了人们对城市生态系统的研究也日益重视，使得当代生态学的研究重点也与早期生态学有所不同。生态学家开始把研究对象从由动物、植物、微生物所组成的生态系统转向人类这一特殊有机体所组成的生态系统[4]，并把研究范围扩大到一些全球性的问题。特别是 20 世纪 60 年代的"国际生物学规划"（IBP）[5]；20 世纪 70 年代联合国教科文组织（UNESCO）主持的"人与生物圈"（Man and Biosphere）的研究计划[6]，提出以生态学研究城市生态问题；20 世纪 80 年代初提出的"只有一个地球"的概念[7]，加深了对人与自然界相互关系的认识；20 世纪 80 年代"国际地圈与生物圈规划"（IGBP）[8]；以及由国际生物科学联盟（IUBS）在 1991 年最早提出，1996 年 7 月在环境问题科学委员会（SCOPE）和联合国科教文组织（UNESCO）等国际组织参加的"生物多样性计划"（DIVERSITAS）等等，都是典型的代表[9]。从生态学的角度，运用生态系统的观点去分析，无疑为人们开阔了思路，有助

---

1 这种渗透现象在人文科学中表现得尤为明显，例如在人类学、社会学、历史学、心理学等领域都出现了"生态化"的现象，生态学中的不少基本思想、观点与原则，都对它们产生了很大的影响，使这些科学得到了新的发展。

2 王德华．生态学的实质浅析．生态学杂志，1992，11：4.

3 陈易编著．城市建设中的可持续发展理论．上海：同济大学出版社，2003：5.

4 生态学和环境科学有很多共同的地方，它们所研究的问题基本上是相近的。生态学是以一般生物为研究对象的，着重于研究自然环境因素与生物的相互关系，单纯属于自然科学的范畴。环境科学则以人类为主要对象，把环境与人类生活的相互影响作为一个整体来研究，从而和社会科学有着十分密切的联系。因此，生态学的许多基本原理同样也可以应用于环境科学中，作为基础理论而联系到人类独特的主观能动性和复杂的社会关系，来研究和解决人类生活与环境问题。

5 IBP 以自然生态系统的物质循环、能量流动为主要研究对象。

6 MAB 研究计划的目的是更深入地研究自然界和社会相互作用的基本规律，强调了人类活动对自然生态系统及生物圈的作用。

7 这一概念使人们认识到协调人与自然的关系，以改善人类生存的环境，已成为当今人类面临的主要问题。

8 IGBP 使人们认识到人类活动已影响到整个地球的表层，包括生物圈、大气圈、地圈及水圈，并威胁到支持人类生存的自然系统。

9 1996 年 7 月"生物多样性计划"科学指导委员会草拟并通过了当前 DIVERSITAS"操作计划"的最后版本——将生物多样性研究的各个方面加以组织和整合，操作计划共有 10 个组成方面的内容，其中 5 个为核心组成部分。"生物多样性对生态系统功能的作用"是其最核心的组成部分，生物多样性的保护、恢复和持续利用既是重要的研究内容又是研究所要达到的最后目的。

于人类从更广阔、全面、综合的角度来审视、研讨自身的种种问题。由于人类与环境的关系既具备普通动物与环境的一般自然特征，同时也具备特有的社会和经济属性，因此使得我们在研究诸如人口激增、粮食不足、能源短缺、资源匮乏和环境污染等人类生态问题时，都会同时涉及社会、经济、自然等诸多方面。把这类复杂问题看成单一的社会问题、经济问题或自然问题，都是不妥当的，是一种简单化的思维方式。基于当今人类与环境的生态问题包括自然生态系统、社会生态系统以及经济生态系统，使得原有老三论的科学研究方法已不能满足如此复杂的研究需要[1]。支持科学研究的新三论研究方法：耗散结构论、协同论[2]及突变论[3]为生态学、特别是城市生态学提供了新的方法、新的思路。虽然新三论的研究方法，也同样来自生物学、医学、化学、物理学、哲学等等，这也恰好给生态学研究提供了新的、开放的方法和途径[4]。下面我们重点讨论常用的热力学第二定律和耗散结构原理。

热力学第二定律——熵的定律，热力学第二定律主要是研究热与其他

---

1 马光，胡仁禄编著．城市生态工程学．北京：化学工业出版社，2003：8.

2 德国物理学家（德国功勋科学家）赫尔曼·哈肯（H. Haken）于1976年创立了协同论（或协同学），协同论是研究不同事物共同特征及其协同机理的新兴学科，是近十几年来获得发展并被广泛应用的综合性学科，它着重探讨各种系统从无序变为有序时的相似性。

3 突变论的创始人是法国数学家雷内·托姆，他于1972年发表的《结构稳定性和形态发生学》一书阐述了突变理论，荣获国际数学界的最高奖——菲尔兹奖章。突变论是研究客观世界非连续性突然变化现象的一门新兴学科，自20世纪70年代创立以来，十数年间获得迅速发展和广泛应用，引起了科学界的重视，被称之为“是牛顿和莱布尼茨发明微积分三百年以来数学上最大的革命”。

4 面对生态学这门新兴科学发展的异常迅速，许多学者认为生态学的出现，是20世纪60年代以来自然科学迅猛发展的一个重要标志。这表现在两个方面：①推动了自然科学各个学科的发展。自然科学是研究自然现象及其变化规律的科学，各个学科从不同的角度，比如从物理学的、化学的、生物学的各个方面去探索自然界的发展规律，认识自然。各种自然现象的变化，除了自然界本身的因素外，人类活动对自然界的影响也越来越大。20世纪以来科学技术日新月异，人类改造自然的能力大大增强，自然界对人类的反作用也日益显示出来。环境问题的出现，使自然科学的许多学科把人类活动产生的影响作为一个重要研究内容，从而给这些学科开拓出新的研究领域，推动了它们的发展，同时也促进了学科之间的相互渗透。②推动了科学整体化研究。生物圈是一个完整的有机的系统、是一个整体。过去，各门自然科学，比如物理学、化学、生物学、地理学等都是从本学科角度探讨自然环境中各种现象的。然而自然界的各种变化，都不是孤立的，而是物理、生物、化学等多种因素综合的变化。各个环境要素，如大气、水、生物、土壤和岩石同光、热、声等因素也互相依存、互相影响、又是互相联系的。比如臭氧层的破坏，大气中二氧化碳含量增高引起气候异常，土壤中含氮量不足等等，这些问题表面看来原因各异，但都是互相关联的。因为全球性的碳、氧、氮、硫等物质的生物地球化学循环之间有着许多联系。人类的活动，诸如资源开发等都会对环境发生影响。因此，在研究和解决环境问题时，必须全面考虑，进行跨学科的合作。生态学就是在科学整体化过程中，以环境科学和地球化学的理论及方法作为主要依据，充分运用化学、生物学、地理学、物理学、数学、医学、工程学以及社会学、经济学、法学、管理学等各种学科的知识，对人类活动引起的环境变化、对人类的影响，及其控制途径进行系统的综合研究。

形式能量之间相互转化的方向和限度的规律[1]，其主要原理是：

第一，孤立系统中，热量是由高温物体自动地流向低温物体的，直到热量平衡、能量均匀分布为止，即孤立系统中的自发过程总是使系统的熵增加。熵（Entropy）是一个描述系统无序性（混乱度）的物理量。

$$熵=\Delta Q/T=\Delta S，用微分表示为\ dS=dQ/T$$

即系统吸收的能量除以系统本身的温度称熵。式中：T 为物体的绝对温度，ΔQ 为物体增加的热量，称熵的增加。所以熵是描述系统能量变化、表示系统发展的稳定状态和变动方向的量[2]。

第二，孤立系统的自发过程总是从概率小的状态趋向概率大的状态，即从有序趋向无序（混乱）状态。引入熵这一物理量，热力学第二定律就有了一个普遍的判据，因此热力学第二定律也称熵的定律或熵增定律[3]。

第三，孤立系统的自发过程总是使系统的熵增加[4]。

耗散结构——根据宇宙大爆炸理论，宇宙正不断膨胀，向着熵增加的方向发展。而地球表层与此相反，它的熵并没有增大，反而减小。无论自然界或人类本身一直都处于不断的进化和发展之中，从简单到复杂、从低级到高级、从无序到有序地进化发展，在远离平衡的情况下，通过涨落形成了相对稳定的有序结构。比利时物理学家普利高津（Ikya Prigogine）[5]称其为耗散结构。他指出，一个远离平衡状态的开放系统，只要通过不断与外界交换物质与能量，在外界条件的变化达到一定阈值时，可以从原有的混乱无序状态自发地转变为一种在世界上、空间上或功能上的有序状态。即输入的影响达到一定程度时，从原来的混乱状态自发转化为有序，这是

---

1 生态建筑系统（或城市生态环境系统）是一个开放系统，开放系统遵循热力学第二定律。

2 其一，表征系统能量分布的均匀度，当 dS 增加时，说明能量分布趋向于均匀；当 dS 减少时，说明能量分布趋向于不均匀。其二，表征系统内部的混乱程度。

3 熵的增加表示系统向无序状态发展，熵越大，系统越混乱（无序）。最终达到远离平衡时，系统的熵为最大值。与热力学第一定律一样，它也可以应用于社会学、社会经济学、生命科学等领域的研究。

4 要减少转换过程中的消耗，要求生态建筑系统（或城市生态环境系统）在利用能源过程中，物流、能流尽可能减少中间环节，减少能量在转化过程中的消耗，缩短生产线，减少废物、余热，建立生态工艺流程。

5 普利高津（Ikya Prigogine，1917～2003.5.28）是比利时科学家和哲学家。1967 年他因为“在非平衡热力学特别是他的耗散结构理论方面的工作”获得了 1977 年诺贝尔化学奖。耗散结构理论是普利高津等人在长期研究复杂系统演化的过程中，提出的一种自组织理论。普利高津指出：远离平衡态的开放系统，在一定的控制条件下，由于系统内部非线性的相互作用，通过涨落可以形成稳定的有序结构。耗散结构理论在探讨自然现象中所获得的成功，促使人们利用它对社会理论在探讨自然现象中所获得的成功，促使人们利用它对社会现象、对有人参与的过程进行研究。1981 年，他又由于《新的联盟：人和自然的新对话》（即英文版《从混沌到有序》的法文版前身）而戴上法兰西言语高级理事会的奖章，1984 年再被授予法兰西文学艺术骑士荣誉称号。

在远离平衡状态情况下依靠外界能量耗散维持的结构（系统），故称耗散结构[1]。

普利高津把开放系统的熵分成两个部分：熵产生（dS_i），是系统自发过程中熵增加；熵流（dS_e），是系统与外界交换物质与能量引起的熵变化。

开放系统的总熵变（dS）为熵产生和熵流之和，即：

$$dS=dS_i+dS_e$$

根据熵定律，$dS_i\geqslant 0$，而 dS_e 可以为负数。只要输入开放系统的能量与物质熵低，而输出系统的能量熵高，输入与输出的熵的差（熵流）就为负数，即负熵流 $dS_e\leqslant 0$。只要负熵流足够强，开放系统的总熵变也为负数，即：

$$dS=dS_i+dS_e\leqslant 0$$

这样，开放系统的总熵就会减少[2]。负熵即有序性，负熵增大，系统有序性增加，这依靠外界物质能量输入来维持。生态系统是开放系统，有输入输出。一个开放系统若没有外界物质能量输入，根据热力学第二定律，该系统便向无序发展，混乱度增大；若外界有物质能量输入，便可增加其有序性。另一方面，系统本身也对外作用，系统输出物质。在一定时间尺度内，若系统输入等于输出，则出现平衡——生态平衡，系统有序性得以维持；系统越复杂，内稳定性越大，越能保持平衡，反之则不平衡。

综上所述，一个开放系统要靠输入负熵维持系统的稳定，这样的开放系统，便是耗散结构。系统除具有各成分的特征外，更加重要的是它们之间还有相互作用的特征。这种相互作用越复杂，彼此间调节能力越强；反之，相互作用越简单，彼此间调节作用越弱。这种系统中各成分间的相互作用、相互调节，称反馈作用[3]。最常见的反馈是负反馈，它使系统具有自动调节的能力，保护系统稳定。当系统中某一成分发生变化时，其他成分会通过彼此的相互联系和相互影响，去改变已经发生变化的那个成分，从而使系统达到平衡稳定。

4.1.5 城市生态系统

以耗散结构论、协同论和突变论为代表的现代科学方法论为生态城市、生态建筑理论的研究提供了有力的支持。协同论的创始人赫尔曼·哈肯认

---

1 自然界是远离平衡状态的开放系统，所以是耗散结构；生态建筑系统（或城市生态环境系统）也是远离平衡状态的开放系统，所以也是耗散结构。

2 生态建筑系统（或城市生态环境系统）是具有耗散结构的开放系统，输入太阳能、光量子，能量高，熵低；输出热辐射、热量子，能量低，熵高。生态建筑系统（或城市生态环境系统）与外界的物质能量交换，使生态建筑系统（或城市生态环境系统）的结构趋向有序性：空间有序（整体性与差异性）、时间有序（发展节律与方向）、功能有序（自然环境稳定性与进化从低级向高级发展）。

3 参见本文．4.1.3　生态系统的基本特征．

为，现代城市是一个分成若干层次的大系统，处在第一层次的三大系统即为经济系统、社会系统、生态系统，系统之间具有相互制约作用。普里高津的耗散结构论认为，城市是一种耗散结构，它必须从外界获取物质和能量，又不断输出产品和废物，才能保持稳定有序的状态。从生态学观点来看，城市犹如一个复杂的有机体，不断进行新陈代谢，是在自然生态系统的基础上，增加了社会和经济两个子系统，是一个经济社会自然复合生态系统（王如松，1988年）。另外，作为环境生态学的一个分支，当今对城市生态系统的研究正成为一门新的学科，它从环境生态学的角度研究城市人群（包括人和其他生物有机体）与自然环境和社会环境组成的城市生态系统。城市生态系统及生态城市当前并没有被普遍认同的定义，1981年前苏联学者亚尼斯基（O. N. Yanistky）对生态城市提出了一个较全面的总结，他将生态城市的概念表达为三个层次：第一层次为时空层次（物理层次），这是一个追求地尽其能、物尽其用的层次；第二层次为社会功能层次（事理层次），这是重在解决城市的社会经济发展与自然环境之间的矛盾，增强城市有机体的组织能力的层次；第三层次是文化历史层次（情理层次），这是旨在改善人与环境的关系，增强人的生态意识，变城市系统的外在控制为内在调节，变自发为自为的层次。亚尼斯基认为要同时拥有这三个层次才算其意义上的生态城市[1]，并将生态城市的设计与实施也分成这三种知识层次和五种行为阶段（基础研究、应用研究与发展、城市设计、建设过程、城市有机组织结构的形成），他强调认识首先是从文化历史层次开始，然后逐渐落实到时空层次的城市设计上[2]。1990年大卫·高登（D. Gordon）在《绿色城市》（Green Cities）一书中，提出一个与“生态城市”同义的“绿色城市”概念：绿色城市是生物材料与文化资源以最和谐关系相联系的凝聚体，是人、自然、物质产品、技术协调融合、全面发展的地方，是面向未来文明进程的人类生存地和新空间[3]。我国学者对城市生态系统做过如下概述：凡拥有10万以上人口，住房、工商业、行政、文化娱乐等建筑物占30%以上的面积，具有发达的交通线网和车辆来往频繁的人类集居的区域，就是城市生态系统[4]。城市生态系统是由自然生态系统、经济生态系统和社会生态系统三大部分组成的复合人工系统。其中，自然生态系统是城市居民赖以生存的物质环境；经济生态系统则涉及生产、分配、流通与消费各

1 O. N. Yanistky. Cities and Human Ecology，Social Problems of Man's Environment：Where We Live And Work. Moscow：Progress Publishers，1981.

2 王如松著．高效·和谐——城市生态调控原则与方法．长沙：湖南教育出版社，1988：36.

3 D. Gordon. Green Cities：Ecologically Sound Approaches to Urban Space. Black Rose Book，1990.

4 井文涌著．当代世界环境．北京：中国环境科学出版社，1989：25.

环节；社会生态系统包括城市居民及其物质和精神生活等诸方面。其中，建筑不仅是城市生态系统的一部分，更是地球生态系统的一个组成部分，而且其自身也构成一个生态系统。

4.2 注重生态的建筑设计理论和实践

迄今为止，人类已经在地球的怀抱里度过了几百万年安详、平和的时光。自然界以其巨大的力量（无论是创造力还是破坏力）与不可预制的神秘性令我们的祖先顶礼膜拜。人类在与大自然漫长而残酷的斗争中，始终保持着一种恭谦、退避的弱者姿态。然而终于有一天，当人们开始意识到自身的“无穷”力量，当人类拥有在数分钟内毁灭这个星球数百上千次的魔鬼般力量时，天平开始倾斜……工业革命至今的二百多年时间，在历史的长河中只是不为上帝察觉的一瞬间，人们却创造了亿万倍于祖先的财富。然而资本的积累是残酷和血腥的，人类无节制地征服、掠夺自然的扩张行为给整个自然界带来了无法弥补的损失与破坏，同时也给自身生存造成了严重的威胁[1]，严酷的现实促使人类不得不进行着反思和反省[2]。

城市与建筑是为了改善和调整人与环境之间的关系而创造的，是人类赖以生存与行为的场所，建筑活动最根本的目的是为人类生活和行为发展提供必要的物质环境。从历史上看，城市与建筑在技术、功能、构成方式和形象等方面总是与一定时期的人与自然和人与社会的关系相适应，受社会经济发展水平的制约和支配。20 世纪 70 年代的石油危机之后，全球范围内保护生态环境、建设绿色家园的呼声日渐高涨，对“生态学”、“可持续发展”的研究也在世界各国迅速开展起来。而建筑领域中的“可持续发展运动”正是在这一背景下蓬勃兴起的[3]，近年来，“生态建筑”[4]、“绿色建筑”、“可持续发展建筑”等等名词、概念在建筑界不仅成为一种时尚，而且确实已成为建筑学科发展的前沿，也是人类理智和文明的升华。纵观生态建筑的发展，经历了原始萌芽时期（古代）、早期初创时期（20 世纪 60

1 宋海林，胡绍学．关于生态建筑的几点认识和思考．建筑学报，1999，3：10.

2 参见本文．1.1.2 可持续发展依然是 21 世纪的主题．

3 参见本文．1.1.2.2 可持续发展思想的诞生．

4 自现代主义建筑兴起以来的近一个世纪，还没有一种建筑体系能够像生态建筑这样引起如此普遍的关注并得到广泛的认同。生态建筑观的影响也有别于已往的任何一种建筑流派，尽管当代的生态建筑、绿色建筑、可持续发展建筑等思潮在观念上有所差异，但本质上都是对建筑与人的关系的反思，都没有脱离“建筑—环境—人”这一范畴，而生态建筑则是基于全新的生态学基础之上、对“建筑—环境—人”这一宏观大系统的全面思考。所以从更高的、长远的层面上来说，生态建筑是一次建筑观的革命，它将重构人与自然的关系，对人类以及建筑的生存发展将产生深远的影响。

年代以前)、形成时期（20世纪60～80年代）和发展时期（20世纪80年代至今）。展望21世纪的未来，是人类能否实现可持续发展最为关键的千年，地球已经迎来了60亿人口日，越来越多的人口制约着社会的发展，而人类自身又不断向着高质量、高标准的生活迈进，这是矛盾的两个方面，加强生态建筑建设是解决矛盾的有效途径之一，生态建筑也必将为适应这一趋势而成为21世纪人类最理想的生存空间。

4.2.1 具有原始生态倾向的传统民居原型

生态建筑的概念提出于20世纪60年代[1]，它将当代建筑设计思想提升到与生态学自觉融合的高度，强调以生态建筑观来指导当今的建筑设计与实践。然而，在生态学与生态建筑的理论出现之前，人类早期的一些传统民居中已具有原始的生态建筑思想：人类在几千年的历史文化进程中积累了丰富多彩的民居建筑的经验，在漫长的农业社会中，生产力的水平比较落后，人们为了获得比较理想的栖息环境，以朴素的生态观，顺应自然和以最简便的手法创造了宜人的居住环境[2]。世界各地民居在结合自然、结合气候、因地制宜、因势利导、自觉运用自然材料等方面的成就，如我们对其进行挖掘、提升与借鉴，使之运用于当代的生态建筑设计，并成为我们对生态建筑进行系统研究的开端。原型一词来源于古希腊文Archetypos (arche本义为最初的、原始的，typos本义为形式的)。古希腊哲学家柏拉图曾使用这个概念来指事物的理念本源。在柏拉图看来，现实事物只不过是理念的影子，因而理念乃是客观事物的原型。两千年以后，瑞士心理学家荣格（G. G. Jung）对原型概念作了更详尽的说明："与意体无意识的思想不可分割的原型概念指的是心理中明确的形式存在，它们总是到处寻求表现。神话学研究称之为'母题'；在原始人心理学中，原型与列维布留尔所说的'集体表象'概念相符……"[3]。18世纪法国历史论著家劳杰尔(M. A. Laugier) 在探讨建筑元素的来源时，曾用一个原始茅屋作为考察对象，他认为原始茅屋包含了一切建筑元素的胚胎；垂直方向的树杆使我们想起柱子；水平环绕的树枝使我们想起檐部；相交的颈部又给我们以山墙的启示。因此，原始茅屋这种"原始质朴"是所有建筑类型的根本和基点。人类的居住方式历来都与自然生态环境不可分割，古老的民族民居使用土、木、石、竹等天然建筑材料及技术，是生态环境的自然产物。这些民居反映着人类原始的生活方式，是所有建筑的原型的实体表现，同时也是人类最古老的生态建筑。因此，可以把地方性传统民居称之为"生态民居"[4]，或

---

1 参见本文.1.2.2 相关文献及理论综述——可持续发展及生态建筑理论的研究现状.

2 蔡镇钰.中国民居的生态精神.建筑学报，1999，7：53.

3 郭琳.建筑风格.时代建筑，1992，2：11.

4 参见荆其敏，张丽安.世界传统民居——生态家屋.天津：天津科学技术出版社，1996：12.

称之为“原生的生态建筑”[1]。

世界各地的古代民居建筑面对不同的自然、地域和气候环境，都能采用与环境相适应的灵活手法而不拘泥于固定的形式，所以因地域环境的差异而产生不同的形态特征，或依山就势、或跨水岸边，村落的大小分合、房屋的前后错落都因自然环境条件而变化，创造出与大自然紧密协调的人居环境。根据建筑材料的不同，传统乡土民居可以分为石构民居、木构民居、竹构民居、土筑民居等。根据地理条件的不同，则可分为地下民居、游动民居、空中民居以及悬吊民居等[2]。各种传统民居在形式上都表现出一定的气象功能，无论是通风，还是温度和湿度调节均采用天然的节能方式而获得，并在方位、结构、平面形式上均体现出合理解决微小气候问题而获取舒适生活环境的特质。拉普普在讨论建筑形式的起源时，将气候因子视为一个实质性因素，但是气候因子是建筑形式的必要条件而非充分条件[3]。人字坡屋顶的坡度随着降水量的减少而减小；在北欧或其他需要承载大量积雪的地域，屋顶坡度较大；而在阳光充足的南方，屋顶的坡度逐渐下降；在炎热的北非海岸地区，屋顶几乎是平屋顶，可以供人作为睡觉的舒适场所；而在热带雨林地域，屋顶重新变得陡斜，以便于排水。

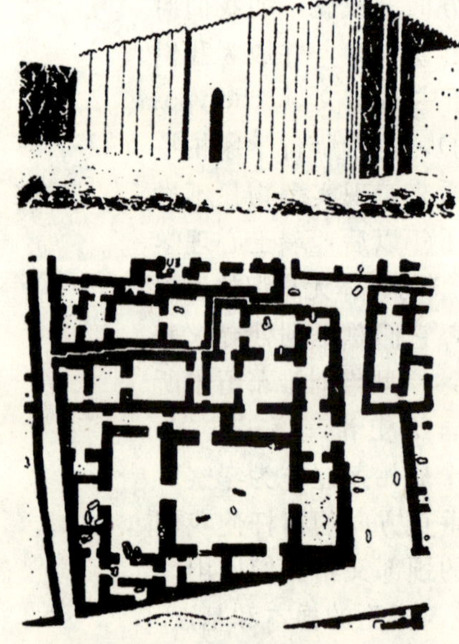

图 4-4　巴比伦城的民居

资料来源：陈志华著．外国建筑史（19 世纪末以前）．北京：中国建筑工业出版社，2004：21.

石构民居：石材在全世界分布广泛，尤其是山区常以石头作为主要的建筑材料，今天在世界许多地方的古城遗址中，仍可以见到一些高超的石砌技术。从墨西哥玛雅文明旧址到古罗马庞贝城废墟，从特奥提瓦坎古城遗址到马丘比丘要塞，其中可以考证的石砌民居均是见证，而用石头围筑的火炉可能是古代原始人类石头民居的原型（图 4-4）。世界各地的传统石砌民居因自然条件的不同而风格各异，但都与当地环境及气候条件相适应。如在气候干热的土耳其安纳托利亚高原，喷水池是村落的社会中心，许多房屋整个结构都没有屋顶，在炎热之夏，阴凉的庭院是家务活动的理想场所。而在阿富汗的瓦汗走廊地区（Wakhan Corridor），瓦系人（Wakhi）为避免高地寒冬与狂风的袭击，每户人家的生活都集中在

1　胡京．建筑的进化：原生到自觉的生态建筑．建筑学报，1998，4：6.

2　郭琳．建筑风格．时代建筑，1992，2：11.

3　（美）拉普普著．住屋形式与文化．张玫玫译．汉宝德校．台北：境与象出版社，1987：101.

有火炉的起居室内，沿墙壁四周构筑泥台，烹饪及取暖火炉均设在泥台中，底下用来贮藏谷物，起居室内火炉上面有灯笼式天窗及烟囱，顶棚上有活门，可以让光线射入并使烟排出（图 4-5）。在法国北都布列塔尼的许多地方，以石墙为主体配以厚厚的茅草斜坡屋顶，保温隔热，冬暖夏凉。

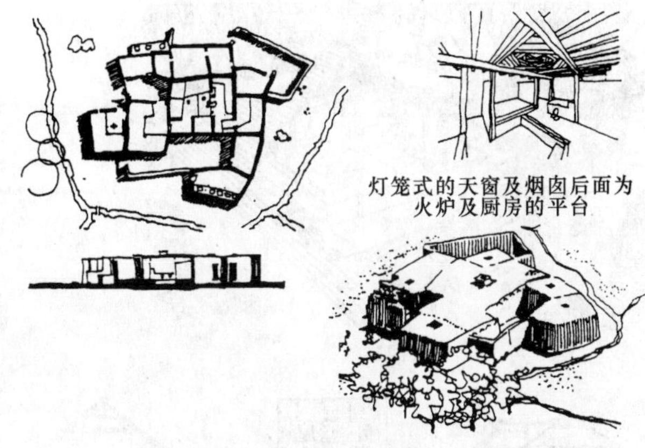

图 4-5　阿富汗的瓦汗走廊泥屋民居

资料来源：郑炜．当代建筑的生态高技化导向．上海：同济大学博士学位论文，1999：70.

木构民居：古代地球上森林茂密、林木资源丰富，而木材加工简易、构建方便，因而成为人类理想的建筑材料。根据不同地区的气候特征，人们采用因地制宜的围护构造。在靠近北极的俄罗斯哈尔托夫，人们将作为仓储的木屋高架在半空，以保持食品的新鲜和防范野兽的侵袭；为了保温和避风，房屋非常低矮，低门小窗，非常适应当地的严寒气候。在潮湿多雨的中国西南部，底部架空的木构干阑式建筑是防潮排涝、避免虫蛇侵扰的理想民居形式，而且干阑式建筑对于树形的直接模仿，体现出优良的抗震性能（图 4-6）。

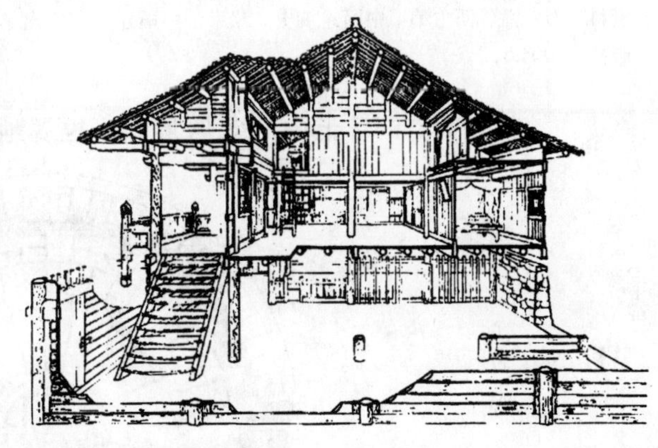

图 4-6　壮族干阑式住宅

资料来源：潘谷西主编．中国建筑史．北京：中国建筑工业出版社，2004：86.

竹构民居：竹构民居主要出现在竹木生长茂盛的热带雨林地区，在这些地区，木结构的支撑体系发展为以竹代木的民居形式。夏威夷的棚户小屋以竹材为主体建筑材料，用高大的捆绑搭接，建成尖顶小屋，外铺草叶做屋顶和墙壁，防雨、遮阳、通风性能良好。中国云南德宏、景颇、西双版纳一带的傣族民居属热带雨林竹楼形式，也是一种竹构干阑式建筑——整个房子架空（图 4-7），以利通风隔潮。在湿热带太阳眩光很大，所以墙壁应通风却不能开窗，竹编的墙缝透光柔和，既通风又排除了眩光。

土筑民居：土筑民居的主体材料是天然的生土，以土坯制作或夯土技术砌筑。中国福建等地气候湿热，但土质坚硬，福建省永定县的圆形土楼

图 4-7　傣族竹构干阑式民居

资料来源：潘谷西主编．中国建筑史．北京：中国建筑工业出版社，2004.

是体量巨大的、三至四层高的生土民居。土楼底层饲养牲畜，顶层贮藏粮食，中间是集体住宅，为了隔热与促进内天井的通风，土楼的夯土外墙可达 1m 厚，创造了湿热地区生土建筑的良好温湿度（图 4-8）。伊朗和阿富汗科拉桑地区的卡拉房（Qala）是一种设防的多户人家民居，长方形平面，双层的厚墙高耸。卡拉房的地下取暖方式称塔巴汗纳（Tabakhana），是由地下坑道炉灶烘热空气，经弯曲的地下石道从墙壁的烟囱中排出，热量通过土的蓄热慢慢散放出来，是理想的辐射式采暖设施。中国陕北窑洞是天然的黄土中的穴居形式，也属地下民居，冬暖夏凉，不破坏生态，

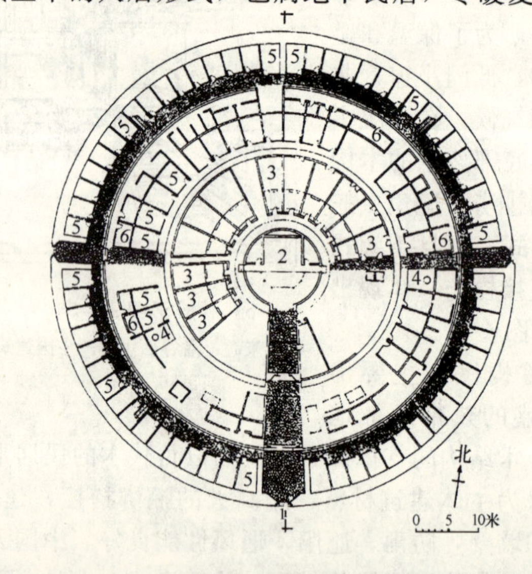

图 4-8　福建永定客家圆楼——承启楼平面及剖面

资料来源：潘谷西主编．中国建筑史．北京：中国建筑工业出版社，2004：96.

不占用良田，是经济节能的建筑方式之一。

其他材料的生态民居。世界各地传统民居除石材、木材、竹材、土筑等主要建材外，还有一些身处特殊环境中的人们采用特殊的材料进行营建活动。如在干旱的草原、沙漠等地区，游牧民族采用动物毛皮和少量木材搭建帐篷，为便于迁徙其结构非常轻便，且保温防寒性能良好（图4-9）。北极因纽特人（Inut）的冰屋，是御寒的、圆球形的冰雪穴居形式，圆球形可以抵抗风力和减少外露的屋顶面积。内部采用兽皮帷幔以避免人体的热量辐射到冰屋的冰雪墙上，并减少内层冰面的通风，提高冰雪墙的功效。这些与吉卜赛人的大篷车、水系发达地区的船上住居等，都属于游动民居。另外，在河湖茅草丛生的地区，人们以茅草束捆代替木材作骨架，苇席和棕榈树叶作屋面和墙壁，既通风又轻便。而在某些茂密的热带雨林地区，人们用树枝、藤条联结编织在一起，将民居建在树上、树间，不仅可以躲避野兽的侵袭，也具有良好的天然采光、通风、防潮、隔热、避震效果[1]。

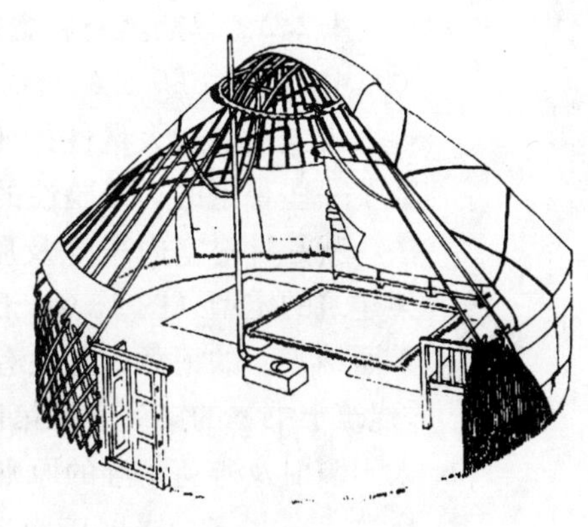

图 4-9 游牧民族的帐篷

资料来源：潘谷西主编. 中国建筑史 . 北京：中国建筑工业出版社，2004：90.

对世界各地民居原型的分析中，我们可以清楚地看到，建筑活动之初就体现出人类与自然和谐为目的的出发点，所以人类从来都没有停止过对建筑与地域、气候关系的研究和探索，世界各地的民居就是人类在与地域、气候的长期和谐共生过程中对居住形态不断优化的结果。原始的传统民居蕴含了原始的生态精神，充分表现了人类从诞生开始就崇尚自然、引入自然、适应自然的原始生态思想，他们在长期的实践中把自然看做是人化的自然，把人看做是自然的人化，使得这些建造于不同地域、气候条件下的传统民居，表现出了高超的设计智慧和广泛的适应性，这也是世界各地民居建筑类型学差异的根据所在。由于生产力水平的低下，他们以最简便的手法创造了宜人的居住环境，具体表现在：就地取材、应用自然材料及其仿生结构，这在生产力低下的原始社会及农业社会中成为极其重要的营建措施；在民居选址上考虑到地形、朝向的影响，在密集的居住状态下也能较好地协调人与自然的关系，表现出原始的地域观；充分关注季节的更替、季风、雨水等气候条件，较好地解决日照、通风、保温、隔热、反光和防噪等问题，体现出原始的气候观。同时也充分地说明了生态建筑从一开始就是地域特征很强的建筑即地域性建筑，不同的地域及气候条件创造了不同的建筑形式，也就是说地域及

1 郑炜 . 当代建筑的生态高技化导向 . 上海：同济大学博士学位论文，1999：70-72.

气候的多样性造就了建筑的多样性，这也是社会历史条件作用的结果。

4.2.2 早期具有朴素生态倾向的建筑设计思想和实践

4.2.2.1 20世纪初以前的朴素生态思想和实践

古人通过对大量性的传统民居如何适应地域及气候的研究和探索，形成了一些朴素的、经验性的生态思想，我国传统大屋顶建筑的“反宇”做法，就是针对室内采光及屋面排水综合考虑的结果，是地域、气候对木构架建筑的定型（图4-10），班固在《西都赋》中就有“上反宇以盖载，激日景而纳光”的记载；无独有偶，西方早在公元前1世纪，维特鲁威分别在《建筑十书》的第一卷和第四卷中强调了在选择基地与市政规划时防止南向太阳辐射及避免潮湿的原则，书中还特别指出：“住宅形式应适应气候的多样性；在北方，房屋应南向，前面应有遮蔽物；在南方，建筑应北向，应更开敞。”[1]而文艺复兴时期达·芬奇（Leonardo da Vinci）曾以水流模拟气流对风和建筑的关系以及建筑的光影进行过专门的研究[2]。历史的车轮义无反顾地在前进，人类的探索也在继续。

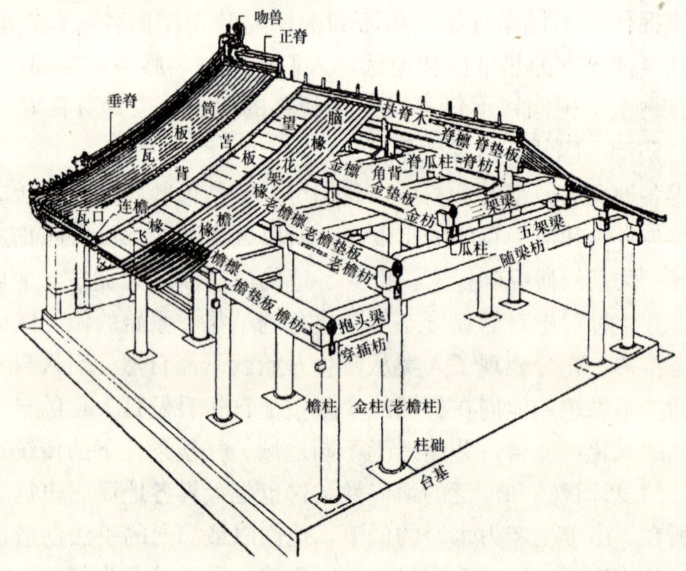

图4-10 我国传统大屋顶建筑的“反宇”做法

资料来源：潘谷西主编．中国建筑史．北京：中国建筑工业出版社，2004：3.

19世纪达尔文的进化论思想在社会上产生了巨大的影响，人们认识到，人类社会的进化过程在一定程度上也遵循生物学的原则，于是就有了一系列将自然规律与人类社会相联系进行研究的理论产生，尽管这些理论现在

---

1 （古罗马）维特鲁威著．建筑十书．高履泰译．北京：中国建筑工业出版社，1986：76.

2 Klaus Daniets. The Technology of Ecological Building，Basic Principles and Measures，Examples and Ideas. Berlin：Birkhauser Verlag，1997：67.

看来还十分片面，但也揭示出人的饮食习惯与其所属环境有关、城市组织和建筑形式与环境及地方资源条件有关、社会就是环境的造物等等。在这种发现与实证精神的影响下，19 世纪的欧洲社会弥漫着一种浪漫主义思想，以它为指导丹纳写出了著名的《艺术哲学》[1]一书，指出艺术家的精神状态以及包括建筑与雕塑在内的各种艺术形式都与一种他称之为“地方性气质”的特点有关，歌德也提出，建筑设计一定要“忠实于地方”（Ture to the Region）[2]。当时启蒙运动的“理性”提倡在“法律面前人人平等”、反对神学统治、宣扬唯物主义和科学，卢梭在理性之外又提倡“返回自然”和“个性解放”。在“自由、平等、博爱”的口号下，建筑师为普通第三等级下层人民设计的房屋[3]极大地节省了材料；而英国的唯美主义建筑则力图追寻古老的“场所精神”，并以此演绎出风行欧洲的浪漫地方主义建筑（Architecture of Romantic Regionalism）；先期浪漫主义中对“东方情调”的向往和学习，使英国式园林发展成为与自然融为一体的、牧歌式的田园风光[4]，一反法国式园林中人工与自然的对立，对保护自然环境和景观非常有利；19 世纪 60 年代在工艺美术运动的影响下，英国的约翰·拉金斯和威廉·莫里斯倡导建筑应节制、忠实、简单和直率，以及平面和构图的合理性，形成了“维多利亚哥特”风格，其成就主要在住宅中，将功能、材料与艺术造型有益的结合（图 4-11）。崇尚自然的思想，在建筑和室内设计中均有所表现，反映人们对自然的本能向往[5]；总之，19 世纪的建

图 4-11　1859～1860 年建筑师韦布（Philip Webb）在肯特为莫里斯建造的“田园式”住宅——“红屋”，用本地产的红砖建造，不加粉刷，通过材料本身的质感来摒弃传统的贴面装饰

资料来源：罗小未主编. 外国近现代建筑史. 北京：中国建筑工业出版社，2004：33.

---

1 （法）丹纳著. 艺术哲学. 张伟译. 北京：北京出版社，2004.

2 董卫，王建国编著. 可持续发展的城市与建筑设计. 南京：东南大学出版社，1999：14.

3 如布雷和列杜设计的农村公安队宿舍、王室盐场规划，这些设计都是最基本的几何体，摈弃了任何附加的装饰。

4 注重选择天然的草地、树林、池沼，力求与原野没有界限。

5 洛可可装饰的题材有自然主义的倾向，常使用千变万化卷曲着、纠缠着的草叶，以及蚌壳、蔷薇和棕榈。新艺术运动被称为欧洲真正改变建筑形式的信号，该运动的目的是企图解决建筑和工艺品的艺术风格问题，反对历史样式。其装饰的主题是模仿自然界生长繁盛的草木形状曲线，广泛用于墙面、家具、栏杆及窗棂上，其风格与洛可可的区别在于简洁而自然，大量应用铁构件，没有洛可可的堆砌和粉气。戈地的建筑诸如米拉公寓等也有这种倾向，富于浪漫主义的幻想，但他的方向却与新艺术运动不同。

图 4-12　都灵路 12 号住宅的模仿自然的装饰

资料来源：罗小未主编．外国近现代建筑史．北京：中国建筑工业出版社，2004：34.

筑师和理论家主要通过下述途径崇尚自然：模仿自然结构的高效率，利用地方材料建造墙体，并且墙体的基础建立在岩石或土层之上，而采用的各种装饰则体现出对于丰富自然界的忠实崇拜（图 4-12）。所有这一切都体现在从新哥特复兴到工艺美术运动和新艺术运动，再到有机建筑的各种建筑形式中，体现在从拉金斯、勒杜、莫里斯到赖特和阿尔托等人的理论和实践中[1]。

工业革命中科学技术的发明创造，使得工业生产集中于城市，城市人口出现惊人的增长，另一方面由于土地的私有制导致缺乏城市规划，使得城市建设极其混乱、劳动人民的居住条件异常恶劣、工业污染严重，城市变成混乱、拥挤的地方。近现代西方在建筑与城市环境中的朴素生态思想也应运而生，首先是基于对工业生产造成环境恶化的反思，其次是心理上对中世纪乡村田园景观的怀旧背景下而引发的。于是有不少人提出了改善城市环境的规划方案，如奥斯曼的“巴黎改建”（图 4-13）、欧文的“新协和村”、霍华德的“花园城市”、加涅的“工业城市”、美国记者汤宁（A. J. Downing）和诗人布赖恩特（W. C. Bryant）的“开放空间”、奥姆斯特德（F. L. Olmsted）的“景观建筑”理论与实践，以及二战前柯布西耶的“阳光城市”、赖特的“有机建筑”和“广亩城市”等理论的提出。不少方案提出了大城市需要分散疏解并拥有大片绿地，城市中要有农田、菜园、牧场、森林等等的理念，认为城乡结合体既可以具有高效能与高度活跃的城市生活，又可兼有环境清洁、美丽如画

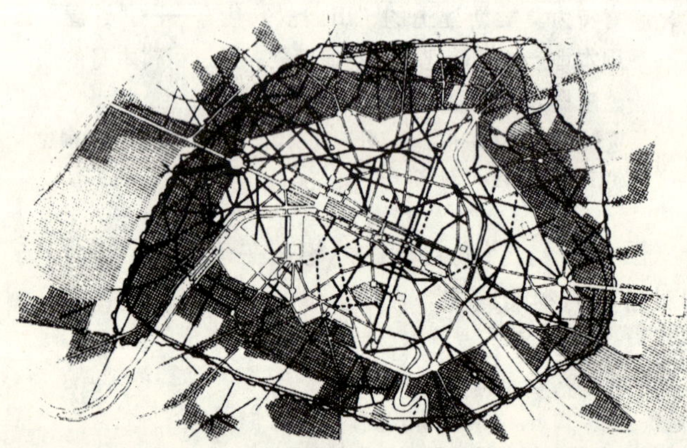

图 4-13　奥斯曼的“巴黎改建”规划

资料来源：罗小未主编．外国近现代建筑史．北京：中国建筑工业出版社，2004：21.

1 （意）布鲁诺·塞维著．现代建筑语言．席云平，王虹译．北京：中国建筑工业出版社，1986：118，130，171.

的乡村景色。这些理论与实践具有一定的生态意义，并在一定程度上起到了改善和缓冲工业发展对环境的破坏作用。

4.2.2.2　现代主义建筑大师的朴素生态思想和实践

1. 赖特

赖特在现代主义建筑大师中独树一帜的是他对生态环境的极其重视，他在《关于建筑的未来》（The Future of Architecture）一文中论证了“生物学知道而且告诉我们‘形式追随功能’”这一理念，并揭示了这一理念的目的和动机，第一步应考虑基地的“土壤、气候”特点，然后又进一步论证了土层、树木、山石、泉水、材料等与建筑诸方面的关系等等。在《自然住宅》（The Natural House）一书中赖特提出了建筑必须和所在场所、建筑材料以及使用者的生活有机地融为一体，并强调了这种整体概念的重要性。

这些理论与赖特的有机建筑思想是一脉相承的，他把建筑视为“有生命的有机体”，认为建筑与一切有机生命相类似，总是处在一个连续不断的发展变化之中，并指出：“有机这个词属于活的结构——一种结构的概念。这种结构的特征和各部分在形式和本质上都为一体，其目标就是整体性。因此，任何‘活的’事物都是有机的—无机的—无组织的—不可能活的”[1]，赖特将整体统一作为有机这一词的真正含义，所以在建筑与环境相谐调的策略上，赖特努力使视觉的和谐、精神的一致以及地域和气候的适应相统一，其“草原式住宅”就是从生活实际出发，在布局、形式和取材上配合周围天然环境，通过水平线条的反复，表达了美国中西部一望无际的广阔草原的精神和韵味。[2]赖特认为有机这一词的另一层含义是，要以生物生长现象去类比建筑的增删补充，即没有一座建筑是“已经完成了的设计”，建筑始终持续地影响着周围环境和使用者的生活，所以他在实践中始终以一个动态的设计过程，将作品与当地环境、气候融为一体。著名的流水别墅在1937年落成后就由于使用要求和维修等原因，一直在赖特的参与下不断有所修正和改动[3]；20世纪30年代末，赖特在继草原式住宅之后，又推出了“美国风”（Usonian）的住宅新体系（图4-14），这种住宅只用砖、木、纸、水泥、玻璃五种材料，强调保持材料本色，而且尽量使用工厂成品，所以业主可以自己动手建造，因而造价经济且施工迅速简便[4]；另外，赖特在他设计的许多住宅中充分地关注了太阳能的利用并使用了太阳几何学，其中最

1　F. L. Wright：The Future of Architecture. New York：Horizon Press，1953：91.

2　项秉仁著．赖特．北京：中国建筑工业出版社，1993：41.

3　“有生命的有机体”使赖特摆脱了固有形式的束缚，注意按使用者、地形特征、气候条件、文化背景、技术条件、材料特性的不同情况而采取相应的设计策略。

4　住宅新体系因可根据户主、环境、气候、材料而灵活应变而受到广泛的欢迎。

著名的是洛杉矶的斯塔尔杰斯住宅（Sturges House），在各个方向立面上的不同进深的挑檐都是根据不同方位的太阳照射阴影计算的结果[1]。

图 4-14 赖特设计的芝加哥郊区的草原式住宅
资料来源：http：//www. abbs. com. cn/bbs/post/view? bid＝6&id＝5696710&sty＝1&tpg＝1&ppg＝7&age＝0＃5696710

赖特的幼年生活经历及有机建筑思想，使他十分厌恶城市集中，“城市的集中由于不能适应新的力量而失效，或因内在的汽车交通的环境压力危机四伏面临崩溃”[2]，进而十分自然地倾向于城市与乡村的结合、甚至是乡村式的城市建设理想。赖特所主张分散的“广亩城市”（Broadacre City）与他的有机建筑思想同出一辙，梦想分散的、绿化好的、人有自己的土地、自足式生活、居住的“可持续”城市，虽然是一种乌托邦的理想化、乡村化城市构想，却也充分体现了赖特崇尚自然的建筑与城市发展观。

赖特的有机建筑哲学认为美来源于自然，每幢建筑物都应是基地的惟一产物。他将自然分为外部自然与内部自然。外部自然即自然界，建筑物需要接近自然、模拟自然、忠于自然材料、适应自然气候，这些方面正是赖特崇尚自然的建筑哲学在建筑创作中的充分体现。赖特的有机建筑理论与实践在现代主义的个人英雄主义时代似乎是一种反动，但更多地体现了赖特对建筑未来的一种深邃、理性和前瞻性的思考。崇尚自然的建筑观、遵从本土的建筑文化、有生命的有机体、与环境融为一体、设计过程的动态化、技术为艺术服务和表现材料的本质特征等等，已体现出深层生态学的设计思想和原则的原型，对当代生态建筑产生了极其深远的影响。

2. 柯布西耶

柯布西耶在《走向新建筑》的第二版序言里写下这样慷慨激昂的号召：“建筑应该是时代的镜子”、“当今的建筑专注于住宅，为普通而平常的住宅，它任凭宫殿倒塌，这是时代的标志”、“为普通人，‘所有的人’研究住宅，这就是恢复人道的基础，人体的尺度，典型的需要，典型的功能，典型的情感，就是这些！这是首要的，这是一切。可敬的时代，它预示人类将抛弃豪华壮丽”等等[3]。自 20 世纪 20 年代起柯布西耶在其设计的许多作

1 （英）T·A·马克思，（英）E·N·莫里斯著．建筑物·气候·能量．陈士译．北京：中国建筑工业出版社，1990：7.

2 F. LL. W.. An Autobiography. Duell，Sloan and Pearce，1943：391.

3 （法）勒·柯布西耶著．走向新建筑．陈志华译．天津：天津科学技术出版社，1998：1-5.

品中，就非常关注风和太阳对建筑及城市规划产生的影响；但有关气候对于建筑设计及城市规划的影响，柯布西耶尚未形成较为成熟、系统的理论。

1922年柯布西耶在设计“当代城市”规划方案中所产生的十字形塔楼，其构思并未表现出对于建筑高度的调整和对于日照进行控制。他把未来的办公大楼描述为“一片玻璃与三面隔墙即可构成的理想的办公室”，将摩天楼描述为光影变幻“飘浮在空中一样”[1]；柯布西耶1925年提出的“新建筑五点”中，屋顶花园可以增加绿化面积，充分享受阳光、接触自然。建筑底层架空正如在阿尔及利亚奥布斯（子弹城）规划、巴黎规划、马赛公寓及萨伏伊别墅中那样，城市、建筑都建立在巨柱上，保持大片通畅的绿地、视线以供人休憩，维护原有自然生态环境的整体性，城市规划则强调建筑、道路少占用土地面积；柯布西耶认为夏季应反对“让灾难性的阳光进入室内”，1928年他在北非迦太基别墅中设计了遮阳设施，为适应当地热带高温气候又创造了以Brise Soleil——遮阳构件和凹入的廊子为代表的遮阳、通风设施，1936年为巴西教育与公共卫生大楼设计了风靡一时的百叶遮阳，1953～1961年的印度昌迪加尔政府建筑群使得这一手法的使用更加成熟（图4-15），达到炉火纯青的程度，他称自己设计的奈穆尔方案为“排除太阳热量”方案；在1930年的“阳光城”理想城市方案中，柯布西耶设计了一个由高层建筑组成的“绿色城市”。由于房屋的底层架空，所以城市的全部地面均可由行人支配，布置大面积的绿化，同时在屋顶设花园。交通系统通过地铁和距地面5m高的高架道路和停车网络来解决。居住建筑根据“阳光热轴线”的位置来处理，形成宽敞、开阔的空间，这些作为柯布西耶的“垂直花园城市”构想的主要组成部分，展现了其城市思想中最有价值的部分，并对现代城市规划理论的奠基石——《雅典宪章》产生了积极的影响作用：1933年在雅典召开的国际现代建筑会议（CIAM）采纳了他的设计原则，诸如城市应按照次序与层次区分，城市规划的诸要素为阳光、空间、绿化、钢材与混凝土等等。

图 4-15　昌迪加尔法院

资料来源：http：//www. abbs. com. cn/bbs/post/view? bid＝6&id＝5696710&sty＝1&tpg＝1&ppg＝7&age＝0＃5696710

柯布西耶的理论及实践体现了他朴素的生态思想：减少建造过程中对

1　这种构思为当代的广大建筑师所熟悉，进而发展了不顾气候特点的高能耗、光污染的幕墙建筑。

环境的人为改变，避免破坏生态环境；提高建筑空间使用的灵活性、可变性，以便减小建筑的体量，将建设所需占用的土地资源降至最少；重视地域及气候特点，使得建筑与城市适应当地气候、环境条件。

3. 格罗皮乌斯

格罗皮乌斯的许多住宅设计和规划方案，也是以太阳照射角度的选择为设计准则的，说明格罗皮乌斯自觉地或在客观上关注到建筑与生态环境的问题。气候关系到建筑与生态，格罗皮乌斯则认为气候是设计基本概念中的首要因素："通过感情的或形式上加以模仿的手法把古老的格式或当地昙花一现的最流行式样加以拼凑，是不能得到真正的地区性建筑特征的。但是，如果建筑师把完全不同的室内室外关系作为设计构思的核心问题加以应用，那么，只需抓住气候条件影响建筑设计而造成的基本区别……就可以获得表现手法上的多样性。"[1]尽管格罗皮乌斯所讨论的重点仍是建筑表现手法，但在当时与密斯等人的设计风格和出发点已经有所不同，已经表现出对生态环境的关注（图 4-16）。格罗皮乌斯在 1946 年与一些青年建筑师合作的协和建筑师事务所，即主张集体创作，从其作品来看，协和事务所的设计务实性、理性强于艺术性，精细得体的建筑处理使人感到协和的作用已非前卫，而是更多地注重人与环境的关系。格罗皮乌斯有许多著名观点，其中"建筑没有终极，只有不断的变革"、"洛可可和文艺复兴的建筑样式完全不适合现代世界对功能的严格要求和尽量节省材料、金钱、劳动力和时间的需要"[2]等等均符合当代生态思想。

图 4-16　格罗皮乌斯的自用住宅

资料来源：罗小未主编．外国近现代建筑史．北京：中国建筑工业出版社，2004：72.

4. 密斯

在密斯的毕生工作中，一直不断地探索着建筑的三要素——功能、结构和美观究竟哪一种更为重要，如何有机地结合等问题。在其 20 世纪 30 年代的许多工作中，密斯成功地解决了两种要素的有机结合问题，例如玻璃摩天楼方案和巴塞罗那博览会德国馆中的形式和结构的有机结合，以及乡村砖住宅方案和吐根哈特住宅中的形式和功能的有机结合（图 4-17），而在一些

1　Gropius，W. Scope of Total Architecture. London. Allen and Unwin，1956：78.

2　同济大学，清华大学，南京工学院，天津大学．外国近现代建筑史．北京：中国建筑工业出版社，1982：176.

庭院式住宅方案中，它综合了三种要素，但是似乎还缺乏足够的理性和逻辑性。他希望取得某种不仅是新的、不同的，而且是必要的和正确的东西，他相信这会为新时代赋予其新特征。的确，直到今天，这些“必要的和正确的东西”都深刻地影响着我们，玻璃幕墙的高层建筑，活动空间和流动空间的内部设计，简洁抽象的建筑形体，都已成为当代许多建筑师的基本手法。究其原因所在，就因为它们增强了适用技术（钢和玻璃）的公众意识，能够结合建筑的功能要求，力争功能与结构、形式之间的统一，谋求人工美与自然美之间的良好契合，采用了简单合适的技术，而且，由于钢和玻璃的再生性，无形中又使密斯对于钢及玻璃的偏好，融入了更新层次上的生态思想[1]。

图 4-17　吐根哈特住宅

资料来源：罗小未主编. 外国近现代建筑史. 北京：中国建筑工业出版社，2004：85.

5. 阿尔托

阿尔瓦·阿尔托是现代主义运动中讲究人情化与地域倾向的代表。他肯定建筑必须讲经济，批评不讲人情的、技术的功能主义，提倡建筑应该同时并进地综合解决人们的生活功能和心理感情需要。他的建筑很多都用当地出产的砖、木等传统建筑材料，反对不合人情的庞大体积，他那极富北欧地方气候、地势特色的、朴素的建筑在现代主义潮流中一直保持着与人、环境相协调的基本原则，体现出一种特有的朴素生态建筑观（图4-18）。

图 4-18　阿尔托的住房和工作室（Aalto's Own House and Studio）

资料来源：http：//dolcn. com/data/cns_1/news_21/conference_212/cgen_2129/2005-05/1115822726. html

4.2.3　“生物气候地方主义”类型注重生态的建筑设计理论和实践

很久以来，人们已经认识到：把人对于热环境的反应表达为单一的环境因素如空气温度、湿度及气流速度的函数是不可能的，因为这些因素同时对人体施加着影响，且任一因素的影响又取决于其他因素的水平[2]。人们

1　刘先觉编著. 密斯·凡·德·罗. 北京：中国建筑工业出版社，1992：7-26，80-82，89-94.

2　（美）B·吉沃尼著. 人·气候·建筑. 陈士驎译. 王建瑚校. 北京：中国建筑工业出版社，1982：68.

对最佳舒适气候的研究是从评价空气温度、湿度及气流速度等各个因素对人体生物舒适感的影响开始的，即与热指标、热感觉相关的研究开始的；后来逐渐认识到辐射温度的重要性，随后又进一步考虑了新陈代谢率、衣着以及太阳辐射等作用的影响，则是以各种气候因素与人体活动的综合作用为前提，评价人体的各种生理反应，特别是排汗率的反应[1]。人体生物舒适度就是指在不特意采取任何防寒保暖或防暑降温措施的前提下，人们在自然环境中是否感觉舒适以及达到怎样一种程度的具体描述[2]。人体舒适度预报也叫做体感温度预报，就是以"舒适指数"的形式对舒适进行数字化定义，用来反映不同的温度、湿度等气象环境下人体的舒适感觉，舒适指数一般分为风寒指数和炎热指数[3]。经过亚格洛、米森纳、贝尔丁、哈奇、奥戈雅、吉沃尼等人的不懈研究，人们逐渐建立了关于人体生物舒适度的全面认识，在此基础之上，形成了"生物气候地方主义"（Bioclimatic Regionalism）的建筑设计理论。

4.2.3.1 与能量关联的、适应地域和气候条件的建筑设计理论和实践

一切物质都处于不同形式的运动中，而所有的运动必须通过消耗能量来维持，能量是一切生命得以延续的物质基础，更是维系人类生存与发展的基本条件。人类与环境的关系归根结底是物质与能量的交换，在人与环境的联系中，能量是一个重要的纽带。建筑的首要目的就是要限定一定空间的有别于自然气候的人工气候，在绝大多数情况下，建筑环境的维持必须依靠一定的能源层级支持来完成，它是一个通过不断输入能量而形成、维持并逐渐复杂化的有序结构。地球上最原始、最初级的能源首先表现为气候能源，其他各种形式的能源都是气候能源转化的结果。在气候学中，狭义的气候能源是指来自地球以外宇宙空间的辐射能，以及大气中的热能、风能等。广义的气候能源概念还包括由降雨转化的水动能、受大气环流影响的波浪能、海流能等等[4]。

气候能源无处不在、来源广泛，不产生污染，是洁净的可再生能源，所以人们从来没有停止过对气候能源开发和利用的探索。地域与气候条件决定着气候能源的性质和大小，而建筑始终处于气候能源的"场"中，因

---

1 参见本文．4.2.3.1 与能量关联的、适应地域和气候条件的建筑设计理论和实践及 4.2.3.2 生物气候地方主义建筑设计理论的形成和实践．

2 人体舒适状况随着文化不同而存在着差异，也随着个人的物理状况（比如动态、静态）以及心理状况的不同而变化，同一个人全年所能接受的舒适程度也有变化，所以一个人可能提出夏季与冬季不同的舒适范围，但是也存在一个明显的温度、湿度以及通风范围。在此范围之内，人体会感到舒适，超过这一范围，人体就会产生不适感，环境温度是影响人体热量平衡的主要因素。

3 风寒指数用来表示人体失热与风速、气温的关系，炎热指数反映人体吸热与气温、湿度、太阳辐射之间的关系。

4 张家诚，林之光著．中国气候．上海：上海科学技术出版社，1983：569.

而对建筑而言开发利用气候能源具有得天独厚的优势。另一方面，气候和地域是紧密联系的两个概念[1]，人们也从来没有停止过对建筑与气候、建筑与地域关系的研究。与能量关联的、注重生态的、适应地域和气候条件的建筑设计理论和实践，主要从利用太阳能和被动式制冷等方面开始，是以降低建筑能耗为目的。例如为了充分利用太阳光，保证冬季的日照时间，法国住宅部官员奥古斯丁·雷于 1913 年研究了 10 个大城市的住宅日照间距问题，得出了一些有益的结论，例如“莫斯科南北向 21m 高的住宅，为了保证冬至日两个小时的日照，间距应为 105m；而同样高的住宅在华盛顿间距为 42m 的情况下，就可以保证三小时日照等……”[2]。

20 世纪 20～30 年代，随着对生物圈科学研究的深入，生物学家指出除了适应性强的人类以外，几乎没有其他生物能在所有的地球气温带内生存；另外，1923 年英国学者霍顿（Houghton）、亚格洛（Yaglou）和米勒（Miller）等人，因建筑上的研究提出了有效温度（感觉温度）的实验报告（ET），时至今日这也是对热环境进行评估的重要指标之一，即在不同的温度、湿度和风速的综合作用下所产生的热感觉指标——当人体处于普通衣着的状态（比如：阅读、写字）时，感觉温度的降低与风速成正比，尤其是在高湿度的环境中，其降低量尤其显著。科学研究上的进展，向当时的建筑师提出了如何针对各种不同气候地域的特点，进行适应于气候的建筑设计。当时的建筑师构想出了很多设计解决方案，其中一个比较典型的例子就是柯布西耶创造的“遮阳构架”[3]，这是一种“国际式和地方式解决方案的杂交，体现了现代的技术和乡下的智慧”[4]。这样，遮阳构架与 1928 年柯布西耶设计北非迦太基别墅方案时采用的凹入的廊子，成为适于热带高温气候设计形式的代表。柯布西耶在自己的“自由立面”体系中，增加了新的元素，并将其应用于南美、北非、印度的很多设计方案中，而这种新元素的创造根源正是基于对气候的适应性[5]。英国皇家建协1932年在协会期刊

---

1 气候和地理是相互联系的概念，地理因素是气候成因的三大要素之一。参见周淑贞等主编．气象学与气候学．北京：高等教育出版社，1997.

2 Aronin J. E. Climate and Architecture. New York：Reinhold Publishing Corporation，1953：113. 转引自宋晔皓．欧美生态建筑理论发展概述．世界建筑，1998，1：68.

3 “遮阳构架”实际上就是将蜂窝巢状的遮阳构件与玻璃立面结合在一起，以便遮挡照射在玻璃立面上的阳光，这是柯布西耶多次去北非旅行，研究了当地的建筑，尤其是摩洛哥当地的木格屏（Mashrabiya）和花窗格（Claustrum）之后创造的。为了保持自己的框架形式，柯布西耶将木制的格屏和砖制的花窗格替换为现代产品，即钢筋混凝土框架，并经历了一个从简单的外部构件到直接整合于建筑结构的发展过程。

4 Curtis W. J. R. Le Corbusier：Ideas and Forms. London：Phaidon，1986：116. 转引自宋晔皓．结合自然整体设计——注重生态建筑设计研究．北京：清华大学博士论文，1998：9.

5 （美）肯尼斯·弗兰姆普敦著．现代建筑——一部批判的历史．原山等译．北京：中国建筑工业出版社，1988：187.

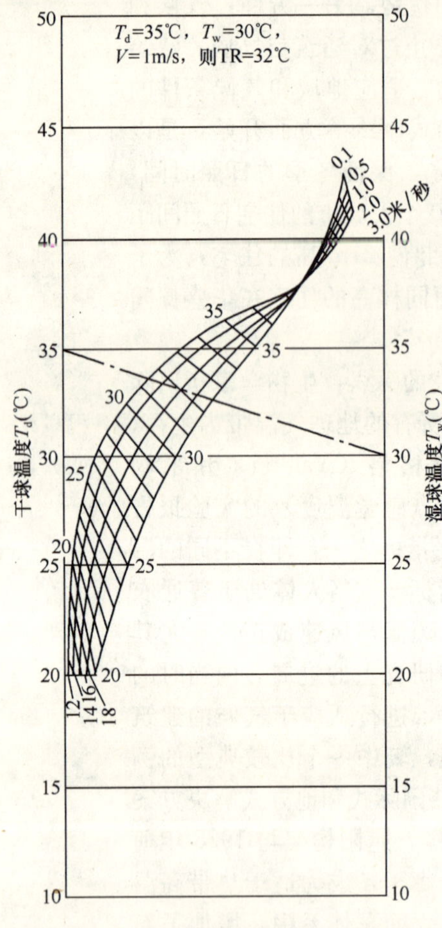

图 4-19　合成温度指标图表

资料来源：（美）B·吉沃尼著．人·气候·建筑．陈士驎译．王建瑚校．北京：中国建筑工业出版社，1982．转引自宋晔皓．结合自然整体设计——注重生态的建筑设计研究．北京：清华大学博士论文，1998：11.

上发表了主题为“建筑定位”（The Orientation of Buildings）的研究成果。杰里夫·库克认为：“芝加哥的柯克兄弟 1933 年发明了太阳房，利用收集太阳能解决住宅采暖供热，同时采用密封的双层玻璃减少冬季日室内散热量。”[1]

20 世纪 40～50 年代继有效温度提出后，1948 年法国学者米森纳（Misener）提出了合成温度的概念（图 4-19），它是在人体与环境之间取得热平衡的实验中形成的，因此在实验中人置身于试验条件下所经历的时间较长。虽然合成温度指标的构成结构与有效温度指标完全相同，但是合成温度指标与观察到的生理反应更为一致些[2]。1955 年美国匹兹堡大学的贝尔丁和哈奇，根据给定热环境中作用于人体的外部热应力、不同活动量下的新陈代谢产热以及环境蒸发力等理论计算而提出热应力指标（H. S. I）。所以这一时期气候和地域条件成为影响设计的重要因素，美国的理查德·纽特拉、路易斯·康、保罗·鲁道夫等，巴西的奥斯卡·尼迈耶（Oscar Niemeyer）[3]、卢西奥·科斯塔等建筑师的许多作品中都充分考虑了气候和地域这两个因素对设计的重要影响作用，尤其是对太阳直射光线的控制，比如柯布西耶作顾问、由科斯塔和尼迈耶设计的位于里约热内卢的巴西教育卫生部大楼（图 4-20）。1957 年维克多·奥戈雅（Victor Olgyay）和阿拉代尔·奥戈雅（A. Olgyay）两兄弟出版了名为《太阳光控制和遮荫设备》一书，研究了上述很多建筑师的设计，从科学的

1　Cook J. Global Indigenous Architecture. Process：Architecture，1991，98：5-18. 转引自宋晔皓. 欧美生态建筑理论发展概述．世界建筑，1998，1：68.

2　（美）B·吉沃尼著．人·气候·建筑．陈士驎译．王建瑚校．北京：中国建筑工业出版社，1982：73.

3　1987 年联合国教科文组织将巴西利亚这座落成不到 30 年的城市列为世界文化遗产，这是世界对巴西现代建筑设计的最高评价，建筑师奥斯卡·尼迈耶随之名扬天下。他在 91 岁高龄时获得世界建筑界的最高荣誉——英国大不列颠皇家建筑学院金奖，这也是拉美建筑师首次获此殊荣。

角度进行了总结归纳[1]。

4.2.3.2　生物气候地方主义建筑设计理论的形成和实践

图 4-20　巴西教育卫生部大楼

资料来源：Curtis W. J. R. Modern Architecture Since 1900，1982. 转引自宋晔皓. 结合自然整体设计——注重生态的建筑设计研究. 北京：清华大学博士论文，1998：9.

进入 20 世纪 60 年代，美国环境与建筑方面的科技工作者吉沃尼（B. Givoni）在贝尔丁和哈奇的研究基础上，于 1962 年提出了另外一种热应力指标（I. T. S），用以表述人体与环境之间热交换机理的生物物理模式，由此可计算出加于人体的总热应力（新陈代谢的热应力＋环境热应力）[2]。这一时期随着全球性的绿色运动、生态运动的兴起，建筑界开始更加全面、理性地研究建筑与气候的关系，发端于欧美国家的生态建筑研究在早期就将重点置于对地域气候的关注，形成了“生物气候地方主义”的设计理论——1963 年维克多·奥戈雅完成了其专著《设计结合气候：建筑地方主义的生物气候研究》[3]，标志着生物气候地方主义理论的确立。这本书概括了 20 世纪 60 年代以前建筑设计与气候、地域关系的各种成果，首次系统地将设计与气候、气候和人体生物舒适感结合起来，提出了符合生物气候设计原则的“生物气候地方主义”设计方法。将满足人体的生物舒适感觉（冷、热、干、湿等）也作为设计出发点之一，从以往一味孤立地强调创造人工舒适气候与自然气候的对立，转向追求人工气候与自然气候的和谐共生，将建筑对气候的利用置于一个宏观的时空背景下来考量，使之进入了一个更高的层次和崭新的阶段[4]。

生物气候地方主义设计理论注重研究建筑形态与地域气候以及人体生物感觉三者之间的关系，其基本原则是通过建筑设计和构造设计，控制一些气候要素对建筑的影响，这些要素包括：建筑物所吸收的以及透入房间

1　V Olgyay，A. Olgyay. Solar Control and Shading Devices. Princeton：Princeton University Press，1957. 转引自宋晔皓. 结合自然整体设计——注重生态建筑设计研究. 北京：清华大学博士论文，1998：10.

2　吉沃尼认为有效温度指标并不可靠；合成温度仅适用于人体休息或进行伏案工作时的反应；热应力指标（H. S. I）适合于分析造成热应力的各种因素之间的相互作用，但是难以预测热应力的生理反应；他提出的这个热应力指标（I. T. S），对一定的新陈代谢条件内的各种场合均合适。

3　Victor Olgyay. Design with Climate：Bioclimatic Approach to Architectural Regionalism. Princeton：Princeton University Press，1963.

4　20 世纪 80 年代以后吉沃尼对奥戈雅的生物气候设计方法的内容提出了一些改进。

内的太阳辐射量，室内的空气温度，室内的气流速度以及水蒸气压力等等。生物气候学设计理论的另一个重要主张是，提倡在设计中尽可能运用低能耗的被动式技术与当地气象数据相结合，尽量利用气候中的有益要素，从而在降低传统能耗的同时，提高舒适环境质量。尽管生物气候学方法并不能在建筑中完全取代设备系统，更不能免除能量的输入和输出，但如果建筑中考虑了生物气候学设计，就可以全面调动外界气候中的有益要素，把一年中不需要耗能设备的时间延长，即使在使用这些设备的情况下也会降低传统能耗。

1. 奥戈雅的生物气候地方主义设计方法

奥戈雅认为建筑设计的出发点是人体生物舒适度要求以及特定设计地段的气候条件，应该按照上述二者的特点进行适应气候的建筑设计，通过设计以自然的而不是机械空调的方式满足人们的生物舒适感觉。他认为空调设计所依据的舒适标准过于敏感，而忽视了人们可以随温度的冷暖变化，酌情增减着装的可能，因此恒定的温、湿度舒适标准并不必然是人们最舒适的感受。他的生物气候地方主义设计方法是基于“生物气候图”——通过对气候资料进行分析来研究室内气候的舒适条件（图 4-21），该图包括与周围的空气温度、湿度、平均辐射温度、风速、太阳辐射强度以及蒸发散热等因素有关的人体舒适区，可以利用干球温度和湿球温度来界定最舒适气候范围，并且提出相应数据作为最舒适气候调整的依据，以提出室内环境的舒适指标。

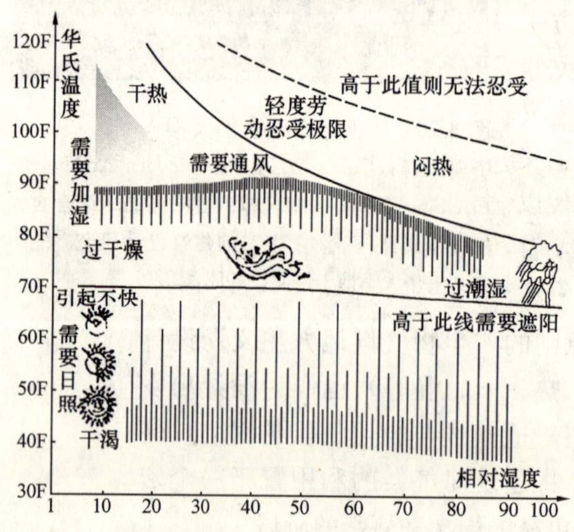

图 4-21　奥戈雅的“建筑生物气候图”

资料来源：V. Olgyay. Design with Climate. 转引自宋晔皓. 结合自然整体设计——注重生态的建筑设计研究. 北京：清华大学博士论文，1998：13.

在图表上，舒适区的低限将气候条件分为两类：在此界限以上的部分称为过热期，应采取遮挡太阳等措施；在低限以下的部分为需要日照的低热期。这样确定气候类型之后，根据图上的标示就可以判定通风、蒸发散热及遮阳或日照等方面为满足舒适的需要量——将某一地区的气候条件输入该生物气候坐标图，就可以了解该地区的气候可适性，同时很容易针对该地区的气候条件提出达到舒适性的对策：温度不足时，提高必要的辐射量和增加四周围护结构的平均温度；温度超过舒适条件时，进行遮阳，降低四周围护结构的温度，增加风速；湿度过高时，进行必要的通风；湿度不足时，增加空气中的水蒸汽含量；在不同的作业环境中，人体有不同的环境忍受极限。在此基础之上，奥戈雅认为建筑设计应遵循：气候→生物（舒适）→技术→建筑的过程，基本过程如下：调研设计地段的各种气候数据，如温度、湿度、日照强度、风向风力等构成地域气候状况的要素，这一过程也就是明确问题的外围条件的过程；评价各种气候要素对人体舒适感觉的影响；采取技术手段解决气候与人体舒适要求之间的矛盾[1]；结合特定的地段，区分各种气候要素的重要程度，采取相应的技术手段进行建筑解题，寻求最佳设计方案[2]。

生物气候地方主义理论系统地对地域气候的通风、日照等因素进行了充分的研究，在建筑设计上的应用是将不同的气候需要反映在建筑设计的过程当中，即以干湿球的记录图作为基础，给建筑师较敏锐的说明，包括建筑物外形的影响因素，以及在已知的气候环境下，如何控制环境使得室内达到人体舒适要求。遵循奥戈雅的生物气候地方主义设计策略，可以设计出适合特定地域气候条件，同时又可以满足人体生物舒适感的设计方案；这些理论较大地影响了以后注重气候的建筑设计，例如20世纪70年代德国适应气候和节能的建筑研究[3]，即利用干湿球节能设计手段，设计师能够将设计方案与气候条件相结合，可以充分利用自然资源，尽量做到建筑物的最低能量消耗，达到建筑节能的目的。

2. 吉沃尼的生物气候地方主义设计方法

20世纪80年代以来吉沃尼在其《人·气候·建筑》一书中，对奥戈雅的理论和方法作了改进，他认为奥戈雅的方法存在一定的局限：这种方法对于人体生物感受的分析是基于室外的气候条件，只适用于潮湿地区，因为潮湿地区的白天通风必不可少，因此室内外条件相差不大[4]。为了正确反映人体室内的生物感受，吉沃尼以炎热气候地域和地中海气候地域为研究对象，采取应用热应力指标（I. T. S）来评价人们对舒适的要求，由此确定相应的设计策略。

吉沃尼改进后的生物气候地方主义设计方法的基本过程如下：第一，分析气候条件。根据产生夏季过热、冬季过冷以及雨季期间的潮湿的问题（根据气候特点，在一年的不同时期，设计要求的侧重点会有所不同），分析气候特点。一般而言，室外温度、水蒸气压力和风速等，均应该按照最热月和最冷月的资料拟制。第二，在炎热气候条件下选择设计方案。首先

1 例如建筑日照及其阴影范围评价，如何引导气流、保持室内热量，等等。

2 宋晔皓．欧美生态建筑理论发展概述．世界建筑，1998，1：69.

3 Hillmann G，Nagel J，Schreck H. Klimagerechte und Energiesparende Architektur. Verlag C. F. Muller，1981. 转引自宋晔皓．欧美生态建筑理论发展概述．世界建筑，1998，1：69.

4 （美）B·吉沃尼著．人·气候·建筑．陈士驎译．王建瑚校．北京：中国建筑工业出版社，1982：273.

对于用以下两种方法所得到的室内舒适条件进行对比性检验：其一为采用有效的通风，其二为降低室内的温度，使之低于室外水平，比较的标准是使用者感受到的热应力以汗蒸发量造成的体重减轻量表示。如果利用通风可以达到舒适水平，那么建筑设计和构造材料选择的主要目标是提供良好的通风。如果通风不足以满足舒适要求，或者由于某种原因，不希望白天进行通风，则可以采用第二种处理方法使得室内温度降至低于室外的水平，这时建筑设计和构造材料选择的主要目标是降低室内的温度。第三，采用建筑生物气候图选择具体的设计策略。吉沃尼根据不同的温度变化幅度以及水蒸气压力组合成的环境条件，把依赖通风、降低室温、蒸发散热或空调等方式的适用范围均表示在一个图上，即建筑生物气候图[1]，如果气候条件超出了所有这些可用通风、建筑材料选择或蒸发散热的办法来保证室内热舒适的范围，就必须采用机械制冷或空调措施（图 4-22）。

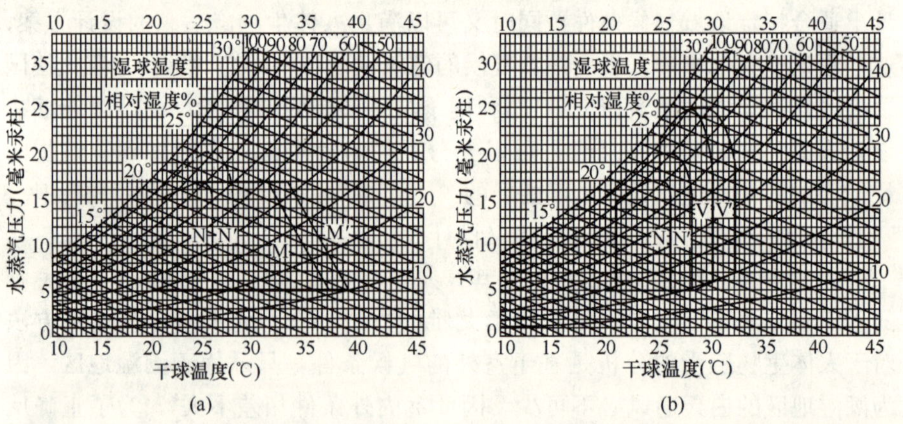

图 4-22　吉沃尼的"建筑生物气候图"

资料来源：（美）B·吉沃尼著．人·气候·建筑．陈士驎译，王建瑚校．北京：中国建筑工业出版社，1982. 转引自宋晔皓．结合自然整体设计——注重生态的建筑设计研究．北京：清华大学博士论文，1998：15.

但是正如吉沃尼自己所承认的那样："建筑生物气候图"本身是不精确的，当实际的气候条件与拟制该图表所假设的气候条件有出入的时候，像其中的温度变化幅度就可能会超出图表中所标示的范围。因此图表上各个区域的界线只是提供各种可能和适用的热控制方法。实际的生物舒适感受应该与特定气候和地域条件结合起来考虑，同时应该充分兼顾建筑师可能采用的各种被动式制冷或供暖设计策略[2]。吉沃尼提出的方法和奥戈雅的方

1　（美）B·吉沃尼著．人·气候·建筑．陈士驎译．王建瑚校．北京：中国建筑工业出版社，1982：277.

2　宋晔皓．结合自然整体设计——注重生态建筑设计研究．清华大学博士论文，1998：15.

法没有本质的差别，都是从人体的生物气候舒适性出发分析气候条件，进而确定可能的设计策略，只是各自采用的生物气候舒适标准有一定的差异，应该说是前者对后者的改进，即实际的生物舒适感应该与特定的气候和地域条件结合起来考察，应该充分兼顾建筑师可能采用的各种被动式制冷或供暖设计策略[1]。

3. 各地针对不同地域气候的设计策略探索

由于地理和气候条件的多样性和复杂性，地理学和气候学上存在多种气候类型的划分方法。借鉴奥戈雅将地球上的地域气候类型大致分为四种不同的气候条件类型：干热气候、湿热气候、温和气候和寒冷气候[2]，很多建筑师在20世纪40～60年代注重地域和气候条件研究的基础上，进行了深入的探索和实践。

1）查尔斯·柯里亚（Charles Correa）

探索湿热地域气候条件下设计策略的印度建筑师查尔斯·柯里亚，[3]认为过去和现在的很多乡土建筑，体现了对气候的适应，在深层结构的层次上，气候条件决定了文化和它的表达方式、它的习俗、它的礼仪。在本源的意义上，气候是神话之源；因此，在印度文化中，开敞空间中的玄学属性乃是它们所依赖的炎热气候。柯里亚对地处亚热带和热带印度建筑的通风、遮阳和视野作了统一的考虑，提出了“形式追随气候”的设计理论，他以从印度建筑中发掘出来的、根据印度技术和气候条件所创造的“通向露天的空间”（Open to Sky Space）[4]为主的设计策略，形成了很多适应气候的设计策略。

在印度雨季季风性气候条件下，围绕主空间的走廊为建筑提供了气候防护，这样门窗可以保持开敞以利于通风，如斋蒲尔的住宅设计中采用了这一概念；在剖面设计中对日照和气候条件深入研究，利用空气对流散热，

---

1 20世纪80年代初期，R. Goldman、M. Hoffman、M. Milne通过大量的资料数据和个例系统地论述了“人—气候—建筑”之间存在着的密切关系。研究专题有：气候要素及其在生理、感觉和生物物理方面的影响，以及评价气候要素对人体综合影响的方法；建筑材料的热物理性能及其对室内气候与潮湿状况的影响；太阳辐射对建筑物的影响以及与控制日辐射有关的设计问题；建设通风；按不同气候类型（主要是热带及亚热带）提出设计原则与设计细节。

2 Victor Olgyay. Design with Climate：Bioclimatic Approach to Architectural Regionalism. Princeton：Princeton University Press，1963：6-9.

3 柯里亚曾在美国密执根大学和麻省理工学院学习建筑，1958年毕业后在孟买成立建筑事务所。在近四十年的建筑实践中，其作品因特别重视气候条件、地方资源和本土文化以及为第三世界低收入者发展住宅而获得了世界声誉。

4 “通向露天的空间”一方面是指实体性的露台或半露台空间，诸如家庭院落、阳台、屋顶平台以及内廊等等，另一方面体现了印度特有的利用室外和半室外空间的生活方式。柯里亚在一般人认为庭院具有调节微气候、影响土地利用模式之外，格外重视庭院对人们生活模式的影响，而且强调在热带气候条件下，空间就如同钢筋混凝土一样是一种宝贵的资源和利用自然通风的“管道式住宅”（Tube House）。吴良镛. 再论建筑学的未来. 建筑学报，1998，1：7.

在阿姆拉巴德的低造价住宅中，利用烟囱效应产生的热空气对流，加速室内空气的流动，改善了室内通风效果。又如在阿姆拉巴德的帕里克哈住宅中，夏季区夹在冬季区和服务空间的中间，设计了一个金字塔形的室内空间剖面形式（夏季剖面），使得室内空间同天空的接触面较小，减少室外太阳热辐射对室内空间的直接影响，保护着内部的生活空间，可以在一年中的夏季使用，或者在一天中的白天使用，称为“夏季区”。另一个倒金字塔形的室内空间剖面形式（冬季剖面），室内空间向天空开敞，可以充分接受室外太阳热辐射，可以在一年中的冬季使用，或者在一天中的夜晚使用，称为“冬季区”。在需要穿堂风的地域，中央空间设计成建筑的次空间（作为交通枢纽而存在），利用中央空间与周围空间的温度差异，作为通风管道而从布置在周围的主空间中拔风，促进室内空气的对流，如阿姆拉巴德的哈金森住宅；在孟买附近的滨海地区等湿热气候地域，柯里亚在居住区域与室外之间创造了一个具有防护作用的两层花园平台，遮挡下午的阳光及季风的影响，如宇宙城市公寓、伯依司住宅、孟买干城章嘉公寓等[1]。他还把悬挑在砖石住宅建筑上的遮阳架运用到其他的建筑类型，如海德拉巴士被动式太阳能 ECIL 总部综合办公楼；在湿热气候条件下，柯里亚将建筑的各个功能部分分解成一系列单体，以保证自然的通风，如甘地纪念馆、帕特瓦汗住宅等（图 4-23）。

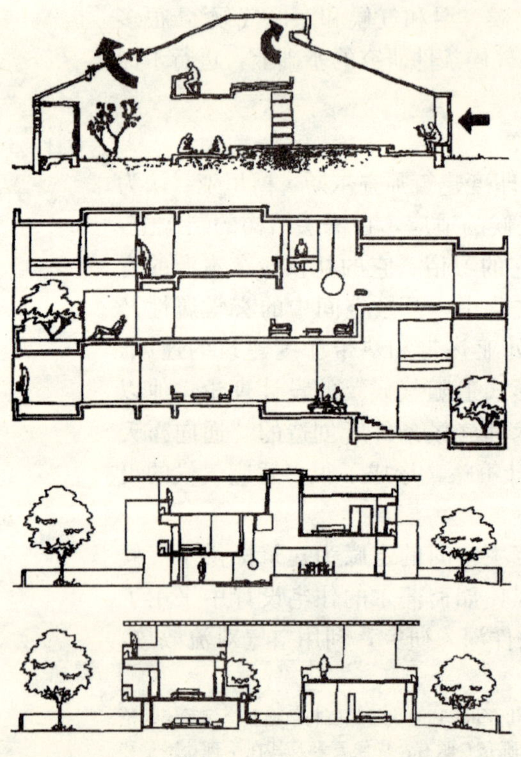

图 4-23　柯里亚的典型住宅剖面——管道式住宅剖面（Tube House Section）、干城章嘉公寓楼剖面（Kanchan junga Section）、帕里克哈住宅夏季剖面和冬季剖面（Parekh House Section）

资料来源：Kenneth Frampton. 查尔斯·柯里亚作品评述. 饶小军译. 世界建筑导报，1995：5-6.

综上所述，柯里亚关于气候对于建筑的影响，不仅认识到其物理方面，而且深入到文化、习俗和生活方式等方面，不是对传统印度建筑的简单、肤浅的堆砌和拼凑，而是对本国、本土文化深层次的探索与思考。注重气候条件、本国和本土化是他作为一个亚洲、第三世界国家建筑师对世界建筑的重要贡献。

1　查尔斯·柯里亚．建筑形式遵循气候：一份来自印度的报告．李孝美，杨淑蓉译．高亦兰，孙凤岐校．世界建筑，1982，1：54-58.

2）哈桑·法赛（Fathy）

探索干热地域气候条件下设计策略的埃及建筑师哈桑·法赛，在其长期理论、实践中体现了如何把过去的民族传统与现代的技术、材料和形式结合起来的原则，通过自己的实践，重新评价了传统建筑中适应气候的设计策略，提出了发展和改进的措施。他认为传统建筑中的设计策略与现代技术相比较，往往能够同人体的生物舒适感和要求相适应，并且能够起到和谐和保护生态环境的作用。所以法赛在设计研究和实践中，坚持引入其他学科（如现代物理学、农学、气象学、空气动力学、生理学和材料技术等）的研究成果，来科学地分析和研究传统建筑技术策略和方法，而且坚持建筑必须与周围环境相协调、保护自然生态环境的思想。此外，为了说明气候对各种传统建筑形式的影响，法赛还研究了屋顶随不同地域气候而产生的变化，认为这是气候造成建筑形式不同的一个主要体现。

建筑师往往需要通过适宜的建筑和规划设计，解决建筑物的防护、减少热量的吸收和提供足够的制冷，来应对干热和暖湿气候地域气候对建筑及人的影响。法赛认为由于现代形式和材料的优越性，而放弃了当地传统的设计策略，转向一些现代化的设计策略是不当的，应该发展和完善这些传统的设计策略，使它们适合现代的需要[1]。法赛革新和发展了利用屋顶敞廊、拱顶和穹顶抽风技术的传统设计策略，来控制屋顶散热对室内的影响；此外，法赛借助于他发明的一些附属设备，来提高空气的流速，这样既保证卫生，又保证热舒适。例如，改造了传统的风塔后，上方的通风口正对主导风向，白天风进入风塔后，经过通道内壁镶的倾斜金属盘内的湿木炭降温，可降低温度10℃左右，晚间工作原理反之。又如增加捕风窗的尺寸，同时在导风通道中悬挂浸湿的织物，既可以增加空气的流速，又可以提高冷却效率（图4-24）；法赛还对传统内庭院的降温方法作了改进，引入了传统建筑中的凉廊，完全向庭院开敞，使得热空气上升并引入较为凉爽的冷空气；法赛较为成功的研究和实践之一是用灰泥代替水泥的土坯建筑（埃及传统的土坯建筑有近3400年的历史），他研制了用扁斧进行砌筑的、含稻草多的轻型土坯砖，使用于新型土坯建筑中。例如，在洛克桑大峡谷的新古尔那居民村采用了这种土坯建筑技术，建筑师、用户和建造者一起营建，使当地的人们由此学会了用土坯建筑技术建造自己的住房，这样比惯常的工程承包节省50％的造价，这种革新和发展后的传统技术和做法可以使生活在赤贫、付不起房租的穷人解决住房问题。另外，风干土坯墙的导热性差、保温时间长，适于上埃及炎热而干燥的气候，这种土坯墙使白天室内

1　法赛从建筑影响微气候的7个方面，诸如：建筑形态、建筑定位、空间设计、建筑材料、建筑外表面的材料肌理、材料颜色和开敞空间设计（街道、庭院、花园和广场等），分别对传统建筑设计策略进行了评价，并提出了发展后的设计策略。

温度降低，晚间土坯散热后又能使室内温度比室外高，他还通过将房屋围成无顶的院子产生竖井作用来给室内降温。

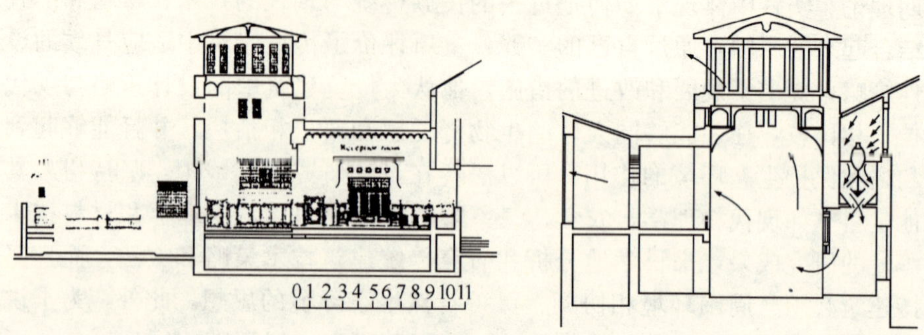

图 4-24　法赛设计的别墅剖面及通风冷却示意

资料来源：H. Fathy. Natural Energy and Vernacular Architecture：principles and examples with reference to hot arid climates. Chicago：The University of Chicago Press，1986. 转引自宋晔皓. 结合自然整体设计——注重生态的建筑设计研究. 北京：清华大学博士论文，1998：21.

法赛的工作在精神上唤醒了阿拉伯人民尊重自己的文化传统和民族特性，通过对传统建筑及其设计策略的再认识、革新和发展，提出了当代建筑在干热气候条件下的设计策略，使他设计的住宅、戏院等建筑，均能从传统的形式与技术策略出发，通过革新和发展创造前所未有的形式。

3）拉尔夫·厄斯金（Ralph Erskine）

探索高寒地域气候条件下设计策略的瑞典建筑师厄斯金，是英国人而非土生土长的瑞典人，在建筑适应高寒气候、追求经济实用和节约能源方面，他有自己独到的见解。厄斯金认为就建筑采取措施减少室内外之间的热交换而言，不管热量从室内向室外传递（高寒气候）或是从室外向室内传递（干热气候），采取的技术手段该是相似的。厄斯金在早期实践中采用了减小建筑体形系数的策略来减少建筑能量的向外传递，后期则转向了应对高寒气候条件而采取针对性的建筑设计和构造设计，并利用空气动力学原理，在规划设计中引导有益的夏季风而遮挡有害的冬季风。其具体的设计策略是：为减少极端气候的影响，在规划设计上将板式高层建筑布置在冬季主导风向，而将多层、低层建筑布置在夏季主导风向；同时，在建筑设计上将北侧开小窗或不开窗，并且布置次要的房间，而在南侧开的窗户尺寸合适，以争取足够的阳光；另外，为了防止冷桥现象及减少主体建筑的散热，对于阳台和挑台等挑出主体建筑的部分，在构造设计上使之脱离主体建筑形成独立体系；厄斯金注重北欧季节变化的影响，在环境设计中为人们设计了不同季节活动的场所，并且强调建筑室外空间要适应气候特点（图 4-25）。

4）其他各地建筑师的探索

因为日本是缺乏资源的岛国，特别在20世纪60年代结合创造日本民族新风格、新建筑文化的探讨中，日本建筑师很重视利用地方气候手段进行节省资源、降低能耗的设计，如丹下健三的香川县厅舍、枚冈市厅舍、大谷幸夫的京都国际会馆，都做出了不少成就。拉丁美洲建筑在炎热地区，用透空的瓦楞遮阳板代替大玻璃窗墙面等一系列措施，在结合气候、环境和现有条件等方面都有所创造。另外，在设计风格、材料及美洲文化方面也极富特色，如使用火山区的火山熔岩、地方产木材等等。上文中提到的巴西建筑师科斯塔和尼迈耶设计的巴西教育卫生部大楼，底层柱廊架空以利于通风，屋顶设花园，北面设遮阳板，既能遮阳又能通风和遮蔽视线，这种富有节奏感、秩序感、适应热带气候条件的设计后来被广泛效仿于热带地区的建筑中，所用的材料也能抵御巴西的湿热气候，蓝色釉瓷砖饰面和热带花园极富地方特色。SOM事务所在沙特国家商业银行的设计中，极其注重地方气候条件，除在东、南、西立面上有3个8层高的大洞外，其余部分均是实墙，以防暴晒和风沙。巨型洞口结合中庭促使空气流动并引入光线，还能透过空洞观赏城市景色，充分体现了形式与气候的巧妙结合。

图 4-25　厄斯金设计的北欧住宅区

资料来源：Erskine R. Architectural in general/architecture, climate and energy in particular.

4.2.4　"生态决定论"类型注重生态的建筑设计理论和实践

自20世纪60年代末至70年代初贝尔系统地提出后工业化社会概念后，1971年罗马俱乐部的米都斯等人发表了《增长的极限》[1]，揭示了人类社会面临着有史以来意义最为巨大的转变，它涉及人类生存观念的变革的开始，伴随全球对新的发展观的探索，学者们提出了可持续发展的思想[2]，迅速成为全球思考的热点，这对处于萌芽状态的注重生态的建筑而言无疑是一个巨大的促动，重返自然、建筑与自然环境的协调发展日益成为建筑师思考的焦点。另一方面，建设性的后现代主义者如美国的小约翰·科布、大卫·格里芬、大卫·伯姆等人倡导的是对现代性的批判而不是要解构现代性，其目的是要超越现代性，进而重建人与自然、人与人的关系，这就需要建立一种生态的世界观。格里芬认为"后现代思想是彻底的生态学的"，因为"它为生态运动

1、2　参见本文. 1.1.2.2　可持续发展思想的诞生.

所倡导的持久的见解提供了哲学和意识形态方面的根源。"[1]生态决定论类型注重生态的建筑设计理论和实践，从萌芽阶段就受到这些思想的影响[2]，其观点强调回归自然界、稳定地球上的科学和技术，其理论受人类对自然界、对自然条件和自然资源的主动性有极限、有限度思想的影响，其建筑设计的出发点对未来持有悲观的态度，其技术哲学思想带有强烈的技术悲观主义色彩。所以在建筑设计中往往采取对周围自然环境完全保护的策略，持自然保护压倒一切的观点，需要指出的是，这是一种对待自然环境比较消极的态度。生态决定论类型注重生态的建筑设计理论和实践的发展过程中，在很大程度上受到生态学家、生物学家、自然科学家和哲学家的影响，特别是20世纪60年代以后，全球性的绿色运动[3]，所以在实践中以生态学的基本原理为出发点，注重从生态学理论出发来指导建筑设计，更加偏重于理论上的研究，对注重生态的建筑设计理论的建立与发展做出了很大的贡献；但也正是因为如此，往往是其他学科理论和原理的移植，许多理论与实践相脱节，提出的许多设计策略和原则较为宏观、笼统和庞杂，往往使建筑师在实践中难以把握和操作，不免有流于空泛之嫌。

4.2.4.1 奈斯及深层生态学理论

世界范围内的生态主义、绿色运动，为本质上是后现代的深层生态学提供了理论渊源，深层生态学试图建立起一种新的本体论、一种新的思维方式，从这种意义上说："它同生态女性主义一道被称为生态后现代主义（Ecological Postmodernism）"[4]。在这种大的思潮影响下，深层生态学的理论重点是探讨人类和地球关系的基本问题[5]，其理论与绿色运动始终保持着密切的联系。

整体观念——深层生态学（Deep Ecology）[6]强调自然界是一个有机的整体，赞成"过程中的统一"，承认自然存在物的内在价值，并且认为近代哲

---

1 （美）大卫·格里芬著．后现代精神．北京：中央编译出版社，1997：9.

2 参见本文．1.1.2.2 可持续发展思想的诞生．

3 绿色运动的主要推动力量并非建筑师，而是一些生物学家、生态学家和自然科学家等，导致了全世界不同文化、不同民族、不同职业的人们共同关注、思考、研究和行动，最终的结果是促成了人们观念上的根本转变：从人本中心论转向环境中心论，最终发展至人与环境的和谐共生论。

4 徐嵩龄著．环境伦理学进展：评论与阐释．北京：社会科学文献出版社，1999：104.

5 宋晔皓．欧美生态建筑理论发展概述．世界建筑，1998，1：69.

6 当代西方环境伦理学（Environmental Ethics）或生态伦理学（Ecological Ethics），根据其所确定的道德关怀的范围，分为四种流派：现代人类中心主义、动物解放权利论、生物中心主义和生态中心主义。作为生态中心主义哲学的一种，深层生态学在现代环境伦理学中较有代表性。1972年9月，挪威哲学家阿伦·奈斯（Arne Naess）在第三届"世界未来研究大会"上作了题为《浅层的生态运动与深层的、长远的生态运动》的报告，通过与浅层生态学（Shallow Ecology）的比较，系统阐述了深层生态学的理论，深层生态运动由此发轫。在当代西方社会，深层生态学已经成为一种重要的思潮，同时深层生态学又是一种较为激进的理论，有较多的信仰成分，对人类中心主义的批判也显得过激，因此尚不完善，但是它含有较多有价值的合理的成分，因此日益受到社会的重视。

学所预设的人与自然、主体与客体的二元对立，是造成今天的生态危机的哲学根源。深层生态学强烈批判这种二元对立的世界观，而提倡"形而上学的整体主义"，把生物圈乃至整个宇宙看成是一个有机联系的整体，自然的实在（Reality）是相互联系、相互影响、相互作用、相互依赖的关系，这种关系处于不断的变化之中。人是自然界的一部分，自然界不是人和社会的外部条件，而是其内在机制。整体论是深层生态学的基石[1]；价值取向——奈斯认为，深层生态学的一个基本准则就是，原则上每一种生命形式都拥有生存和发展的权利。当然，正如现实所示，我们为了吃饭而不得不杀死其他生命。但是，深层生态学的一个基本直觉是，若无充足理由，我们没有任何权利毁灭其他生命。深层生态学的另一个基本准则是，随着人类的成熟，他们将能够与其他生命同甘共苦。说明了深层生态学的两个最高原则：自我实现（Self-Realization）和生态中心平等主义（Ecocentric Egalitarianism）[2]。深层生态学把内在价值的实现与生态系统的多样性结合起来，指出各种生命体的内在价值的实现有赖于生命形式的多样性，应该尊重每一种形式的生命生存和发展的权利。深层生态学家从事物普遍联系的观点出发，提出了把人类和非人类个体当成是自然这个整体的一部分来予以尊重的观点。如果我们破坏到了自然界的其他部分，就是破坏了自然的整体性，因此我们应尊重其他事物存在和发展的权利；平衡思想——深层生态学提出为了维护生态平衡[3]，人类应该与自然和谐相处而不应该征服和统治自然，相反人应该尊重和保护自然，应该服从自然的规律。深层生态学家看到了生态文明对人类存亡绝续的极端重要性，还提出了减少污染大于经济增长的主张，提倡用尽可能少的资源满足人们适宜的物质需要，节约资源，实现人类社会的可持续发展，强调在生产中循环运用物质和原

1 正如福克斯（W. Fox）所说："世界根本不是分为各自独立存在的主体与客体，人类世界与非人类世界之间实际上也不存在任何分界线，而所有的整体都是由它的关系组成的。只要我们看到了界线，我们就没有深层生态学意识。"

2 生态中心平等主义是指"生物圈中的所有事物都拥有生存和繁荣的平等权利，都有在较宽广的大范围内使自己的个体存在、得到展现和自我实现的权利。"非人类存在物之所以也有这种权利，是因为它们有其自身的"善"，有其内在价值（Intrinsic Value）。深层生态学认为，地球上人类和非人类生命的健康和繁荣有其内在的价值；就人类而言，这些价值与非人类世界对人的有用性无关。生命形式的多样性和丰富性有助于这些价值的实现，而生命形式的多样性和丰富性本身就是有价值的。德韦尔（B. Devall）和塞欣斯（G. Sessions）认为："生物圈中所有有机体和实体，作为相互联系的整体的一部分，拥有平等的内在价值。"这些内在价值的平等，决定了各种生命形式生存和发展权利的平等。

3 在现代生态学中，生态平衡是指生态系统在一定的时间内处于相对稳定的状态，包括结构上的稳定和功能上的稳定、物质和能量输入和输出的稳定。生态危机已经迫使人们认识到，人类文明除了物质文明和精神文明之外，还包括生态文明，物质文明和精神文明是建筑在生态文明之上的。如果人类畸形发展物质文明，而盲目地破坏生态文明，那么终有一天人类费尽千辛万苦构建的物质文明和精神文明都会毁于一旦。

料，以最大限度地减少污染，并节约原料。

深层生态学可以视为一种积极的生态世界观[1]，与浅层生态学相比较而言是性质截然不同的两种生态思想：例如在解决污染问题上，浅层生态学通常利用技术来净化空气和水，缓和污染程度，或通过法律把污染限制在许可范围内；但与之相反，深层生态学从生物圈的角度来评价污染，它关注的是每个物种和生态系统的生存条件，提倡的是系统范围内的“自净”，而不是把注意力集中于它对人类健康的作用方面。在对技术问题的认识上，深层生态学并不追求技术的复杂化、大型化，而主张走中间技术的道路，更倾向于人性化的、对环境有利的技术，对高技术的未来前景持审慎态度，其主要目标是追求适宜技术和软能源。深层生态学的技术主张并不意味着要回到过去，恰恰相反，它提倡发展更具人性的和独创性的新技术。

这些观点与理论体现在注重生态的建筑理论和实践中，认为建筑是整个环境中的一个有机组成部分，人类的建设不应破坏其他物种的生存环境；同时强调整体的建筑观点，认为建筑应该同周围的环境相协调，并应该对周围环境的保持做出一定的贡献，而且可以随着周围环境的变化而进行相应的调整。比如以赖特为代表的有机建筑理论体系中的建筑设计，就符合深层生态学的很多建筑观点。符合深层生态学理论要求的建筑应该至少满足三个方面的要求：首先，是不破坏周围环境；其次，同周围环境之间存在着相互影响和作用；第三，应该深入体现建筑和环境之间的整体感[2]。这些观点同绿色运动的观点相似。在这一时期，1973 年世界性的石油危机引起了兴建太阳能[3]建筑的高潮，尤其在德国、美国等地兴建了许多太阳能住宅[4]。这一阶段利用太阳能等可再生能源的思想认识，比起前面讨论的柯布西耶等人的朴素生态思想有了很大的进步，但是从本质上不同于后来的生态建筑，因为这一阶段利用太阳能只是为了寻找替代能源，而非后来的生态建筑对人工环境与自然环境的整体性考虑，即不仅仅是开发替代能源，更是强调建筑与自然环境的和谐以及融合的生态观。

4.2.4.2 舒马赫及中间技术观

德裔英国经济学家 E·F·舒马赫在对第三世界国家——印度进行深入

---

1 （美）小约翰·B·科布著．生态学、科学和宗教：走向一种后现代世界观．参见（美）大卫·格里芬编．后现代科学——科学魅力的再现．马季方译．北京：中央编译出版社，1995：125-144.

2 宋晔皓．结合自然整体设计——注重生态建筑设计研究．清华大学博士论文，1998：35.

3 自 20 世纪 60 年代以来，对于未来能源的关注使人们对可再生能源发生了巨大的兴趣，比如太阳能、风能、水利能、地热能、海洋能、潮汐能以及对动植物产生的废物的利用。在 20 世纪 60 年代初期大多数太阳能建筑只是实验性建筑，只有保罗·索勒瑞等少数应用太阳能的先驱者设计和使用太阳能建筑。

4 肯·贝尔在新墨西哥州设计了圆顶簇状分布的住宅，应用了桶装水墙和具有良好隔热性能的天窗结构。

研究的基础上，于1973年出版了《小的是美好的》一书[1]，书中严厉批判了资本主义企业的无度扩张和对资源的挥霍，成为声讨现代工业文明弊病的经典著作。舒马赫认为，资源密集型的大型化生产导致经济效益降低、贫国与富国的差距拉大、资源枯竭和环境污染，应当超越对“大”的盲目追求，提倡小型机构、适当规模、中间技术等等[2]；书中第一次提出了中间技术的概念及观念，舒马赫认为人类要生存就离不开技术，但技术不能与自然对抗，他明确反对使用高能耗的技术，提倡利用可再生能源的适宜技术，并积极倡导中间技术；舒马赫认为，人类真正需要的科学技术以及技术的使用者对技术的要求应具有如下的特点：价格低廉，基本上人人可以享用；适合于小规模应用；适应人类的创造需要[3]。这些理论为注重生态的自给型设计提供了理论依据。

舒马赫的技术观深受佛教经济学思想的影响，在他看来，佛教经济学的主要思想是，劳动是为了获得发展才能的机会；克服自私自利，生产恰当生存所需要的商品和劳务，人应该通过劳动和最佳消费方式获得最大限度的满足。他认为佛教经济学充满着智慧，而现代工业技术不断大型化、不断增加着暴力，并不代表人类进步的方向，而是对智慧的否定。通过对环境污染的分析、化石燃料消耗的剖析，舒马赫认为化石燃料、自然界的容许储备量和人类本身构成了所谓的“自然资本”，希望人们通过对自然资本的认识“看到发展一种新的生活方式的可能性。这种新的生活方式拥有新的生产与新的消费形式，是一种为达到持久而设计的生产方式”[4]。舒马赫列举了三个方面来说明他理想中的、新的生产与新的消费形式：对于农业和园艺方面，要“把注意力放在使合乎生物学要求的生产方法完善化上，放在增加土地肥力及提供健康、美好与安定的环境上”。对于工业方面，要“把注意力放在发展小型技术、比较非暴力性的技术、

---

1 参见本文.1.2.2 相关文献及理论综述——可持续发展及生态建筑理论的研究现状：22.

2 舒马赫的一个重要观点是：经济学的不足之处在于过分强调经济规模的意义或经济计量的意义，而忽视了超经济学的研究，不了解经济学中计算方法的适用性是有限的，因此规模大不一定优于规模小，大的不一定美好，“小的是美好的”一词即由此而来。舒马赫举了一些例子来证实自己的观点。比如说，大公司由于规模庞大，效率下降，不如小公司那么灵活、有效，所以小公司的数目不断增多，不少小公司办得红红火火。又如，大城市带来了一系列管理方面的难题，住在大城市里的居民未必舒适，而规模小一些的城市反而能给居民提供较高的生活质量。再如，技术并不是越先进越好，先进的技术成本高，而且会减少就业人数，相形之下，中间技术（介于先进技术和落后技术之间的技术）可能更加适用于发展中国家。舒马赫甚至还以国家为例，他说世界上最繁荣的国家大多数是小国，而人口众多的大国多数是穷国。在20世纪70年代前期的形势下，舒马赫提出了“小的是美好的”这一论断，显然是同当时的主流经济思想不一致的，因此既受到一些人的批评，同时又博得了一些人的赞赏。

3 （英）E·F·舒马赫著．小的是美好的．虞鸿钧，郑关林译．刘静华校．北京：商务印书馆，1984：17.

4 （英）E·F·舒马赫著．小的是美好的．虞鸿钧，郑关林译．刘静华校．北京：商务印书馆，1984：7.

'具有人性的技术'上"。对于人与自然的关系方面，"我们还必须学会不仅同人类和平相处，而且同自然界、尤其是同那些创造自然界、创造人类的至高力量和平相处"[1]。舒马赫摒弃了现代西方经济学而采取佛教经济学区分再生与不可再生资源的办法，提出"非再生物质只有在必不可缺的情况下才使用，而且必须十分爱惜地使用，特别重视加以保护"[2]。并且认为"用地方资源生产来满足地方需要，是最合理的经济方式，而依靠远地进口，从而也需要为输出给遥远的陌生人而生产，是非常不经济的，只有在特殊情况下才有理由小规模进行这类生产"。由此可见舒马赫的认识与后来的可持续发展理论有一定的相似性。

舒马赫的中间技术主要是面向发展中国家的，他强调"中间技术的思想并不意味着简单地历史'倒退'到过时的方法"[3]并赞同加吉尔教授总结的三种发展中间技术的途径：利用先进技术改造传统技术；将先进技术加以改革、调整以满足中间技术需要；进行实验和研究，直接效力于建立中间技术[4]。他的技术观贯穿着深刻的生态思想和人道原则，因而对后来的许多技术主张[5]产生了重要的影响：丹皮特·杰克逊和罗宾·克拉克提出的"替换技术"（替代技术）[6]，与舒马赫的中间技术有许多共同之处，尤其是在保护生态环境方面，替换技术的政治意义则更突出；绿党把工业文明的机械技术称之为"硬技术"，而把它们提倡的技术称之为"软技术"[7]，主张在能源生产上，反对硬能源道路，如放弃核反应堆、煤、天然气、石油等。大力提倡软能源，如利用风力、水力、地热、太阳能等环境保护的再生能源。

---

1 （英）E·F·舒马赫著．小的是美好的，虞鸿钧，郑关林译．刘静华校．北京：商务印书馆，1984：8.

2 （英）E·F·舒马赫著．小的是美好的，虞鸿钧，郑关林译．刘静华校．北京：商务印书馆，1984：36.

3 （英）E·F·舒马赫著．小的是美好的，虞鸿钧，郑关林译．刘静华校．北京：商务印书馆，1984：126.

4 （英）E·F·舒马赫著．小的是美好的，虞鸿钧，郑关林译．刘静华校．北京：商务印书馆，1984：127.

5 佘正荣认为"未来技术类型"主要分为4种，分别为中间技术、替代技术（或与之相似的实用技术和适宜技术）、软技术和多样性技术。参见佘正荣著．生态智慧论．北京：中国社会科学出版社，1996：190-200.

6 替换技术是一种与现代工业文明完全对立的技术，工业技术是中央集权型的，人们依存于上一层的社会单位，政治上是专权的，由专家阶层从事科学和技术，技术运转的方式普遍使人感到过于复杂，科学技术与社会文化相脱节，而且破坏地区性文化，这种技术导致高失业率；而替换技术是广泛分权的，政治上是真实民主自由的。由全体人员从事科学和技术，科学技术与文化相统一，与地方文化共存。

7 绿党认为工业文明的硬技术破坏自然和危害人类的本质，就在于它的机械思维方式和统治自然的人类中心主义价值观。软技术必须保护生态环境，维护自然界的生态平衡，理智地使用自然资源，对自然采取和平的、非暴力的利用方式。软技术尊重人性人情，是自力更生的和劳动密集型的，因此是小规模的和分散化的。这种技术只能存在于对社会需要的工作进行公平分配，没有失业的存在。人们生活在社会经济共同体中，这种社会经济共同体是人们自愿地组织起来的，最能表现人们在社会中的联系和民主的权利。

在资源的利用上，反对工业技术极端地浪费资源的生产方法，主张采取封闭式的再循环技术，以便对资源进行多次利用和综合利用。在农业生产上，要发展生态农业、林业农业，减少化肥、农药的使用率，以促进自然生态系统恢复元气。日本著名的现代技术论专家星野芳郎主张“多样性技术”[1]，反对单一类型的技术，不管是小型的还是巨型的技术，在自然生态环境多样性要求和人类能力多方面发展的趋势上，有一定的合理性，尤其是他提出依靠整个技术体系的历史性转变来解决人类生态环境问题，更是具有远见的看法。中间技术观对后来在绿色生态运动中逐步成长起来的生态社会主义也有着重要的影响。

舒马赫的中间技术观与理论影响了生态决定论类型注重生态的建筑设计理论和实践，后来很多采用中间技术的设计实践，都紧密地与地方性联系起来，例如地方性材料、地方性技术等。当然，后来的建筑设计理论和实践虽然都重视地方性，但是支持这种做法的依据得到进一步的拓展：从单纯的佛教经济学观点，逐渐转变为利用生态系统论的观点，从生态系统地方性特点着手，分析和解释采用地方材料的优势所在，即由于生态系统的空间置换作用的影响，减少外来特殊物质的引入，有助于减少这一阶段对原有生态系统的破坏[2]。中间技术观推广到世界各地特别是发展中国家，发展为积极倡导和利用当地适宜建筑技术以及开发风能、水能、生物能、太阳能等可再生能源的建筑设计实践，同时在中间技术观影响下的运用替代技术的建筑设计实践，发展为应用软能源和利用再生技术的自给型设计实践，其中比较著名的是加拿大多伦多的生态学住宅和美国科罗拉多州斯诺迈斯的洛基山学会中心（S·康格和阿斯平事务所设计），许多研究生态建筑的机构同时也展开了各种实验性的生态住宅研究[3]。这一时期覆土建筑（生土建筑、覆土建筑）研究的主要内容是，利用覆土改善建筑的热工性能，以达到节约能源的目的，诸如澳大利亚建筑师西德尼·巴格斯（S. Bags）、英格兰建筑师阿瑟·昆姆比（A. Quarmby）、美国建筑师麦尔科姆·威尔斯（Mailcolm Wells）以及位于明尼苏达的地下空间中心为代表的设计者都分别进行了卓有成效的、节约能源的覆土住宅设计实践。

---

1 星野芳郎认为，工业技术是以定量化、集中化和专门化为特征的，而自然本身是在经常流动着、变化着和循环着的。工业技术的本质不符合天道的演变规律。随着巨大单一的工业技术的迅猛发展，工业生产和大自然的冲突就爆发了，工业技术必然造成对生态环境和人类社会的巨大破坏。在人和自然矛盾非常突出的今天，人们必须尊重自然的生态规律，在开发技术时，必须把解决环境问题也一起考虑进去，绝不能单一地、无限地扩张以定量化、集中化和专门为特征的巨型工业技术。

2 宋晔皓．结合自然整体设计——注重生态建筑设计研究．清华大学博士论文，1998：38.

3 宋晔皓．结合自然整体设计——注重生态建筑设计研究．清华大学博士论文，1998：41.

4.2.4.3 西姆·范·德·莱恩及法拉隆斯研究所

西姆·范·德·莱恩生于荷兰，五岁时移居美国，1961～1994年曾任加利福尼亚大学建筑学教授。西姆从20世纪60年代起就依据自然界的动态理论开始营造建筑与场所的实践活动和教育活动，是世界上最早从事生态建筑与可持续发展研究的开拓者之一。

1968年西姆联合生物学家、生态学者、工程师、建筑师与开发商一起创办了法拉隆斯研究所[1]，在进行了大量研究的基础上逐渐形成了比较成熟的理论，西姆认为由于不可再生能源的紧缺，以及由于利用这些能源造成的环境问题，建筑师适应未来需求的机会是在有限资源的条件下进行设计，即所谓整合设计（Integral Design）的概念：是指在建筑设计中充分考虑和谐地利用其他形式的能源，并且将这种利用体现在建筑环境的形式设计中[2]。西姆借用信息论、系统论和热力学第二定律[3]来研究自然系统中能量和物质材料流动的模式，并认为：能量和物质的流动通过一个封闭的环形和多渠道的网络进行着；为了维持系统内部的自我平衡，维持系统的稳定，通过逐渐增加小的增量来释放系统中的能量；利用负反馈，通过可渗透的边界，维持自然整合系统的稳定状态；自然整合系统和信息储存在分散的基因储存器中[4]。1974年西姆和法拉隆斯研究所通过改建伯克利的一幢老式住宅，来将上述概念和思想付诸于设计实践中，建造了美国第一所完全自给型城市住宅，进行城市型粮食种植、太阳能供热、回收利用人与住宅的废弃物技术的实验，整个建筑环境中物质和能量的流动采用多种路径，而正是由于其多种路径的方法与自然界的生物多样性和稳定性紧密联系，所以其思路与方法成为现代城市型生态住宅最早的成功范例，对以后的设计研究产生了深远的影响。

1975年西姆及其法拉隆斯研究所建立了以生态设计与适用技术为内容的教育科研实验基地——鲁那儿中心。该基地开设了大规模的有机农业园及太阳能设计、水与废弃物再利用、土地管理等教学研究项目。二十余年来，已有数千人在该基地接受过教育和培训。1978年西姆与建筑家彼得·卡尔索普（Peter Cal Thorpe）合作，开展了关注社会与环境问题的生态设

---

1 1995年更名为生态设计研究所（Ecological Design Institute）简称EDI。

2 Sim Van Der Ryn. Integral design//Crump R. W，Harms M. J，eds. The Design Connection：Enery and technology in architecture. New York：Van Nostrand Reinhold Company，1981，29-38. 转引自宋晔皓．结合自然整体设计——注重生态建筑设计研究．北京：清华大学博士论文，1998：41.

3 参见本文．4.1.4 生态学的学科分支及研究方法．

4 Sim Van Der Rya. Integral design. //Crump R. W，Harms M. J，eds. The Design Connection：Energy and technology in architecture. New York：Van Nostrand Reinhold Company，1981，29-38.

计，致力于推进新型社区的开发和建设，之后他们更注重美学、生态、技术三者融合的可持续设计社区的设计实践。

4.2.4.4 生物建筑运动及盖娅运动

1965 年，詹姆斯·拉乌洛克在讨论火星是否存在生命的过程中提出了盖娅理论[1]，并认为：生物对使地球表面环境保持稳定，并适于生物生存的自我调节机制的形成是有贡献的[2]。1976 年生态建筑运动的先驱安东·施耐德（Anton Schneider）博士在西德成立了建筑生物与生态学会（Institute for Building Biology & Ecology），强调使用天然的建筑材料利用自然通风、采光和取暖，倡导一种有利于人类健康和生态效益的温和建筑艺术[3]。这个学会目前仍在进行进一步的探索和研究，并设立网站开设相关的教育课程，希望以教育的方式来传播和推广生态建筑知识。生物建筑运动对许多传统的建造方法和天然建筑材料进行了再认识并提出完善意见，提倡采用科学的方法来确定并使用建筑材料；生物建筑运动认为建筑对环境的影响及人类健康，取决于人们的生活态度和方式而不仅仅是技术上的考虑，这种建立在生物学基础上的技术观，使自然的而非机械设备的采暖和通风技术得以推广应用；通过设计体现出人类和自然的和谐关系，在建筑的总体布局设计、环境设计、单体设计和室内设计中，倡导一种有利于人类健康和生态效益的温和建筑艺术，反映出人类健康和生态效益紧密结合的生物建筑观；生物建筑运动同深层生态学联系紧密，都是从整体的观念来考察人与建筑的关系，进而提倡建筑设计必须适应人类的物质、生活和精神需要。

在 20 世纪 80 年代中期，拉乌洛克出版了《盖娅：地球生命的新视点》，书中将地球及其生命系统描述成古希腊的大地女神——盖娅，她总是努力创造和维持生命，这本书促进了生态建筑思潮、推进了盖娅运动[4]。盖娅运动的主要观点是将地球和各种生命系统视为具备有机生命特征和自持续特点的实体，倡导人类并非自然的统治者而是盖娅的有机组成部分。要利用洁净能源，使用绿色建材、绿化、自然通风和采光，防止对大气、水体和土壤的污染，沿袭建筑文脉等等。并指出这种从属意识，是真正的健康的

---

1 参见本文.1.2.2 相关文献及理论综述可持续发展及生态建筑理论的研究现状.

2 J. Lovelock. Gaia and the balance of nature // Ph. Bourdeau，Fasella PM，Teller A. eds. Environmental Ethics：man's relationship with nature interactions with science. Luxembourg：Office for Official Publications of the European Communities，1989.

3 李道增.21 世纪生态建筑与可持续发展.中国环境生态网 http：// www. eedu. org. cn/Article/ecology/ecoappliacions/ecocity/200408/2247. html

4 J. Lovelock. Gaia：a new look at life on earth. New York：Oxford University Press，1987. 转引自李道增.21 世纪生态建筑与可持续发展.中国环境生态网 http：// www. eedu. org. cn/Article/ecology/ecoappliacions/ecocity/200408/2247. html

源泉，是生态学思想的基本点，盖娅式的建筑是舒适和健康的场所，人类和所有生命都应处于和谐之中。

1989年英国作家、盖娅运动的建筑师戴维·皮尔森在其著作《自然住宅手册——创造一个健康、和谐和生态的家》中明确了盖娅住区宪章的设计原则（表4-1），将建筑看做是有生命的有机体，并发出了“为星球和谐而设计，为精神和平而设计，为身体健康而设计”的号召，得到了全世界普遍的认同和响应。其设计原则如下：①为星球和谐而设计（Design for harmony of the planet）。建设应充分保护可再生能源，利用太阳能、风能和水能满足所有或大部分能源需求，减少对不可再生资源的依赖；使用无毒、无污染、可持续和可再生的“绿色”建材和产品，因其本身贮藏有较低的蕴能量，这减少了环境的热耗，并可循环利用；使用效率控制系统调控能量、供热、制冷、供水、空气流通和采光，高效率地利用资源；种植地方性品种的树木和花草，将建筑设计成为当地生态系统的一部分。施用有机废物堆积的肥料，不用杀虫剂，利用生态系统控制害虫；设计中水循环，使用低溢漏节水型马桶；收集、贮存和利用雨水；设计防止污染空气、水和土壤的系统。②为精神和平而设计（Design for peace of the spirit）。创造与环境和谐的家园——建筑风格、规模以及装修材料都与周围社区一致；

盖娅住区宪章的设计原则 表4-1

为星球和谐而设计 (Design for harmony of the planet)	为精神平和而设计 (Design for peace of the spirit)	为身体健康而设计 (Design for health of the body)
•场地、定位和建设都应最充分保护可再生资源。利用太阳能、风能和水能满足所有或大部分能源需求，减少对不可再生能源的依赖。 •使用无毒、无污染、可持续和可再生的“绿色”建材和产品——具有较低的蕴能量，较少环境和社会损耗，或循环利用。 •使用效率控制系统调控能量、供热、制冷、供水、空气流通和采光，高效利用资源。 •种植地方性品种的树木和花草，将建筑设计成当地生态系统的一部分。施用有机废物堆积的肥料，不用杀虫剂，利用生态系统控制害虫。设计中水循环，使用低溢漏节水型马桶。收集、贮存和利用雨水。 •设计防止污染空气、水和土壤的系统	•创造与环境和谐的家园——建筑风格、规模以及外装修材料都与周围社区一致。 •每一阶段都有公众参与——汇集众人的观点和技巧，寻找一种整体设计方案。 •和谐的比例、形式和造型。 •利用自然材料的色彩和质感肌理以及天然的染色剂、漆料和着色剂，便于创造一种人性化的、有心理疗效的色彩环境。 •将建筑与大自然的旋律（四时、时令、气候等）充分联系起来	•允许建筑“呼吸”，创造一个健康的室内气候，利用自然方法——例如建材和适于气候的设计来调整温度、湿度和空气流动。 •建筑远离有害的电磁场、辐射源，防止家用电器及线路产生的静电和电磁场干扰。 •供给无污染的水、空气，远离污染物（尤其是氡），维持舒适的湿度、负离子平衡。 •居室中创造安静、宜人、健康的声环境氛围，隔绝室内外噪声。 •保证阳光射入建筑室内，减少对人工照明系统的依赖

资料来源：David Pearson. The Nature House Book. 转引自宋晔皓. 欧美生态建筑理论发展概述. 世界建筑，1998，1：71.

每个阶段都有公众参与——汇集众人的观点和技巧，寻找一种整体设计方案；和谐的比例、形式和造型；利用自然材料的色彩和质感肌理以及天然的染色剂、漆料和着色剂，便于创造一种人性化的、有心理疗效的色彩环境；将建筑与大自然的旋律（四时、时令、气候等）充分联系起来。③为身体健康而设计（Design for health of the body）。将建筑外围护结构比作皮肤并使之就像人类自身的皮肤一样能自由呼吸，使之具有对保护生命、绝热、呼吸、吸收、蒸发、调节及交流都很基本的功能，依靠这种具有渗透性、可呼吸的皮肤，利用这种自然的方法使建筑室内外不断交流来维持健康的、活的室内气候。例如，建材和根据气候进行设计的建筑可调整温度、湿度和空气流动；建筑远离有害的电磁场、辐射源，防止家用电器及线路产生的静电和电磁场干扰；供给免受污染的水、空气，远离大气污染物（尤其是氡），维持舒适的温度、负离子平衡；在居室中创造安静、宜人、健康的声环境氛围，隔绝室内外噪声；保证阳光射入室内，减少对人工照明的依赖[1]。这些设计原则总结了生态住宅设计和建造中的一些基本目标，这对生态住宅的发展产生了广泛影响[2]，盖娅住区宪章及设计原则的宗旨是使建筑设计能满足人们的物理需求、生物需求和精神需求。

4.2.5 “技术决定论”类型注重生态的建筑设计理论和实践

相对于1971年罗马俱乐部的米都斯等人发表了《增长的极限》[3]，卡恩出版了《未来200年——建构22世纪全球新蓝图》，西蒙出版了《没有极限的增长》[4]，他们认为虽然目前人口，资源和环境的发展趋势给技术、工业化和经济增长带来了一些问题，但是，人类能力的发展是无限的，生产的不断增长能为更多的生产进一步提供潜力，技术的发展足以解决人口、资源和环境问题，因而世界的发展趋势是在不断改善而不是在逐渐变坏，应该对生物圈和人类的适应能力充满信心。这一论点的关键在于技术的不断创新[5]，尤其在面临需求的情况下更是如此。技术决定论[6]类型注重生态的建筑

---

1 宋德萱著．建筑环境控制学．南京：东南大学出版社，2003：130.

2 尽管皮尔森1989年就在理论上提出了许多重要的设计原则，但是体现这些原则的代表作品威斯敏斯特小屋（Westminster Lodge）1996年才在英格兰建成。威斯敏斯特小屋是霍克·帕克（Hawke Parker）学院供学生住宿、进行课程训练的场所，设计和使用上利用了再生能源，远离有害环境，用当地出产的圆木下脚料作建筑构件，使用无毒、无污染、可再生的生态材料进行建造等技术措施；并且所有屋顶都种植草皮，建筑成为当地生物系统的一部分，它在某些方面体现了生态住宅的发展趋势。

3 参见本文．1.1.2.2　可持续发展思想的诞生．

4 参见本文．2.2.5　发展观的两大走向．

5 参见本文．2.2.4　技术观的两大走向．

6 技术决定论是指从技术主义和科学主义的立场上来对待社会和自然界相互作用的调整任务。参见（前苏联）什科连科（Щколенко，Ю.А.）著．哲学·生态学·宇航学．范习新译．沈阳：辽宁人民出版社，1987：53.

设计理论和实践，从萌芽阶段就受到这些思想的影响，其建筑设计的出发点对未来持有乐观的态度，其技术哲学思想带有强烈的技术乐观主义色彩。技术决定论类型注重生态的建筑设计理论和实践，在20世纪60～70年代进行了一些封闭生态系统的研究，试图利用植物的光合作用，从大气层中吸收二氧化碳、释放氧气同时为人类提供食物，利用直接源自太阳的可再生初级能源维持建筑使用所需要的能量，来实现建筑与环境的物质、能量和信息的自然循坏流线。

4.2.5.1 富勒及“少费多用”思想

20世纪20年代，美国建筑师兼发明家R·B·富勒就非常关注将人类的发展目标、需求与全球资源、科技结合起来，提倡用逐渐减少的资源来满足不断增长的人口的生存需要。富勒于1922年首次提出了“少费多用”的思想[1]，并用“Ephemeralization”来表达这一概念，通过对迪马西昂住宅[2]、张力杆件穹窿的实践和探索，在1938年《通向月球的九个环节》中系统地阐述了“少费多用”的理论[3]，这一理论表达的是使用较少物质和能量追求最大的效益，也就是对有限的物质资源进行最充分和最适宜的设计和利用[4]。这种思想和理论首先符合生态学的循环利用原则，同时也符合普通系统论中的整体协同思想即“整体表现大于部分之和”（路德维希·冯·贝塔兰菲［奥］，一般系统论，1987年）。对于依靠技术创新的技术决定论类型的生态建筑而言，奠定了其哲学上的理论基础，并成为其理论和实践上的思想源泉之一。

在“少费多用”的理论基础上，1927年富勒设计了迪马西昂住宅，Dymaxion是富勒新创造的概念，意指“Dynamism Plus Efficiency”（动态加效率）[5]。富勒认为一般的住宅建筑模式早已过时，因为从欧洲中世纪以来，建筑设计并没有本质的发展，住宅被设计成固定的盒子，捆绑在水电管网上。富勒寻求的是设计一种永远比“砖盒子”优越的住宅，而且可以脱离各种市政管网，独立维持运作。迪马西昂住宅具有以下特点：①可大量建造，

---

1 富勒提出“少费多用”概念的背景是针对工业社会的一些经济现象，富勒认为在这些现象中有两点导致这一概念的产生：首先，美国或其他工业国家经济状况不再像工业革命时期那样，用产量的吨位作为衡量标准，而是用发电量，即转化为电能的能量；其次，人们在使用较少的原材料、能量和时间的前提下，付出了更多的劳动，并且创造出新的、轻而坚固的合金、新的化学产品和电器产品。

2 参见本文.3.2.3.1 相关流派、理论对“高技派”诞生所产生的影响.

3 参见Encyclopaedia Britannica'98中富勒传记R. B. Fuller. Buckminster Fuller：an autobiographical monologue. New York，1980.

4 德国建筑师克里斯多夫·英恩霍文（Christopher Ingenhoven）将“少费多用”更具体地明确为，用较少的投入取得较大的成果，用较少的资源消耗获得较大的使用价值。

5 （美）肯尼斯·弗兰姆普敦著.现代建筑——一部批判的历史.原山等译.北京：中国建筑工业出版社，1988：299.

费用低廉，采用工厂制造的方式生产。所有必需的服务设施，都布置在位于中央的一根空心八角桅杆中，就像汽车和飞机一样，可以出租和出售，售价相当于一辆豪华汽车。②灵活性。可以利用直升机或飞艇空运到世界上的任何地点，所有的水电系统都在工厂预装。如果需要，住宅自身可以利用太阳能和电池实现能量自给，同时备有自己的水库，并不需要接入城市综合市政管网。拆线后，所有住宅构件的质量不超过25kg，一个人就可以完成建造任务。③符合模数。可以相互装配在一起，构成社区。④高效率。完全采用自动控制，具有保持住宅自身清洁的功能。居住者个人有特殊要求，可以通过工厂订货的方式，将相关的设备预先装好。住宅设计的目的之一就是要减轻使用者的家务劳动量。⑤舒适。可根据使用者的不同要求，方便地重新布置室内平面，只要调整放射状隔墙位置，就可以控制房间的数量和大小[1]。迪马西昂住宅的构想对技术决定论类型注重生态的建筑设计理论和实践有着很大的影响：强化了新技术在建筑实践中的运用，扩大了人们的理论视野，拓宽了人们的设计思路；倡导采用高效率的现代技术替代传统技术，以最大程度地减少资源的耗费；消除了建筑对市政管网供给的依靠，为以后的自维持住宅研究提供了一个物质和能量自给自足的理论模型，对生态环境的保护具有积极的作用；这是一系列中央化结构中的第一个实验性设计，最终的终结是张力杆件穹隆——1959年，他利用这种结构形式建造了位于伊利诺州卡本代尔的自宅[2]。

张力杆件穹隆是在整体协同思想的前提下，应用“Ephemeralization”概念和“少费多用”原则的又一创造性发明，被称作是“由人类发明的最坚固、最轻、最高效的围合空间的手段”。

1947年获得张力杆件穹隆的专利。富勒认为自然界存在着能以最少结构提供最大强度的向量系统，由此他发明了一种几何学的向量系统，例如金属和有机化合物的晶格，很多是由四面体聚合而成且非常稳固，在这种系统中基本单元是四面体，四面体与八面体聚合后便成为最经济的覆盖空间的结构。富勒用这种结构设计了多面张力杆件穹隆，它的结构的总强度随着穹隆的体积，按对数比增加，省材料、重量轻。这一点正好与富勒提出的“整体协同符合负熵效应”的原则相一致，即穹隆越大，越坚固[3]。采用张力杆件穹隆的经典之作是1967年蒙特利尔博览会的美国馆[4]。

---

1 （美）宋晔皓．结合自然整体设计——注重生态建筑设计研究．北京：清华大学博士论文，1998：55.

2 （美）肯尼斯·弗兰姆普敦著．现代建筑——一部批判的历史．原山等译．北京：中国建筑工业出版社，1988：299.

3 宋晔皓．结合自然整体设计——注重生态建筑设计研究．北京：清华大学博士论文，1998：55.

4 参见本文．3.2.3.1　相关流派、理论对“高技派”诞生所产生的影响．

4.2.5.2 威尔夫妇及自维持住宅理论与实践

作为生态建筑研究的一个重要方向，自维持住宅（Autonomous House）的设计研究自20世纪60年代开始（宋晔皓，1998年），1971年剑桥大学建筑系的阿莱克斯·派克成立了技术研究室，主要从事住宅的独立自供系统（如零能房屋等）的研究，特别是1974年马丁建筑与城市研究中心成立以来，致力于环境意识、建筑节能、技术的合理使用等方面的研究，并随时将其研究的科学理论、设计方法及数学模型等成果应用于实际的建筑与规划工作，去解决国内、国外多学科的实际问题[1]，并影响和促进了杨经文及威尔夫妇等人后来的继续研究和探索。

布兰达·威尔和罗伯特·威尔认为自维持住宅是除了接受邻近自然环境的输入以外，完全独立维持其运作的住宅[2]，它的特点是：住宅并不与煤气、上下水、电力等市政管网连接，而是利用太阳、风和雨水维持自身的运作，处置各种随之产生的废弃物，甚至食物也要自给。如果用生态系统观点进行解释，自维持住宅的设计就是力图将住宅构成一种类似封闭的生态系统，维持自身的能量和物质材料的循环。这种思想承袭了富勒Dymaxion住宅的设计思想。自维持住宅的设计思想有两点：认识到地球资源的总量是有限的，因此寻求一种满足人们生活的基本需求的标准和方式；认识到技术本身存在着一种矫枉过正的倾向，伴随着这种倾向的是，追求技术开发和利用而导致的地球资源的大量耗费。因为应用很多技术后，所获得结果的精密程度，已远远超过了人们所能感知到的范围，因此以“足够”满足人体舒适为目标，而不是追求“更多”的舒适要求。自维持住宅的两个设计目标是：利用自然生态系统中直接源自太阳的可再生初级能源（如太阳能、风能等）和一些二级能源（如沼气等）以及住宅自身产生的废弃物质的再利用来维持建筑运作阶段所需要的能量和物质材料；利用适当的技术，这些技术的特点是降低了技术层次，利于使用者个人进行维护，包括主动式和被动式太阳能系统的利用、废物处理（如沼气技术）、能量储藏技术等[3]。

对于自维持住宅的设计思想和目标，清华大学宋晔皓博士认为：完全追求住宅系统自我维持的目标过于理想化，地球上任何一种孤立生态系统完全自维持的构想是难以实现的，这种理想化的研究虽然有利于设计研究工作的进行，但是必然会给设计的实践带来一些负面影响；追求技术进步和随时将最新的“适用技术”应用于设计研究中的态度，正是国外自维持

---

1 高辉．英国剑桥大学建筑系的科研与研究生教学．新建筑，1997，3：54-56.

2 Brenda Vale，Robert Vale. The Autonomous House：design and planning for self sufficiency. New York：Universe Books，1975：7.

3 宋晔皓．结合自然整体设计——注重生态建筑设计研究．清华大学博士论文，1998：57.

住宅研究的精华所在，不仅完美地体现了“少费多用”这一设计思想，而且推动了生态技术的革新以及这些技术在建筑设计中的实用化过程。事实上，虽然自维持住宅的研究以“利用降低标准和易于使用者维护的技术”为设计的出发点之一，并且质疑了技术进步解决资源有限与人口增长等矛盾的潜能，但是在设计研究中所侧重的很多技术仍然是高层次的技术，同时以一种不屑的态度来看待所谓的“前工业化技术”[1]，这正是由于其本身的定义所造成的，因为不采用高层次技术，将难以达到自维持住宅所要求的“完全自我维持”这一设计目标。因此研究中使用的很多技术原型都是20世纪60～70年代发展起来的宇航技术，例如主动式太阳能光电转换技术和高效能的储存风能发电的液体电池技术等[2]。自维持住宅研究进行得比较广泛，但是真正建造起来的很少，在英国第一座自维持住宅由威尔夫妇建成，位于索斯维尔市中心[3]。住宅的结构形式和外观都是传统形式的英国民居，只是改善了建筑外围护结构的隔热性能，这一住宅基本上体现了自维持住宅的两个设计思想，对以后其他的“低能耗”或“零能耗”设计研究提供了理论和实践上的基础。1994年德国建筑师特多·特霍斯受到向日葵的启发，把自宅设计成向日葵一样在基座上转动，始终向着阳光，以充分利用太阳能：180t重的住宅安装在一个圆形基座上，基座是由地下室6根柱子支撑的环形轨道，由一个小型太阳能电动机通过6个驱动器带动一组齿轮，能在9h内将住宅旋转180°，即以每分钟转动3cm的速度随着太阳旋转，保持始终对准太阳，当太阳落山以后住宅便反向转动回到初始位置，这种措施使住宅所获得的太阳能量相当于一般不能转动的2倍。屋顶设有12m^{2}的太阳能电池，平均提供1.5kWh的电能，旋转电机仅仅消耗其中的1.3%，其余都提供给建筑作为生活用电，这是欧洲第一座由计算机控制的、具有划时代意义的主动式太阳能生态建筑的成功尝试。另外，由德国太阳能研究所设计的建在弗赖堡的一栋零能耗住宅，自投入使用以来能源完全自给，在这栋住宅中设计师综合采用了各种节能措施，如太阳能发电、热泵、氢气贮能器以及种种隔热建材和构造方法（图4-26）。

4.2.5.3 *以高技术为特征的注重生态的建筑设计理论与实践*

一方面受到生态学家、绿色运动及可持续发展思想的影响，另一方面，随着技术的软化[4]，技术的发展已从纯粹的“硬技术”转向开发各种利用可

---

1 Brenda Vale，Robert Vale. The Autonomous House：design and planning for self sufficiency. New York：Universe Books，1975：10.

2 宋晔皓．结合自然整体设计——注重生态建筑设计研究．清华大学博士论文，1998：58.

3 Brenda Vale，Robert Vale. The Autonomous House. Southwell，UK∥Owen Lewis，John Goulding. Eds. European Directory of Sustainable & Energy Efficient Building 1997：components，services，materials. London：James & James (Science Publishers) Ltd.，1997：172.

4 参见本文．3.3.2.1 技术软化及其社会背景．

图 4-26 Fraunhofer 学院太阳能研究系的太阳能屋
资料来源：（英）Michael Wigginton，Jude Harris 著．智能建筑外层设计．高杲等译．大连：大连理工大学出版社，2003：145.

再生能源和物质材料的生态技术，包括中间技术、适宜技术和软技术等[1]，本文在第三章中讨论的软化和复归阶段的高技派，或勃罗德彭特（Broadbent Geoffrey）称之为“未来主义者”[2]或肯尼斯称之为“先锋派”[3]，逐渐转向与历史文脉、场所精神和自然环境的融合[4]，使高技派建筑的发展呈现出生态化的倾向[5]。此时的高技派建筑在技术分层上仍然以高技术为特征，力图通过技术的发展和进步，改善建筑的使用方式和存在形式，实现建筑与环境合理的能量流动、物质循环和信息交换，其中很多都涉及如何高效率地利用能量和物质，例如在资源有限的条件下，充分利用可再生能源和物质材料，满足人体的生物舒适和要求，寻找与自然和谐共处的方式。同时，“少费多用”等思想得到体现，反地域的倾向也得到根本转变。

借助计算机技术，结合被动式或主动式能量利用策略，将传统的固定建筑外围护结构，设计成相对于外部气候条件变化可以进行自我调整、进行“呼吸”的外围护结构，来控制建筑系统与外界生态系统环境的能量和物质材料的交换，是一种典型的以高技术为特征的能量和物质材料利用的设计策略。例如 1990 年英恩霍文在波恩电话大楼的设计中发展的双层玻璃幕墙（图 4-27），这一革命性的设想，在埃森 RWE 总部大楼中得以实现。人们第一次可以在高层建筑中打开窗户，让新鲜的空气流入室内，因为外墙的玻璃阻挡了高空的风力。这一新意的构想使大楼基本上放弃了昂贵的机械空调（70％自然通风），也节约了热能（节能 30％）。这一革命性的设计在近几年被国际建筑界认同和肯定，并且在世界上应用[6]。在这个案例中，设计

---

1 余正荣著．生态智慧论．北京：中国社会科学出版社，1996：185-207.

2 （英）勃罗德彭特著．建筑设计人文科学．张韦译．北京：中国建筑工业出版社，1990：450.

3 （美）肯尼斯·弗兰姆普敦著．现代建筑——一部批判的历史．原山等译．北京：中国建筑工业出版社，1988：299.

4 参见本文．3.3.2.3　“高技派”建筑的软化．走向与历史文脉、场所精神和自然环境的融合．

5 参见本文．3.3.3.2　数字时代“高技派”建筑复归的道路——数字化、生态化趋势．

6 郭笑平．英恩霍文和他的事务所．世界建筑，2001，4：63.

者没有采用传统的建筑节能设计中大量使用的蓄热体，而主要使用了我们现在所称的“可呼吸的”玻璃幕墙技术，通过大面积的玻璃以充分利用太阳能来采光供热，利用双层的玻璃幕墙和空气动力学来通风。建筑本身可以看做一个有机体，外围护结构模拟人的皮肤，不仅起到保护作用，而且还起着室内外能量交换和新陈代谢作用。

图 4-27　波恩电话大楼

资料来源：李华东主编．高技术生态建筑．天津：天津大学出版社，2002：91.

4.3　系统的生态建筑观

自古以来，城市与建筑就是人类在自然生态系统中加入的一种大规模人为环境因素，每一个新建项目势必都会对业已存在的平衡生态系统产生一些影响，长此以往这种影响就十分巨大。在生态建筑发展历程中，欧美国家20世纪60年代以前的生态建筑设计主要表现为对气候的关注，形成名为生物气候地方主义的设计理论。20世纪60年代以后，随着与生态建筑设计密切相关的绿色运动中的深层次生态学、生物建筑运动、盖娅运动的发展以及后来可持续思想的完善，生态建筑设计的理论大大丰富。生态建筑设计的关注点逐渐变化：从早期注重人体对气候生物反应的建筑设计，发展为利用替代能源和适用技术的建筑设计，现在逐渐转向寻求人、建筑、自然三者和谐统一的建筑设计[1]。特别是20世纪80年代可持续发展思想[2]得到全球性的广泛认同后，“资源”与“环境”[3]这两个重要的参数使建筑设计从以往的“功能—空间”的单一目标，转变为“功能—空间”和“资

1　宋晔皓．欧美生态建筑理论发展概述．世界建筑，1998，1：67.

2　参见本文．1.1.2.2　可持续发展思想的诞生．

3　环境的概念不仅包括建筑的物质环境（无机环境），还包括建筑的生物环境（有机环境）。参见（美）E·P·奥德姆著．生态学基础．孙儒泳，钱国桢，林浩然等译．北京：人民教育出版社，1981：8.

源—环境”并重的双重目标，环境保护问题、建筑节能问题、可再生能源和物质材料的循环使用已成为当代生态建筑关注的焦点[1]；同时，生态建筑的外延也得到了拓展，不再以静止的建筑单体作为一个独立的生态系统来研究，而周围的生态环境系统如城市、河流、山川等都被纳入其中。系统生态建筑观的建立经历了一种感性直觉到理性自觉的过程，其出发点与终点同可持续发展观不谋而合，尤其是当代建筑师拓展了生态建筑的研究内容和实践范围后，生态建筑已成为名副其实的可持续建筑，所以从这个意义上来说，20 世纪人类文明最重要、最深刻的觉悟之一就是生态觉悟。

如同生态学[2] 一样，生态建筑技术是在传统建筑技术基础上发展起来的一门交叉学科，它以生态学理论为平台，综合运用建筑物理、材料科学、建筑设计、气候学等学科知识，同时积极吸收现代高新技术的基础上，所形成的一门建筑系统工程技术。其目的是使建筑物具备环境保护、低能耗、高效率，给人们提供一种舒适、健康、贴近自然的工作和生活环境。与传统建筑技术所不同的是生态建筑技术的发展趋势更加强调高效、低耗；高技术、低污染；高附加值、低运行费，以人与环境的和谐为本，贴近自然，环境友善，舒适健康。为人们创造一种协调、平衡的人工生态系统，提供具有可持续发展的生态技术。基于生态原则的城市与建筑以技术进步为基础，从自然与环境的角度重新认识人类生存问题，将人类营造活动对自然生态系统的不利影响减少到最小，将自己置于所处自然环境的控制之下，在有限资源条件下考虑自身的需求与发展。由于技术的双重属性[3]，不同分层的生态建筑技术（适宜技术、中等技术和高技术）可以产生不同类型的生态建筑以适应不同的条件。

4.3.1 系统的生态建筑观及其相应的宏观生态策略

现代系统论[4] 的确立，标志着人们对于客观世界的认识已从“实物中心论”[5] 转向“系统中心论”，系统论认为客观事物除了由它的本性或内部结构所决定的内在本质之外，还处于自己仅仅是一个组成部分的更大系统之中，所以还具有一种系统质；事物的整体大于它的各部分之和，整体的本质属性也并非它的各个部分属性的综合（路德维希·冯·贝塔兰菲［奥］，一般系统论，1987 年）。系统具有三个基本特征：系统是具有特定功能的有机整

---

1 生态建筑将节能和环保深入到建筑设计的核心，二者和传统的要素如功能、空间、形式等同样重要，而且将会影响到建筑最后的形象。

2 参见本文.4.1.1 生态学的形成、发展及研究对象及 4.2 注重生态的建筑设计理论和实践.

3 参见本文.1.1.3.1 科学与技术.

4 参见本文.1.1.1.4 人类思维方式的变化及 4.1.4 生态学的学科分支及研究方法.

5 实物中心论是指把个别的抽取出来的现象本身当做研究对象，试图从它本身和它固有的本性来认识它。

体；系统是由各组成部分结合而成，各部分既相互作用，又相互依赖；系统本身是它所从属的一个更大系统的组成部分。系统论为生态学带来了自动调节原理和系统分析方法，使得生态学研究得以进一步发展。建立在系统分析方法上的生态学认为“任何生物群落与其作为非生物环境的综合体就是生态系统”[1]，众多小型的生态系统能组织成大型的生态系统，而简单的生态系统则能演化成复杂的生态系统，最终，大量的、形形色色的生态系统汇合成生物圈——生物圈本身就可以视为一个无比巨大而又精密的生态系统，是地球上所有生物（包括人类）和其生存环境的总体[2]。那么我们所研究的建筑系统根据不同的参照系既可以看成是独立的生态系统，又可以看成是上一级生态系统的子系统：作为独立的生态系统，建筑系统不仅包括非生物组成部分的建筑实物构成，还包括生物组成部分的人和其他有机体；作为上一级生态系统的子系统，建筑系统是一个开放完整的系统，不断地同外界进行着物质、能量与信息的交换[3]，与其他子系统相互联系、相互依存。人、建筑与环境作为生物圈的子系统，人类的建造活动是一种营建“生命体”的活动，其实质是将地球上的能量和物质材料（生物和非生物组成部分），组装成临时的“生命体”形式——建筑，经过生命周期的使用最后拆除，拆除之后的各种建筑元素或者被上一级生态系统所吸收，或者在其他生态系统中重新利用，所以应认识到建筑系统在全生命周期中对其他生态系统的不利影响和地球有限资源的消耗并将其减至最小。借鉴生态系统及生态学的基本原理[4]，从环境的角度来看，生态建筑系统具有与环境相关的系统的整体性、开放性、随时间维度变化的动态性、随空间维度变化的区域性；从资源的角度来看，生态建筑系统应具有与资源相关的可持续性。

4.3.1.1 生态建筑系统的整体性、开放性

生态建筑系统不仅包括非生物组成部分的建筑实物构成，还包括生物组成部分的人和其他有机体，建筑实物构成（无机物）与有机体及其环境是不可分割的有机整体，它们相互依存、相互制约。即生态建筑系统中各因子不是孤立的，而是彼此联系、相互促进、相互制约的，任何一个单因子的变化，必然引起其他因子不同程度的变化及其反作用。另外，不但生态建筑系统内部各组成成分之间有很强的整体性关系，而且不同的建筑系统之间也存在着相互间的整体关系，每一部分都是生物圈的一个组成部分，也可以说是扩大了的整体的一部分。所以生态建筑系统具有整体性的特征。

1、2 参见本文．4.1.1 生态学的形成、发展及研究对象．

3 参见本文．4.1.3 生态系统的基本特征.

4 参见本文．4.1.2 生态学的基本原理及 4.1.3 生态系统的基本特征.

生态建筑系统在生命周期内是“生命体”，有生命的为开放系统，与外部环境不断地产生交换，其组成部分不断地建立与解体[1]。生态建筑系统作为一个开放的系统，维持其运作需要稳定的能量、物质与信息输入，同时会产生相应的输出，输入的起点和输出的终点都是周围的生态环境，所以生态建筑系统作为独立开放的生态系统是生物圈中能量和物质材料流动的一个环节[2]。生态建筑系统中能量一般呈单向流动，不断接受来自太阳的光能，一部分以热能的形式被消耗，另一部分则被利用并形成循环，生态系统中的物质则是循环的，维持生命所需的碳、氧、氮、磷等元素，从一个营养级转移到另一个营养级，最后被微生物分解而回归环境，继而再开始新的一轮循环。此外，按照信息论的观点，生态建筑系统中除了能流和物流之外，还存在着信息流，例如人的行为信息。所以生态建筑系统具有开放性的特征。

这一研究对于生态建筑设计方法和策略的意义在于，将设计场地的无机物和有机物作为活跃的生态系统来考察环境的承载力，将建筑系统对生态环境的不利影响减至最小；从生态建筑系统不断同周围生态系统进行物质、能量和信息交换的角度，寻求多种物质、能量和信息流动的途径（包括考虑本地气候因素），使建筑构成稳定的网状结构[3] 并有效地节约资源；建立整体和开放的思维，有助于生态建筑理论和实践中寻求影响设计过程、设计决策及建筑系统的主要因素，做到最大限度地保护自然生态环境、节约资源。

4.3.1.2　生态建筑系统的动态性

生态建筑系统不是一成不变的而是始终处于不断的运动、变化之中，当生产者、消费者和分解者之间能维持一定的稳定关系，系统中的能量流动、物质循环和信息传递能较长时间地保持平衡状态时，生态建筑系统就达到了生态平衡而且这种平衡是相对稳定的动态平衡。即使处于生态平衡状态时，生态建筑系统仍在不断地与外界及系统内部进行着能量流动、物质循环和信息传递，只不过这时的运动对系统的性质不会发生重大影响。所以生态建筑系统作为生物圈中物质、能量和信息流动过程中的一个环节，随着时间的推移和条件（系统内部及外部条件）的不断变化，系统本身也在不断地改变与演化着，具有随时间维度变化的动态性。另外，生物圈中任何生态系统都有其发生、发展、衰落的过程，随着时间的推移，一个生态系统可能被另一个生态系统所改变甚至替代，从而发生连续的演替过程，所以生态建筑系统也存在时间维度上的生命周期。

1　王雨田著．控制论·信息论·系统科学与哲学．北京：中国人民大学出版社，1986：143.

2　宋晔皓．生态建筑设计需要建立整体生态建筑观．建筑学报，2001，11：16.

3　系统论的等价原理认为开放系统可以通过不同的输入和不同的系统结构达到同样的目的。

这一研究对于生态建筑设计方法和策略的意义在于：其一，在建筑系统的全生命周期，系统内部应摈弃能量的单向流动模式而采取网状的能量流动模式，将多余的能量（如太阳能）充分利用并形成新的循环（如太阳能电池）；系统内部物质材料则应采取环形使用的模式，运用再评价（Revalue）、更新改造（Renew）、重复使用（Reuse）、减少耗费（Reduce）、循环使用（Recycle）的设计策略[1]。其二，建筑的生态影响可以分为原料产品、制造、设计和施工、建筑的使用、拆除[2]等部分，所以应在建筑系统的全生命周期建立与外部生态环境的能量和物质交换的全生命周期评估（Life Cycle Assessment，LCA）体系[3]，传统的能量系统分析只注重使用阶段的能耗，而全生命周期分析从原材料的开采、生产、输送、使用、回用和最终处置的各个生命周期阶段分析能耗和排放，能够避免传统的末端污染治理和污染转移；对于建筑材料和产品而言更需要使用全生命周期分析、环境影响评估、能量模式和环境审核等研究，以充分核定它们对周围生态环境的生态影响[4]。其三，因为建筑系统存在一定的生命周期，需要在建筑设计阶段就充分考虑如何使得建筑易于合理地废弃，以及废弃后建筑材料和设备的循环使用。建筑废弃后的策略包括：拆除废弃建筑并从建筑垃圾中提出资源（材料和能量）；分解和重复使用建筑构件（结构性材料、砖、门、窗、散热器等）；翻新建筑来创造新的有用产品。

4.3.1.3 生态建筑系统的区域性

生物圈中的任何生态系统都与特定的空间相联系，这种空间都存在着不同的、复杂的生态条件，所以任何生态系统都具备空间上的异质性，生态系统的空间异质性是指生态系统中，生物群落的生物种类和数量随着时间和空间的分布的不同，生态系统中的各种生物和物理特性存在着一定的

---

1 陈易．生态危机的对策．建筑学报，2001，5：45-47.

2 （英）布赖恩·爱德华兹著．可持续性建筑．周玉鹏，宋晔皓译．北京：中国建筑工业出版社，2003：209-210.

3 1933年国际环境毒理学和化学学会（The Society of Environmental Toxicology and Chemistry，SETAC）公布了LCA的定义：LCA是对某种产品系统或行为相关的环境负荷进行量化评价的过程。它首先通过辨识和量化所使用的物质、能量和对环境的排放，然后评价这些使用和排放的影响。评价包括产品或行为的全生命周期，即包括原材料的采集和加工、产品制造、产品营销、使用、回收、循环利用和最终处理，以及涉及的所有运输过程。它关注的环境影响包括生态系统健康、人类健康、资源消耗三个领域，不关注经济和社会效益。参见J. A. Fava，R. Denison，B. Jones，M. A. Curran，B. W. Vigon，S. Selke，J. Barnum. A Technical Framework for Life Cycle Assessments，The Society of Environmental Toxicology and Chemistry. Pensacola，Florida，1991：2.

4 参见本文.5.1.2.3 生态建筑设计信息的分析和处理阶段.数字模拟技术.

差异[1]。生态建筑系统作为一个开放系统，与外部生态环境存在着相互依赖的关系，不但承受外部生态环境的影响，同时也影响着外部生态环境，生态建筑系统与外部生态环境的相互作用是以外部生态环境系统空间范围内的地质概况和气候条件为基础的，而不是局限于特定设计地段以内，它包括外部生态环境系统空间范围内常年的温度条件和降雨量等气候因素以及土壤的类型和分配、地形、水文等地质因素；另一方面，对外部生态环境长期适应的结果使建筑系统的结构和功能反映了一定的区域特征，这也符合生命在长期进化过程中对各自空间环境适应和相互作用的结果。

这一研究对于生态建筑设计方法和策略的意义在于：其一，在传统的分析地形、排水、海拔高度、季风、太阳方位角和周围建筑等相关因子的场地分析基础上，运用生态控制论原理系统地调查研究外部生态环境系统的控制因子及其影响过程，例如对于陆地生态系统而言起主导作用的控制因子常常是动植物群落、微气候和地质特征等[2]。在设计时将建筑系统对永久性生物群落的变化、不可恢复的生态系统的物理变化和其他不利影响减至最小，为设计过程和决策提供可以预见的生态结果。其二，生态建筑系统的输出量必须小于外部生态环境系统的吸收能力，才能保持自身和环境的稳定性，设计阶段必须运用循环再生、协调共生、持续自生和整体性原则，通过合理的设计来改变和转换输出的途径，以减少系统的输出量；对于不可避免的最终废弃物应通过设计成为其他生态系统物质循环的原材料，做到生态建筑的零污染和零排放。其三，不同区域空间的生态环境系统，影响着生态建筑系统的内部结构和外部形式，以及建筑师采取的技术策略；不同层次的技术可以产生不同类型的生态建筑以适应不同区域空间的生态环境系统。

4.3.1.4　生态建筑系统的资源可持续性

生态建筑系统的外部生态环境包括生物圈中所有的生态系统及其蕴涵的自然资源和能量，自然资源通常可分为可更新资源和不可更新资源两大类，前者指人类开发利用后可更新、可循环、可再生的水资源、生物资源等；后者指在人类生存的世界尺度里不可更新、不可循环、不可再生的煤、石油等矿产资源。自然资源和能源的过度消耗，来源于人口增长、技术进步、工业发展以及社会生活城市化进程的加速等要素的发展[3]。更为重要的是，地球和生物圈可以看成是拥有特定物质量的封闭物质系统，这种有限性限定了人类对地球资源的使用总量，因此地球上资源和能量的有限性是

1　郑师章，吴千红，王海波等著．普通生态学——原理、方法和应用．上海：复旦大学出版社，1994：164.

2　每个控制因子是由许多独立的元素组成的，每个元素又会随着时间和空间的变化而变化。

3　诸大建著．20世纪科技革命与社会发展．上海同济大学出版社，1997：152.

所有建筑设计的一个基本的限制条件。注重生态的建筑设计目标之一是确立一种需求与使用之间的“适合”，因此任何建筑设计任务都是由使用者对居住和需求的程度来决定：正是需要与使用的层次，在初始的阶段决定了建筑形式、服务系统、技术因子和环境因子等设计组成部分[1]。

这一研究对于生态建筑设计方法和策略的意义在于：其一，设计中合理审慎地选择资源及其使用模式，尽量避免采用不可更新资源，即使采用也应当和可更新资源一样采用环形使用模式，来优化利用和保存地球上的有限资源以利于后代发展的可持续性。其二，尽量选用可再生的天然材料和地方材料，在开采、运输、制造、装配以及施工等各个阶段降低建筑材料的能耗并减少对自然生态系统的影响，尽量选择蕴能量低的材料以减少建筑的蕴能量。其三，通过不同方案的比较研究，确定最经济的能量和物质材料使用方案，并以此为依据来确定最佳的建筑设计方案。

4.3.2 生态建筑及生态建筑技术

以生态学理论为基础建立系统的生态建筑观，不但有利于我们科学、正确地认识和把握生态建筑及其技术的内涵和外延，而且建构了宏观层面的生态建筑设计策略框架，以调整建筑系统与周围生态环境系统之间的相互依赖关系。以此为依据，在实践中根据具体的条件和技术手段，可以深化为多种中观层面和微观层面的生态建筑设计策略及原则。

4.3.2.1 生态建筑的界定

生态建筑的称谓自 20 世纪 60 年代保罗·索勒瑞把生态学和建筑学两词合并成为 Arcology 时就已经存在[2]，但是“目前还没有权威一致的生态建筑理论或者被普遍认同的生态建筑概念界定”[3]，当前对于生态建筑存在多种定义，诸如：生态建筑是合理地遵从自然生态学法则，而期与自然同化的建筑[4]；生态平衡建筑（简称生态建筑）是可持续建筑最主要的物质基础之一，从这个意义上讲，生态建筑乃可持续建筑的必由之路。而建筑绿化（或称绿色建筑）则是生态建筑最关键的因素之一。生态建筑首要做到的是处理好相关系统的输入和输出的物质的良性循环与能量的良性转换[5]；生态建筑是根据当地的自然生态环境，运用生态学、建筑技术科学的基本原理、现代科学技术手段等，合理地安排并组织建筑与其他相关因素之间的关系，使其建筑与环境之间成为一个有机的结合

---

1 Morris H. Architects' approach to architecture. RIBA Joural, 1996, 4: 155-163. 转引自宋晔皓. 生态建筑设计需要建立整体生态建筑观. 建筑学报，2001，11：19.

2 参见本文. 1.2.2 相关文献及理论综述——可持续发展及生态建筑理论的研究现状.

3 Yeang K. Designing with Nature: the ecological basis for architectural design. New York: McGraw-Hill, Inc. 1995: 188.

4 夏云，夏葵著. 节能节地建筑基础. 西安：陕西科学技术出版社，1994：4.

5 夏云，夏葵著. 生态建筑与建筑的持续发展. 建筑学报，1995，6：8.

体[1]；生态建筑是生态设计的一个分支，它本身又是可持续发展的一个范畴[2]；生态建筑学是立足于生态学原理上的建筑规划设计理论和方法，注重与建筑设计相关的生态因素（吕富珣，1995年）；生态建筑是回归大自然的建筑；生态建筑是以生态学原则为指针，以生态环境和自然条件为取向，所进行的一种既能获得社会经济效益，又能促进生态环境保护的边缘性生态工程和建筑形式[3] 等等，应该说他们都根据自己对生态建筑的不同认识和理解做出了自己的诠释。

事实上，生态建筑本身不是一种建筑形式也不具备某一种建筑类型所具有的明确内涵和外延，建立了系统的生态建筑观后，笔者认为生态建筑是：根据当地的自然生态环境和气候条件，运用生态学、建筑技术科学的基本原理，采用适当的技术科学手段，合理地安排并组织建筑与其他领域相关因素的关系，使其与当地自然生态环境成为一个利于生物健康的有机整体，并在全生命周期中减少能源及资源的消耗、降低环境污染积极保护生态环境。其核心是不但在生命周期内而且建筑废弃后都能减少能源及资源的消耗和保护生态环境。其特征是物质、能量和信息在生态建筑系统内部有序地循环和转换，从而在全生命周期获得一种高效、低耗、无废、无污、生态平衡的、舒适性的建筑环境。其目标是尽可能减少能源及资源的消耗；将建筑对环境的直接和间接污染降到最低，保护自然生态环境；创造健康舒适的室内外空间环境；使建筑的功能、质量目标统一并取得最大的环境、经济和社会效益。另外对于生态建筑还必须澄清两点：其一，生态建筑并不否定传统建筑和现代建筑，而是在其所达到的生态文明、物质文明和精神文明的基础上，使之变得更加接近大自然、更加人性化、更加舒适；其二，生态建筑并非采用和传统建筑、现代建筑完全不同的全新建筑技术手段，而是将生态的理念和追求通过持续的关注和不断的技术改进逐渐实现[4]。

4.3.2.2 *生态建筑技术及其技术分层*

生态建筑要实现其目标，必须借助技术的支持，技术是现代社会中最活跃、最有代表性的因素之一[5]，它是人与自然发生关系的中介，海德格尔正是抓住了这一中介环节并进行哲学的思考和分析，使我们能从哲学的高度认识到现代技术的两重性，使我们在享受技术给我们带来的巨大利益的

---

1 冯雅，向莉．生态环境的建筑设计．建筑学报，1996，6：30.

2 （英）布赖恩·爱德华兹著．可持续性建筑．周玉鹏，宋晔皓译．北京：中国建筑工业出版社，2003：252.

3 威影．生态建筑与可持续建筑发展．建筑学报，1998，6：20.

4 参见本文．4.3.2　生态建筑及生态建筑技术．

5 参见本文．2.1　建筑技术理念的演进．

同时，也能清醒地认识到它所可能给我们带来的不良后果[1]，这对于批判人类中心论和技术中心论具有非常重要的意义[2]。生态建筑技术正是源于传统建筑技术和现代建筑技术，是以能源、资源节约与再利用和环境保护的生态思想为基础，对传统建筑技术和现代建筑技术的扬弃，对现有的建筑设计体系中经典的规范、标准和相关指标进行重新审视并加以更新和修正，使之成为适合地方社会、经济和环境、资源条件的技术来实现生态建筑的目的。在海德格尔看来，"哪里有危险，哪里就有拯救的力量"[3] 并认为以技术活动为生存方式的人，他与环境一同被列入了座架[4] 系统，然而，人与世界的这种联系是片面狭隘的，这会影响人生意义的全面展开，会减弱世界所可能有的丰富色彩。不管技术可以为人类带来多大的利益，一旦把从事技术活动作为人的唯一生存方式，那么从人生意义方面来说，它就是片面、狭隘的。由此可以推断出，如果把技术的先进与否作为衡量社会进步、衡量社会发展的唯一标志，那将是不全面的[5]。生态建筑技术亦如此，对于适宜生态技术、中间生态技术、高生态技术而言，无论哪一种路线的生态技术都可以作为有效的手段达到生态建筑的目的，其选择要以经济性和因地制宜等要素为标准。

目前国内外对于生态技术的认识和界定还很不一致：日本建筑中心在《建筑要项》一书中提出生态技术有 55 种，环境共生的建筑与技术 77 种。1978 年在加拿大召开绿色挑战会议上提出的生态技术更是五花八门。到现在为止，大家对生态环境包含的内容并不统一，从比较宽泛的角度说节约资源、保护环境，目前来讲都认为是生态技术[6]。笔者认为如同生态学及生态建筑的发展一样，生态建筑技术是在传统建筑技术理论、现代建筑技术理论和其他学科的相关理论基础之上，以生态学理论为核心，综合运用信息科学、材料科学、建筑科学、地理学、气候学等学科的研究成果和技术，在一定程度上引入了其他领域的高新技术，发展起来的一门边缘性工程技术科学。其目的是使建筑物具备环境保护、低能耗、高效率，给人们提供一种舒适、健康、贴近自然的工作和生活环境。与传统建筑技术所不同的是生态建筑技术的发展趋势更加强调高效、低耗；高技术、低污染；高附加值、低运行费，以人与环境的和谐为本，贴近自然，环境友善，舒适健康。为人们创造一种协调、平衡的人工生态系统，提供具有可持续发展的

---

1 参见本文 . 2.2.4 技术观的两大走向.

2 参见本文 . 2.2.6 对技术的多元批判.

3 参见本文 . 2.2.6 对技术的多元批判.

4 参见本文 . 2.2.2 技术的哲学本质、价值和技术文明 .

5 俞宣孟 . 海德格尔对现代技术的哲学思考 . 参见：黄万盛主编 . 危机与选择 . 上海：上海文艺出版社，1988：16.

6 袁镔 . 生态建筑设计的技术套路 . 房材与应用，2003，2：24.

生态技术[1]。当代建筑领域的生态技术发展主要表现在两个方面：一方面是技术科学研究，它涉及建筑学及相关学科的许多基础理论，如生态系统循环理论，主要包括不同的物种循环规律、能量流动转化规律、气候变异规律、建筑中能量转换规律、建筑物与外部环境热湿交换规律等；另一方面是人文社会科学的发展，人们通过对资源、环境和人类自身的再认识，终于选择了可持续发展的道路；这两个方面的发展促进了当代生态建筑技术的发展。

基于生态原则的生态建筑以技术进步为基础，从环境与资源的角度重新认识人类的生存问题，将人类营造活动对自然生态环境系统的不利影响减少到最小，将自己置于所处自然环境的控制之下，在有限资源条件下寻求自身的需求与发展。由于技术的双重属性[2]，从生态建筑技术的发展趋势来看包括三种倾向：其一，是在传统的建筑技术基础上，按照环境和资源两个要求，共同改造重组成的新技术，即所谓适宜生态技术（低技术或简单技术）。其特点是有较强的地方性和传统性，因地制宜地应用于小规模的一般性建筑并能取得良好的生态效果。其二，是在现代的建筑技术基础上，按照环境和资源两个要求，共同改造重组成的新技术，即所谓中间生态技术（中等技术或常规技术）。其特点是采用中低等成本，使用和管理得当往往能取得较大的效益，其最大的优势是有很强的适应性并能反映区域的整体技术水平。其三，是按照环境和资源两个要求，把其他领域的高新技术包括信息技术、电子技术、材料技术、结构技术等等，按照生态学理论及要求借鉴到生态建筑技术的组合中并形成的新技术，即所谓高生态技术（高技术或高新技术）。其特点是高成本、高效益、技术导向性强，能在生态建筑应用中充分发挥高新技术的强大优势，但要求有较高的技术和管理水平。从生态建筑的技术路线来看，适宜生态技术、中间生态技术、高生态技术并没有严格的界限，一般来讲现阶段适宜生态技术和中间生态技术是普及推广型技术，高新生态技术是研究开发型技术。使用不同分层的生态建筑技术（适宜技术、中等技术和高技术）可以产生不同类型的生态建筑及其产品以适应不同的条件，但不同分层的生态建筑技术都有着共同之处：技术的使用和产品有利于保护自然生态环境；技术的使用和产品有利于节约能源和资源；技术的使用和产品有利于人类和其他生物的健康。从这个意义上来说，生态建筑技术的应用非常广泛，包括规划层面的生态建筑技术、建筑实体层面的生态建筑技术、建筑细部层面的生态建筑技术等。

---

1 曹伟．论生态建筑及其技术．工业建筑，2001，6：26（有改动）。

2 参见本文．1.1.3.1　科学与技术．

4.4 生态建筑的设计原则及实施的制度保障

根据系统的生态建筑观的宏观生态策略框架，借鉴当代哲学家、生态学家和建筑师对生态建筑的深入研究和分析[1]，我们可以建立生态建筑设计的中观设计原则或策略，为适于不同条件和技术手段的具体实践提供可操作性的理论依据。另一方面，生态建筑的发展不仅需要研究和设计人员从研究和理论上付出不懈的努力，还需要社会及政府部门从制度上积极地完善和引导，从“浅层”的技术和经济层面走向“深层”的价值和制度层面。

4.4.1 生态建筑的中观设计原则

生态建筑设计以生态学理论为基础立足于可持续发展思想，注重合理地利用资源和环境保护，使建筑与城市、环境成为一个健康平衡的有机整体。当代学者对生态建筑及设计进行理论研究并通过实践对生态建筑的设计原则进行了一系列总结：1993 年由美国国家公园出版社出版的《可持续设计指导原则》(Guiding Principles of Sustainable Design) 一书，是在许多机构的工作基础上完成的[2]。该书提出了可持续建筑设计的原则：尊重基地的生态系统及文化脉络；体现正确的环境意识；增强对自然环境的理解，制定行为准则；结合功能需要，采用简单的适用技术，针对当地气候采用被动式能源策略；尽可能使用可更新的地方建筑材料；避免使用高蕴能量、易破坏环境、产生废物以及带有放射性的建筑材料；坚持“越小越好”，完善建筑空间使用的灵活性，以便减少体量，将建设及运行所需要的资源减至最少；减少建筑过程中对环境的损害。利用新的建筑材料及构件；无障碍设计的考虑，为所有人争取相同的使用可能[3]。1991 年布兰达·威尔和罗伯特·威尔合著的《绿色建筑——为可持续发展而设计》问世[4]，作者认为

---

1 这其中包括生态建筑、绿色建筑和可持续发展建筑的设计理论和实践，虽然这三者的内涵和外延不尽相同，但从目前发展的趋势来看，三者研究的出发点和目标基本趋同，我们认为在一定程度上可以等同。

2 这其中包括美国建筑师协会、美国景观建筑师协会、生态旅游协会、国家公园与保护协会、国家海洋与大气管理局以及绿色和平组织。《可持续设计指导原则》界定了有关自然资源、文化资源、基地设计、建筑设计、能源利用、供水及废物处理方面的可持续的含义。在该书中可持续的设计被定义为一种哲学，即人类的发展应体现节约的原则，并在日常生活中鼓励应用这种原则，所有的生命都是基于一个共同的基础，不同的地区均需要相互依赖的、自我维持的生命支撑系统。《可持续设计指导原则》提出了建筑设计的目标：把建筑（或非建筑）当做展示环境在维持人类生存方面的重要性的教育工具；将人类与环境重新连接起来，因为自然赋予我们精神上、感情上及疾病治疗方面的诸多恩惠；促进人类新的价值观及生活方式，以期和地方及全球的资源环境维持一种更加和谐的关系；增强适用技术的公众认同意识以及不同建筑材料的热工认识；保护文化的地方性；对于同地方、同地区及全球关系的文化及历史的理解。

3 宋德萱编著．建筑环境控制学．南京：东南大学出版社，2003：133.

4 参见本文．1.2.2 相关文献及理论综述——可持续发展及生态建筑理论的研究现状.

绿色建筑所应具有的四项原则，在建筑设计中应当作为一个整体来考虑：原则一是节约能源[1]；原则二是设计结合气候；原则三是能源材料的循环使用[2]；原则四是尊重用户[3]。作者最后指出：绿色建筑不仅仅指的是基地内的单体建筑，它还包括都市环境的可持续发展模式；城市也远远不仅仅是建筑物的集合，它可以看做是生活系统、工作系统、休闲系统等等各种系统相互作用而形成的建筑环境。1995 年杨经文在他的著作《设计结合自然：建筑设计的生态学基础》（Yeang K. Designing with Nature：the ecological basis for architectural design）中，对生态建筑理论的探讨做出了有益的尝试，并试图建立一个统一的理论基础和设计参照框架[4]，提出生态设计必须从以下 4 个方面来考虑对环境的影响：能量和材料由内及外的相互作用，或者说生态设计系统生存周期输入物质所产生的影响；能量和材料由外及内的相互作用，或者说生态设计系统生存周期内输出物质所产生的影响；系统内部的相互作用关系，或者说系统生态设计系统生存周期内其自身活动及其用户所产生的影响；系统外部的相互关系，或者说生态设计系统的地理位置及环境对其产生的影响，它们为被设计系统提供了文脉关系[5]等等。我们以系统的生态建筑观的宏观生态策略框架为基础，试图从环境、资源、地域和气候、人等四个方面，建立生态建筑设计中观层面的设计原则或策略（环境保护原则、资源持续利用原则、适应地域和气候原则、人性化、健康原则），为微观层面的具体的生态建筑设计和技术策略提供可操作性的理论依据。

4.4.1.1　环境保护原则

根据生态建筑系统的整体性、开放性原理[6]，理想状态的生态建筑系统

1　据统计，建筑耗能占世界总耗能的40%左右，因此如何在建筑中进行节能设计，发展节能节地、有利于生态平衡的新建筑，成为“绿色建筑”的一个重要标志。建筑物从建造到使用，耗能大致可分为 3 个阶段，即材料与构配件生产耗能阶段、现场建设耗能阶段以及使用周期耗能阶段。其中使用阶段的耗能是建筑节能应抓住的主要一环，与建筑设计关系密切，应由建筑设计采取措施加以实现。

2　绿色建筑设计原则包括结构、材料等的循环利用，作者认为在建筑设计的过程中应当考虑在其完成以后，成为环境循环系统的一部分，有效地促进生态系统的循环。这一原则不仅适应于新建筑，同时也有利于指导旧有建筑的更新与改造。作者鼓励挖掘本土材料与资源进行建筑创造。

3　在日益现代化的今天，使用者这一要素在设计中已经被人们所忽视。作者应用大量的建筑实例告诉设计者，在设计的过程中应当最大限度地考虑使用者参与其中的可能性，绿色建筑的这一原则体现了使用者的重要性。

4　作者首先对生态建筑与传统建筑的概念差异，生态与设计的关系进行了陈述。认为传统的建筑学没有把建筑看做是生命循环系统的有机部分，没有从生态系统的角度来研究建筑学科发展。而生态建筑学要求建筑师和设计者有足够的生态学和环境生物学方面的知识，研究和设计应当与生态学相结合。在此基础上，作者对建成环境（Built Environment）中外部生态的相互依存关系、内部生态的相互依存关系、外部—内部生态的相互依存关系、内部—外部生态的相互依存关系等四个方面进行了分析和阐述。

5　宋德萱编著．建筑环境控制学．南京：东南大学出版社，2003：136.

6　参见本文．4.3.1.1　生态建筑系统的整体性、开放性.

与生物圈中的其他自然生态系统一样，需要输入一定的能量——太阳能（负熵流）[1]，并在太阳能和地球内部能量作用下按一定规律不断地进行物质交换和能量流动，才能维持其结构和功能的协调。系统内各生物因素和环境因素按一定规律相互联系、相互作用，并在一定时间内其结构和功能保持相对稳定状态，系统中的能量和物质的输入与输出接近相等，并且在外界的干扰下能通过自身调节机制（反馈和循环机制）[2] 恢复到新的稳定状态保持生态平衡[3]，同时输出产生的废弃物，这是主要的环境污染源之一；另一方面，环境污染离不开人，离不开人的社会性行为活动，取决于人类活动对生态环境系统的介入程度、危害程度，这是主要的环境污染源之二。正如著名生态工程师 D. Porto 所说："考虑生态原则的建筑设计，是一个不产生废物的平衡系统，因为某一过程的输出物将成为另一过程的输入物，能量、物质、信息在相互关联的过程中循环往复，由于系统的效率与相互依赖的特性，产生出环境的原物质以及可靠的经济保证与高质量的生活。废物将不复存在，太阳的恒定输入将弥补过程中任何的能量损失。"[4] 所以，保护自然生态环境系统的生态建筑设计的切入点应为输出废弃物及人类的社会性行为活动。

建立在生态建筑系统的整体性、开放性原理的宏观生态策略[5] 基础之上，遵循生态控制论的总体原则（整体、协调、循环再生），使建筑系统维持最小的能量和物质材料的输入和输出，使建筑系统保持最小废弃物的生成和排放输出量，规范和限定人的社会性行为活动。从中观层面来看，生态建筑设计的环境保护原则应体现在：

（1）整体全面地考察设计地段内部与外部相互依存的环境关系，减少人工层次、合理地保护土地、植被及自然环境；

（2）采用多学科、综合性设计使建筑产生的废弃物和排放量最小，并使不可避免的最终废弃物应通过合理的技术流程成为其他生产部门的原材料；

（3）使用无污染、低能耗、易降解、易再生的当地材料，因地制宜地使用本地无污染的材料技术；

（4）人类作为自然生态环境不可分割的一部分，其活动必须与环境建立起和谐共存和协作关系，避免人类社会性行为活动对环境的破坏。

4.4.1.2 资源持续利用原则

根据生态建筑系统的资源可持续性原理[6]，在资源有限的条件制约下应

---

1 参见本文.4.1.4 生态学的学科分支及研究方法.

2 参见本文.4.1.3 生态系统的基本特征.

3 参见本文.4.1.2 生态学的基本原理.

4 宋海林，胡绍学.关于生态建筑的几点认识和思考.建筑学报，1999，3：10.

5 参见本文.4.3.1.1 生态建筑系统的整体性、开放性.

6 参见本文.4.3.1.4 生态建筑系统的资源可持续性.

最小程度地耗费资源、尽量使用可再生资源，来达到节约资源的目的并为将来持续地获得资源提供保障，借鉴生态建筑系统的动态性、区域性和资源可持续性原理的宏观生态策略[1]，资源持续利用的生态建筑设计的切入点应为通过设计合理地利用资源及设计方案本身两个方面，所以从中观层面来看，生态建筑设计的资源持续利用原则应体现在：

(1) 设计上优先选用节约环保型、再生型、耐用长寿型建材，并尽量就地取材、采用当地技术，以节约资源、提高资源的使用效率、降低建造成本；

(2) 建立全生命周期的观念，在材料的使用上应采用再评价、减少耗费、更新改造、重复使用、循环使用的设计策略；

(3) 在设计中应尽量考虑可再生的能源，诸如太阳能、风能、水利能、地热能、海洋能、潮汐能和天然冷源的直接和间接利用，以及自然的采光、通风、降湿等；

(4) 在开采、运输、制造、装配以及施工等各个阶段降低建筑材料的能耗并尽量选择蕴能量低的材料；

(5) 在规划（向阳、通风、遮荫）、建筑单体（采集能量、保存能量、贮存能量、释放能量和平面组合调整系数、体形系数）、细部构造（保温节能、隔热节能、预防结露）等设计层面合理解决建筑节能问题；

(6) 在建筑单体设计中根据功能结构随时间、空间的变化，相应采取适应性改变（Adaptation）、灵活设计概念（Designing for Flexibility）、长寿多适概念（The Long-Life Loose-Fit Concept）和合理废弃概念（Scrapping）[2]；

(7) 通过不同方案的比较研究，确定最经济的能量和物质材料使用方案，并以此为依据来确定最佳的建筑设计方案；

(8) 修正和改变消费观念而倡导一种适度消费资源的新生活方式。

4.4.1.3 适应地域和气候原则

从具有原始生态倾向的传统民居到早期具有朴素生态倾向的建筑设计思想和实践，无一不是以地域和气候条件作为设计的出发点，地域和气候对于生态建筑来说是一个古老的话题。根据生态建筑系统的区域性原理及其宏观生态策略[3]，适应地域和气候的生态建筑设计的切入点应为充分利用地域气候条件及创造最佳的人体生物舒适感两个方面，所以从中观层面来看，生态建筑设计的适应地域和气候原则应体现在：

---

1 参见本文 . 4. 3. 1. 2～4. 3. 1. 4.

2 Heath T. Method in Architecture. New York：John Willey & Sons，1984：93. 转引自宋晔皓 . 生态建筑设计需要建立整体生态建筑观 . 建筑学报，2001，11：17.

3 参见本文 . 4. 3. 1. 3 生态建筑系统的区域性.

（1）在对设计地段的地域性深刻理解、研究的基础之上延续地方性历史、文化及人文脉络；

（2）在分析地形、排水、海拔高度、季风、太阳方位角和周围建筑等因素的场地分析基础上，根据设计地段内的土壤、环境及植被的特点，因地制宜地、合理地选址与规划，充分考虑建筑物的布局、定位、朝向等因素对地形地势的利用，评价阴影范围、引导空气流动，并将对生态环境的不利影响减至最小；

（3）针对当地的气候条件（温度、相对湿度、日照强度、风力和风向等气候因素），因地制宜地采用被动式或主动式与被动式相结合的能源策略，尽量利用可再生能源；

（4）利用当地的气候条件，采用适当的技术手段，力求以最小的资源成本取得最佳的人体生物舒适感和舒适的人工气候。

4.4.1.4　人性化、健康原则

人造环境是人类与自然环境相互作用过程中产生的一个特有的人工生态系统，是人化了的自然环境，它既是自然界的一部分，同时又作为联系人类生产生活与自然生态环境的纽带发挥着重大作用。人类社会与自然界的物质、能源和信息的循环、流动、交换处理都要依靠目前越来越复杂的人造环境系统，建筑及其环境是人造环境最重要的组成部分，其本原是为人服务的，这就要求人造的建筑及其环境不能仅以满足其使用功能为终极目标，还应当满足人的基本生理、心理、健康、行为和文化上的要求，为人类生产生活提供物质及精神上的保证。所以，适应人性化、健康原则的生态建筑设计的切入点应为人性化及健康两个方面，所以从中观层面来看，生态建筑设计的人性化、健康原则应体现在：

（1）遵循人与环境的和谐为本的人文原则，增强使用者与自然环境的联系，建筑物作为联系使用者与自然环境的中介应尽量引入自然的要素；

（2）创造开敞的空间环境结合立体的多层次绿化系统，以便使用者方便地接近自然环境，并形成使用者与自然融合的视觉、听觉、嗅觉、触觉环境；

（3）建立自然的空气循环系统引入清新的空气，创造良好的室内通风对流环境，保证良好的室内空气质量；

（4）建立自然的防噪措施降低噪声污染，为使用者创造安静、和谐的声环境；

（5）通过高品质的自然采光系统（或良好的照明系统）以及合理的楼层高度、房间进深，创造舒适的光环境；

（6）利用自然的方法创造宜人的室内温度、湿度，在尽量减少能耗的同时为使用者提供舒适的热工环境；

(7) 在设计上针对特殊使用者的行为能力做出合理的解决方案，体现对老、弱、病、残、孕等特殊使用者的关怀；

(8) 提高建筑系统的生态安全能力，增强防灾、减灾能力；

(9) 在设计上对建筑未来的发展进行充分的考虑并留有足够的余地；

(10) 在室内及室外的设计中应因地制宜地接受多元文化并注重人们的心理感受。

4.4.2 生态建筑实施的制度保障

生态建筑作为新生事物要实现从研究阶段跃迁至普及阶段，需要全社会各阶层的广泛认同和支持，建立生态建筑的技术支持[1]、经济杠杆调节[2]、人文道德基础[3]和政府制度保障[4]，从“浅层”的技术和经济层面走向“深层”的价值和制度层面。正如奈斯（Ecological Ethics）[5]所说，浅层生态学“无疑是一种基于技术乐观主义和经济效率的‘浅层’方案”，不仅不能从根本上解决环境问题，而且本身潜伏着危机。浅层生态运动之所以如此，关键在于它在人与自然关系的问题上提出的人类中心主义立场[6]，它试图在不触动人类社会政治经济结构、生产与消费模式、伦理价值观念的前提下，单纯依靠技术的方式解决环境问题。而深层生态学则把生态危机的根源归结为制度危机和文化危机，因而认为技术不可能从根本上解决问题，只有对价值观念和社会体制进行根本性变革，如确立人与自然和谐相处的价值观念、抑制不断扩张的物质贪欲、告别工业文明的发展模式等等，才能全面解决环境和资源问题。

自20世纪90年代起世界各国通过多学科专家的共同努力，相继建立了自己的生态建筑（绿色建筑）标准和评价体系，已将生态建筑的发展纳入了制度化轨道。生态建筑的评价大致经历了三个发展阶段，即：早期，绿

---

1 从目前来看，生态建筑既没有固定的技术路线也没有一种技术策略可以随处通用，其理论研究与实践存在着相当大的距离。虽然生态建筑的宏观、中观设计原则和策略包括了诸多因素，但众多的理论原则和策略都仅仅是一种理想，如何根据这些理想结合不同条件的具体实践，建立与之相适应的微观技术支持，才是生态建筑走向普及发展的关键，只有建立成熟和经济合理的微观技术体系才能成为生态建筑发展的基点。

2 因为建筑业涉及经济层面的诸多问题，生态建筑的短期效益和长期回报之间的权衡评判，也是生态建筑从理论研究走向广泛普及时所不可回避的问题，所以经济杠杆无论是在推动生态建筑发展抑或阻碍其前进，都会扮演着重要的角色。

3 生态建筑不仅基于人们对建筑环境及生态问题的深刻认识，也与存在于人类意识深处的道德理想密切相关，良好的生态环境与人们的生活模式、消费方式等有着密不可分的联系，它涉及哲学、宗教、伦理学、美学等各个领域。

4 生态建筑和环境的普及更有赖于政府层面的制度保障和法律程序，特别是在未解决生态建筑本身经济合理性问题之前，要发展生态建筑还需要在可持续发展原则基础上建立一套新的行为准则、规范。

5 参见本文.4.2.4.1　奈斯及深层生态学理论.

6 雷毅.深层生态学：一种激进的环境主义.自然辩证法研究，1999，2：51.

色建筑产品及技术的一般评价、介绍与展示；中期，建筑方案环境物理性能的模拟与评价；近期，建筑整体环境表现的综合审定与评价；今后预期将对现阶段评价方式与模拟辅助建筑设计工具进行整合，并利用网络信息技术，使评价方式与辅助技术手段都得到更广泛和全面的应用和发展[1]。比较有代表性的评价体系有：1990 年由英国的“建筑研究所”（Building Research Establishment，BRE）提出的世界上第一个生态建筑评估法“建筑研究所环境评估法”（Building Research Establishment Environmental Assessment Method，BREEAM），之后受 BREEAM 的启发，不同的国家和研究机构相继建立了各种适于本国或地区的、不同类型的建筑评估法，诸如：美国的“能源及环境设计先导计划”（Leadership in Energy & Environment Design，LEED）、加拿大的“绿色建筑挑战 2000”（Green Building Challenge 2000）、德国的生态建筑导则 LNB、法国的 ESCALE、日本的 CASBEE、挪威的 ECOPROFILE、澳大利亚的 NABERS、我国香港特别行政区的“建筑环境评估法”（Hong Kong Building Environmental Assessment Method，HK- BEAM）以及我国台湾省的“绿色建筑解说与评估手册”（ABRI&AERF）等等。我国学者于 2001 年完成了“中国生态住宅技术评估体系”的研究[2]，并依此先后对十多个住宅小区的设计方案进行了评估；2003 年又完成了绿色奥运建筑标准和评估体系的研究，并制定了“绿色奥运建筑评估体系”[3]，这两个评估体系的制定对促进和规范我国绿色生态建筑的发展将产生积极的影响。

上述评价体系一般都是根据对生态建筑（绿色建筑）的不同理解以及各地区具体情况的不同，来划分各自评价的内容和项目，总的说来主要包括：环境、健康、经济、设计、规划和管理等几大类，其中环境和健康是其重点内容。以此内容为依据并根据当地的具体情况，建立合适的评价指标项目的具体条款，再确定定性或定量的评价标准，然后根据指标项目及评价标准进行综合评价。综合评价是由具备资格的评审人员，根据评价标准对各评价指标项目即设计、规划、管理、运行等方面的数值与资料等分别进行评分，最终采用加权累积的方法评定最后的综合得分，根据得分的多少确定该生态建筑（绿色建筑）的等级并颁发相应的等级认定证书。总的说来目前生态建筑（绿色建筑）的标准和评价体系，都是围绕着环境、资源和健康三大主题而展开，并在能源、水资源、土地资源、建筑材料、室内外环境质量等主要评价内容的选择上取得了一

---

1 刘煜．国际绿色生态建筑评价方法介绍与分析．建筑学报，2003，3：58.

2 聂梅生，秦佑国，江亿，张庆风，蔡放编著．中国生态住宅技术评估手册．北京：中国建筑工业出版社，2003.

3 绿色奥运建筑研究课题组著．绿色奥运建筑评估体系．北京：中国建筑工业出版社，2003.

定的共识，并都采用了树状分支的、多层级结构形式的指标项目的组织。但还存在许多问题尚待解决：未形成一套简单宜操作的、国际通用（同时适应地区差异性）的评价体系，因而各国家（及地区）评价结果之间没有可比性，不能更加有力地促进国际绿色生态建筑事业的共同发展；现有评价体系在指标权重的设立方面，尚未找到一套公认科学合理的办法，因而对各指标项目的整体相关性反映不足或存在偏差；在各单项指标的“评价标准”及“评价方法”方面所作的基础研究工作不足，尤其是在“材料含能”、“生物多样性”、“室内空气质量”等较新概念领域更加明显，由此也影响了评价的合理性和可操作性[1]；各国、各地区现有评价体系的指标项目中都存在着很大比重的主观性条款，导致评价结果的准确性受到广泛质疑。

生态建筑（绿色建筑）标准和评价体系的建立，标志着生态建筑的发展进入了制度化轨道，反映了人们正在逐步认同生态建筑的实践，随着生态建筑在市场范围内的初步实践以及世界各国、各地区生态建筑标准和评价体系的广泛应用和讨论，一定程度上推动了生态建筑的发展。但生态建筑的广泛普及尚需全社会各阶层的广泛认同和支持，从生态建筑的技术支持、经济杠杆调节、人文道德基础和政府制度保障入手，积极推动生态建筑的发展，政府的制度保障是关键性因素。例如可以通过政府立法，在设计中必须采用节能建筑材料与设备、无公害材料及各种节约资源的措施；并且调整税收，加强生态建筑在经济上的可行性。同时政府可以从公共事业项目建设着手，加大对公益事业的支持；并且以此为契机，促进生态人本主义在建筑领域的觉醒，成为社会价值体系的主流，并成为未来生态建筑存在和普及发展的原动力。如日本政府对采用“太阳能电器”给予50％的资金补助，并从1999年开始对修建屋顶花园的业主提供低息贷款；瑞典最大的住宅银行1995年初宣布只向生态建筑贷款[2]等等。

4.5 生态建筑与生态技术发展的高技化、数字化趋势

生态建筑的发展经历了从具有原始生态倾向的传统民居、20世纪20年代前后具有朴素生态倾向的建筑设计思想与实践、20世纪60年代以前生物气候地方主义的设计理论与实践、20世纪60年代以后利用替代能源和适用技术的建筑设计理论与实践、20世纪80年代以后环境与资源并重的建筑设

1　刘煜．国际绿色生态建筑评价方法介绍与分析．建筑学报，2003，3：60.

2　潘雄伟．生态建筑的实践与理论．宁波：宁波大学学报（理工版），2001，3：87.

计理论与实践，再到21世纪逐渐转向寻求建筑、环境、人三者和谐共生的建筑设计理论与实践，其间生态建筑设计的理论得到了极大的丰富，逐渐从以人为本到以人与环境和谐为本、从定性研究到定量控制、从简单单一到复杂综合、从生态建筑到生态工程以及生态城市、从工业文明到生态文明、从地域性到全球化的演化，同时生态建筑的外延也得到了极大的拓展，推动了世界范围的生态建筑实践沿着适宜生态技术、中间生态技术和高生态技术三条技术路线[1]蓬勃发展。特别是以信息化、数字化为特征第三次技术革命[2]辐射到建筑领域的第三次建筑技术革命以来，数字技术、智能技术、结构技术、材料技术、施工技术和其他领域的高新尖端技术为生态建筑带来了更广阔的发展空间，开辟了运用高新尖端技术手段实现可持续发展目标的道路，使当代生态建筑和生态技术的发展呈现出高技化、数字化趋势。

当代生态建筑借助于其他领域的高新尖端技术科学地解决环境和能源问题[3]，已成为生态建筑探索的主流之一，以环境控制和节能技术为例，目前很多生态建筑广泛采用红外热反射技术、高效节能玻璃（全息玻璃、多棱玻璃、热敏玻璃、光敏玻璃等）、TIM立面等等，既能创造满足人体生物舒适感的环境条件又能充分利用可再生能源。例如，1992年格里姆肖设计的塞维利亚[4]世界博览会英国馆（British Pavilion, Saville Exposition, 1992年）成功地解决了环境保护问题、气候控制问题和建筑构件的循环利用问题，是生态建筑利用高技术进行环境控制和节能的一次成功尝试。在这个设计中气候条件是决定建筑设计的主要因素，尤其是博览会在夏季举行，对气候、节能和环境的考虑是最根本的出发点，格里姆肖在设计中对当地传统技术策略作了适当的借鉴，但主要是采用轻盈的钢结构和玻璃外墙，利用高技术采用多种技术手段和不同的建筑元素有机地综合起来对炎热的气候做出反应，同时满足建筑艺术表达的需要。①在36.6m（宽）×61m（长）的基地中，东立面（主立面）采用一面巨大的瀑布墙，水流从精确控制的喷嘴中喷出，沿抛光的钢板表面流到墙下的水池中，形成一道围绕建筑的“护城河”，流水既对建筑周围的微气候有降温作用又有效地阻止了阳光对室内的照射；建筑西立面受热辐射最大，整个墙面设计成用钢制的水箱垒积而成的“水箱墙”（图4-28），箱中装满了水以吸收西晒时的太阳热

---

1 参见本文.4.3.2.2 生态建筑技术及其技术分层.

2 参见本文.1.1.3.3 第三次科学革命与技术革命.

3 参见本文.4.2.5.3 以高技术为特征的注重生态的建筑设计理论与实践.

4 塞维利亚是欧洲最热的城市之一，夏季降雨量极少，最高温度常常高达45℃，昼夜温差可以高达20℃以上，传统的技术策略（适宜技术）是用厚重的石墙体隔热，墙体表面粉刷成白色以反射太阳热，窗洞口开得尽可能小，配有内院并在内院中以喷泉和水池吸收热量。

图 4-28 塞维利亚世界博览会英国馆“水箱墙”立面及遮阳细部

资料来源：罗小未主编. 外国近现代建筑史 . 北京：中国建筑工业出版社，2004：408.

（高容量热贮），在夜间则将这些热量释放出来，平衡高达 20℃的昼夜温差；建筑顶部是风帆型的遮阳板，这些遮阳板表面是用 PVC 材料处理过的高分子织物，安装在弯曲成型的钢管上，它们分布在屋顶和立面上，可以防止金属屋顶面板及墙面变得过热。通过东立面瀑布墙、西立面水箱墙、屋顶遮阳板及织物遮阳等三种被动式制冷策略结合屋顶的空调系统[1]，通过三种被动式技术手段和主动式技术手段的综合使用，英国馆在整个展览期间的室内温度始终控制在 28℃，部分微环境温度保持在 22℃（图 4-29）。②在照明设计上充分注意了能源的节约，白天英国馆通过东侧墙面的反光来为室内大空间提供照明，夜间照明考虑建筑艺术效果，特别注重了瀑布墙的照明设计；室内还安装有部分荧光材料，夜晚可以用冷光照明；遮阳板上装有光电转换器，在强烈的阳光下产生的电能用来驱动瀑布墙的水泵循环用水，使得建筑的能耗进一步降低，使得这座看似非常耗能的既有水瀑布、又有钢和玻璃等轻结构材料的建筑的耗能量仅为一般其他同类建筑的 1/4。③建筑的结构采用了翻转的弓形和桁架来形成大跨度空间，垂直支撑结构也由桁架组成，刷成白色的钢板在施工中不需要焊接，整座建筑除了混凝土基础以及首层的地面以外，其他都易拆卸和再安装。在设计结构形式时参考了工业建筑的模数体系，以便展览会结束后英国馆可以拆卸重组成一个工业车间，实现了材料的循环使用。事实上整个建筑就是用建造快艇的技术建造的，随着当代高新技术的蓬勃发展和在生态建筑实践中的广泛运用，使当代生态建筑与生态技术的发展呈现出高技化趋势。

数字技术的发展使传统意义上的生态建筑和其他类型的建筑一样，获得了长足发展的机会，表现在设计手段的数字化、使用和管理手段的智能

1 在空调开放时计算机系统能精确协调各空调器的操作以提高空调的工作效率和效果。

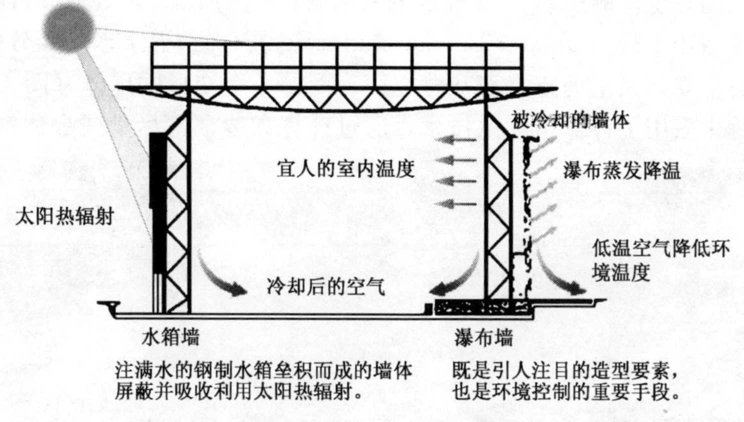

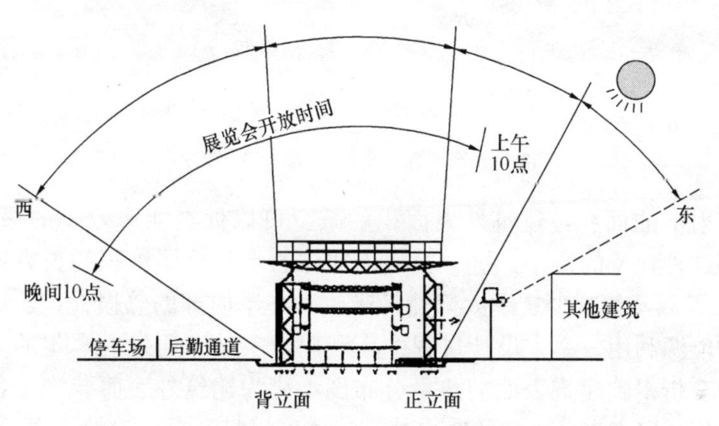

图 4-29　塞维利亚世界博览会英国馆热量控制原理及博览会期间日照分析

资料来源：李华东主编．高技术生态建筑．天津：天津大学出版社，2002：49.

化。一方面，当代生态建筑设计借助数字技术的虚拟现实设计，可以进行建筑能耗模拟与评估，在方案阶段就可以精确估算未来建筑的能耗，并进一步使生态建筑的物理环境条件的参数化设计（声、光、热以及室内空气质量等）和数字化精确调控成为现实。另外，数字技术结合环境科学可以对建筑将来的环境指标、生态效应进行准确的计算。另一方面，当代生态建筑可以借助数字控制技术，将逐步成熟的人工智能技术、神经网络技术与人体生物舒适感有机地结合起来，根据外部气候条件的变化自动调节和控制室内的温度、湿度、采光以及空气质量等，使建筑成为一个具有反应能力和自我调节功能的生态体系。另外，生态建筑可以借助数字技术在使用和管理上，实现对建筑中所有的机电设备和能源自动控制、电讯网络（电信网络、电视网络、计算机网络）自动控制以及消防和安全保卫系统的自动控制，从而创造出高效、节能、环保、无污染、健康、安全、舒适的室内外空间环境。例如 2002 年建成的由福斯特事务所（Foster & Partners）设计的伦敦市政厅（Greater London Authority），高约五十米，共分四层，建筑没有常规意义上的正立面和背立面，而是一个变形的球体（图 4-30）。设计过程中采用了计算机虚拟技术，通过计算和验证来尽量减少建筑暴露

图 4-30　伦敦市政厅

资料来源：李华东主编．高技术生态建筑．天津：天津大学出版社，2002：160.

在阳光直射下的面积，建筑外表面积的减少可以促进能源效率的最大化，最终得到这种独特的造型。这一类似于球体的形状比同体积的长方体表面积减少了 25%，能减少夏季太阳热的吸收和冬季内部的热损失，从而获得最优化的能源利用效率。设计过程中还利用数字技术通过对全年的阳光照射规律的分析得到建筑表面的热量分布图，成为建筑外表面装饰工程设计的重要依据。所有办公空间的窗户都设计成可以打开采用自然通风的形式，供暖系统由计算机系统统一控制，通过传感器收集室内各关键点的温度等数据，然后协调供暖；并能将建筑内部的热量在中心汇集起来加以循环利用，通过这些措施以最大限度地减少不必要的能耗。此外，建筑物还采用了一系列主动和被动的遮阳装置，建筑物斜着朝向南面可以在保证内部空间自然通风和换气的同时，巧妙地使楼板成为重要的遮阳装置之一；建筑朝南倾斜各层逐层外挑，外挑的距离也经过精确的计算，恰好能自然地遮挡夏季最强烈的直射阳光；大楼内设有机房从地层深处抽取地下水，向上通过管道输送到冷却系统，循环冷却建筑后一部分送到卫生间、厨房、花园等处供冲洗、灌溉使用，其余则再次进入地下被自然冷却，这种充分利用温度较低的地下水冷却系统避免了夏季空调消耗大量的电能（图 4-31）。通过上述各技术的综合使用，大楼的冷却和供暖系统的能源消耗仅相当于配备有典型中央空调系统的相同规模办公大楼的四分之一。随着当代数字技术的发展和在生态建筑实践中的广泛运用，使当代生态建筑与生态技术的发展呈现出数字化趋势。

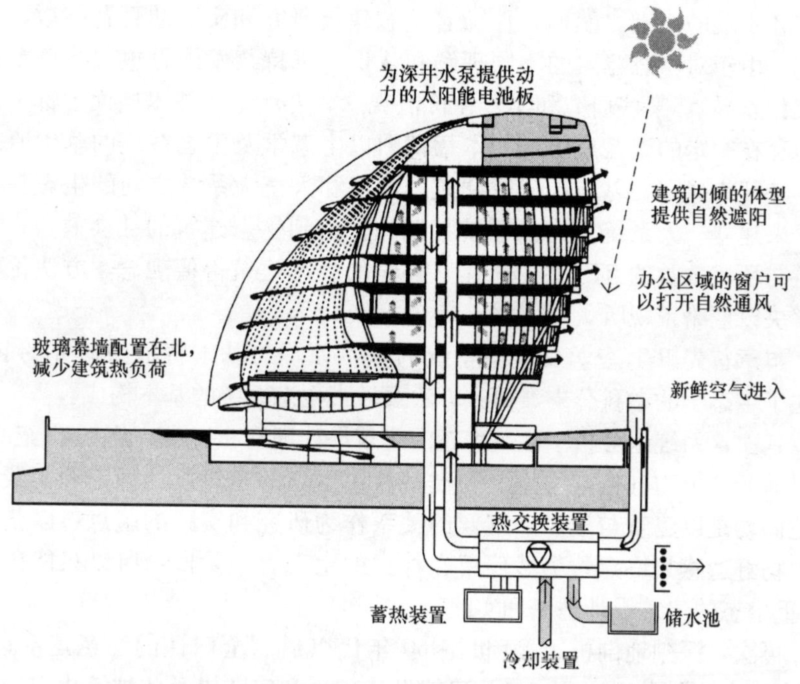

图 4-31　伦敦市政厅生态策略示意

资料来源：李华东主编．高技术生态建筑．天津：天津大学出版社，2002：163.

4.6　本 章 小 结

曾几何时，伴随着可持续发展的响亮号角、全球环境和资源意识的提高，各学科对生态学的研究来势迅猛[1]，波及到建筑领域也迎来了生态建筑

1　参见本文．1.2.2　相关文献及理论综述——可持续发展及生态建筑理论的研究现状.

研究和实践的高潮。然而，伴随着生态建筑研究和实践的百花齐放、百家争鸣，由于对生态建筑的不同理解和认识（可持续发展思想包括尊重地区和文化差异），某些研究和实践在价值观念、方法论和技术层面上都不同程度地存在一定的误区或极端；本章试图以生态学及生态系统的基本原理与基本特征为研究的基点，研究建筑、环境和人三大系统之间的生态整合关系，来建立三大系统之间的系统控制论，达到生态建筑的社会效益、经济效益与环境效益的互利共生，建立科学的生态建筑价值观念、方法论和技术解决以期略正视听。

本章首先以生态学及生态系统的基本原理与基本特征为研究的起点，概述了生态学的学科分支、研究方法及城市生态系统的基本构成。

其次，系统地分析了注重生态的建筑设计理论和实践，及 20 世纪 60 年代以前的“生物气候地方主义”类型注重生态的建筑设计理论和实践，指出他们均是以建筑与地域、气候的关系作为研究和实践的起点，以获得人体生物舒适感为终点，仍然停留在朴素的生态思想阶段，所以只能称其为“注重生态的建筑设计理论和实践”。

再次，深刻地剖析了 20 世纪 60 年代以后（全球性的绿色运动以后）“生态决定论”类型注重生态的建筑设计理论和实践以及“技术决定论”类型注重生态的建筑设计理论和实践对生态建筑设计理论和实践发展的影响，特别是 20 世纪 80 年代以后（全球性的可持续发展运动以后）将环境与资源作为研究和实践的起点，以寻求建筑、环境、人三大系统和谐共生的建筑设计理论与实践，对生态建筑发展的影响。

第四，在上述三项研究的基础上建立了科学的、系统的生态建筑观及其相应的宏观生态策略框架，并以此为依据界定了生态建筑及生态建筑技术。进一步建立了中观层面的生态建筑设计原则或策略，为微观层面的具体的生态建筑设计和技术策略提供了可操作性的理论依据。并指出生态建筑的普及必须从“浅层”的技术和经济层面走向“深层”的价值和制度层面。

最后，指出生态建筑的发展逐渐从以人为本到以人与环境和谐为本、从定性研究到定量控制、从简单单一到复杂综合、从生态建筑到生态工程以及生态城市、从工业文明到生态文明、从地域性到全球化的嬗变，推动了世界范围的生态建筑理论和实践沿着适宜生态技术、中间生态技术和高生态技术三条技术路线发展。特别是以信息化、数字化为特征第三次技术革命辐射到建筑领域的第三次建筑技术革命以来，数字技术、智能技术、结构技术、材料技术、施工技术和其他领域的高新尖端技术为生态建筑带来了更广阔的发展空间，开辟了运用高新尖端技术手段实现可持续发展目标的道路，使当代生态建筑与生态技术的发展呈现出高技化、数字化趋势（主流之一）。

5　基于数字技术和生态技术的高技术生态建筑

20 世纪 70 年代以来随着数字技术的迅猛发展，人类迎来了“数字时代”，微电子技术、计算机技术、通信技术、光电子技术等的发展，围绕着信息的产生、收集、传输、接收、处理、存储、检索等，形成了开发和利用信息资源的高技术群——数字技术[1]；另一方面，20 世纪 50 年代以来日益严峻的全球性环境问题，使生存、发展与环境问题愈演愈烈，人口激增、资源锐减、生态失衡、环境破坏，几乎到了一触即发的程度，直到 1989 年 5 月联合国环境署理事会通过的“关于可持续发展的声明”，明确了可持续发展的思想[2]，全球性的环境意识随之建立，人类迎来了“生态时代”，形成了以节能和环保为特征的新技术群——生态技术；同时，当代科学技术发展的大科学与高技术趋势[3] 以及当代高技术的发展呈现出数字化、生态化趋势[4]，使得当代自然科学高度分化、高度综合的步伐大大加快，边缘学科、交叉学科和横断学科的创立促进了数字技术和生态技术走向融合[5]，在信息科学、生态科学和建筑科学之间架起了合作和沟通的桥梁，把原来离散的学科交织为有机的整体。

20 世纪 80～90 年代以来，随着数字技术的突飞猛进，代表着数字技术最新成果的数码建筑（数字建筑）应运而生[6]；20 世纪 90 年代以来随着数字技术和生态技术的发展，狭义的高技术建筑即高技派建筑开始其蜕变[7]，其主流走上了数字化和生态化探索的道路[8]，同时生态建筑的主流之一也走上了高技化、数字化探索的道路[9]。数字技术、生态技术和建筑科学技术融

1　参见本文．1.1.1.1　计算机、互联网的发展历程与信息技术．

2　参见本文．1.1.2.2　可持续发展思想的诞生．

3　参见本文．1.1.3.4　当代的大科学与高技术趋势．

4　参见本文．3.3.3.1　数字时代高技术的复归道路——数字化、生态化趋势．

5　参见本文 1.1.3.4　当代的大科学与高技术趋势，以及 1.1.1.5 托夫勒对中国的三大预测和对世界的四大新预言．

6　刘育东编．数码建筑．大连：大连理工大学出版社，2002：8.

7　参见本文．3.1　“高技派”建筑与高技术建筑．

8　参见本文．3.3.3.2　数字时代“高技派”建筑复归的道路——数字化、生态化趋势．

9　参见本文．4.5　生态建筑与生态技术发展的高技化、数字化趋势．

合的趋势辐射到建筑领域，使得当代各种建筑流派和各种类型的建筑，都在不懈地寻求变革以探索适应数字时代和生态时代的建筑发展，根据技术的不同分层包括适宜技术、中等技术和高技术三种技术路线的探索，其中处于探索前沿的典型代表就是基于数字技术和生态技术的高技术生态建筑，这与上文研究的成果——高技派建筑与高技术发展的数字化、生态化趋势[1]以及生态建筑与生态技术发展的高技化、数字化趋势[2]可谓是殊途同归，即数字时代、生态时代的数码建筑（数字建筑）[3]、生态建筑和高技术建筑通过融合的技术手段走向了“三位一体”的融合道路——基于数字技术和生态技术的高技术生态建筑，并成为当代和未来建筑发展的主流方向之一。

5.1　当代建筑在数字技术、生态技术革命中的演进

一直以来，建筑的发展就和技术的发展紧密地联系在一起[4]，建筑相对于物质形态的建筑产品而言是工程，而相对于作为文化、美学等的载体来说它又是艺术，它处在技术和社会文化的交汇点上。社会发展的领先因素是生产力，而生产力中最活跃的因素是科学技术，它是起推动作用的革命力量，它的飞跃有力地推动了生产力的发展，它的发展对建筑的推动作用也是综合而全面的。第三次技术革命（信息技术革命）[5]改变着人们的生活方式、生产方式和思维方式[6]，标志着人类科学技术取得了巨大的进步，波及到建筑领域，同样迎来了第三次建筑技术革命——信息技术革命；另一方面，面对严峻的环境污染和资源枯竭，人类在遭受了巨大的创伤后也迎来了生态技术革命。如果说“数字时代”（The Digital Era）、“生态时代”（The Ecological Era）可以在世界技术发展史上和所谓的石器时代、铁器时代、机器时代相提并论的话，随着数字技术（Digital Technology）的突飞猛进、生态技术（Ecological Technology）的日渐成熟，使建筑处于高速的革命性的发展之中[7]。

1　参见本文．3.3.3.1　数字时代高技术的复归道路——数字化、生态化趋势，以及3.3.3.2 数字时代“高技派”建筑复归的道路——数字化、生态化趋势．

2　参见本文．4.5　生态建筑与生态技术发展的高技化、数字化趋势．

3　凡是将各类电脑数码媒体，关键性地应用在建筑设计的过程中——设计概念、早期设计、设计发展、细部设计、施工计划、营造过程等任何一个阶段或几个阶段甚至全部的过程，并因而在功能、形式、体量、空间或建筑理念上有关键性的成果的建筑，均可广义地视为数码建筑。刘育东编．数码建筑，大连：大连理工大学出版社，2002：8.

4　参见本文．2.1　建筑技术理念的演进．

5　参见本文．1.1.3.3　第三次科学革命与技术革命．

6　参见本文．1.1.1　信息社会的来临．

7　不论是“等我们准备就绪时，我们早已落后！”（If You Are Ready，You Are Already Too Late!）还是著名的“摩尔定律”都在向我们传达一个信息——我们甚至来不及消化今天的知识就可能遇到明天崭新的问题。

5.1.1 数字技术在当代建筑领域的广泛运用及其影响

近几十年中，数字技术飞速发展，对于社会生活产生重大影响，建筑行业也同样受到强烈的冲击，引用雷姆·库哈斯（Rem Koolhaas）的话来说："……在数十年，也许近百年来，我们建筑学遭遇到了极其强大的竞争……我们在真实世界难以想像的社区正在虚拟空间中蓬勃发展。我们试图在大地上维持的区域和界限正在以无从察觉的方式合并、转型、进入一个更直接、更迷人和更灵活的领域——电子领域……"，从问世以来数字技术正迅速渗透至每个领域，在建筑设计领域，数码影像处理与合成技术已经成为将建筑设计直观化的重要工具，而随着电脑模拟与动画能力发展的日趋健全，以及随着互联网浪潮出现的"网络辅助设计"及"网际设计"，电脑在建筑设计中已经不再只是被视为"工具"，而是进一步成为建筑师思维的延续，从而从根本上打破了传统建筑的构筑概念；而最为根本的是，数码技术的意义已经超越了技术的层面，面对人类生活方式及思维模式都已经产生了重大的影响[1]。对当代建筑而言，这种影响无疑是深刻的，建筑一直以来都表现出了一种表达和改善人类的生存状态和生存方式的伦理功能，在当今这样一个数字化时代，数字技术已经广泛深入运用于建筑领域的设计及决策、施工建造、使用和管理诸阶段，并已产生了深远的影响[2]。

5.1.1.1 设计及决策阶段

建筑设计的过程是一个设计信息的收集、筛选和重组的过程，数字技术已介入到从设计前期的项目策划、投资规模的确定、建筑规模的确定、任务书的制定，到建筑设计过程中的场地布局与环境的整合、建筑造型与空间形态的确定、建筑细部的推敲、结构形式与设备的选型，以及概预算的编制、建筑材料的选择和采购等等。各种各样的相关信息都将影响到建筑的最终设计结果，数字技术的高效性、交互性、集成性、海量存储、远程传输等为建筑设计提供了强大的技术支持和保证。

1. 数字技术运用于建筑设计的阶段性划分

Victor Scardigli 在其《走向数字化的人》[3] 一文中对当代技术的发展，尤其是信息与通信技术的发展及其带来的革命，进行了三个阶段性的划分：第一阶段是伟大的演习阶段，新兴的技术引发了各种各样的预言，但其中的大多数只能是无端的猜测与想像，也就导致了一种真正的集体性想像；第二阶段是社会增值阶段，这是一个新发明加强社会现有功能的阶段，同

---

1 参见本文．1.1.1 信息社会的来临．

2 因为与建筑师最紧密相关的是建筑的设计及决策阶段，所以下文将重点讨论数字技术在设计及决策阶段的运用。

3 （法）马克·第亚尼编著．非物质社会——后工业世界的设计、文化与技术．滕守尧译．成都：四川人民出版社，1998：11.

时也是一个幻想破灭的阶段；第三阶段则是行动的阶段，作者认为只有在这最后一个阶段技术带来的才是真正的社会革命性的变化。尽管数字技术对建筑产生影响的深远意义从其萌芽之初就从未被低估，但是和通常科学技术的直接应用和间接影响一样[1]，数字技术对建筑的影响也是逐步深入的，我们根据这种影响的深度和广度并借鉴清华大学张利博士研究计算机对建筑与建筑设计的影响[2]的划分，把数字技术对建筑设计的影响划分为三个阶段，即数字技术作为新生事物阶段、数字技术作为建筑师的工具阶段、数字技术作为新的文明阶段。

1946年世界上第一台用电子管作为开关元件的电子计算机在美国研制成功[3]，标志着信息技术运用的开始；1950年用于图形目的的计算机的附件开始出现；1959年美国麻省理工学院（MIT）召开了CAD（计算机辅助绘图Computer-Aided Drafting或计算机辅助设计Computer-Aided Design）规划会议，标志着计算机辅助绘图或设计的研究开端；1963年麻省理工学院的伊凡·萨瑟兰（Ivan Sutherland）在他的博士论文《画板：一个人机图形交流系统》(Sketchpad: A Man-Machine Graphical Communication System）中首次提出了计算机图形学（Computer Graphics）的概念，论文中提出的交互性、模块化设计以及通过计算机模型进行物体的模拟研究，成为计算机建筑辅助设计的一个基础性的出发点[4]。1964年亚历山大（Alexander Christopher）在他的博士论文《形式的构成》（Notes on the Synthesis of Form，1964年）中试图从方法论的角度对建筑的设计过程进行科学描述，凭借特殊的数学知识背景作者甚至还设想了一个将设计过程逻辑化的方案[5]；1963年电脑开始具备绘图能力，将电脑绘图（Computer Graphics）的功能应用到建筑设计[6]，即计算机建筑辅助绘图（Computer-Aided Architectural Drafting——CAAD)；从此，将计算机在人工智能（Artificial Intelligence，AI）上的发展应用到建筑设计思考过程中，以及用计算机绘图功能来记录大量的"建筑图文资料"，便进一步发展了计算机建筑辅助设计（Computer-Aided Architectural Design——CAAD)，计算机辅助设计一直是研究和发展的重要方向；1977年麻省理工学院教授威廉·米切尔在《计算机建筑辅助设计》(Computer-Aided Architectural Design）一书中描述了这个领域

---

1 参见本文.2 建筑技术理念的生成发展与哲学思考.

2 张利.信息时代的建筑与建筑设计.南京：东南大学出版社，2002.

3 参见本文.1.1.1.1 计算机、互联网的发展历程与信息技术.

4 这一研究不仅仅对计算机建筑辅助设计有效，同样也适用于一般的工程设计。

5 由于一些重要环节和因素中具体量化问题的困扰，这个方案的可操作性和可实施性并不高，但是亚历山大提出的这种将设计过程理性化和逻辑化的思路，却在客观上为数字技术在建筑方案生成过程中的作用提供了积极的理论依据。

6 刘育东编.数码建筑.大连：大连理工大学出版社，2002：8.

的起源和当时的建筑实践、教育、研究的领域和发展水平。这一阶段是数字技术应用于建筑设计的初始阶段即数字技术作为新生事物的阶段（20 世纪 80 年代以前），虽然数字技术在建筑设计中应用的研究一直在进行，并已在建筑设计中显示出强大的工作效率，但是技术尚不成熟，对建筑设计尚未形成革命性的影响[1]。

20 世纪 80 年代数字技术的日渐成熟以及运作成本的降低促使其加速发展，"摩尔定律"[2] 成为衡量其中技术变化速度的基准底线，大多数变化比预计的快而不是慢。随着个人计算机的普及，计算机辅助设计的商业性突破因而得以实现；计算机辅助设计软件业的发展也带来了日渐成熟的电脑数字影像处理与合成技术；电脑的仿真模拟以及动画技术也得到了长足的发展。这些都标志着数字技术应用的成熟，相比较在数字技术应用于建筑设计的初始阶段里，大型服务器和微型计算机上已经开发出的成熟程序，仅仅只有经济实力较强的建筑和工程技术公司才能负担得起[3]，而在这一时期计算机辅助设计或者计算机辅助绘图使建筑师的工作方式发生了革命性的变化和改进，成熟的计算机绘图系统开始大规模地应用于设计机构的日常工作中，高速运算的计算机和大型绘图仪取代了铺满尺规的绘图板，保留的却是传统的构图方式和设计思维，电子邮件和信息网络冲击着邮政快递和电话传真，不变的却是沟通与交流的内容。其中诸如弗兰克·盖里和彼得·埃森曼（Peter Eisenman）等相当数量的先锋建筑师已经开始利用这些数字化技术手段进行更深层次的探索[4]，探索的内容从建筑形式到建筑理念、从设计思路到工作方法等等跨度深远。这一阶段是数字技术作为建筑师的工具阶段即数字技术成熟应用阶段（20 世纪 80～90 年代），数字技术的应用由集中式、智能化转向了个人化、工具化，计算机技术大规模的应用于建筑的各个领域，贯穿于从建筑设计到施工建造、使用管理的整个过程。但是，长久以来以图纸为基础的二维系统培养起来的线性思维方式，使建筑师的思路始终关注于利用数字技术扩展和取代现有的工作，思维模式始终跳不出旧有的轨道，设计主体本身也需要革故鼎新、发

---

1 一方面由于早期的研究人员致力于研究利用计算机实现对建筑功能的逻辑分析和平面设计自动化，但是数字技术无法克服建筑设计本身所具有的非理性的和其他的不能以科学方法量化的因素，导致数字技术在建筑设计中的应用和研究一度陷入误区；另一方面，由于系统的效率、使用频率、易用性以及软硬件的昂贵价格和操作人员的培训和薪酬等等问题，导致数字技术无法广泛地投入实际应用。

2 摩尔定律是 Intel 公司联合创始人戈登·摩尔于 1965 年提出的，摩尔当时预言主板上晶体管的数量每 18 个月就要翻一番。

3 比如美国的 Skidmore，Owings，Merril（SOM）公司用几年的时间开发了自己的程序，并能够实现数年后才出现的社会商业和个人计算机程序所能提供的使用功能和各方面的指标。

4 参见本文 . 3. 3. 3. 2　数字时代"高技派"建筑复归的道路——数字化、生态化趋势 . 高技派建筑的数字化 .

生根本性的变革。

20世纪90年代初，随着计算机辅助设计软件业、电脑数码影像处理与合成技术、电脑的仿真模拟以及动画技术的发展健全，计算机在许多的设计类学科中不再只是被看做是“工具”（Tool），而是进一步成为思考和呈现设计理念与操作方式的“媒体”（Media），计算机媒体化设计（Computer-Mediated Design）甚至计算机设计（Design With Computer）应运而生。1993年世界范围的互联网浪潮对建筑带来更大的冲击，一方面整合了全球的建筑信息、拉近了全球的距离，使得网络辅助设计（Internet-Aided Design）或者网际设计（Web-Based Design）得以实现；另一方面，网络所形成的网际空间（Cyberspace；Networked Space），更颠覆了我们建筑长久以来以几何关系所构成的空间概念。大约自1995年起，电脑在自由形体（Free Forms）的塑造与制作上渐趋成熟[1]，为建筑空间和形体的塑造提供了极大的灵活性和自由性，另外更逼真呈现设计的虚拟实境技术也更普及和健全，形成了“虚拟建筑”和“虚拟空间”（Virtual Space），愈来愈多以前想象不到的建筑或空间在虚拟环境中建构出来，而且有一些在真实的物理环境中被建造起来[2]。这一阶段是数字技术作为新的文明阶段（20世纪90年代至今），工业革命使人类社会从以农业为主的第一产业进化到以工业化大生产为主的第二产业结构，信息革命则使信息服务为主的第三产业逐渐占据了社会主导地位，时至今日数字技术给建筑师带来了新的工作方式、新的空间体验以及新的专业架构（建筑师本身的分化）[3]，数字技术的应用向个性化、复杂化、有机化、自由化、多样化发展，数字技术与人的关系已经由单纯的对抗性竞争变为合作性的共生。正如科学技术通过两种途径对建筑发生着影响，一方面数字技术本身在建筑中的直接应用推动着建筑的发展，当具有决定性意义的数字技术的变革成熟之后，将会渗透到全社会的各个角落，形成新的生活方式、新的文明，间接地推动建筑的发展。人们一直在关注和探讨数字技术的发展将带来何种生活方式，这场革命将给建筑带来何种未来，乐观主义者对美好未来的构想激励人们推动技术的发展，同时悲观主义者警告人类过度放任技术发展可能带来的危害。然而，人类生活在技术强权的社会里，忽视真实社会发展模式的模糊性和多样性，构想未来生活方式和思维方式而加以评判和安排，是不合逻辑的也是不可靠的，通常社会是依靠技术和生活结合的无数局部的改良和演进，来巩固

---

1 刘育东编．数码建筑．大连：大连理工大学出版社，2002：8.

2 比如库哈斯中标的备受争议的中央电视台新大楼的建筑造型。

3 日本建筑师矶崎新在中国国家大剧院竞赛（第二轮）方案设计中，使用了原用于飞机、汽车造型设计的“活动曲面”设计软件，来推敲“混和式壳膜结构”屋顶特殊的连续曲面形态，这种创新形式依靠传统的图纸中介和普通的CAAD技术是根本无法实现的。

技术革命带来的成果、调整人和技术的关系而不断发展的。

2. 建筑设计信息的获取、传递、管理和处理

相对于传统的信息获取手段，计算机和网络为建筑设计信息的获取带来了极大的便利，建筑师可以通过 Internet 或局域网获得设计地段或城市的地理气候、水文地质、社会人文经济等信息，轻松完成设计前期的准备工作；在策划和建筑设计过程中还可以通过网络进入专业数据库，诸如基于多媒体 GIS 的工程信息管理和决策的支持系统、集成化建筑 CAD 工程数据库系统、分布式多媒体数据系统、工程科学实验数据库系统、房地产信息管理系统等等，轻松调用数据资源来支持策划和设计工作高效进行。传统的、以图纸方式进行传递、管理和处理建筑设计信息的方式，最大的问题在于图纸文件检索工作的困难。在数字时代的建筑设计过程中，可以利用计算机和网络实现传递、管理和处理设计文档、工程图档以及项目管理的高效率，确保项目的高效率进行和实现。比如采用工程数据库管理系统(Engineering Date Management Systems，EDMS)，作为联机协助工作系统的一种特殊的形式，数据管理可以在具有多个服务端的单个数据库或者是在多个分布式的数据库上执行，文档文件、CAD 文件或图像文件等等以及它们的数据更新被储存在一起，并根据不同的标准进行分类，多个设计者可以通过网络访问管理系统，实现快速高效地传递、处理建筑设计信息，并进一步实现异时、异地、异步联合设计。例如苏黎世瑞士联邦工业学校、香港大学和西雅图大学曾做了一个试验，设计任务是为一位在美国西雅图市以西的小岛上生活的画家兼作家的委托人设计一座住宅，在使用通用的数据库管理系统的前提下，三个地区的学生利用了时区变化的差异带来连续工作的可能性，西雅图的同学提供了基地资料，香港的同学完成了工作模型，苏黎世的同学完成了建模程序，作为补充加入的荷兰代夫特技术大学的同学以独特的渲染程序完成了后期制作，四方共同合作完成了设计，从设计成果中可以清楚地看到每个人在设计中的工作成果。从这个意义上来说，建筑设计信息的获取、传递、管理和处理的数字化、全息化是对传统图纸化信息获取、传递、管理和处理的一场颠覆性革命。

3. 建筑设计信息的表达与计算机图式思维

在传统的图纸信息中介系统支持下，长久以来建筑师的方案构思过程，是一个在不确定的模糊意识中、不充分条件下通过手绘草图并且和图形不断进行交流，逐步实现构思和方案的深化过程，即所谓的“图式思维”过程，作为建筑设计的传统方法，图式思维一直是建筑教育和建筑实践的基本方法之一。随着数字技术的发展，图式思维的工具笔和纸逐渐由计算机和鼠标代替，大量由计算机生成的几何图形出现在建筑师的设计构思和方案中，图式思维的方式和结果由于设计主体的思维方式和工具的变化而相

应发生了变化。

显然，数字技术无法克服建筑设计本身所具有的非理性的和其他的不能以科学方法量化的因素，在人们质疑计算机理性的矢量图形系统是否能取代传统的图式思维声中，研究人员试图采用手输入的方式、利用压力感应等诸多方法，在计算机上绘制类似于使用传统工具在纸张等传统的输出媒介上的效果，来实现计算机上的草图绘制，但目前研发的水平远远未达到取代传统的图式思维，并且手绘草图快速方便的优势也是计算机软件所无法取代的。使得目前往往采用先在纸上用传统工具手绘草图，然后扫描成为图像文件，再以光栅文件的形式插入到绘制矢量图形的CAD等二维辅助设计软件中，作为设计时的参考底图，这样就可以很方便地从构思草图进入到仔细推敲的方案深入阶段。

数字技术带来的清晰、完整、确定的矢量图形虽然在一定程度上限制了建筑师丰富的想象力和创造性，但是其强大的图形构图能力却也为建筑师提供了新的、更广阔的空间来进行创作和思考。例如，基于3Dmax和Photo Shop的表现图对于材料质感、建筑细部的表现力，远远超过了手工表现图，建筑师能够在它的帮助下对建筑进行更深入的思考和创作，即深入的图式思维；又如CAD的简单功能中的复制、阵列、旋转、渐变等等，是传统工具望尘莫及的，大大拓展了建筑师的创作范围，提供了极大的灵活性和自由性。基于数字技术的、概念化的表达方式与计算机图式思维为建筑创作提供了广阔天地与自由王国。

4. 建筑设计信息的深化与虚拟现实技术

数字技术的发展使CAD或3Dmax等软件具备数字化建模功能，从而使建筑师的图式思维从手绘草图结合二维辅助设计软件的模糊、抽象的概念研究，拓展到三维的以数字化模型和虚拟建筑或虚拟空间进行清晰、具体的深化研究，这样就摆脱了现实中的欧氏几何[1]与牛顿经典力学主导下的时空观念对建筑发展的制约，从而和现代科学发展所建立的新时空观、自然观相联系。

模型是在不同的抽象的层面上对建筑进行的真实描述，所以一直以来就是建筑师对空间形态进行研究的有力工具，伴随着建筑师和模型之间的对话交流，建筑设计也随之深化。计算机三维模型技术的发展，为建筑师提供了在数字空间建立建筑数字模型的可能，数字模型不但易于建立和修改，而且可以更加真实地、精确地体现建筑的空间形态，以及具象地模拟建筑的材质，获得比传统真实模型更为丰富的设计表达。由于数字模型的强大优势，不仅可用于建筑师对建筑设计的推敲、研究和评价，而且可以

1 欧几里德（Eukleides）公元前约3000年。

向业主精确地模拟仿真、展现和表达设计思想。针对数字模型的模拟仿真，常用的软件有CAD、3Dmax、Lightscape、Photoshop等等，其他辅助软件还有ArchiDesign、Rhino、Form Z、Wavefrant等等。

虚拟现实技术（Virtual Reality Technology，VRT）是在数字模型基础上发展起来的，可以模拟、创建现实世界的场景并进入体验的计算机技术，其特点是将真实世界的各种媒体信息有机地融进虚拟世界，构造用户能与之进行各个层次的交互处理的虚拟信息空间。这种技术与工程中的应用目标结合，并派生出一系列应用系统，例如：城市规划方案和建筑方案的虚拟漫游及环境评测；室内装饰设计效果展示与体验；设计方案研究的先期成果的演示与论证；建筑结构的虚拟模型和性能测试[1]。这种技术最大的优势是模拟仿真，被广泛用于研究建筑的日照、照明和声学等仿真并做出初步评价，建筑的空间尺度等几何学上的问题、建筑物的材料能源消耗和使用方式等问题、结构稳定性等问题。虚拟现实技术有两个关键性的技术问题——交互性和进入感，这使得可以身临其境地感知模拟空间的内部的状况，可以方便地直接操作和处理物体。虚拟现实技术的发展和成熟使得建筑的发展沿着现实世界（Reality Space）和虚拟空间两个层面上并行发展。

5. 其他各相关专业设计的数字化

数字技术的发展不仅推动和实现了建筑专业设计的数字化，而且结构、给水排水、暖通、强弱电、设备等专业设计的数字化也是同步发展的，在计算机辅助设计中针对建筑相关专业，大量的CAD二次开发软件，不但提供了方便的绘图工具，还配置了一般数据库，大大提高了设计人员的工作效率。例如结构专业往往需要进行各种复杂的计算，传统的人工手算不但耗时费力而且难以及时提供准确的数据，在数字时代计算机的大容量、高速度以及定制计算机公式等优势解决了庞大、复杂的工程计算问题；而且针对复杂结构而专门开发的软件协助建筑师来大胆创造新的结构形象，由计算机来给出可行性的计算评估，或者提供近似的优化的结构形式[2]，这就使得建筑师的对空间形态的想象力和创造力得以解放，这一点在当今的一些高技术建筑中表现得尤其显著，例如上文中介绍的由福斯特事务所设计的伦敦市政厅[3]、瑞士保险公司伦敦总部大厦（Swiss Re Headquarter London），在一定意义上来说也是结构设计在数字技术支持下的突破。另外，利用虚拟现实技术不但可以实现一般意义上对虚拟现实场景的交互性和可进入性，还可以使用虚拟现实技术对建筑、结构、给水排水、暖通、强弱电、设备进行真实环境状态下的模拟工作，研究存在的问题并及时改进而

---

1 郑泳．数码技术和建筑学．同济大学硕士学位论文，2003：24.

2 郑泳．数码技术和建筑学．同济大学硕士学位论文，2003：25.

3 参见本文．4.5 生态建筑发展的高技化、数字化趋势．

获得最佳方案。

6. 建筑设计成果的数字化表达和传递

如果说，图纸中介系统的确立曾经是建筑发展史上一大进步的话，那么，在21世纪的今天，图纸中介已经成为建筑系统内部信息交换的“瓶颈”[1]，随着建筑空间形态的日趋复杂，二维图纸对于三维空间信息的表达渐显劣势，绘图与数字标注工作已繁难到了无以复加的地步，非常规性设计的图纸量更是惊人，动辄几千张施工图，仍然表达不清全部的设计意图，而且耗费大量人力、物力和财力。随着数字技术的发展，一场信息中介系统的新技术革命以及由此引发的建筑设计与施工的范式革命势在必行[2]。

CAD等辅助设计软件的精确性、可重复性、可修改性以及可定制性使建筑师方便地完成二维制图及标注工作，三维辅助设计软件3Dmax、Cinema 4D等都能帮助建筑师方便地完成三维制图及标注工作，并能提供位图的输出功能，通过Photoshop、CorelDraw、Micro Station等平面处理软件的色彩处理、效果处理，可以方便地完成表现工作。另外，诸如ArchiCAD、天正建筑6.0版等二次开发的辅助设计软件，利用相关的数据库将平面、立面、剖面和模型的辅助设计关联起来，当建筑师设计或修改平面的尺寸参数和门窗、屋顶的种类时，与之相关的立面、剖面以及模型便随之变化，在平面设计完成时自动获得了最新的立面和剖面，这样通过三维图形完成对三维空间信息的表达，也使得建筑的设计和绘图摆脱了对传统绘图方式的简单模拟。

我们已经习惯的传统的设计方式有两个弱点：设计信息需以物质的形式进行传递，这就将信息的传递效率和质量降低到了物质传递的水平。设计媒体的单一性使不同形式的设计媒体在设计过程中并行发展，分别独立地代表建筑方案的某种映射，其相互之间缺乏客观的同步机制（张利，2002年）。随着数字技术的发展、建筑师对数字技术应用能力的深入，利用计算机强大的图形处理能力和网络的信息传递能力，建筑师可能实现无纸设计和传递，例如日本鹿岛公司致力于创造纯粹的数字建筑，探索以数字技术彻底地表达建筑，而非仅仅依赖计算机输出的图纸、图像或动画技术，他们成功地将多媒体技术运用于设计过程，实现无需概念草图就能将设计意向或概念建成数字模型；并且设计成果的表达和传递可以采用不同格式的数字文件（文档文件、图档文件等等）通过网络而实现，根据目前的数字技术发展水平，已完全可以制造出经济的便携式数字化全息读取装置，随时随地快速查询、读取建筑数字文件，通过网络实现双向反馈调节，从

1、2 秦佑国，周榕．建筑信息中介系统与设计范式的演变．建筑学报，2001，6：30.

而将无纸设计推进到无纸建设，大大提高设计、传递和建设环节间的信息交换效率。

7. 数字技术支持下的新型工作方式

从古典建筑到现代建筑之前的绝大部分时间里，建筑师几乎懂得从建筑设计到结构设计以及建造过程中的绝大部分知识，时至今日的数字时代，建筑学科融入了许多其他学科的知识，建筑的设计、建造及其使用需要凝聚各个领域的专业知识，不再是建筑师一己之力就可以实现的。特别对于建筑设计和研究领域，其发展必须和各个领域的技术发展紧密地联系在一起，只有集合多种专业技术人员，才能在探索上取得成功，现实的要求使得当代建筑设计和研究的群体呈现出团队性、协同性、社会性、跨地区性的特征，由此产生了许多新的工作方式。

网络技术的发展使计算机从支持个体工作（单个系统应用）发展到支持群体协同工作（地域分散的不同专业的系统协作），比较有代表性的工作方式之一是 CSCW（Computer-Supported Collaborative Work），这种工作方式提供了空间分离状态下协同工作的可能性，其中 CSCD（Computer-Supported Collaborative Design）是特殊形式的 CSCW，是通过网络技术支持的空间分离状态下的联合设计，目前在异地操作或有异地合作者的工作大都采用 CSCW 的工作方式，它帮助建筑师实现了异地的团队工作。基于 CSCW 开发的多媒体协作 CAD 系统使得在不同地域的设计参与人员对同一设计对象进行共时性的操作，在 AutoCAD 等软件的新开发版本中就大大地加强了这方面的功能。另外，CSCW 支持许多不同形式的交流方式，每种交流方式都需要有特殊的必要的技术条件支持，根据所要处理的任务以及合作者的数量，某个 CSCW 环境中需要有 E-mail、或视频系统、或音频系统、或用于交流的绘图操作面（白板）以及对应用程序的开放性使用。

CSCW 的发展产生了虚拟设计工作室（The Virtual Design Studio，VDS）或者称作数字设计工作室和协作设计工作室（Collaborative Design Studio，CDS），VDS 和 CDS 除了必须具备 CSCD 系统的一般条件外还必须具备必要的设计导向（Design Guidance）功能，以便有效地控制整个设计流程，VDS 和 CDS 拥有类似的软硬件工作平台，其中 CDS 更强调设计合作的方法论问题（The Methodology of Design Collaboration）。随着建筑设计的协同化和专业化发展，距离遥远的合作者之间的协作必不可少，理想的方式是所有的合作者在任何时间、任何地方都可以对同一设计目标进行联合起来的工作，并且在文件传递过程中不会丢失信息，这种协同工作既可以同步进行也可以异步进行，同时设计的最后成果可以被所有的参与者了解。这样的一个共享设计系统在目前尚未开发，但是类似的解决问题的方式是：共享数据库、共享记录和地址文件，通过这种方式即所谓虚拟设计工作室，距离遥远的若干合作者可以组织起他们之间的远程联系，实现异时、异地、异步地协同工作。[1]

新形式的工作方式，时空距离和组织形式的变化，改变了世界范围里建筑业的格局[2]。一方面，基于网络技术，不但可以克服地域的障碍拓展业务范围，还能极大地提高工作的效率。另一方面，通过网络不仅可达到更有效率的工作分配，同时还能整合各个不同性质及专长的事务所协同工作。使得未来建筑师事务所不得不面对数字时代的新型工作方式，调整其组织形态使之更加地综合化、专业化，才能不断地提高其市场竞争力。

5.1.1.2　施工建造阶段

工业时代建筑的现代主义变革，在相应的工业体系支撑下完成了由传统的手工工艺体系向工业建造体系的根本性转变；数字时代在数字技术的支撑下迎来了由工业建造体系向数字化精密制造体系的又一次本质性转变，它贯穿于新型建筑材料的开发利用、建筑产品制造、建筑施工建造的整个过程。

随着数字技术的发展，计算机技术正广泛地运用于新型建筑材料的研制和开发，新型建筑材料的生产制造过程也引入了计算机监控和管理，建筑材料的特性在计算机技术的支持下也能发挥到极致，应用的范围也得到了极大的拓展。在可以预见的未来，传统的建筑材料——木材、砖、石和作为工业革命产物的现代建筑材料——钢材（包括铝合金等金属材料）、混凝土、玻璃等等不会被新型复合材料完全取代，而这些材料的性能改进、加工工艺、构造方法、施工技术的发展，都与数字技术的发展密切相关。

发达国家经历了长期的工业发展，在现代建造及制造工业技术方面的发展相对完善，数字技术支持下的计算机辅助制造（Computer Aided Manufacturing, CAM）[3]，一方面在航空航天、机械制造和工业产品制造领域已经发展多年，另一方面在建筑材料与构件加工、建筑部件制造、新型结构体系的研发和设计等领域的应用业已展开，比如上文讨论的福斯特、罗杰斯、格里姆肖、皮阿诺的作品中结构和节点的精密加工工艺，盖里任意曲面的玻璃幕墙以及埃森曼的自由空间形体，都是基于计算机辅助制造技术的发展而建造的精致作品。CAD 技术与 CAM 技术相结合，可以将设计成果的数字文件直接传递至生产车间进行加工制作，实现无纸设计到无纸制

1　例如，苏黎世瑞士联邦工业学校、香港大学和西雅图大学的联合设计试验，参见上文．建筑设计信息的获取、传递、管理和处理。

2　郑泳．数码技术和建筑学．上海同济大学硕士学位论文，2003：31.

3　计算机辅助制造是使用计算机来进行生产设备管理、控制和操作，它的输入信息是零件的工艺路线和流程内容，输出信息是机床刀具或者激光加工时的运动轨迹（刀位文件）和数控程序，以此实现建筑产品、建筑构件定制生产的精确性和高效性。

造的飞跃而无须图纸中介系统的介入。其优势在于，一方面不仅简化了设计成果信息运用到产品制造的周转过程，同时还可以避免许多人为的读图错误；另一方面，可以方便地制造大量定制的不规则构件，使建筑造型设计摆脱了传统建筑模数的制约。

针对建筑材料加工和构配件制造的计算机辅助制造技术的发展，使传统的建筑公司现场施工转移到按照工业制造工艺在工厂车间生产，按照制造业界的计算机集成制造系统（CIMS）的概念，可以在建筑业内把计算机集成建筑信息系统（CIBIS）与现代工业制造联系起来，将建筑设计、产品设计、工艺设计、市场订货、质量控制、反馈调整、产品配送、现场安装等一系列过程加以整合，发展为计算机集成建筑制造系统（CIBM）[1]。另外，从发展趋势来看，在可以预见的未来随着数字技术的深入发展、建筑业向精密制造业的转型，数字化施工建造必将在建筑业中占据主导优势，由数字化施工机械完成具体的施工过程以实现建筑的数字化建造，即在施工过程中使用传感器技术、分析计算以及控制技术，使用协作式指挥系统、远程多媒体监控系统、分布式协同训练模拟系统、远程多媒体协同会诊系统等等[2]，对施工过程进行全程数字化控制以保证施工技术问题的顺利解决。其优点在于缩短工期、降低成本、提高工程质量，这主要体现在施工过程和施工组织管理上[3]。这样，建筑师设计的“数字版”的虚拟建筑与落成后的真实建筑之间，将通过计算机实现彻底的数字化对接，依赖于信息中介系统达成的人与人之间的信息交换也将减少到最低程度[4]，类似的情形在飞机、汽车等机械制造业中早已出现[5]。

5.1.1.3 *使用和管理阶段*

把设计和建造阶段的建筑信息有效地运用于建筑的使用管理阶段，并建立建筑使用管理阶段的动态数据库[6]，通过数字化信息手段和建筑智能化系统，与建筑运营及设施管理紧密结合，实现数字时代人们对建筑的安全性、舒适性、便利性、信息交互性、节能性等诸多方面的更高要求。数据

---

1 秦佑国，韩慧卿，俞传飞. 计算机集成建筑系统（CIBS）的构想. 建筑学报，2003，8：42.

2 郑泳. 数码技术和建筑学. 上海：同济大学硕士学位论文，2003：34.

3 施工组织管理在计算机网络技术支持下，对施工的全过程以及相关各部门传递的数据实施动态管理，以便完成施工企业的计划管理、采购管理、库存管理、生产管理、成本管理等功能；并在周密的计划下有效平衡企业的各种资源，控制库存资金占用，缩短生产周期，降低生产成本。针对单个施工项目，进行从生产到计划、材料、技术、质量和财务的全面计算机辅助管理，使用项目管理软件，以网络技术为中心，帮助施工单位实现人、财、物的有序调配以及最佳的工作路线，对工期进行有效监控。

4 秦佑国，周榕. 建筑信息中介系统与设计范式的演变. 建筑学报，2001，6：31.

5 加博尔·博亚尔. CAD在建筑领域. 世界建筑，1999，6：72.

6 苏黎世瑞士联邦工业学校建筑学院前院长 Gerhard Schimitt 称之为建筑记忆（Data Bases-Building Memories）。

库和数据库系统是管理和组织数据资料的中枢，由于容纳了大量复杂的信息，文件管理结构和管理方法多采用分层的、网状关联的、开放的系统，目前在很多商业建筑、办公建筑、会议展览建筑、图书馆建筑和信息资料管理等方面的应用十分典型和普遍。另外，将建筑设计和建筑施工的信息整合到数据库中，并将建筑投入使用后与温度、湿度、空气质量、照明设施、电力和能源消耗相关的数据自动存贮到数据库里（类似于飞机上使用的黑匣子），直到建筑废弃拆除的全生命周期。数据库可以提供关于建筑任何时间的监控数据，这些数据是智能化控制管理建筑和维持其最优状态的必要数据参考，也是重建该建筑物的必要数据，除此之外，对单个建筑的数据库记忆和对多个建筑的数据库记忆的集合，可以成为新建筑设计的重要参考资料。

数字时代的建筑在投入使用后的使用和管理阶段最显著的进步是数字技术、通信技术等支持下的智能化发展，智能建筑（Intelligent Building or Smart Building，IB）的概念源于20世纪70年代末的美国[1]，1984年1月美国康涅狄格州的哈特福特市（Hartford）把一座38层高的旧金融大厦改造成都市办公大楼（City Place Building），Skidmore Owings and Merrill（芝加哥）的设计开创了建筑与新兴数字技术相结合的成功典范，这次改造主要是针对大楼的空调系统、供配电系统、电梯系统、消防与防盗报警系统的设备重新改造，统一使用计算机实现了自动化综合管理和监控；改造的同时建立了先进的语音通信、文字处理、电子邮件、市场行情查询、情报资料检索、科技计算等子系统，使客户感到舒适、方便、安全。这座新型的“旧楼”成为世界公认的第一座智能建筑，之后世界各国都相继建成了具有自己国家特色的智能建筑。目前各国、各专业对智能建筑的理解和界定是不同的，美国智能建筑学会（AIBI）对于智能建筑曾这样描述：一幢IB可以通过4项基本组成，即结构、系统、服务和管理之间的全面优化和相关性关系，使环境非常丰富和多功能，同时价格又很合适。IB可以使房主、房地产中间商和用户实现其在价格、舒适性、便利性、安全性、长期

---

1 智能建筑兴起和发展成为当今的世界性浪潮有其深刻的技术背景和社会背景：其一，智能建筑是信息社会的必然产物，信息产业的发展是智能建筑发展的原动力，现代科学技术革命的核心和主流——信息科学技术革命是全球性各领域激烈科技竞争的焦点，信息成为继材料、能源之后的第三大资源，因此作为信息高速公路“最后一公里”的建筑，必须通过智能化、数字化才能适应信息社会激烈竞争的需要、适应社会信息化与经济国际化的需要；其二，智能建筑是数字技术发展的必然结果，数字技术的发展奠定了智能建筑的基础，建筑技术、计算机技术、自动控制技术、通信技术、图形显示技术等多学科、多专业的分化和综合发展，使它们紧密有机地结合在一起满足人们对信息交流的迫切需要；其三，智能建筑是适应信息社会人们生产生活发展的客观要求的，一方面信息社会人们必须保持信息通道的快速便捷，才能有效地利用信息资源以适应社会的发展，另一方面，人们对工作效率、生产生活的舒适性要求也在不断提高。

的灵活性和市场竞争性等方面的总体优化目标。这里并不存在一个智能化的标准可以来评价建筑物是否IB。最优的建筑智能是与使用者需求相适配的解决方案，实际上也就是用现代IT来支撑从而达到用户的“满意度”[1]。通常意义上的智能建筑一般由被称为“3A（Automation）系统”的楼宇设备自动化系统（BAS）、通信自动化系统（CAS）、办公自动化系统（OAS）三大部分组成，三者通过结构化综合布线系统有机地结合在一起，其核心就是信息的采集、传输和控制。作为信息时代的必然产物，智能建筑用现代信息社会中最新、最具有代表性的4C技术（即Computer计算机技术、Control控制技术、Communication通信技术、CRT图形显示技术，即阴极射线管技术等多媒体手段）在建筑物中建立起一个开放的计算机综合网络，将建筑物内各不同的功能子系统在物理上和逻辑上集成在一起，以实现信息、资源和任务的整体综合和共享，将分散的管理集成为整体的管理，分散的功能集成为整体的功能，大大提高建筑物的智能化程度，增强其综合协调及管理的能力。目前有学者提出4A、5A、6A或5C、6C等等概念，笔者认为一方面这些都是数字技术（Digital Technology，DI）中的一个分支，而且通信设备与计算机间的差异正日渐消失，无论是几个A的自动化还是几个C，都属于广义的数字技术范畴；另一方面，智能建筑的实质就是数字技术与建筑的结合，高技术中最主要的是数字技术的含量，即使有些器件和设备上的新技术，其支持技术也主要是数字技术和机电一体化技术，仍属于数字技术的范畴。

全面地认识智能建筑应包括四个方面，建筑智能化技术基础（计算机技术基础、数据通信技术基础、计算机网络技术基础、计算机控制技术基础）、建筑智能化系统（综合布线系统[2]、通信网络系统、建筑设备管理系统、办公自动化系统、建筑智能化系统的集成、住宅小区智能化系统）、建筑智能化系统工程（智能建筑工程设计的要求、建筑智能化系统工程管理）、智能建筑物业管理（智能建筑物业管理系统）。在使用和管理阶段数字技术渗透到建筑领域的方方面面，其集中代表就是智能建筑的使用和管理，从技术角度来说智能建筑与传统建筑最大的区别就是智能建筑各智能化系统的系统集成，智能建筑的系统集成就是将智能建筑中分离的设备、子系统、功能、信息通过计算机网络集成为一个相互关联的统一协调的系统，实现信息、资源、任务的重组和共享，

---

1 吴启迪．智能建筑和信息技术．微型电脑应用，1999，2：10.

2 综合布线系统并非传统意义上的单纯布线，而是从系统的角度出发综合考虑其地理环境、用户需求与发展、用户的经济能力、传输的信息类型等等，来设计布线的方式方法。结构化布线系统就是源于此，所谓结构化布线是将建筑物内、建筑群内、建筑群间的电力线、电信线及其他数字数据信息线予以规范化、标准化、模块化、简单化，以达到容易控制、扩展和管理的目的，利用综合布线系统可以实现建筑机能的有效运用。例如，在高技术生态建筑的设计、建设和管理使用中，其中重要的一个方面就是生态设计的综合布线系统的设计、建设和管理使用。

即智能建筑安全、舒适、便利、节能、节省人工费用的优势，需依赖集成化的建筑智能化系统得以实现。从这个意义上来说，数字时代建筑使用和管理的发展趋势是数字化的即智能化的。

5.1.1.4　数字技术的广泛应用对当代建筑发展的影响

数字技术革命的浪潮来势迅猛，正广泛地渗透到人类社会的各个方面，延伸到社会活动的每个领域，影响着人们的生产、生活和交流的方式，改变着社会、经济和家庭的结构[1]，也正在促进和推动着建筑和城市的新发展。上文我们已经讨论数字技术广泛运用于建筑领域的设计及决策、施工建造、使用和管理等诸阶段，不仅如此，数字技术革命对建筑和城市的影响表现在多个方面，从数字技术本身到数字技术革命带来的社会组织结构变化，以及由此而产生的建筑使用者对建筑和城市的审美要求等等，都对建筑和城市的发展有着深刻的影响，其中对于当代建筑发展的影响主要表现在以下几个方面：首先表现在建筑师的建筑观念的深刻变化，如同历史上的每一次建筑技术革命一样，面对建筑功能的新发展和新要求，以及新材料、新结构的发展，使得建筑师不得不以数字时代新的创作工具、新的工作方式和新思维，对过去和现实的逻辑进行反思和批判，去探索新时代的建筑形式和建筑的文化内涵，使建筑发展的轨迹在现实和理想中交织演进；其次，数字技术的发展使得当代建筑设计呈现出个性化、复杂化、有机化、自由化、多样化发展[2]；再次，数字技术的发展使得当代建筑的施工建造呈现出信息化趋势，即所谓信息化施工[3]；另外，数字技术的发展使得当代建筑的使用和管理呈现出智能化趋势[4]；最后，数字技术的广泛运用产生了新的建筑空间和形式，从而形成新的建筑语汇并带来强烈的视觉冲击，逐渐构筑全新的审美体系。数字技术革命从技术、美学到社会、经济等各个方面都已经或正在对建筑的发展产生革命性的影响，为建筑的发展提供了崭新的方向和广阔的空间。

5.1.2　数字技术在当代生态建筑设计中的广泛运用及其影响

人类社会进入 20 世纪 90 年代后，尤其是 1993 年美国正式提出建设“信息高速公路”以后[5]，标志着人类社会已然全面进入数字时代[6]。数字时

1　参见本文.1.1.1　信息社会的来临.

2　参见本文.5.1.1.1　设计及决策阶段.

3　参见本文.5.1.1.2　施工建造阶段.

4　参见本文.5.1.1.3　使用和管理阶段.

5　在此之后的 1998 年 1 月 31 日，当时的美国副总统戈尔作了“数字地球：理解 21 世纪我们这颗星球”的报告，同年 9 月戈尔提出了“数字化舒适社区建设”即数字城市的倡议。

6　1957 年正值美国工业鼎盛时期，约翰·奈斯比特声称，美国开始步入信息社会。其根据是在 1956 年，美国的白领业人数首次超过从事体力劳动的蓝领，因而“在这个新社会，有史以来第一次，我们大多数人要处理信息，而不是生产产品”，信息技术对生产率的贡献率已经超过 50%，标志着人类已经开始了信息社会的进程。

代的来临使建筑的发展进入了一个空前复杂的时期，与此同时面对环境污染和资源枯竭的全球性的可持续发展战略，建筑的概念已不仅仅局限于传统的建筑物和其他大型构筑物的总称，建筑所包含的内容越来越广泛、所要解决的问题越来越复杂、涉及的相关学科越来越多、技术上的变化也越来越迅速，使建筑学的研究范围在广度和深度上也得到了极大的拓展。上文我们讨论了数字技术已然广泛深入地运用于建筑领域的设计及决策、施工建造、使用和管理等诸方面并已产生了深远的影响，正如未来学家托夫勒认为的生物技术和信息技术将融合："所以我说第三次浪潮有两个阶段，第一个阶段是数字阶段，第二个阶段是生物学和信息技术的融合阶段，这些都是第三次浪潮的组成部分。"[1] 随着数字技术和生态技术高度分化和高度综合的发展[2]，应用于建筑领域的数字技术、生态技术和建筑科学技术呈现出融合发展的趋势，当前集中表现在数字技术在当代生态建筑设计中的广泛运用及其影响，具体表现在生态建筑设计信息的获取和收集、生态建筑设计信息的交流和传递、生态建筑设计信息的分析和处理、生态建筑设计信息的管理和应用等诸阶段[3]。目前，数字技术应用于生态建筑设计已经具备了实际操作的软件和硬件条件，探索出了比较可行的方案和具有启发性的试验结果，并且已经积累了大量实际工程的相关经验。

5.1.2.1　生态建筑设计信息的获取和收集阶段

生态建筑设计是一项信息高度综合化、密集化的设计过程，在生态建筑设计信息的获取和收集阶段，以嵌入式计算机系统为主要形式的数字化探测技术和数字化检测技术成为建筑师获得和收集设计信息的必要工具。生态建筑设计的规划选址阶段和设计前期阶段，需要建筑师获取关于建设项目的大量第一手资料和信息，并把它们转变为可以和业主或其他合作者交流的数据形式，诸如设计场地或地段的自然生态环境状况、社会经济状况和业主对建筑设计任务书之外的考虑和要求等等。传统的方法要通过大量的现场调研和考察来获取、收集原始的数据，用手工记录的方法储存在纸中介系统上，工作效率较低且不利于保存、交流和使用；数字化探测技术和检测技术的应用使原始的和建筑物建成后资料和信息的获取收集、整理记录和存贮交流变得方便易行而且工作效率大大提高，目前在技术上较为成熟、在经济上可行、便于推广的是数字遥感（Digital Remote Sensing）技术和三维数字扫描技术。

1　参见本文.1.1.1.5　托夫勒对中国的三大预测和对世界的四大新预言.

2　参见本文.1.1.3.4　当代的大科学与高技术趋势.

3　数字技术在生态建筑的施工建造、使用和管理阶段的运用与在普通建筑领域的运用基本类同，在上文中已经进行过讨论，下文中将不再展开讨论。

遥感[1]技术是利用对电磁波敏感的仪器而远距离地探测目标物，获取辐射、反射、散射信息以识别目标物性质和状态的技术，在20世纪50～60年代就已经发展得较为成熟，目前已广泛运用于农业、林业、国土、地质矿产、海洋与海岸带、水利、城市发展与规划、生态建筑设计、环境监测和保护、测绘与军事、考古调查等领域。其技术优势在于，视域广阔，监测范围最大可覆盖整个地球；可瞬时成像、实时传输、快速处理，有助于迅速获取信息和实施动态监测；遥感影像形象逼真、信息丰富，可进行定性、定量分析和测量；可利用不同目标物对不同波段电磁波的穿透或反射特性来认识目标物的性质和状态。在生态建筑设计的具体运用上，遥感技术能提供传统探测、检测技术难以获得的而又必需的原始环境资料和信息。例如，生态建筑设计把设计所在的地段看做整个自然生态系统（生物圈）的一个子系统[2]，考量建筑物所在的自然生态环境的范围远远大于传统建筑设计所考量的范围，所以生态建筑设计所需要的环境资料和信息具有精确度高、范围大的要求；另外，为了使建成的建筑物和施工建造过程对自然生态环境的影响降至最小[3]，设计者要考虑到很多空间上同设计地段分离的地区的自然生态环境状况，比如原材料的生产地区、构配件的加工生产地区的自然生态环境状况，并根据这些资料和信息来确定相应的生态设计策略。而遥感技术能够在大范围内高效率地探测对象的性质和状态，发挥其强大的定性、定量和测量等探测和检测功能。再如，生态建筑理论认为每一个特定的生态系统都在不断地和周围生态系统进行着物质和能量的交换[4]，因此生态建筑设计的过程需要掌握系统的、动态的和相对稳定的自然生态环

---

1 “遥感”一词最早源于美国，是第二次世界大战以后尤其是20世纪50年代以来新发展起来的科学技术，最早含义是以非摄影方式获取被测目标的数据或图像，后来为了概括全部摄影与非摄影方式，美国学者布鲁依特·L·伊夫林（Evelyn. L. Pruitt）在1960年提出遥感一词，1962年在美国《环境科学遥感讨论会》上，遥感一词被正式引用。为了比较全面地描述这种技术和方法，布鲁依特把遥感定义为“以摄影方式或非摄影方式获得被探测目标的图像或数据的技术”。从现实意义看，一般我们称遥感是通过某种传感器装置，在不与被研究对象直接接触的情况下，获取其特征信息，并对这些信息进行提取、加工、表达和应用的一门技术。遥感技术系统包括：空间信息采集系统（包括遥感平台和传感器），地面接收和预处理系统（包括辐射校正和几何校正），地面实况调查系统（如收集环境和气象数据），信息分析应用系统。现代遥感技术是以先进的对地观测探测器为技术手段，对目标物进行遥远感知的整个过程，由于只有电磁波遥感技术可以将地面目标信息转换成图像，所以现代遥感技术主要指电磁波遥感。现代遥感技术的基本作业过程是，在距地面几公里、几百公里甚至上千公里的高度上，以飞机、卫星等为观测平台，使用光学、电子学和电子光学等探测仪器，接收目标物反射、散射和发射来的电磁辐射能量，以图像胶片或数字磁带形式进行记录，然后把这些数据传送到地面接收站。最后将接收到的数据加工处理成用户所需要的遥感资料产品。遥感技术所使用的电磁波谱主要为紫外、可见光、红外和微波等谱段。

2、3 参见本文.4.3.1 系统的生态建筑观及其相应的生态策略.

4 参见本文.4.1.3 生态系统的基本特征.

境信息，而遥感技术能迅速提供此类信息并实施动态的探测和检测。随着技术进步带来使用成本下降和操作上的便利，计算机等数字化设备应用到遥感过程中，而产生了数字遥感技术。数字遥感是将各种遥感传感器获得的信号信息以数字的方式记录和存储，使数字遥感不仅在成本和易用性方面具有传统遥感方式不具备的优势，而且可以和计算机系统实现兼容性的整合工作，充分利用计算机系统的数据储存、数据传输和数据处理等方面的强大优势以及通用性方面的便利。目前大多数数字遥感设备还具有数字图像校正和增强的功能，使获得的图像及数据发挥更大的作用，此外，遥感图像还可以进行专业的信息处理而获得与自然生态环境相关的设计信息。

三维数字激光扫描技术的应用被认为是自全球定位系统（GPS）运用以来测绘领域的又一次技术革命，随着技术的成熟和使用成本的降低，目前广泛运用于城市规划、数字城市、建筑设计、场景设计、虚拟现实、环境可视化、水电水利、船舶、石油化工、岩土工程、数字企业等等领域，适合户内外及野外机动操作，诸如应力分析、特性分析（结构、材料、强度）、形变分析、仿真研究、维修维护翻新、二维 CAD 还原、现场检测监测等等。其核心设备是三维激光扫描仪，典型的三维激光扫描仪可以进行水平 360°、垂直 90～270°实时真彩色的快速扫描，其分辨率可以高达毫米量级。可根据激光扫描数据建立三维模型[1]；在正向软件的支持下可以直接与数码相机及 GPS 协同工作，进行快速、精确、高效、稳定的扫描，还可以对三维数字模型进行纹理的精确贴加，在提供高精度数字影像的同时提供三维坐标阵列信息，进一步拓展其应用领域；在 I-SITE[2] 软件的支持下，三维激光扫描仪还可提供极为丰富的三维立体空间模型，进行立体影像及三维定量分析，用其获得的数据可与全球标准的坐标系兼容，进行各种坐标的转换，并以多种不同的格式输出。相比传统的测绘手段，其优势在于能够完整及高精密度地重建实物或实景、三维实体模型及原始测绘数据，

---

1 例如法国 MENSI 三维激光扫描系统主要面向大型复杂目标的面、体及空间等三维数据的完整采集及全景逆向建模，可以深入到任何复杂的现场环境及空间中，通过三维激光扫描直接将各种大型、复杂、不规则、标准或非标准等的实体或实景的三维数据完整地采集到电脑中，进而快速重构出目标的三维实体模型，同时，所采集的三维激光点云数据还可将目标的完整数据用于各种后期处理工作（如：测绘、计量、应力分析、有限元分析、仿真分析、任务模拟等等），它是各种正向工程工具（如：CATIA、UG、CAD、有限元、流体动力、PDMS、PDS、GIS、VR、3Dmax、MAYA、ERP 等等）对称应用的工具，所有采集的三维点云数据及三维建模数据都可以通过标准接口格式转换给各种正向工程软件直接使用。

2 I-SITE 软件是配合三维激光扫描仪的控制和数据获取、处理软件，它能和整个三维激光扫描装置连接并对其进行控制，可使扫描的效果和数据处理能力达到最优化，I-SITE 通过专用的工具能对数据进行分析、过滤、加彩色编辑、平滑和表面建模，而且可按照用户需要，将数据输出到其他软件包。

最大特点是精度高、速度快、重现原形。在上文“高技派建筑的数字化”中，我们已经讨论过美国著名的建筑师盖里在设计中充分利用了三维数字激光扫描技术，修改建筑结构和表面模型，进行结构和模型立体输出等运用[1]。在生态建筑设计的前期，需要对现有的环境状况进行调研和考察，以获取和收集原始的资料和信息，为设计提供依据，传统的方法耗费大量的人力、物力而且获取和收集的原始资料和信息也不易整理、存贮、交流和使用，而三维数字激光扫描技术的优势和特点，使之成为生态建筑设计获取和收集原始设计资料和信息的有效工具，由于三维激光扫描仪能够进行方便的户外工作，所以能够便捷地获取被考察区域原始的、详尽的、精确的三维数据，并且获取和收集的原始资料和信息能够方便、快捷地进行整理、存贮、交流和使用。生态建筑设计成果和建成后对周围自然生态环境的影响，需要对其进行生态评估[2] 和检测是否达到低能耗和无污染的标准，而三维数字激光扫描技术可以虚拟建筑物和周围自然生态环境进行评估，还可以扫描建成后的建筑物和周围自然生态环境的整体数据进行生态评估和检测，使得对建筑物和环境的检测变得简便快捷。

5.1.2.2 生态建筑设计信息的交流和传递阶段

生态建筑设计是一种多学科、多专业、协同化的建筑设计过程，因此生态建筑设计的各个阶段都包含了大量的数据交流和传递工作，需要数字网络通信技术和数字检索技术的共同支持，发挥更大的协同作用。

1. 数字网络通信技术

在上文“数字技术支持下的新型工作方式”中，我们已经讨论过在数字网络通信技术的支持下诞生的 CSCW、CSCD、VDS 和 CDS 等新的工作方式[3]，当代生态建筑设计是一项多学科、多专业、协同化的建筑设计过程，融入了许多其他学科和领域的新知识、新技术，同时需要凝聚各个领域的专业技术人才进行团队化、协同化、社会化、跨地区地合作。当代数字网络通信技术（Internet、专业网站、局域网和专业数据库）的发展，使生态建筑设计的各个阶段中各专业技术人员的群体协同工作，克服了时间、空间和硬件设备差异的障碍，实现异时、异地、异步地协同工作，并且使各阶段各专业人员的信息交流和传递快捷简便。

目前，世界上有许多政府和民间的研究机构正在研发更完善的信息交流和管理系统，以促进建筑工程的整体协作性的提高和整个建筑工业的进步（并不局限于建筑设计行业内部），对于消除生态建筑设计各阶段各专业

---

1 参见本文.3.3.3.2 数字时代“高技派”建筑复归的道路——数字化、生态化趋势.高技派建筑的数字化.

2 参见本文.4.4.2 生态建筑实施的制度保障.

3 参见本文.5.1.1.1 设计及决策阶段.数字技术支持下的新型工作方式.

人员的信息交流和传递中软件的差异和兼容性、对于消除无谓的错误和数据丢失、大大缩短数据交流所需的时间有着积极重大的意义。例如，由芬兰的一家全国性技术中介机构 Tekes 发起的综合性设计信息交流系统 Vera（VTP）技术计划就是其中之一，该计划的研究远景目标是"建筑环境在全寿命状态下的信息管理"（The Management of Information Through The Entire Life Cycle of The Built Environment），使得所有参与建设的行业都能够实现信息的有效交流。VTP 是一项于 1997 年开始的研究计划，在 Tekes 和各参与企业的共同资助下进行，VTP 明确提出了要实现的四个核心目标，以最终达到其远景目标：服务所有建设参与者的集成化信息管理，该管理系统应当使所有人都能把正确所需信息在正确的时间、以正确形式发给正确的人；信息网络的有效使用，所有 AEC（Architecture，Engineering，Construction 即从事建筑、工程、建造的行业）项目的参与者都能够通过网络高效率地得到不断更新的有价值信息；信息与交流技术（Information And Communication Technology，ICT）的广泛应用，目前各种 AEC 行业和 FM（Facility Management 即从事设备设施管理的行业）行业都只根据各自的需要来应用和发展信息技术，ICT 能实现这些行业更高程度的整合，提高信息的利用效率；设计、建设和 FM 过程的发展和提高，该目标是为了提高对用户需要的有效支持、促进可持续发展等[1]。VTP 的在理论上可以改变目前生态建筑设计中，大多数的不同设计参与者在交流时仍然通过图纸中介系统，使可开发的数据格式（Exploitable Data Format）成为数据交流的主要中介系统[2]，成熟以后的 ICT 能使身处不同的时间、空间、行业、组织的各类专业技术人员之间毫无障碍地进行数据交流，成为具有跨学科、协同性特点的生态建筑设计的最有效的辅助工具之一。

2. 数字信息检索技术

数字网络通信技术加强了生态建筑设计中传递交流数据的能力，数字信息检索技术则可以帮助建筑师在 Internet 或专业数据库等浩瀚的网络资源

1 徐昉．计算机系统在可持续设计中的应用．上海：同济大学硕士学位论文，2004：31.

2 VTP 通过 BLIS（Building Lifecycle Interoperable Software Project 即建筑生命周期互操作软件）项目推广"统一工业基础分类数据格式"（The Common Information Format of Industry Foundation Classes，IFC）以及促进相应的专用软件语言和辅助工具的开发，IFC 可以在各种 AEC/FM 的专用的应用软件之间建立数据交流的桥梁。不同行业、工种的数据加工成果可以很方便地通过 IFC 文件相互利用、参考，而无需花费额外的时间和精力进行数据的解读、转换和重新输入工作。IFC 文件通常储存了大量的建筑信息，包括几何形态、各种建筑设备的设置参数以及工程建设、设施管理方面的信息。目前有一些著名的 CAD 软件开发商（如 Autodest，Graphisoft 等等），相继宣布自己的建筑 CAD 软件支持 IFC 文件，使得 CAD 在虚拟空间中生成的建筑几何模型（Geometry Model）可以成为建筑过程中数据交流的基础。其他工种的专业软件只要也是支持 IFC 标准的，就能读取这些 CAD 软件输出的 IFC 文件，然后方便地进行各自的工作，从而形成一种高度协同的设计过程。

中检索到在生态建筑设计中十分有价值的资料和信息。随着 Internet 的日益普及，一方面，Internet 上的公共信息资源及其提供的检索功能，能检索到与生态建筑设计相关的大量有参考价值的设计数据；另一方面，国际上许多官方或民间的生态建筑研究机构和组织都相继建立了自己的专业网站，介绍自己在生态建筑研究、设计及实践方面的最新进展和成果，这些网站往往还提供大量的网络资源（Internet Resources），即各种相关网页的链接和相关信息检索服务，为生态建筑设计提供了数据检索、交流和相互学习的平台，目前这类专业网站层出不穷，例如，同济大学机械工程学院热能研究所最近创办了名为“TopEnergy 建筑节能 & 绿色建筑论坛”的网站，网址是 http：//www. topenergy. org/bbs/index. php。除此之外，与生态建筑设计相关的数字信息检索技术还主要有环境监测信息系统（EMIS）和地理信息系统（GIS）。

环境监测[1] 是针对全球性的环境污染问题和环境保护事业的建立而逐渐发展起来的一项独立的、多学科相互渗透的综合性科学事业，环境监测信息系统（EMIS）是在计算机系统的支持下运行的，包括了信息的收集、存储、加工、维护、分析和传输的综合性系统，是从事环境监测的监测机构的一种组织方式，目前国际上监测机构的组成大致有要素型和管理型两种主要类型。由于环境监测机构设置的不同，许多发达国家的管理环境信息资源的计算机系统按照 EMIS 的严格定义，只能称之为类 EMIS 系统。例如，欧盟的欧洲环境和健康信息超级数据库，该数据库对环境状况、生态状况、有毒有害物质、人体健康、环境效应等相关信息进行管理，促进信息共享，在区域环境问题上协调各国的环境保护工作，但该系统没有自己的信息采集部分。欧盟还有一个名为 CORINE（Coordination of Information on the Environment）的实验项目，其目的是收集、协调和保证欧共体各国环境和自然资源状态信息的一致性，该项目最后包括了地形、管理区域、土地资源、水资源、自然资源、野生动植物、大气、污染源、人口、社会经济等方面的信息，并向所有的用户提供检索和查询功能。我国目前的 EMIS 系统按照一定级别层次设置一系列监测站以及各自的子系统，各子系统有相对独立、固定的任务和运行机制，又有各自的基础数据库和应用数据库。需要环境信息的用户可以通过两种方式检索到所需的数据：一是

1　环境监测是为了专门的目的对环境各要素的指标，按照预先设计的时间和空间，运用化学、物理或生物学的方法进行系统的观察测定并进行分析的过程。按监测的内容可分为：化学指标的测定，主要指在大气、水、土壤、固体废弃物、生物体内的各种化学物质对环境质量影响的测定；物理指标的测定，主要指噪声、振动、电磁波、热能、放射性等物理量对环境质量影响的测定；生物指标的测定，主要指用指示生物、群落结构变化、生物测试、生理生化特征等方法监测环境质量变化；生态系统的测定，对水土流失、土地沙漠化、温室效应、臭氧层空洞等的监测。

通过 Internet 访问各级监测站（通常就是各级环保部门）的官方网页，获取其公开的环境质量公报。用这种方式获取数据的过程比较简易，但由于所获得的数据都是公共信息，所以在针对性和精确性方面有所欠缺。二是通过各级监测站内的内部网络登录到其数据库系统，然后运用 EMIS 系统中的常规监测管理系统中的常规监测数据分析模块，从数据库中生成更适于数据分析的数据结构，并且根据数据用户的要求，以专题报告的方式提供数据。这种方式可以有效地进行数据查询、检索和提取工作，并对数据进行初步的总结和规律分析，这种方式获得的数据能直接有效地支持生态建筑设计。总之，不论是类 EMIS 系统，还是 EMIS 系统，既是一个系统化的环境监测网络，可以对大气、水、烟尘等污染的监测提供精确而及时的分析，为有效地控制污染和避免各种生态环境恶化的出现提供决策依据；也是一个记录和储存了大量环境信息的庞大数据库系统，为生态建筑设计提供高效、精确、专业的信息查询检索工作。

GIS 是一个兼容数据输入、存储、编辑、管理、分析和显示应用地理信息的计算机系统，其基本特征是以规范化和数字化的形式对空间数据进行组织。地理信息系统的研发始于 20 世纪 60 年代后期，在自然资源开发和分配、区域和城市发展的规划和决策等方面，以及地理学研究和地图自动编制中显示出强大的功能。GIS 由计算机系统（软件部分和硬件部分）和地理数据库系统（Geographical Database）两大部分组成，其中地理数据库系统是 GIS 的核心部分，它是应用计算机数据库技术对地理数据进行科学的组织和管理的硬件与软件系统。地理数据库存储的数据表示地理实体及其特征的数据具有确定的空间坐标，为地理数据提供标准格式、存储方法和有效的管理，能方便、迅速地进行检索、更新和分析。地理数据库系统由数据库实体和数据库管理系统组成，其中数据库管理系统主要完成数据的维护、操作和查询检索。GIS 信息检索功能可以为用户提供四个方面的精确数据，位置（Position），即提供某个地方有什么信息及其相关数据；条件(Condition)，即提供满足某一条件的地理对象的信息及其相关数据；趋势(trend)，即提供某地发生的地理事件随时间变化的过程；模式（Method），即提供某空间实体的分布模式。用户通过各种构成地理信息数据库管理系统的地理信息系统软件实现 GIS 信息检索，常用的地理信息软件有 MAP-GIS、ARC/INFOR、MAPINFO、GEOSTAR、CITYSTAR、MGE 等，这些软件以其工作方式和操作效率的不同提供了相似的功能，它们的新网络版本是基于 Internet 的分布式 GIS 解决方案，通过与 Internet 上各种商用数据库联网，可以更为快捷、经济地获得地理信息。GIS 还具有一定的数据模拟和分析能力，对单幅或者多幅图片及其属性数据进行分析和指标量算，得到综合分析评价结果作用．也可以将自然过程、决策和倾向的发展结果以命令、函数和分析模拟程序作用在这些数据上，模拟这些过程的发生发展，对未来的结果做出定量的和趋势的测定预测，从而预知自然过程的结果，对比不同决策方案的效果以及特殊倾向可能产生的后果，此外，GIS还可以完成表面的生成、视觉分析、坡度、坡面分析、汇水分析等。GIS的这些功能属于对地理信息数据的深层利用[1]。综上所述，地理信息系统GIS对于生态建筑设计的主要意义是提供各类环境数据的快速、精确检索和查询。

5.1.2.3 生态建筑设计信息的分析和处理阶段

生态建筑设计的信息分析和处理阶段要求对获得的大量数据进行高效处理，借助数字模拟和计算机辅助设计在对这些数据进行深层细致的数据分析基础上，形成从宏观到中观、微观的生态建筑设计策略，使生态建筑设计从抽象的构思深化到具体的设计方案，并使这些设计策略应用于生态建筑中。

1. 数字模拟技术

人们曾经运用数学模型、实物模型对设计和构造复杂的系统、或不易重复试验的建筑实体进行各种试验，节省了人力、物力、财力和时间等成本。在数字技术的支撑下，把数学模型编制成计算机程序，在虚拟空间中模拟系统或实体并实现仿真试验，帮助分析和了解系统或实物的性能特征，进行深入的预测、分析、设计和评估，成为当代数字技术研发和应用的一个重要方向。数字模拟技术在生态建筑设计中应用日益广泛，按照研究和分析对象的不同，数字模拟技术主要应用于空气流动模拟、能耗模拟和生命周期环境压力和经济性的评估[2]（Life Cycle Analysis and Life Cycle Cost Evaluation，LCA/LCC）。

生态建筑设计中强调利用当地的气候条件、采用适当的技术手段，力求以最小的资源成本（例如自然通风）取得最佳的人体生物舒适感和舒适的人工气候[3]，创造健康、舒适、人性化人工生态系统[4]，是减小能耗达到资源最大利用效率的有效手段之一，设计中常常借助计算机流体力学(Computational Fluid Dynamics，CFD)[5]软件，对建筑方案的自然通风和温

---

1 徐昉．计算机系统在可持续设计中的应用．上海：同济大学硕士学位论文，2004：36.

2 LCA参见本文．4.3.1.2 生态建筑系统的动态性．

3 参见本文．4.4.1.3 适应地域和气候原则．

4 参见本文．4.4.1.4 人性化、健康原则．

5 CFD源于20世纪30年代初，是流体力学、数值计算方法以及计算机图形学三者融合的交叉学科，1974年丹麦的尼尔森（P. V. Nielsen）首次将CFD技术应用于空调工程中的室内空气流动研究和分析，标志着CFD技术应用于工程中流体问题的开端。近年来随着计算机容量的提高、先进的数值计算技术的出现以及各种湍流模型的提出，CFD技术已经广泛地运用于暖通空调、环境水利工程、化工、热能动力、核能、大气流动等领域，科学计算可视化（Visualization in Scientific Computing，VISC）技术的出现，促进了CFD技术的进一步发展和广泛应用。

度分布状况进行模拟试验和检验。目前常用的 CFD 软件有 FLUENT、PHOENICS、STAR-CD 和 CFX 等等，它们具有成本低、速度快、资料完备且可以模拟各种不同的工程等优点，其中由美国 Fluent 公司开发的 FLUENT 系列软件及其通风系统设计专用软件包 AIRPAK 在易用性和可视化技术方面有着强大优势，另外，CFD 技术通过与 VISC 技术的结合可以直观地将模拟结果用图形表示出来，便于设计人员直观地分析和决策，这些技术优势使之迅速、广泛地应用于生态建筑设计中：利用 CFD 技术对室内空气流动形成速度场、温度场、湿度场以及有害物浓度场等进行模拟和预测，可以得到建筑室内各种物理量的详细分布情况，这对于设计和组织自然的空气循环系统引入清新的空气，创造良好的室内通风对流环境，保证良好的室内空气质量[1] 和创造舒适的温度、湿度和人工气候，以及减少建筑物能耗都提供了重要的设计依据和精确的数据指导。此外，CFD 技术也能对建筑外部的空气流动情况进行模拟和预测，对于生态建筑设计中全面考虑建筑物周围的地理和气候因素、提高建筑物对环境的适应性、减少对环境的不利影响具有积极的指导意义。例如，皮阿诺在设计关西国际机场（位于大阪湾内填海造地的人工岛上）时，为抵御这个地区经常遭遇的台风侵袭，设计者利用基于空气动力学原理的 CFD 技术与航空工业造型技术，采用“几何轨迹法”借助一组曲线段面的平行移动而构成了流线型不锈钢屋顶造型，使气流能够以最小阻力快速掠过建筑，最大限度减少了风荷载，增强了建筑的稳定性，同时也创造了独特的建筑形态。又如福斯特设计的瑞士保险公司伦敦总部大厦，其梭状的外形也是采用 CFD 技术而确定的，并且利用 CFD 技术精心设计的自然通风系统使得比传统高层办公楼减少 40％的能耗。

生态建筑设计的各个阶段需要对不断深化的建筑设计，进行使用能耗模拟测算来检验设计的能耗效率，以便采取最佳的设计策略达到最低的能源消耗；另外，对投入使用的建筑物也需要模拟测算其使用能耗以便进行能耗效率的评估，检验生态建筑设计的合理性。目前常用的能耗模拟技术是通过各种专业的模拟能耗软件，在计算机虚拟空间中建立模拟对象的几何模型，计算各种建筑材料、构配件和设备等等分项的能耗数据，在统计出各项能耗数据的基础上得到建筑总的使用能耗状况的模拟和评估。常用的能耗模拟软件主要有 VISUALDOE、ENERGY-10、DESICALC、BLAST、ENERGYPLUS、SPARK、TRNSYS 等等，这些软件都有各自的适用范围和使用特点，其中应用最广泛、通用性最好的是 VISUALDOE，它是在美国能源部的支持下，由劳伦斯·伯克利国家实验室（Lawrence

---

1　参见本文.4.4.1.4　人性化、健康原则.

Berkeley National Laboratory)、赫希事务所（Hirsch & Associates)、顾问计算局（Consultants Computation Bureau)、洛斯·阿拉莫斯国家实验室(Los Alamos National Laboratory)、阿冈国家实验室（Argonne National Laboratory）以及巴黎大学（University of Paris）联合开发的一种可以基于多种硬件平台的 FORTRAN 程序。VISUALDOE 软件的计算基于建筑对象所在地的气候、建造手段及过程、使用状况、使用频率以及暖通及空调设备（Heating，Ventilating，and Air-Conditioning，HVAC）的状况等，主要适用范围是计算商业或住宅建筑每小时的能源消耗量，其优点是可以快捷地确定既节能又能保持人体生物舒适感的建筑参数，并可以快捷地获得建筑方案的能耗以及室内环境状况和运作成本的精确估算。所以在生态建筑设计的各阶段中可以非常精确有效地帮助设计者分析和预测未来建筑的能耗状况，以便设计者及时调整和修改设计中的微观生态策略。VISUALDOE 软件通用性极强，几乎适用于所有类型的建筑和环境，但在专用性方面不如一些针对特殊建筑类型或特殊环境的模拟软件，例如 ENERGY-10 主要针对小型的住宅建筑和建筑面积小于一千平方英尺（约为 $93m^2$）的商业建筑，能模拟全年 8 760h 的建筑能耗状况、动态的热状况，并具备日照的计算分析功能，该软件最大的特点是能有效地对尚处于设计早期阶段的节能设计措施进行能耗模拟和评估[1]；又如 BLAST（Building Loads Analysis and System Thermodyamics，即建筑负荷分析及系统热动力学）能以小时为单位对各类建筑、空气处理系统（Air Handling System）和中央电力系统（Central Plant Equipment）进行能耗模拟而获得建筑能耗的统计结果，其分区模型（Zone Models）是进行供暖和制冷计算的行业标准，该软件特别适用于采用较多空调系统的建筑物能耗模拟。

在生态建筑设计中对设计方案及其选用的建筑产品或建成的建筑物进行生命周期环境压力及经济性的评估[2]，需要进行大量繁琐的统计工作，而专用的 LCA/LCC 软件则可以使之变得方便快捷而大大提高工作效率，当前生态建筑设计中常用的 LCA/LCC 软件有 BEES、LCCID 等等。BEES (Building Energy Software Tools，建筑能量软件工具）根据最新的 ISO14040（International Standards Organization，即国际标准化组织）工艺标准评估建筑产品的生命周期环境表现，建筑产品在生命周期的每一个阶段包括原材料采集、制造和生产、运输、建造和安装、使用、回收和废弃处理，对于环境的压力都受到了严格、合理的评估；同时，根据美国（国际）测试和材料学会（American Society for Testing and Materials Interna-

1 徐昉．计算机系统在可持续设计中的应用．上海：同济大学硕士学位论文，2004：48.

2 参见本文．4.3.1.2 生态建筑系统的动态性．

tional，ASTM International）的建筑产品经济表现评估的标准措施，其过程考虑了产品的初始投资、置换、操作使用、维护和废弃的全生命周期；然后再根据美国（国际）测试和材料学会提供的“多属性决策分析”（Multi-Attribute Decision Analysis，MADA）标准将建筑产品的环境表现和经济表现综合起来，得到一个总体的评价，整个评估过程中 BEES 软件按照 ASTM International 提供的名为 UNIFORMAT Ⅱ 的建筑要素（Building Element）分类标准来定义和分类所有被测定的建筑产品。BEES 软件是具备全部 LCA/LCC 能力的分析软件，采用 Windows 界面使用十分方便和灵活，是生态建筑设计中选择建筑产品的有效工具之一。而某些软件的全生命周期环境压力分析及经济性评估只是针对其中的一个方面，例如 LCCID（Life Cycle Cost in Design，设计中的全生命周期成本）就是一种专门进行建筑物的经济性评估的软件，能从经济性方面评估和比较包括一些环境保护措施在内的各种建筑功能（Building Options），LCCID 涵盖了所有的建筑类型（包括现存的和可能出现的）、各种能源（电能、天然气和石油等）和各种成本问题（维护和维修、废气以及设备置换等）[1]，其分析结果能用简洁的方式表示出实现各种建筑功能的成本，并按照在总建筑成本中所占的比重次序排列出来。生态建筑设计中的生命周期环境压力和经济性评估，不仅能够进行系统的能效分析还能进行系统的环境性能分析，以提高生态建筑的经济性、降低对环境的污染和建筑物的使用能耗，此外，该方法克服了以往只关注某一生命周期阶段的传统评价方法而导致的传统的末端污染治理和污染转移。

2. 气象、环境软件的成熟及 CAD 技术的发展

随着软件业的发展，气象、环境软件等设计顾问型的服务软件[2] 在技术上日趋成熟；CAD 技术也出现了很多新的使用功能，例如较新版本的 CAD 软件提供了兼容 IFC 格式的便利；软件业的新进展为生态建筑设计提供了强大的技术支撑。

生态建筑设计中常用的设计顾问型服务软件主要有气象信息报告软件、环境数据计算软件等等。气象信息报告软件可以将收集和交流得到的气象数据进行分类整理、计算分析并形成直观的显示报告，提供生态建筑设计的决策支持，这类软件中比较典型的是 Climate Consultant，该软件能够以数十种不同图式方式显示气象数据，其中包括温度、风速、雨量、日照参

1　徐昉．计算机系统在可持续设计中的应用．上海：同济大学硕士学位论文，2004：50.

2　在商业软件中有许多服务于建筑设计的专用软件，能承担数据加工整理的任务，例如计算、统计、显示和整理数据等，为建筑师的决策和设计提供重要的依据，但其本身并不是以建立数学模型进行计算机模拟为特征，也不具备辅助设计或绘图的功能，此类软件属于设计顾问型的服务软件。

数等等，为设计者提供精确而直观的气象信息；并且可以输出太阳轨迹图和相关的日照信息，帮助设计者确定什么时候适宜利用太阳取暖而什么时候适宜考虑遮阳措施；此外，该软件还具有空气温度、湿度分析功能，为生态建筑设计的最佳人体生物舒适感提供依据。以辅助设计和绘图为主要功能的 AutoCAD 软件具有一定的环境数据计算功能，比如较新版本的 AutoCAD 就有建筑阴影的计算能力，然而这些计算能力却十分初级有限，无法提供更为专业和深入细致的分析。环境数据计算软件可以将各种环境数据进行计算和分析，以便确定适合自然生态环境的微观生态策略，例如以 SunAngle、SunPath、SunLocation 为代表的专业环境数据计算软件能够根据建筑物所在的方位、时间和建筑物周围的地形环境等条件，计算出具体的时间段内精确的太阳水平角和高度角、日照强度和建筑物阴影等等数据，从而为通风设计、太阳能设计等微观设计策略提供精确的数据支持；设计者登录到软件的网站 http：// www. susdesign. com/还能在线使用这些软件。

上文我们已经讨论 CAD 技术在当代建筑设计中得到了广泛的应用[1]，综合性设计信息交流系统 Vera 技术计划（VTP）的 IFC 通用数据格式的实现能够整合 AEC/FM 行业的信息，促进整个 AEC/FM 行业协作化水平提高[2]。很多建筑 CAD 软件的开发商认识到 IFC 的重大意义，纷纷提供对 IFC 格式的支持，例如 Autodesk 公司的 Autodesk Architectural Desktop™（ADT）软件，就能通过服务于该软件的 IFC-Import/Export Utility 工具，进行 AutoCAD 软件的 DWG 文件格式同 IFC 文件格式的转换工作[3]，另外一些 CAD 软件开发公司也在其产品中增加了对 IFC 格式的支持，它们的 CAD 软件可以通过 GDL Object Adapter（Geometric Description Language，GDL 几何描述语言）软件将常用的 CAD 软件的 DWG 文件格式转化成 IFC 文件格式，从而充分利用 IFC 文件通用的优越性和便利性。

5.1.2.4 生态建筑设计实施的有效途径——CAM 技术与 CIBM 技术

生态建筑设计中除了利用数字模拟技术在虚拟空间中模拟系统或实体并实现仿真试验，帮助分析和了解系统或实物的性能特征，进行深入的预测、分析、设计和评估外，常常需要按比例精确地制作实体模型进行形态和空间上的研究；另外，生态建筑设计中往往由于节能和环保的设计要求，会在生态建筑实施中需要很多非标准化或不规则的复杂建筑构配件，这就需要在建筑产品的生产过程中，能够根据设计的要求精确地生产大量的、特殊的构配件；基于建筑材料加工和构配件制造的计算机辅助制造（CAM）

---

1 参见本文 . 5.1.1.1 设计及决策阶段 . 数字技术运用于建筑设计的阶段性划分 .

2 参见本文 . 5.1.2.2 生态建筑设计信息的交流和传递阶段 . 数字网络通信技术 .

3 IFC-Import/Export Utility 按照服务的 ADT 版本的不同可以支持 IFC1.5 格式或者 IFC2.0 格式。

技术的计算机集成建筑制造系统（CIBM）的建立和逐步成熟[1]，通过数字技术将生态建筑设计与产品设计、工艺设计、市场订货、质量控制、反馈调整、产品配送、现场安装、建筑施工等一系列复杂过程紧密地联系在一起，成为生态建筑设计实施的有力工具，下文重点讨论 CAM 技术在生态建筑设计中的实体模型及构配件生产中的运用。

生态建筑设计中常常由于节能和环保的考虑，使得建筑的外部空间形态较为复杂，这就给设计过程中的模型研究和制作提出了更高的要求，传统的手工制作或简单的机械制作已经不能满足当代模型研究的要求，即使是 CNC[2] 技术的数控模型切割机（根据 CAD 图形切割各种平面的模型板材）也难以胜任，但是基于 CNC 技术的 RP 技术和 RT 技术[3] 则可以理想地满足生态建筑设计中的种种较高要求。例如，于 2001 年竣工的由格里姆肖设计的伊甸园项目（Eden Project），是一个全球生物多样性展示中心，用来向人们讲述人类和植物的关系并强调人类生活对植物、阳光和水的依赖程度有多大。项目位于英国西南康沃尔（Cornwall）的一座峭壁南侧，整个建筑群是由 8 个内部相互连接，半径从 18～65m 的六边形和五边形组成的网状结构玻璃体组成，大体包括两个相互联系而且空调的温室，是近年来较为成功的生态建筑实践之一，也是世界上用最轻和最经济的手段建造的迄今为止最大的室内植物展览中心，该项目体现了富勒的“少费多用”的思想[4]，并且用最小的表面获得了最大的体积[5]。该项目最大的难点在于这 8 个玻璃球体的设计和施工，为了能更好地适应复杂的基地地形，设计人员首先通过计算机在虚拟空间中进行研究，比较研究了各种各样的球体组合方式及形态结构，再委托网络模型公司利用 CNC 技术加工制造了一个木质和黄铜材料的 1∶200 的实体模型，这个模型很好地帮助了设计人员确定组成球体的正六边形的尺寸，因为这些六边形结成网状时会发生形变——必须对各

---

1 参见本文.5.1.1.2　施工建造阶段.

2 CNC 技术是随着数字技术和机械制造技术的发展，于 20 世纪 70 年代中期出现的基于微处理器的计算机数控（Computer Numeric Control，CNC）机床，它是在 20 世纪 60 年代末期的直接数控（Direct Numeric Control，DNC）的基础上发展起来的，目前进一步发展为分布式数控（Distributed Numeric Control，DNC），表现出网络化、智能化和集成化的发展趋势。

3 RP 技术和 RT 技术是 20 世纪 70 年代末到 80 年代初 CNC 技术在加工领域的重大突破，RP 技术是一种集 CAD 技术、CNC 技术、精密机械、激光、高分子材料等学科于一体的高新技术，能快速将 CAD 三维模型制成实物模型，不仅提高了 CAD 模型的直观性和可视性而且还可进行设计的功能测试工作；RT 技术是将 RP 技术与精密铸造和塑料加工工艺结合起来，快速经济的制造供小批量生产用的模具，从而能小批量生产金属或塑料构配件，为新产品的试制提供试验条件。

4 参见本文.4.2.5.1　富勒及“少费多用”思想.

5 参见本文.3.2.3.1　相关流派、理论对“高技派”诞生所产生的影响.阿基格拉姆（建筑电信集团）.

个六边形的尺寸略作修改才能以正确的角度相交，而实物模型能有效地帮助建筑师确定这些修改，采用这种方法比电脑建模要容易得多，球体测量中的一个困难就是要了解这些六边形和五边形的变化情况——特别是和地面相交的地方。虽然网络模型公司制作的模型已经很好地把整个建筑群表现出来了，但是设计和施工中还有一个重要的难点必须克服，就是实际球体的表面必须是双层的钢制空间结构——外层六边形网状表面再加上一个内层六边形网格，中间由三角形按对角线形连接而成——这种结构能显著地减少用钢量，然后在这个空间网架上覆盖透明的充气衬层——由 ETFE 材料[1] 组成的三层混合材料，为了论证和研究这一设计的合理性，在基于 CNC 技术的 RP 技术和 RT 技术的支持下，设计人员以 1∶1 的比例在德国的不莱梅（Bremen）制作了一个带衬层的六边形结构的实体模型以供研究。目前，许多生态建筑设计中都采用这种在工业上已经成熟的 CNC 技术和 RP 技术，其中以美国 3D 系统公司（3D Systems Corporation）的 SLA 系列[2] RP 加工机最为常用。

RP 技术和 RT 技术等先进的 CAM 技术近年来广泛运用于生态建筑设计中，在这之前建筑师就已经利用普通的 CAM 技术进行复杂专用零件的模具和样品以及非标准化或不规则的复杂构配件的制作，例如，格里姆肖曾经在 CAM 技术的协助下为滑铁卢国际空港的铁路终端项目（International Terminal Waterloo Project）制作了特殊的构配件。但是，随着生态建筑设计的深入发展，许多建筑构配件变得异常复杂，客观上要求采用更为先进的 CAM 技术，例如，在美国哥伦比亚大学教授马西（William E. Massey）的“生态墙”实验中，针对草图构思的一座 9 英寸（约 229mm）厚、7 英尺（约 2 135mm）宽、7 英尺高的墙体，马西教授采用专用的 CAD 软件建立虚拟模型，然后再采用名为 Master Cam 的软件对这个曲线造型的计算机模型进行加工，通过该软件精确地将模型“切割”为 32 个垂直的片状部分——每一部分都是在虚拟空间中沿着墙体的宽度方向生成的大约 2.75 英寸（约 70mm）厚的薄片，然后继续在高度方向上分割这个模型，最终共形成1 200 个独立的实体，这些实体中没有任何两块是相同的；CNC 加工机在实际的制作中沿着计算机控制的加工轨迹来加工每一个组成部分，加工的材料为 3mm 厚的加气 PVC 板，加工成的部件在现场进行装配，来完成实际墙体的模板，施工人员只需将混凝土填充到这个模板中，就得到了这座具有复杂几何形态的墙体作品。

---

1 其重量只有同尺寸玻璃板的 1%，具有比玻璃更好的热绝缘性能，并且是可以重复使用的环保型材料。

2 SLA 技术是基于液态光敏树脂的光聚合原理而制造三维实体模型高新技术，历经多年的研究和发展使之改进了截面扫描方式和树脂成形性能，使该技术的加工精度达到 0.1mm.

CAM 技术与 CIBM 技术的建立与日渐成熟推动了生态建筑设计的实施和生态建筑的发展，例如上文讨论的由格里姆肖设计的伊甸园项目，早在 20 世纪 50 年代富勒就已经提出了最初的设计理念[1]，但是直到半个世纪后富勒的理念才得以完美地实施，生态建筑设计从早期的几乎完全只能在图纸上进行构思到后来进行有限的局部探索，再到现在出现一些高水准的生态建筑工程，制造业自动化[2] 的进步即 CAM 技术与 CIBM 技术的日渐成熟起了关键性的推动作用，而且在可以预见的未来，高度集成自动化生产方式将发挥数字技术的更大优势，克服生态建筑设计实施的种种瓶颈。

5.1.2.5　数字技术与生态技术走向融合对当代生态建筑设计与理论的影响

在不同于传统建筑设计的以节能环保为主旨、以信息密集化为特征的生态建筑设计中，数字技术在设计的各个阶段，都发挥着极其重要的甚至是不可替代的作用，数字技术的运用帮助建筑师获取必要的设计信息，促进建筑师之间以及建筑师与其他专业人员的交流与合作，加强了建筑师在设计中的分析、评价和决策能力，保证生态建筑设计的完美实施。当代不断发展和完善的数字软硬件技术、数字系统控制技术、数字系统制造技术、智能技术，成为生态建筑设计、实施、管理的有效工具，使当代生态建筑建成后的使用情况在很大程度上受到设计过程中数字技术应用情况的影响，未来的生态建筑设计将更紧密地同数字技术应用结合在一起，数字技术的发展和应用必将对生态建筑设计产生深远的影响；另一方面，生态建筑设计的发展也将会推动基于数字技术的通用化、专业化软硬件设备及其行业标准的发展。

从宏观层面上来说，随着数字技术和生态技术的深入发展，呈现出专业化程度越来越高的分化趋势，这种高度分化的趋势正是另一种更强大的趋势——高度综合的体现[3]，上文的讨论也证明了这两大趋势在建筑领域的存在，数字技术和生态技术的高度分化并走向高度融合符合当代自然科学发展的一般规律[4]，这就在信息科学、生态科学和建筑科学之间架起了合作

1　参见本文 . 3. 2. 3. 1　相关流派、理论对“高技派”诞生所产生的影响 . 阿基格拉姆（建筑电信集团）.

2　制造业的自动化大体上分为刚性自动化、柔性自动化和集成自动化三个阶段。20 世纪 70 年代以前，主要利用机械设备，实现大批量生产，解决代替人的体力劳动的自动化，目标是提高劳动生产率，这一时期称为刚性自动化阶段。到 20 世纪 80 年代中期以前，主要利用柔性制造系统（FMS）实现多种品种、小批量生产，解决高生产率与柔性的统一，目标是在继续提高劳动生产率的同时，实现产品本身和制造过程的柔性，这一时期称为柔性自动化阶段。20 世纪 90 年代以后，主要利用计算机集成制造系统，实现全局优化的集成生产，目标是将不同功能和类型的自动化孤岛集成起来实现全局优化，这一时期称为集成自动化阶段。

3　参见本文 . 1. 1. 1. 5　托夫勒对中国的三大预测和对世界的四大新预言 .

4　参见本文 . 1. 1. 3. 4　当代的大科学与高技术趋势 .

和沟通的桥梁[1]，把原来离散的学科交织为有机的整体。数字技术和生态技术融合反映到应用中的特点是：它应是可持续的，竭力仿效大自然本身的特点，既能满足当前需要，又能长期造福于人类，而不致耗尽资源和给环境带来不良后果；应建立在安全持久的能源（如太阳能）的供应上，积极利用可更新的自然资源；要能大大提高资源的利用效率和高效地循环利用副产品；大力发展高效智能化，使其越来越显示出“有生命力”的特征[2]。与此同时，面对环境污染和资源枯竭的全球性的可持续发展战略，建筑的概念已不仅仅局限于传统的建筑物和其他大型构筑物的总称，建筑所包含的内容越来越广泛、所要解决的问题越来越复杂、涉及的相关学科越来越多、技术上的变化也越来越迅速，使建筑学的研究范围在广度和深度上也得到了极大的拓展。

特别是数字技术、生态技术和建筑科学技术的高度融合对处于建筑学研究前沿的生态建筑设计和理论产生了很大的影响，首先，数字技术和生态技术的融合使得以往因为技术手段的匮乏而无法实施的生态建筑设计方案得以实现，提高了生态建筑设计实施的可行性，促进了生态建筑的普及与推广。根据洛基山学会（RMI）的预测，未来的生态建筑设计理论将更加充分利用数字技术的巨大潜力，对设计的全过程进行更为细致专业的数据分析，以期最终的建筑物能真正实现生态建筑设计的全部理念，而数字技术和生态技术的融合使得生态建筑设计过程和实施变得越来越易于操作和经济。其次，数字技术和生态技术的融合促进了生态建筑理论的新发展，以往的生态建筑理论[3]更多地关注生态建筑的原理和设计策略等问题，并没有注重设计的工具手段和实施的技术手段，随着数字技术和生态技术走向融合以及生态建筑工程实践经验的积累，研究者开始关注这一系列问题并进行了深入的研究，大大拓展了生态建筑理论研究的视野。例如，2001年1月地球宣言基金会（EPF）发表的《可持续建筑学白皮书》中，强调生态建筑设计必须进行科学、严格的生命周期及环境压力的评估，这就是因为当代数字技术和生态技术高度融合而提供了基于数字技术和生态技术的相应技术手段——生态建筑（绿色建筑）标准和评价体系[4]；最后，数字技术和生态技术的高度融合对当代建筑师提出了知识更新的要求，特别是从事生态建筑设计的建筑师必须掌握和熟练运用数字技术和生态技术的相关知识，正如欧洲古典建筑时期建筑师必须精通雕塑艺术，文艺复兴时期建筑师必须通晓与石刻工艺相关的工程技术，新建筑运动时期建筑师必须掌握新材

---

1 其典型代表就是基于数字技术和生态技术的高技术生态建筑，参见本文。

2 胡海棠著．高技术与高技术产业．北京：科学文献出版社，1994：73.

3 参见本文．1.2.2 相关文献及理论综述——可持续发展及生态建筑理论的研究现状．

4 参见本文．4.4.2 生态建筑实施的制度保障．

料、新结构和新设备技术一样，许多成功的生态建筑案例和设计过程都证明了具备这些知识的必要性。

5.2 基于数字技术和生态技术的高技术生态建筑及多元化探索

20 世纪 80～90 年代以来，随着数字技术的突飞猛进，代表着数字技术最新成果的数码建筑（数字建筑）应运而生[1]；20 世纪 90 年代以来随着数字技术和生态技术的发展，狭义的高技术建筑即高技派建筑[2]，其发展主流呈现出数字化和生态化趋势[3]，同时生态建筑的主流之一也呈现出高技化、数字化趋势[4]。伴随着当代科学技术高度分化、高度综合的演化[5]，数字技术、生态技术和建筑科学技术融合的趋势波及到建筑领域，使得数字时代、生态时代的数码建筑（数字建筑）、生态建筑和高技术建筑通过融合的技术手段走向了殊途同归的、"三位一体"的融合道路——基于数字技术和生态技术的高技术生态建筑，并已展开了多元化的理论研究和实践探索，它一方面契合了可持续发展的时代主题和全球共识，另一方面也是建筑领域自身的拓延和发展，必将成为当代和未来建筑发展的主流方向之一。回顾人类文明发展的历程，每一次科学技术革命辐射到建筑领域，都会引发一场空前的建筑技术革命[6]，从而有力地推动建筑质的飞跃和发展，面临当代建筑领域的数字技术革命和生态技术革命，我们有理由相信——基于数字技术和生态技术的高技术生态建筑必将成为当代或未来建筑领域的一种新的工具、一系列新的理论，建筑的理论研究和实践探索将迎来一场新的革命、一个新的时代。

5.2.1 基于数字技术和生态技术的高技术生态建筑及特性

当代数字技术、生态技术和建筑科学技术等高新技术的分化与融合发展，成为基于数字技术和生态技术的高技术生态建筑诞生、发展的内在推动力量，全球性的可持续发展思想的确立成为基于数字技术和生态技术的高技术生态建筑诞生、发展的外在推动力量，从这个意义上来说，基于数字技术和生态技术的高技术生态建筑是数字时代、生态时代建筑发展的必然产物。

---

1 刘育东编．数码建筑．大连：大连理工大学出版社，2002：8.

2 参见本文．3.1 "高技派"建筑与高技术建筑．

3 参见本文．3.3.3.2 数字时代"高技派"建筑复归的道路——数字化、生态化趋势．

4 参见本文．4.5 生态建筑与生态技术发展的高技化、数字化趋势．

5 参见本文．1.1.3.4 当代的大科学与高技术趋势．

6 参见本文．2.1 建筑技术理念的演进．

5.2.1.1 基于数字技术和生态技术的高技术生态建筑

广义地讲，基于数字技术和生态技术的高技术生态建筑应当是指在建筑的物质因素上（材料、结构、设备等）运用数字技术和生态技术等高新技术，在构成方法上（理论学说、设计方法、美学思想等）表达与反映数字技术和生态技术等高新技术思想的建筑，在指导思想上以生态学的原理为基本指针，以高效节能和环境保护为核心内容和出发点。同时它具备以下特征：

在物质因素层面上，基于数字技术和生态技术的高技术生态建筑集中体现了所处时代科技发展的水平，数字技术和生态技术等高新技术在建筑领域的应用会产生新的设计工具、工作方式和理念思维，新的结构形式、空间形态，新的施工、建造方式，以及新的使用、管理模式。

在构成方法层面上，基于数字技术和生态技术的高技术生态建筑表达与反映高新技术思想的形式与方法具有多样性和多元化的特点，以及高技术、高艺术、高情感、人性化的特征；基于数字技术和生态技术的高技术生态建筑作为具有上述特征的建筑集合而存在，不同的建筑流派都可以根据自己的建筑理论和美学思想，采用不同方式运用数字技术和生态技术等高新技术创造出广谱多样的基于数字技术和生态技术的高技术生态建筑。

在自身发展的时空层面上，由于数字技术和生态技术等高新技术是一个具有时空性的、发展的、动态的、相对的概念，技术的内涵和外延都将随着科技的不断进步和实践的深入而发展变化[1]，从这个意义上说，基于数字技术和生态技术的高技术生态建筑体系是一个不断拓展的开放体系，当代或未来都有着不同时空、地域、气候和环境特征的基于数字技术和生态技术的高技术生态建筑。

基于数字技术和生态技术的高技术生态建筑在所处的时期内代表了建筑领域的科学和理性主义思潮，秉承的是乐观主义的技术价值观[2]，是同周围自然生态环境协同发展、具有可持续特征的高技术建筑[3]，是对当今资源匮乏、生态环境恶化的一种积极、主动并且行之有效的反应与解决之道，因而必将成为当代或未来建筑发展的主流方向之一。

狭义的基于数字技术和生态技术的高技术生态建筑是指复归阶段的高技派建筑[4]。

5.2.1.2 基于数字技术和生态技术的高技术生态建筑的特性

基于数字技术和生态技术的高技术生态建筑，既遵循生态建筑的一般

---

1 参见本文.1.1.3.4 当代的大科学与高技术趋势.

2 参见本文.2.2.4 技术观的两大走向.

3 参见本文.3.1 “高技派”建筑与高技术建筑.

4 参见本文.3.3.3 “高技派”建筑的复归.

原则和特点，又具有自身的特点。

1. 超前性

基于数字技术和生态技术的高技术生态建筑，是基于当代高度发展的数字技术、生态技术等一系列高新技术的基础上发展起来的，是在可持续发展背景下对当代或未来人、建筑与环境问题的理性和实验性探索，所以具有一定的超前性和跳跃性。

2. 动态性

任何高新技术的发展都具有阶段性的特征，这是由高新技术的时空性、发展性、动态性、相对性所决定的[1]，这就决定了基于数字技术和生态技术的高技术生态建筑的发展同样具有动态性、阶段性的特征，它的发展不会永远停留在某个水平之上。

3. 现实性

从目前全球经济发展水平、技术发展水平上来看，各国各地区的发展还相当不平衡，在建筑领域多元化发展的今天，适宜技术和中等技术路线的生态建筑探索，仍将在相当长的一段时间里与基于数字技术和生态技术的高技术生态建筑的探索并存，这就要求基于数字技术和生态技术的高技术生态建筑在不同国家和地区以及不同经济、技术条件下的探索必须照顾到现实的可能性，实施不同的发展战略。

4. 矛盾性

首先，有识之士的良好愿望与难堪的现实矛盾，研究和发展生态建筑，面对的是缺乏可持续发展意识的人们，许多人认为这仅仅只是环保人员和政治家的事情；其次，一般的生态建筑意味着增加5%～10%的经济投入，基于数字技术和生态技术的高技术生态建筑相对来说会更高，许多业主不能接受，虽然有着公益型和长期性的收益。

5. 综合性

发展基于数字技术和生态技术的高技术生态建筑是一个综合的系统工程，其实施涉及建材生产制造、建筑设备、建筑教育、建筑施工、物业管理、能源生产、各类市政基础设施等等，而各个行业又分别涉及更广泛的生产门类，从客观上要求各行业各门类协同发展和工作。

5.2.2 基于数字技术和生态技术的高技术生态建筑的多元化探索

从宏观层面上讲，虽然当代各流派之间的界限渐趋淡化，但依然存在的建筑潮流多元化发展格局使各种流派都同时跻身于这个时代，都对数字技术革命和生态技术革命作了各自不同的理解、诠释和表达，在积极运用数字技术和生态技术及其他高新技术的探索和实践中丰富和发展了自身的

---

1 参见本文.1.1.3.4 当代的大科学与高技术趋势.

理论体系；从微观层面上讲，20 世纪 80～90 年代以来，建筑师诺曼·福斯特、理查德·罗杰斯 、伦佐·皮阿诺 、尼古拉斯·格里姆肖、迈克尔·霍普金斯、托马斯·赫尔佐格、杨经文（Yeang K.）、班特·麦卡锡（Battle Maccarthy）、约翰·克里斯丁逊（John Kristinsson）、未来系统等设计团队在新的历史时期，纷纷创作了一批具有探索性、代表性的基于数字技术和生态技术的高技术生态建筑作品，能够综合、全面和准确地体现和表达当今和未来的数字技术和生态技术及其他高新技术与技术思想的发展水平和趋势的建筑典范，成为引领当代建筑发展的主流之一，在实践中设计手法渐趋成熟和完善，设计理论渐趋清晰和系统，为当代和未来建筑的发展带来许多有益的启示和宝贵的经验，成为数字时代、生态时代建筑革命的先锋建筑师团队。

5.2.2.1　融合多种技术思维的探索

“未来系统”[1] 是当代富于探索、创新精神的创作团队之一，其设计思想融合了多方面的技术思维、充满了前瞻性和创造性，其作品如“武器工业般的精确、航空器构造般的轻盈”等，是对传统的建筑形象、空间模式、技术运用及其表现的彻底颠覆。

图 5-1　土卢兹 Zed 计划方案模型，建筑采用密集式布局，立面和屋顶都用来收集太阳能

资料来源：李华东主编. 高技术生态建筑 . 天津：天津大学出版社，2002：33.

未来系统融合多种技术思维的探索体现在：其一，关注当地建筑技术的发展，试图将数字技术、生态技术等高新技术运用到建筑设计、建造和运营管理中，努力去实现建立在科学基础和高新技术之上的天然、经济、节能和环保的建筑（图 5-1）。其二，借鉴了仿生学[2] 的原理和理论，一方面在建筑形态、结构上仿生，在视觉上达到同自然环境和谐一致并获得良好的力学性能，另一方面是设计理念来自生命原理的启示并注重技术仿生，利用数字技术、生态技术等高新技术手段和材料，结合建筑自身特

1　捷克人卡普理克尼（Kaplicky）是未来系统的主要成员之一，捷克曾在 20 世纪二、三十年代是技术功能主义的风行之地，技术功能主义的思想深深地影响了卡普理克尼，赋予他灵感去构想充满了想像力的未来建筑，前苏联入侵捷克以后卡普理克尼来到伦敦并创建了“未来系统”。

2　仿生学是 20 世纪 50 年代兴起的旨在建造类似于生命系统或具有生命系统特征的人造系统的一门交叉性、边缘性学科，它通过对生命系统的结构性质、能量转换及信息过程的研究，认识和研究生命活动的本质和规律，通过建立科学的模型和理论系统，来改造现有的或创造新的工程技术系统。

点，在技术层面上模拟生物在不断完善自身性能与组织的进化过程中，获得的高效低耗、自觉应变、肌体完整的保障系统的内在机理以及生态规律，赋予建筑“生物特性”使之成为整个自然生态系统的有机组成部分，从而有效地实现建筑的节能与环保目的（图 5-2）。其三，对自然生态资源、环境的关注和利用是未来系统设计作品的重要思想源泉，在设计中最大限度地利用自然通风和自然采光，在充分注重自然生态环境的绿色权益与用户利益的基础上，探索对太阳能、风能、水能等自然能源的利用潜力及相关技术的开发与应用，获得与环境协调并适应使用者生理、心理需求的低能耗建筑艺术作品（图 5-3）。其四，在使用和对待高新技术的态度上，未来系统一方面承认其科学性和尖端性，另一方面也以慎重的态度用一种相对简单系统下的自然程序来运用，反对噱头式地滥用所谓的“高新技术”。其五，未来系统认为在可持续发展的背景下，当代或未来的建筑其主要方面是对材料的选择以及建筑建成后的表现，建筑必须在能源上实现自给自足——至少应该能自己生产80%的能源[1]，这样的思路导致未来系统高度重视对建筑材料的选择，也使他们的作品充满了仿生的形象（图 5-4），即用越少的材料建成的建筑就越“生态”，因为它在生产、制造、运输以及施工中所用的材料和能耗都最少，这一点是富勒“少费多用”思想和威尔夫妇自维持住宅理论与实践的继承和延续[2]。

未来系统的设计作品往往非常前卫，常常超出客户可以接受的勇气之外因而很少现实，但是近期某些比较超前、复杂的重要设计将会实现，未来系统的世纪性成果——方舟（The Ark）就是其中之一。方舟所在的建筑基地南面靠着一片悬崖，建筑占地近10 000m²，内部共有三层，外面被一对对称的、具有双层构造的椭圆形屋顶覆盖，在三角形预应力混凝土和金属轻型结构上铺设铝合金圆筒和太阳能聚热板，第一层为铝合金圆筒用来通风，第二层为太阳能聚热板用来供暖和提供电力。通风口的设计比较独特，一方面可以尽量减少对下面的聚热板的遮挡，以便吸收更

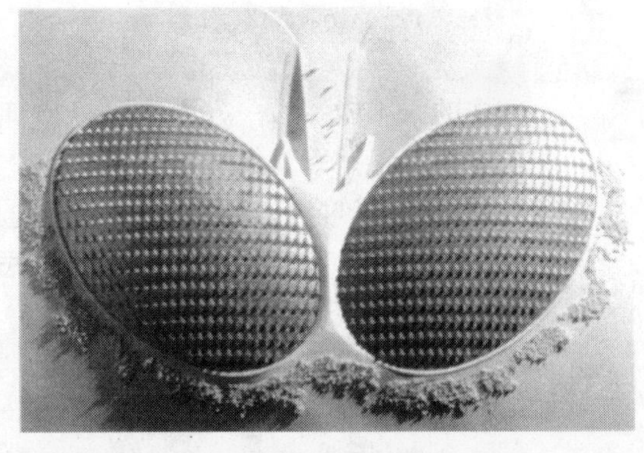

图 5-2 “方舟”的建筑造型受仿生建筑学的影响

资料来源：李华东主编．高技术生态建筑．天津：天津大学出版社，2002：35.

1 未来系统认为建筑设计中应将建设过程中以及建筑建成后使用期间的能耗降至最低，并设想将办公建筑在夜间无人使用时产生的电力供应到城市电网中，以形成节能的良性循环网络。

2 参见本文．4.2.5.1 富勒及“少费多用”思想，以及 4.2.5.2 威尔夫妇及自维持住宅理论与实践．

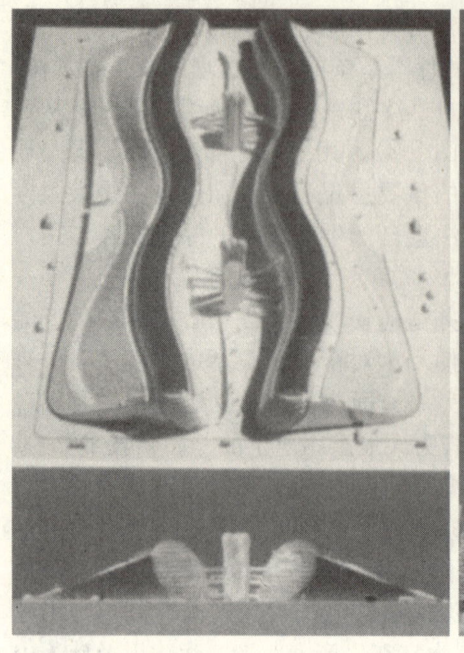

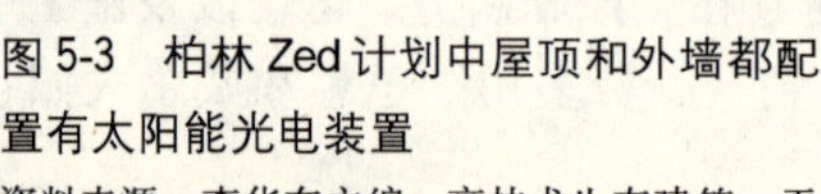

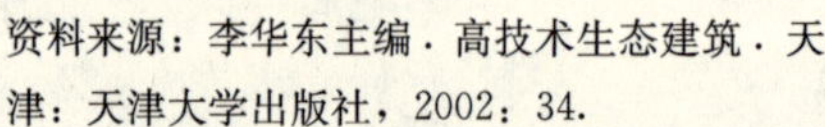

图 5-3 柏林 Zed 计划中屋顶和外墙都配置有太阳能光电装置

资料来源：李华东主编．高技术生态建筑．天津：天津大学出版社，2002：34.

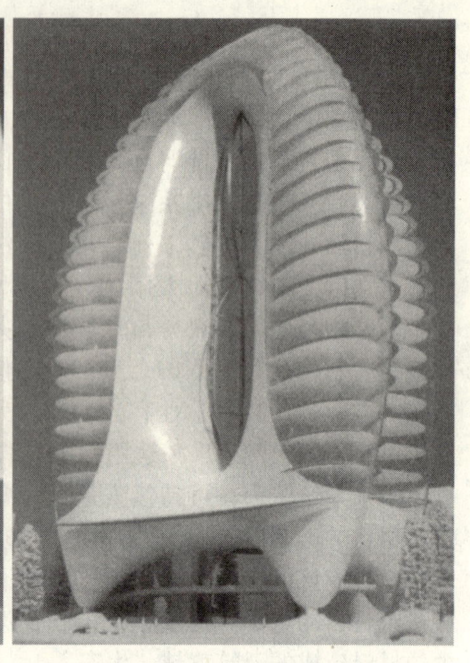

图 5-4 伦敦 Zed 计划中建筑两部分的空隙内安装有风力发电机为建筑提供电能

资料来源：李华东主编．高技术生态建筑．天津：天津大学出版社，2002：34.

多的太阳能，另一方面也可以增加自然采光面积。通风与供热系统相对独立，可根据季节的变换加以调整。在夏季屋顶可以充分打开，以取得最好的自然通风换气效果，在冬季通过太阳能聚热板和天然气锅炉为室内供暖，暖气用水大部分来自配置在建筑底部的蓄水池中积存的雨水。方舟目标是在一个建筑形式里表达诸如"现今社会对建筑师的要求是建造一座全新的建筑，使它符合对自然的全新态度。它应该是有机的、天然的，并且包含21 世纪的能源效率和无污染技术"[1] 的观念。另外，未来系统的"Zed"系列设计是由欧洲委员会发起的一项计划，用来进行欧洲城市中建筑有害物质散发为零的可能性研究，以及解决空气污染对建筑的影响，同时也研究建筑材料的使用寿命、材料的构造方式、重复利用的可能性以及建筑材料对自然环境的影响等课题，这项计划的参与研究者还有剑桥大学的马丁中心(Martin Centre)。这一计划包括位于伦敦、土卢兹、柏林的三座建筑，它们都包括了办公和居住部分，探索了城市建筑低能耗、综合发展的潜力，每座建筑的设计都考虑了其具体位置气候及城市环境特征。

1 李华东主编．高技术生态建筑．天津：天津大学出版社，2002：35.

5.2.2.2 积极采用被动式节约能源消耗、降低污染的探索

在人类的传统建筑中有许多亲和环境的原始朴素的生态知识和技巧[1]，只是在最近几个世纪的技术化发展过程中人们将这些传统淡忘了，福斯特虽然对建筑领域里高新技术的运用研究颇深，但从来没有忽略对传统生态建筑技术手段的挖掘和使用：例如在地中海地区的两座建筑实践中，他就积极挖掘和研究了当地传统的遮阳装置，并在更大的尺度上使用了植物凉棚这一传统的技术手段，来提供阴凉并丰富建筑的形象；在英国威尔士国家植物园以及泛美航空公司博物馆等项目中，福斯特将建筑部分埋入地下，使得建筑同周围环境的景观设计融合为一体，并且利用地层的被动热量调节特性来减少建筑能耗，这些技术手段都来自于传统建筑的原始朴素生态策略。福斯特认为，其一，当代可持续发展的思想在建筑领域意味着用最少的来做最多的，这句话是密斯那句著名的“少就是多”的生态解释，人们完全可以采用被动建筑手段来节约能源的消耗，仅通过建筑形体、构造和空间的积极配合，而不是使用需要消耗不可再生的能源并排出废弃物的机械设备。而且建筑的能源效率越高，利用的时间越长，从长远的观点来看，它对环境的可持续性就越有利。其二，当代生态建筑不仅仅在使用过程中消耗最少的能源，而且在建造它时所消耗的能源也应该是最少的。在理想状态下，一座建筑将通过燃烧可再生的能源如植物油以及使用太阳能来提供所需要的能量。其三，建筑应该有比较灵活的可变性，这样它就可以为人类提供更长久的服务，从而减少建设造成的环境问题，这一思想来源于他早期“可变机器”的设计策略[2]。其四，可持续发展的思想在建筑领域的体现，并不仅仅是指单座的建筑，其概念可以扩展到整个城市、区域乃至地球全体[3]。

图 5-5　德国柏林国会大厦

资料来源：（韩）C3 设计编．诺曼·福斯特 & 伦佐·皮阿诺．王西敏译．陈红，谭晓红审校．郑州：河南科学技术出版社，2004：63.

德国柏林国会大厦改建工程是福斯特在生态时代、数字时代对上述思想的成功实践（图 5-5），柏林的气候在夏季非常炎热而在冬季则又异常寒冷，所以福斯特在设计中采用了多

1　参见本文．4.2.1　具有原始生态倾向的传统民居原型．

2　参见本文．3.2.3.3　“高技派”代表人物、代表作品及设计思想．诺曼·福斯特．可变机器．

3　位于东京集多种功能为一体的千年塔综合体构思就是这种思想的具体深化，规模巨大、高耸入云的整个建筑将成为一个自给自足的空中城市。

种被动式节约能源的策略，整个建筑充分利用了自然光照明和通风、混合式能源使用系统，从而减少了能源的消耗，提高了能源效率，降低了维护管理费用，使得国会大厦通过原来自带的电站产生的能量在满足大大降低了的能源后，还能向周围的建筑提供电力。通过使用可再生能源、回收废弃物和能量，以最小的环境代价在四季都创造出舒适的环境。其具体生态策略体现在：其一，大厦穹顶内的锥体不但是给人留下深刻印象的视觉焦点，而且在自然光照明和能源策略中起着重要的作用（图5-6），锥体上的反射板能够将自然光漫射入议事厅内，其上有太阳追踪

图 5-6 大厦穹顶内的锥体

资料来源：李华东主编. 高技术生态建筑 . 天津：天津大学出版社，2002：151.

装置以及可调整的遮阳系统，在提供充分的、柔和的自然光照明的同时防止太阳辐射热增加室内的热负荷。在冬季以及夏季的早晨和傍晚，由于太阳的高度比较低，遮阳系统移到适当位置使太阳光线射入室内。另外，锥体内设置的通风管道能吸走室内的热空气，并通过热量转换器将其中的热量吸收，这一锥体还可以使新鲜空气进入室内后缓慢地扩散到室内各个角落，然后变热、上升、排出，不但提高了室内人员的热舒适感，而且减少了通风的噪声。其二，旧国会大厦曾安装燃油发电机为大厦供暖和降温，不但消耗大量的能源并产生惊人的污染，在20世纪60年代每年大约产生7 000t二氧化碳。大厦的改建工程则保留了老建筑具有良好热绝缘性能的厚重外墙，为使用被动式系统来控制室内温度提供了良好的条件——老国会大厦的巨大体量，本身就有巨大的热容量，可用来回收、存储、并循环使用热能，与传统的手段相比，这些系统能减少30%左右的能源需要（图5-7）。其三，大厦不使用石油、煤炭等不可再生的能源，而是使用菜籽油来作为热能工厂的燃料，这些油料可以是花生油、葵花籽油或者葡萄籽油，可以看成是物质化了的太阳能。使用这些燃料的另一优点是大大减少了二氧化碳的排放量（据估计比使用石油和煤炭提供同等的热量，每年可以减少约440t二氧化碳的产生）。穹

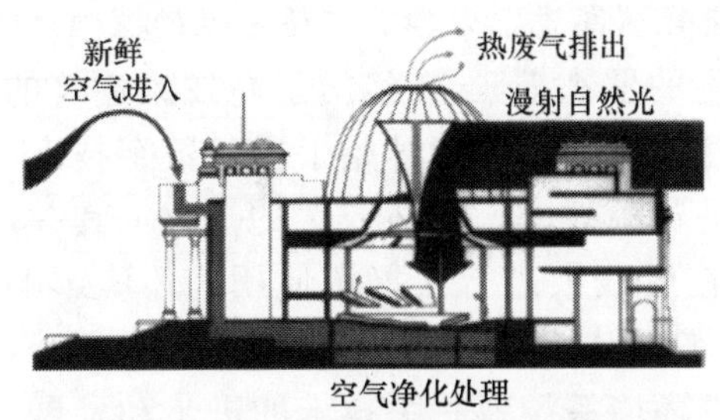

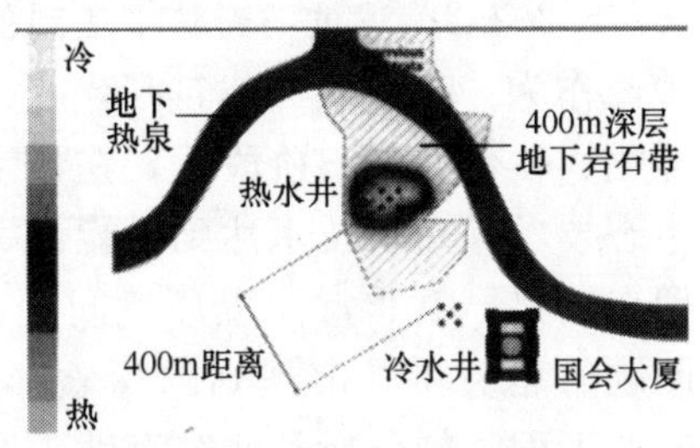

图 5-7　德国柏林国会大厦的通风示意、建筑周边地层状况及冷热水井分布

资料来源：李华东主编．高技术生态建筑．天津：天津大学出版社，2002：152.

顶上安装有100余块太阳能电池板，用来给通风辅助装置和百叶驱动装置提供电能，在高峰时期这个太阳能电池组能产生约40kW的电力，配合菜籽油发电系统，总共可以减少70%的二氧化碳排放量（图5-8）。其四，大厦自带的热能工厂所提供的能量在满足日常供暖或降温需要后，剩余的将被用来加热从深达300m的地下蓄水层中抽出的地下水，然后

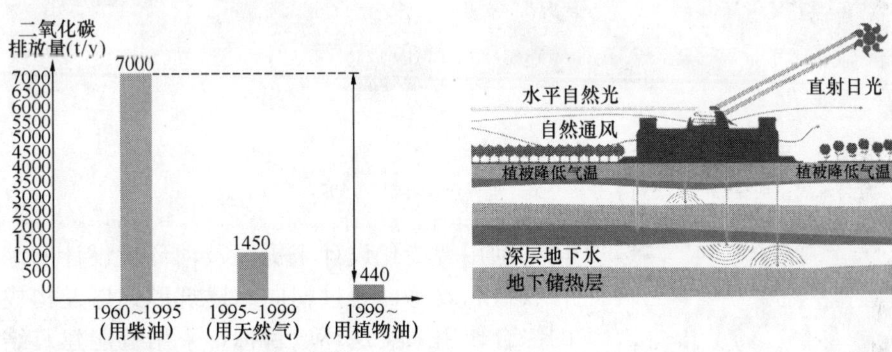

图 5-8　能源种类和 CO_2 排放比较、能源策略图解

资料来源：李华东主编．高技术生态建筑．天津：天津大学出版社，2002：153.

送回地层中储存，以这种手段来利用多余的能量。绝热性能良好的地层能有效地防止这些热水的热损失，在冬季热水被抽出来为室内供暖，在夏季热水则用来驱动制冷设备以提供冷却水，底层中的冷水在炎热的天气则可抽取来作为顶棚冷却系统中的冷却剂使用。其五，大厦窗户的开闭可以由人工或自动的方式来控制，窗户均为双层结构，外侧采用热反射玻璃，和内侧的玻璃之间有一个绝热空气层，内部配置有遮阳百叶。这种窗户的自然换气速度根据室外条件的不同而不同，范围在每小时50%～500%室内容积之间[1]。另外，双层窗户的安全性能也很好，这样内侧的窗户在夜间无人时也可以打开降温。

1　李华东主编．高技术生态建筑．天津：天津大学出版社，2002：150.

5.2.2.3 通过高新技术达到低能耗、高资源效率、广适应性的探索

曾经作为“高技派”建筑师代表人物的罗杰斯[1]，在经历了高技派建筑的异化、软化和复归阶段后，在数字时代和生态时代开始了通过数字技术、生态技术等高新技术达到低能耗、高资源效率、广适应性的探索。其一，罗杰斯很早就非常注重环境问题，在实践中进行了能源使用、环境影响问题的建筑和城市规划的探索。罗杰斯认为在建筑设计这个具体领域，专业工程师的分析和研究有助于促进环境系统及相关技术的进步和发展，真正的可持续依赖于最大限度的能源使用效率和可再生资源的重复利用（图5-9）。其二，在罗杰斯的设计过程中高新技术始终是重要的工具，

图 5-9 泰晤士河谷大学学术资源中心

资料来源：理查德·罗杰斯事务所专集. 世界建筑导报，1997，5，6：112.

图 5-10 劳埃德船务注册公司大楼以双层玻璃幕墙来实现建筑的低能耗

资料来源：李华东主编. 高技术生态建筑，天津大学出版社，2002：28.

诸如利用智能化设计来提高被动环境设计的综合收益和效率；通过朝向、建筑形式以及构成的综合作用来实现环境目标；采用智能建筑结构来创造可对气候做出反应的外墙系统，将自然采光最大化，强化自然通风、控制太阳热的吸收和损失（图 5-10）。罗杰斯一贯不懈追求的是从其他领域学习和引用有利于环境的技术，使用先进的、干净的生产方式来建造建筑。其三，罗杰斯认为当代生态建筑设计的目标在于满足现在的需要而不用消耗自然的资源，生态建筑设计必须包括对于社会和经济的可持续原则的关心，就像关心建筑以及城市的能源使用以及环境影响一样，高技术生态建筑的核心在于——低能耗、广适应性、资源效率

---

1 参见本文. 3.2.3.3 “高技派”的代表人物、代表作品及设计思想. 理查德·罗杰斯.

（图 5-11）。

罗杰斯通过高新技术达到低能耗、高资源效率、广适应性的探索并不仅仅局限于建筑的生态问题上，在城市的可持续发展问题上也做出了积极的探索。罗杰斯曾经在东京中心区某小山上的一块很小的三角形用地上设计过一栋利用风作为能量来源的写字楼，用地附近常年较高的风速使得罗杰斯在设计之初就考虑到，充分利用风能使这座建筑达到 100％的能量自给。写字楼的主体部分面对北侧的高速公路，外墙为直线型，南向的立面则是比较平滑的曲线型，曲面的形状诱导空气流经主建筑和服务楼之间的缝隙，当风通过办公楼和服务楼时，被曲面压缩和加速，从而推动缝隙间的涡轮风扇而产生电力，据预测和估计，假定 50％的涡轮能量是稳定的，这些电力就足够用来服务该建筑。而服务大楼在太阳和风的作用下也像通风烟囱一样工作，装饰有透明玻璃、漫射玻璃和不透明板的北立面允许日光进入到需要自然透明的空间，而其他受阳光直接照射的立面是热绝缘的，热绝缘立面和内部的混凝土结构吸收大部分的太阳热；地下室周围的水被用作热存储体，这些水在夏天作为冷却剂，冬天作为加热剂来温暖冷空气。最初的计算表明，在能量方面这一大厦做到 100％自给是完全可能的，但不幸的是这个计划停止在了设计阶段而并没有实际建造。另外，在规划的主题定位于可持续发展的上海陆家嘴新区规划中[1]，罗杰斯的城市设计方案以一个圆形的中央公园为核心（图 5-12），周围的建筑呈放射状排列，以三条同心圆的环路组织起来。第一环路主要为步行者和自行车服务，第二环路用于电车和公共汽车的交通，第三环路则用于轿车，通过这样的层次安排，这片区域的建筑都在步行距离之内，避免了当今中国城市常见的行人、自行车、私家车、公交车拥挤在一条马路上的交通拥挤现象。办公和商业建筑都集中在地铁站附近，居住建筑、医院、学校以及社区服务设施等配置在中央公园周围和河滨，通过区别控制各建筑物的高度，可以在提高用地整体建筑密度的情况下保证各建筑的日光光照度，而

图 5-11　首尔（汉城）广播中心办公楼

资料来源：李华东主编．高技术生态建筑，天津大学出版社，2002：122.

1　上海陆家嘴规划面积约 1.7km²，这一区域是商业金融和住宅的混合地区，将配备完善发达的公共交通系统。

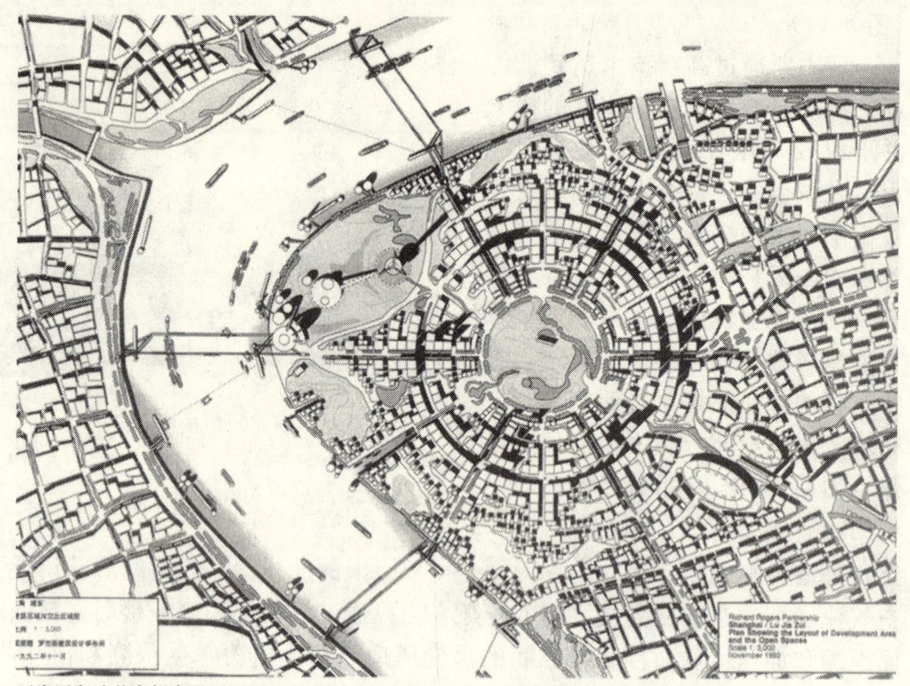

开发区和公共空间布置平面图 Plan Showing the Layout of Development Areas and Open Spaces

图 5-12 陆家嘴新区规划

资料来源：理查德·罗杰斯事务所专集. 世界建筑导报，1997，5，6：56.

且形成了丰富的天际线景观。通过减少交通节点和污染，以及建筑的低能耗化，使这一新城区的总能耗将能减少到面积相等的普通城市的70%，而且能为居民提供更舒适的生活、工作和交通环境[1]，令人遗憾的是这个方案也未能被当局所采纳。

1 李华东主编. 高技术生态建筑. 天津：天津大学出版社，2002：30.

5.2.2.4 积极主动对可持续设计的探索

在新的历史时期，赫尔佐格认为极大地关注可持续发展问题是建筑师职业道德中的一个重要组成部分，可持续设计可以被定义为一种工作方法，其目的是保护地球上有限的自然资源，尽可能地使用可再生的能源形式——特别是太阳能[1]。赫尔佐格的可持续设计的探索体现在：其一，赫尔佐格认为传统的建筑方法从生态学的观点来看已不能满足需要了（图5-13），因此他和他的合作者进行了对新建建筑技术和形式的不懈探索[2]。其二，赫尔佐格认为可持续设计涉及很多方面，如建筑材料的选择、运输和加工建筑材料所需要的能源、建造的过程和方法、建筑的热学表现、建筑生命周期中的运营管理费用、建筑的可适应性（这会影响建筑的生命周期）、建筑管理的水平、建筑构件的可重复使用性等等，其核心目标是降低建筑的能耗(图5-14)。其三，而对上述问题的考虑将会影响到建筑最后的形象，而且只有当建筑对我们的环境做出贡献时它才是成功和美的，这样赫尔佐格就初步地建立了数字时代、生态时代的建筑美学观。赫尔佐格认为对建筑的生态考虑可以成为建筑艺术构思的灵感或出发点，将导致新的形式和建筑表现，因为生态问题和当地的气候、文化环境是密切相关的（图5-15）。其四，赫尔佐格认为在建筑和自然的相互关系上，建筑不可能很快地从自然环境中推导出来，因为设计的过程和建筑的功能是非常不同于动物和植物的，但是他承认人们可以从自然中学到很多东西并得到有益的启示，如效率、表现、适应性、不同性和自然的美，而这种美是有机的并且遵循自然

图5-13 2000年汉诺威世界博览会德国馆

资料来源：赫尔佐格及合伙人建筑师事务所专集. 建筑创作，2004：91.

---

1 在欧洲维持各种建筑的运行所消耗的能源占到总能源消耗的50%左右，用来交通的能源约占总能源消耗的25%左右，良好的城市规划带来的交通便捷对节约能源是极有帮助的。

2 赫尔佐格对实验建筑的兴趣始于20世纪70年代，1972年他完成了一座充气式体育场建筑，但其惊人的能耗引起了赫尔佐格的焦虑和不安，使得他和工程师Julius Natterer一起开始去研究新的建筑材料和技术，他们研发出一套使用木材的方法，在2000年汉诺威博览会的展览馆中得到了集中的体现。

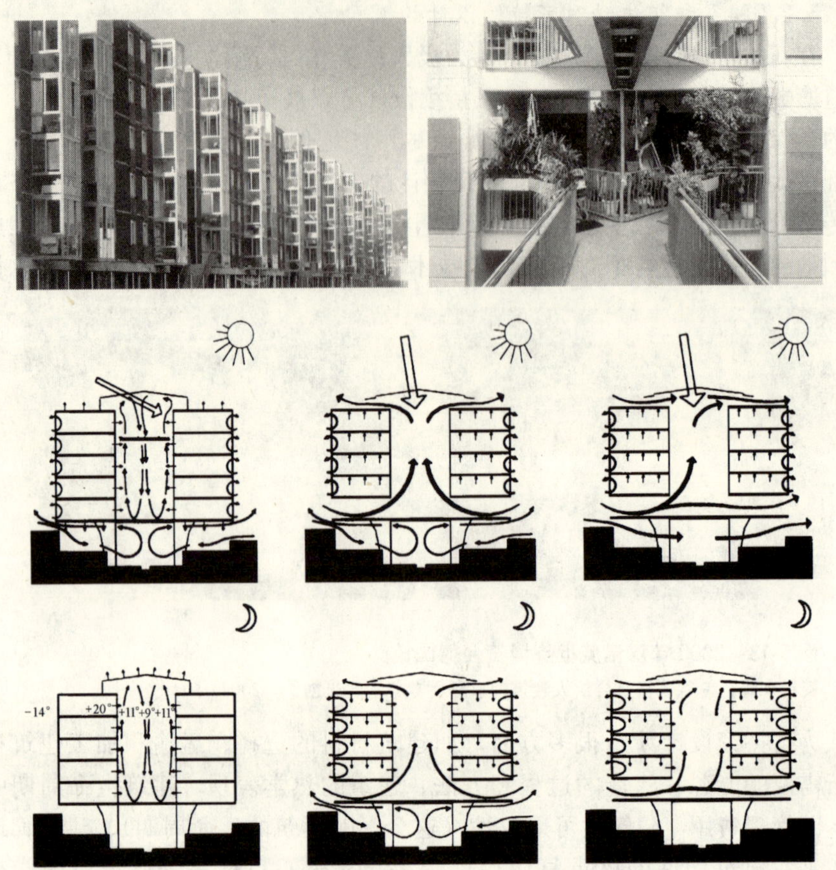

(上排)冬季白天，夏季白天，有风的夏日；(下排)冬季夜晚，夏季夜晚，有风的冬季夜晚(自左至右)

图 5-14 霍茨大街住宅开发项目及被动式能源策略

资料来源：赫尔佐格及合伙人建筑师事务所专集．建筑创作，2004：105，106.

界的物理定律，建筑作为人工的产品应该向自然学习（图 5-16）。其五，赫尔佐格认为建筑外墙不只意味着是屏蔽外界影响的保护装置，它也应该是可以呼吸的“皮肤”，这样建筑物可以自我调节环境，并依据条件有选择地允许光、空气和热量通过（图 5-17）。

这些可持续设计思想成为赫尔佐格设计作品的中心主题，例如在 Linz 设计中心的项目中，该建筑完全由玻璃包围着大面积的展览区域，可以提供多种用途，普通的玻璃建筑在夏天会使室内变得过热，而在冬天又会损失大量的热量，赫尔佐格在设计中以各种方法弥补了玻璃建筑的这些不足（图 5-18）。建筑采用了双层玻璃幕墙，两层玻璃间的空腔中安装若干 16mm 的微型镜屏，这些镜屏的角度可以自动调整，有效地将直射阳光漫射入室内。从室内外望的视野不会受这些装置的阻碍，并且不产生眩光干扰，其反射光还可以照亮户外大面积的展览区域。建筑各处分布着近2 500个传感器，可以监测、记录建筑物内外不同位置的温度、湿度和空气流通情况（图5-19），信息被传送至中央计算机，按照设定的模式来进行调节和控制[1]。随着计算机软件的不断发展，这一系统将具有学习/记忆功能，从而在低能耗运转模式下保证室内最大的人体生物舒适感。

5.2.2.5　以“生物—气候”为主题的探索

马来西亚的杨经文曾在伦敦建筑学学会学习，并在剑桥大学获得博士学位，从那时起他就致力于研究发展环境中的生态因素及其影响，1976 年他和 TR. Hamzah 合作建立了 TR. Hamzah 建筑事务所，并在吉隆坡和 Penang 设立了工作室，他和他的合作者在快速发展中的南亚国家为一系列颇有独创性的“生物—气候”（Bio-Climatic）大厦已经进行了 15 年的努力探索和实践，作为“生物气候摩天楼”的代表建筑师杨经文已经获得了国际性的声誉。

杨经文的“生物气候摩天楼”理论认为：其一，“生物—气候”建筑首先应该是同当地气候条件相一致的，是节约能源的和生态的，只有这样建筑物才会减少运行能耗而降低成本。其二，“生物—气候”建筑物应该通过智能手段意识到并且和外部的气候取得更密切的联系，这种能够对气候条件做出灵敏反应的建筑物将提高使用者的人体生物舒适感。其三，“生物—气候”建筑必须使能源效率的提高和对用户工作、居住环境的改善成功地结合在一起。其四，

图 5-15　OBAG 管理大楼

资料来源：（德）英格伯格·弗拉格编．托马斯·赫尔佐格—建筑＋技术．李保峰译．张凌云校．北京：中国建筑工业出版社，2003：133.

图 5-16　德国联邦环境基金会会议及展览建筑

资料来源：（德）英格伯格·弗拉格编. 托马斯·赫尔佐格——建筑＋技术．李保峰译．张凌云校．北京：中国建筑工业出版社，2003：153.

1　李华东主编．高技术生态建筑．天津：天津大学出版社，2002：42.

图 5-17　德国贸易展览会有限公司管理楼

资料来源：（德）英格伯格·弗拉格编. 托马斯·赫尔佐格——建筑＋技术. 李保峰译. 张凌云校. 北京：中国建筑工业出版社，2003：125.

图 5-18　Linz 设计中心

资料来源：（德）英格伯格·弗拉格编. 托马斯·赫尔佐格——建筑＋技术. 李保峰译. 张凌云校. 北京：中国建筑工业出版社，2003：83.

"生物气候摩天楼"理论是基于尊重生态环境的基础上，通过对当地客户的实际需要和当地建设方法的深刻理解来发展新的建筑物类型。

基于上述理论基础，在多年的探索和实践中，杨经文在东南亚设计和建造了许多超高层的商业用途建筑，这些建筑物初看起来颇有些惊世骇俗的时髦感甚至未来感，但其出发点并不是要创造一种轰动效应，其建筑形式主要是从生态考虑而生成的（图 5-20），使得杨经文的生物气候摩天楼建筑常常具有以下特征：植物与建筑的整合——当地的植物往往是地方特色的代表之一，在生态环境上也是至关重要的，所以杨经文的大多数摩天楼作品以垂直的、有时是螺旋形的植被在建筑内的穿插作为建筑的显著特色；建筑内部大量的过渡空间——它们可以是巨大的屋顶花园，或者是凹入建筑的露台，或者是宽大的空中花园，这些空间除了创造出丰富的建筑形态和空间环境外，在东南亚的热带气候中对节约能耗和改善室内环境条件起着重要的作用，另一个重要的作用是让高空中的使用者维持地平面上的当地生活方式[1]；外墙上各式各样的保护壳体的研究——杨经文发展了多种遮阳系统和保护壳体，改变了它们局限于太阳方位的剖面设计方式，从而形成了一种表情丰富的可变性墙面。

5.2.2.6　*以仿生建筑学为主题的探索*

随着当代科学技术领域的专业化分工程度的提高，建筑师在进行生态建筑设计时往往需要和工程师等多工种进行紧密的合作，才能将建筑的技术、艺术

1　李华东主编. 高技术生态建筑. 天津：天津大学出版社，2002：38.

和环境效果统一为一个有机的整体。当代有许多专门提供建筑日照、通风、供暖、制冷以及能源分析和设计的专业性事务所，例如，总部位于伦敦的班特·麦卡锡工程咨询顾问公司（Battle McCarthy Consulting Engineers）就是一个进行整体工程设计的专业性设计团队，其工作领域涵盖了城市规划、建筑和基础构造设计等。他们的主导设计思想是基于仿生建筑学[1]的理论，认为建筑物如同生物一样，可以智能化地利用“环境”这种最重要的资本，巧妙地利用环境中免费的能量，而不是以巨大的能源消耗来保持自身的运转。麦卡锡与未来系统相同的是都注重在建筑形态、结构和技术上模拟生物，从而有效地实现建筑的节能与环保目标，与未来系统不同的是麦卡锡往往能通过定性研究，借助当代功能强大的数字技术深入到定量的研究和设计（图 5-21）。

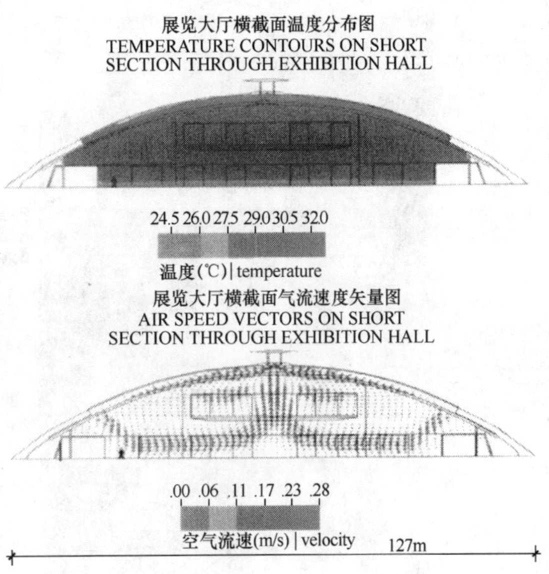

模拟：温度曲线与气流方式
Simulations:temperature curves and airflow patterns

图 5-19 Linz 设计中心的温度曲线与气流方式

资料来源：（德）英格伯格·弗拉格编. 托马斯·赫尔佐格——建筑+技术. 李保峰译. 张凌云校. 北京：中国建筑工业出版社，2003：84.

麦卡锡认为，应通过重视环境问题的精心设计、可靠而适合的控制系统、最大限度地使用自然能源和可再生材料来减少建筑的运行费用和能源消耗；通过减少室内植物配置和不必要的换气量保障空间、提高机构/服务元素的整合度、减少不必要的吊顶等来获得最大限度的可使用空间；通过减少机械设备的运行、降低服务的复杂程度、利用耐久性强的材料/设备、可靠但简单的环境控制系统、良好的可维护性等来减少建筑的运行和维护成本[2]；通过更强大的计算机和更有效的软件以及更精密的计算方法来对各种环境因素进行综合计算，了解这些环境因素对建筑产生的综合的、交互的影响，使得建筑能够对环境做出更适合的反应。在实践中，这一团队已经积累了大量基于上述理论的成熟作品，较为成功的设计如“环境的第二

1 随着人类步入数字时代、生态时代，数字技术和生态技术得到了长足的发展，生态学家和建筑师将生态学的理论和技术与建筑学的理论和技术相结合，产生了诸如仿生建筑学等边缘学科。仿生建筑学认为，人类在建筑上所遇到的问题，自然界早已有了相应的解决方式，生物在长期的生存竞争中，为了适应自然界的规律需要不断地完善自身性能与组织，需要获得高效低耗、自觉应变、新陈代谢、肌体完整的保障系统，只有这样自然界才能成为一个整体。建筑也应该适应自然界的这种规律，建筑适应人类社会发展、与自然相协调是仿生建筑学研究的主要课题。

2 李华东主编. 高技术生态建筑. 天津：天津大学出版社，2002：39.

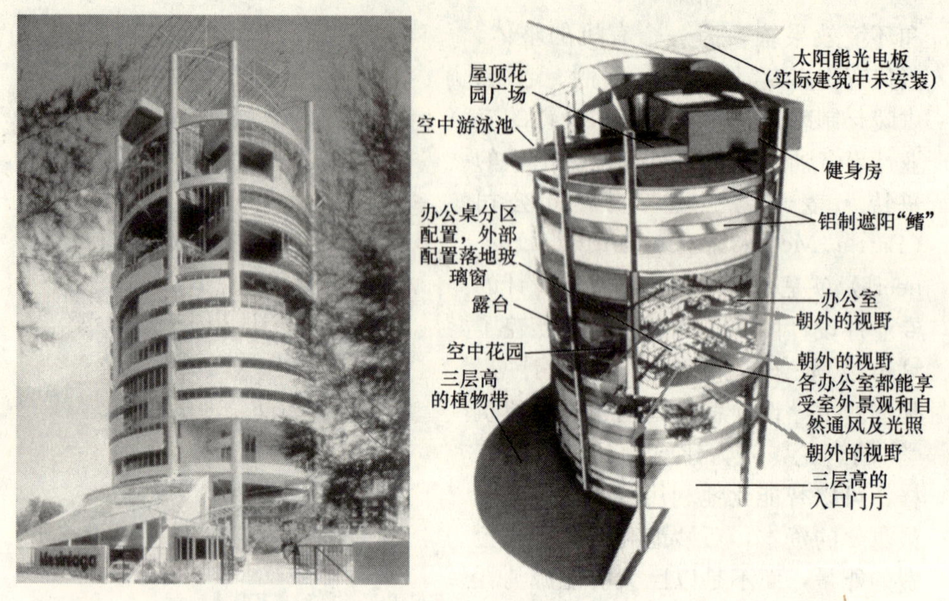

图 5-20 Menara 商厦及生态策略

资料来源：李华东主编．高技术生态建筑．天津：天津大学出版社，2002：67，68.

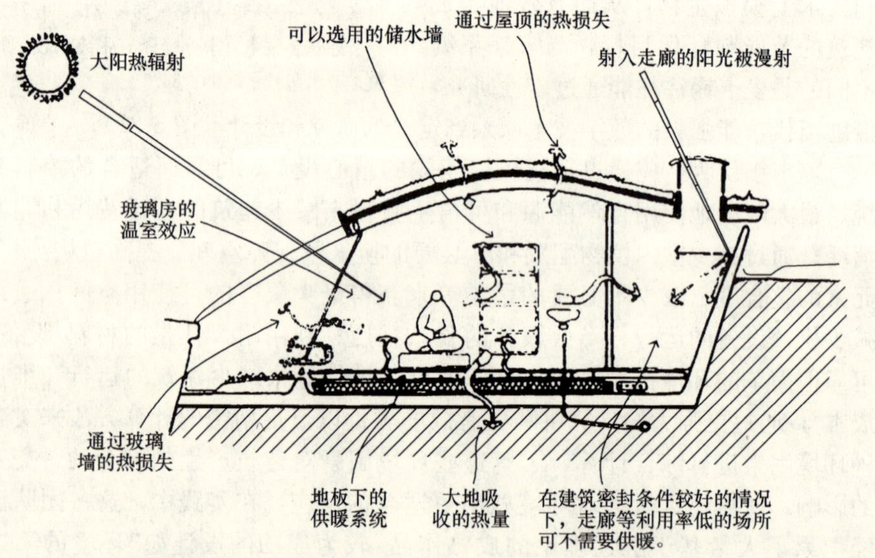

图 5-21 麦卡锡的生态研究草图

资料来源：李华东主编．高技术生态建筑．天津：天津大学出版社，2002：39.

皮肤系统”（Environmental Second Skin Systems）即“双层皮肤系统”[1]，是

---

1 “环境的第二皮肤系统”的研究由 Battle McCarthy 以及普利茅斯大学的 Michael Wigginton 教授负责，并受到英国环境交通部门的资助。

指围合建筑的双重构造，研究表明，这种双重皮肤比单层的围合系统具有很多环境方面的优点，另外，在英国的气候条件下采用双层皮肤系统的建筑比普通建筑可以减少65%能耗、65%的维护费用并能将二氧化碳的排放量减少50%。

当代以仿生建筑学为主题的探索发展迅速，除了麦卡锡、未来系统以外，著名的研究人员或机构还有英国巴斯大学（University of Bath）的Julian Vincent教授领导着一个名为“Biomimetics”的研究小组进行有关生态建筑和城市规划方面的研究，二十多年来他一直在研究仿生机械的设计，并把积累的知识运用到新材料的设计和发展之中，创造出某些具有生物特性的机械装置，试图通过这些装置能自然地解决建筑的生态问题（例如，吸取诸如白蚁巢在空气流通方面的长处而设计的自然通风系统等等）。出于全球范围内对环境问题的极大关注，Biomimetics现在关注和研究的问题仍然与仿生科学有关，例如通过对动物界变色伪装的研究来研制一种不产生高光的涂料；研究有机体的自我生长机理和过程以开发能够自我更新、自我修复和配合的构件；模仿昆虫筑巢的行为来制造可以自动建造建筑的机器人等等。另外，日本的象集团（Atelier Zo）以“拟态”（Mimicry）的设计理论和实践充实了仿生建筑学的研究领域。

5.3 高技术生态建筑技术体系的理论框架

基于数字技术和生态技术的高技术生态建筑是在数字时代、生态时代的数字技术、生态技术、建筑科学技术高度发达、高度分化、高度融合的基础上，在可持续发展背景下对当代及未来人、建筑与环境问题的理性和实验性探索，是数字时代、生态时代技术发展的必然产物。数字技术、生态技术等高新技术的运用仅仅是达到生态建筑的手段而并非目的，当代对其的综合运用足以承认自然的内在价值以及生命之间、生命与环境之间以相互包含、相互依赖、谐调发展为前提条件。这也预示着当代人类文明由科技人文主义向生态人文主义跃进，基于数字技术和生态技术的高技术生态建筑正是以生态世界观为科学哲学基础，秉承了技术乐观主义的价值观，把技术理性纳入到价值理性的指导之下，将技术文明导入到人道化、自然化的发展轨道之中，并使建筑中的高新技术运用迈向有利于维护生态平衡与人类社会可持续发展的道路。

基于数字技术和生态技术的高技术生态建筑理论与实践的探索，对于当代或未来建筑的发展以及建筑学科的发展都具有极为重要的意义，它一方面契合了可持续发展的时代主题和全球共识，另一方面推动了各学科最新研究成果转化成的高新技术运用到建筑领域。然而探索的道路必将是艰辛和曲折的，正如著名的“生物圈Ⅱ号”[1]实验的中途流产，说明生物圈及生态系统是一极其复杂的系统，以人类当今的科学技术水平还不能完全掌控，更何况基于数字技术和生态技术的高技术生态建筑涉及的范围和领域将更加广泛[2]，与社会、经济、科学技术、人文、地理、气候等因素息息相关，不论是理论研究还是应用实践，都需要以系统生态建筑观的宏观生态策略框架[3]为出发点，在中观层面的生态建筑设计策略[4]和当代数字技术在建筑领域的运用状况为基础，建立基于数字技术和生态技术的高技术生态建筑技术体系的理论框架——基本出发点与目标、微观设计原则与技术措施以及智能化运行与管理，以促进理论研究和实践应用的互动式发展。由于“基于数字技术和生态技术的高技术生态建筑”称谓较长，所以下文中简称“高技术生态建筑”。

5.3.1　高技术生态建筑的基本出发点与目标

高技术生态建筑与上文讨论的生态建筑[5]在本质上没有明显的差异，从出发点到目标都是基本相同的，不同的只是在建筑的设计、施工以及运行管理等诸阶段采用了先进的数字技术、生态技术等高新技术手段，相应地也会创造新的建筑形式和审美意识，所以高技术生态建筑具有一般生态建筑的普遍共性，同时也具备一定的个性特征。

表现在其基本出发点上，高技术生态建筑以节约资源、保护环境为核心，以技术先进、高效节能、最小污染、健康舒适、和谐优美、短期高投入与长期高回报有机结合为其基本出发点。另外，高技术生态建筑以当代或未来的科学技术、社会经济发展水平为起点，以经济发展和提高工作、居住环境水平为根本方向，注重历史文脉的延续并承担一定的全球义务。

表现在其基本目标上，高技术生态建筑是秉承科学理性的技术乐观主义思想，强调通过高新技术手段和人类生存伦理的改变[6]，来保持人类、地球、生态环境和发展的和谐关系，促进全人类的可持续发展。

1　1991年美国在亚利桑那州沙漠中雄心勃勃地建造了一个人工生态系统“生物圈Ⅱ号”（“生物圈Ⅰ号”指地球）也许是迄今最伟大的生态试验。这是一个全封闭、与外界完全隔绝的生物系统，复制了地球上7个生态群落，并有多个独立的生态系统，包括一小片海洋、海滩、泻湖、沼泽地、热带雨林及草场等。它的上面覆盖着密封玻璃罩，只有阳光可以进入，容纳有8名科技人员、3 800种动物和1 000万升水。植物为动物提供氧气和食物；动物和人为植物提供二氧化碳，人以动植物为食，泥土中的微生物转化为废物。试验了7年后，“生物圈Ⅱ号”二氧化碳含量过高而使系统失去平衡，试验宣告失败。——李道增．国际建筑界有关“生态建筑”的实践．世界建筑，2001，3：20.

2　参见本文．5.2.1.2　基于数字技术和生态技术的高技术生态建筑的特性．综合性.

3　参见本文．4.3.1　系统的生态建筑观及其相应的宏观生态策略.

4　参见本文．4.4.1　生态建筑的中观设计原则.

5　参见本文．4.3.2.1　生态建筑的界定.

6　因为在这之前，西方发达国家采取的是挥霍型、浪费型以及对欠发达资源掠夺型生活方式。

5.3.2 高技术生态建筑的微观设计原则与技术措施

传统的建筑业是能源与资源高消耗、对环境高污染的产业[1]，发端于数字时代、生态时代的高技术生态建筑以可持续发展的世界观作为其哲学基础，秉承的是乐观主义的技术价值观，摒弃了技术理性以支配自然为前提、集中于工具选择的价值观念，而代之以关心事物的“自在”而不是事物之“为我”的价值理性，将资源能源的高效利用和减少污染保护自然生态环境这两大可持续发展的主题结合起来，以最低的成本、最少的污染换取最大的社会经济环境效益，并将高新技术的运用与表现纳入到生态化、人性化、情感化的轨道中。国际建筑师协会（UIA）和美国建筑师协会（AIA）在1993年的代表大会上指出：“建筑物及其组成的环境在对自然环境和人的生活质量方面起着重要作用。一项可持续设计，应当综合考虑资源和能源的效益，生态和社会都敏感的土地使用问题，使用综合环保要求的建筑材料，以及一种鼓舞人心的、实实在在的和质地高平稳的美学灵感；一项可持续发展的设计，能够明显地减少人对自然环境的不利影响，同时能够提高生活质量并保持良好的经济状态。”[2]为当代可持续设计指明了方向，我们以系统生态建筑观的宏观生态策略框架[3]为指导，以中观层面的生态建筑设计策略[4]和当代数字技术在建筑领域的运用状况为基础，整合当代高技术生态建筑多元化的理论研究和实践探索[5]，并参照当前的一系列生态建筑（绿色建筑）评估标准，建构高技术生态建筑的微观设计原则与技术措施体系，为理论研究和工程实践提供实用性、可操作性的依据。

5.3.2.1 策划及规划设计

高技术生态建筑在策划及规划设计阶段应在规划选址、环境策略、水资源策略、绿化景观系统、交通组织等方面进行科学分析与论证，避免对自然生态环境产生不利影响。

1. 规划选址

以可持续发展思想为宗旨，综合考虑防灾减灾、环境污染、文物保护、现有设施利用、土地资源与建筑规模等多方面因素和条件，科学合理进行规划选址确定建设用地，避免建设用地周围自然生态环境对建筑可能产生的不利影响，同时将建筑对周围自然生态环境造成的负面影响降低到最小，以利于建筑与外部生态系统物质和能量的有机循环，努力实现建筑与环境

---

1 参见本文 . 1. 1. 2. 1 人类面临的严峻问题和挑战 . 建筑的能耗和污染.

2 （英）Michael Wigginton，Jude Harris 著 . 智能建筑外层设计 . 高杲等译 . 大连：大连理工大学出版社，2003：12.

3 参见本文 . 4. 3. 1 系统的生态建筑观及其相应宏观的生态策略.

4 参见本文 . 4. 4. 1 生态建筑的中观设计原则 .

5 参见本文 . 5. 2. 2 基于数字技术和生态技术的高技术生态建筑的多元化探索.

的有机结合。

（1）对规划选址所确定场地的水文、地质、常年气候条件等等从防灾减灾的要求出发，做出科学分析及应对策略。选址应位于一定的洪水水位之上或有安全可靠的防洪设施，避免容易产生自然灾害以及不利于抗震的地段，避开冬季寒冷地区和多沙暴地区容易产生风切变的地段，使得选址场地对自然灾害有充分的抵御能力以保证场地环境的安全可靠。

（2）对场地及周围的自然植被、地形地貌、水系及生态系统进行调查与分析，保护水源保护地、现有自然植被、地形地貌以及水体形态、水量和水质，确保不因工程建设而降低其生态价值或被破坏，而且不破坏该地段的生态系统和生物多样性。充分发挥自然植被、地形地貌以及水系在改善微气候、提高环境景观质量、营造动植物生存环境的作用。

（3）对场地内现有建筑和居民的状况进行现场调查和踏勘，如果是荒地、废地则应进行改良以充分利用土地资源，并对场地总用地量进行充分论证。尽量使用没有拆迁任务或拆迁任务少的土地作为建设用地，不占用耕地、林地及生态湿地以及自然保护区和濒危动物栖息地。

（4）对场地及周围的大气质量、电磁辐射污染、放射性污染和土壤化学污染进行调查与分析，确认场地及周围的环境质量，避免将建筑建设在有污染的区域。

（5）对场地及周围的现状交通设施和市政基础设施容量与环境影响进行调查与分析，尽量选择并利用具备完善城市交通系统、市政基础设施的用地，在项目建设中减少额外投入。

（6）在项目选址和策划中节约土地资源、确定合理的建筑建设规模。建筑是耗能侵地（包括绿地、耕地）的最大户，节地意味着对不可再生资源的保护和有效利用。

（7）在满足功能要求的前提下进行建筑规模、容积与面积控制，确定合理的建筑规模，采用适当的单位容积、面积指标，以便高效地使用建筑，避免大而不切实际的尺度和规模，减少资源的消耗、能耗和维护管理的投入并保证场地及周围环境的生态价值。

（8）详细规划设计应分析和优化总体布局和建筑形式，有利于太阳能的收集、有利于减少热损失，房间安排应考虑对热环境的要求分区配置。

2. 环境策略

保护自然生态环境、保持人、建筑和环境的和谐共生是可持续发展的重要目标之一，在策划及规划设计前、设计过程中、设计后都应综合、全面、长远、有机地考虑环境问题，在策划及规划设计阶段应预测和评价建设项目对环境的影响以及环境对建设项目的影响，并提出相应的设计对策，使建设项目在满足功能要求的同时对环境的影响降至最小，同时使环境对建筑使用时产生的不利影响也降至最小。

(1) 对场地及周围环境的自然植被、地形地貌、地表及地下水系的形态、水量、水质做出科学的环境影响评价，保证工程建设不影响或破坏其生态价值。不过量抽取地下水造成地下水位下降，保证雨水渗透对地下水的补给，减少场地及污水渗漏对地下水的污染。

(2) 确保建设项目不降低原有生物多样性，实施生态技术使场地及周边环境原有生物生存条件得到恢复、生物多样性指标提高，保持生态平衡及保护生物多样性。

(3) 确保场地内电磁辐射源产生的电磁波不影响人们的健康和仪器设备的正常使用。规划设计应合理布置噪声敏感建筑物，对噪声源采用适当的隔离或减噪措施以减少噪声干扰，消除环境噪声污染。

(4) 进行季节性日照分析，保障建筑和公共活动区域满足一定的日照要求。

(5) 进行夏季典型日的热岛强度、室外热舒适模拟分析，并以此为依据，通过减少场地内硬地铺砌和建筑物的热容量，采用适当反射率的硬地铺砌材料和建筑外层材料，以及合理的规划设计和环境设计减少热岛效应、提高夏季室外热舒适感。

(6) 进行典型气象条件下的场地风环境模拟分析，并以此为依据指导规划设计，确保室外公共空间良好的风环境和室内良好的自然通风条件，并减少气流对区域微环境和建筑本身的不利影响。

(7) 对场地内不可移动、一定级别的文物进行保护。

3. 水资源策略

制定合理的节水、污废水处理与回用、雨水收集与利用方案，提高水循环利用率和用水效率，实现水资源可持续发展和利用，改善生态环境。

(1) 按照高质高用、低质低用的用水原则制定水量平衡方案，多目标梯级使用水资源，有效利用各种水资源，最大限度减少市政供排水量，保证水环境可持续发展。

(2) 给水系统实现分质供水，且各供水系统的供水方式、水量、压力合理，保证安全可靠的水质、水量，最大限度地节约用水。

(3) 合理规划和组织雨水、污水和废水收集排放系统，使雨、污与废水的收集排放不影响周围环境，减少排入市政排水系统的水量。将不能接入市政排水系统的污废水进行单独处理并回用，集中空调冷却塔排放水、集中空调冷凝水、游泳池排放水及分体空调冷凝水设有收集系统。

(4) 在技术经济合理的条件下，充分利用自然条件，制定污、废水处理与再生水回用技术方案，实现污、废水资源化，保证再生水使用的安全性、可靠性，高效合理使用再生水。

（5）在技术经济合理的条件下，制定雨水收集、处理与利用方案。合理组织地表雨水径流途径，减少受污染几率，采用多种渗透措施增加雨水的自然渗透量；主干道路的雨水和受污染的地表径流雨水直接排入市政雨水系统或经处理达标后再利用。

（6）通过建设湿地系统，来调节气候、改善区域生态环境、保持生物多样性，并作为污水深度净化的生态工程措施。

4. 绿化景观系统

在场地内建立点、线、面相结合的绿化景观系统，并与外部绿化系统相结合形成有机的整体，达到一定绿地率的要求，创造多层次的开放绿化空间，使场地内具有一定的生态环境功能、休闲活动功能、城市文化景观功能；并通过绿化系统实现二氧化碳固定、水土保持、调节气候、降低污染、隔绝噪声、美化环境的目的。

（1）不破坏场地及周围原有植被的生存条件，尽量不破坏场地及周围原有绿地的功能和形态，保护树木特别是古树、名木及成材树木。

（2）场地内绿地的分布与配置合理，达到一定的绿地率并合理进行屋面和垂直绿化，保证场地内良好的绿化系统创造舒适、健康的微气候环境。

（3）建筑周围的树木或其他植被可以有效地降低室内外的热负荷，树木、灌木篱墙等在冬季可以阻挡寒风，在夏季可以降低进入建筑的空气温度，需要将植物配置的生态功能和景观功能有机地结合起来。

（4）在场地分析和详细规划设计时应对建筑自然通风以及供暖、降温等问题综合考虑，将绿化景观系统与建筑的自然通风、供暖、降温等要求有机结合。植物特别是高大的乔木能够提供遮荫和自然的蒸发降温[1]，水池、喷泉、瀑布等既是园林景观小品，也对用地的微气候环境调节起到重要的作用，良好的室外空气质量也增加了建筑利用自然通风的可能性。

5. 交通组织

交通组织及规划设计应遵循可持续发展思想，使建设场地内部与外界区域交通联系便捷，确定合理的内部交通网络并设置一定的汽车及自行车停车场，降低机动车造成的环境污染和安全隐患，创造良好的景观及步行环境，提供安全、便捷和高效的交通服务并降低能耗。

（1）充分利用场地周边区域交通网络，使外部交通网络与内部交通网络联系便捷，并合理配置内部的交通网络，避免内部道路对生态环境、景观系统及声环境的污染。

（2）在场地周边提供便捷的公共交通服务系统，减少对机动车的依赖，

---

1 在对城市“热岛效应”的研究过程中，人们发现热岛内的树林可以降低周围一定范围内的温度达2～3℃。

并提倡自行车的使用，以节约能耗、减少污染。

(3) 遵循节约土地资源和环保的原则、采取集中与分散相结合的策略选择停车方式，设置足够的、安全便利的地面自行车及汽车停车场，并考虑残疾人停车位，采取一定生态措施降低停车场地对环境的不利影响。

(4) 场地内应采取人车分流的内部交通体系，设置相应的专用通道以方便各类人员便捷地出入并设置残疾人无障碍设施。

5.3.2.2 建筑设计

建筑设计阶段需对规划阶段提出和确定的生态设计原则和技术措施进行衔接和细化，综合考虑各种因素——社会的、生态的、人文的、物理的、化学的环境，满足业主的生理和心理、精神方面的各种需要；在保证建筑使用功能的前提下，贯彻可持续发展的设计理念和技术策略。

1. 建筑功能性和可适应性设计

(1) 建筑设计应有一定的可适应性和灵活性，应达到无黑房间，重要功能房间均可获得良好的室外景观，空中和屋顶适度绿化，公共场所应有专门的休憩空间和吸烟区，建筑入口和主要活动空间有无障碍设计，建筑层高和荷载余度适宜，设备管道更换方便，空间可灵活划分、调整方便。

(2) 建筑形式和内部功能布局要有超前的考虑及灵活性，建筑结构的生命周期应考虑得更长远，并研究全生命周期建筑对环境的影响，赋予建筑长期使用的能力。

2. 日照

对于复杂的建筑布局和形态利用计算机进行日照分析，保证冬季建筑室内充足的日照，提高室内环境质量。

3. 隔声与噪声控制

合理进行建筑设计，采取有效的控制室内外噪声措施，产生噪声的房间应集中布置上下层对齐，噪声敏感房间不临近交通干道、电梯间等设备用房，沿交通干道的外墙采取有效的减噪隔声措施；合理进行构造设计、选择建筑构件，提高楼板等建筑构件的空气隔声性能，创造安静的室内环境。

4. 自然采光

半个世纪前，自然采光还是最主流的形式，随着技术的进步和人们对技术的迷信，建筑的进深越造越大，被牺牲的则是建筑使用者的健康和与自然景观的联系。根据美国有关机构的统计和调查，办公建筑照明所消耗的电力占总电力消耗的30%左右[1]，因此通过建筑设计充分发掘建筑利用自

---

1 ScientificAmerican，2001/3. 转引自李华东主编 · 高技术生态建筑 · 天津：天津大学出版社，2002：14.

然光照明的可能性是节能的有效途径之一。此外，促使人们利用自然光照明的生物本性，对心理和生理的健康尤为重要，因此自然光照程度成为考虑室内环境质量的重要指标之一。

(1) 在详细规划和平面布局时就应该考虑自然采光问题的合理解决，利用现场调研对场地周围的建筑物详细调查，如果周围的建筑物过于遮挡场地，则应减少建筑的平面进深。

(2) 综合研究建筑立面要求、自然光照、自然通风和能耗问题，合理设计采光口的大小及数量，满足室内采光系数或窗地面积比的要求，并利用改善自然光在室内分布的设施，优先选用自然采光强化和调控设施，如反光板、反光镜、集光装置、输光管、光纤等，在必要条件下采用自然光眩光控制装置，如遮阳百叶、PVC 遮光幕等。以充分利用天然光资源，保证室内自然采光光环境质量，减少人工照明的能耗。

(3) 对人的心理舒适度而言，室内可以看见天空是个重要的因素，而不仅仅是光线的光照度，窗户的高度最好能使室内使用者看见更大面积的天空。

(4) 在普通的开窗情况下，一般日光照射深度为窗户高度的 2.5 倍。透明屋顶将提供更良好、更广泛的自然光照，其照明面积是相同面积的垂直窗户的 3 倍左右，但不利的是可能会引起室内温度过高。

(5) 立面玻璃幕墙的设计与选材合理，控制玻璃幕墙有害光反射，减少射向空中和周围环境的光线，减少光污染、保护光环境。

(6) 中庭的形式和形状对自然光照的影响很大，在设计中需要考虑中庭屋顶的形式及其透明程度、中庭的空间形式（如果中庭是向上逐渐扩大的，将能获得更多的自然光线）、中庭的宽度和高度的比例、中庭周围墙面的颜色（反射性好的色彩有利于低层空间获得光线）。

5. 照明

自然光照明受到各种自然条件以及建筑功能、形式和热效能等因素的限制，人工照明能弥补这一缺陷，但应将人工照明的能耗降至最小并保护环境。

(1) 对照明装置进行生命周期经济分析比较（含照明装置的回收方案），选用满足使用功能要求、节能环保的照明材料及设备。在照明数量和质量、光源效率、功率限值以及各类照明场所的各项照明指标符合标准要求的前提下，优化照明控制，实施绿色照明，减少照明系统能耗并保护环境。

(2) 使用高效率的节能灯具，在提高灯具的使用效率、节省能源的同时提高光照程度、减少热能的产生。

(3) 应该针对不同的用途房间采用不同水平的目标照明，防止过度照明或者照明不足的情况，以减少不必要的电力消耗。靠近窗户的灯具应该可以独立开闭。

(4) 尽可能设置合理的自动控制系统，采取区域性控制、实践性控制等各种模式，自动的按时、按区关闭灯具，但应留下人工干预的可能以适应各种需要。

(5) 在使用者不是很集中的区域，设置人体感应器，如果长时间无人时这一感应器可以关闭或降低灯具的光照度。

(6) 在室外照明中采用太阳能光伏发电技术，照明灯具光谱应避开昆虫视觉敏感谱段，选用高效节能光源、灯具及附件，采取照明节能措施，满足室外功能照明和景观装饰照明要求，以保证良好的室外照明、降低照明能耗。

6. 室内热环境

优化围护结构构造设计，合理确定室内热环境参数，保证建筑室内温度场和速度场分布合理，温、湿度满足使用要求，在提高室内的健康、舒适程度的同时降低空调能耗。

(1) 合理地选用建筑材料．建筑构件和设备，采取有效措施改善建筑围护结构的热工性能，防止因外墙和外窗等外围护结构内表面温度过高或过低、透过玻璃窗进入的太阳辐射热的影响等引起的不舒适感；围护结构以及冷桥部位应采取防结露措施；用可调节外遮阳、内遮阳、双层幕墙空气间层中的遮阳帘等遮阳设施。

(2) 合理确定室内温湿度参数，设计中要考虑通过自然通风提高室内热舒适的情况；空调采暖系统应设计加湿、除湿功能，并设置适当的控制方式；合理设计气流组织方式，条件适宜时可采用辐射吊顶、辐射地板或地板送风的空调方式。

(3) 充分考虑朝向差别，对大进深、大空间建筑进行空调内、外区的划分，在不同区域内，分别配置空调系统。

7. 自然通风

应尽量使用自然通风提供新鲜的室内空气，改善建筑内部空气质量状况并提供热舒适感，有效地减少建筑综合症（SBS）发生，另外，自然通风降低对空调系统的依赖从而节约能耗[1]。当代高技术生态建筑常用一种“替换式通风”（Displacement Ventilation）的方式，从地板下以很低的速度

---

1 当代建筑中最常见的是充分利用自然通风的同时配置机械通风和空调系统的混合式通风方式，混合通风大致有四种方式：机械通风只是在需要的时候才作为辅助手段使用；自然通风和机械通风同时使用；自然通风和机械通风系统互相作为替换手段，如在夜间使用自然通风来为建筑降温，白天则使用机械通风来满足使用需要；根据建筑内各区的实际需要和实际条件，针对不同的区域采用不同的通风方式。

(一般为 0.2m/s) 提供比室内气温约低 1℃的空气，这些空气被使用者体温、计算机等设备和照明光源加热后，上升通过顶棚或高窗排出，提供更好的室内空气质量和舒适程度，但并不是所有的空间都适合这样的方式，而且它也带来结构处理上的复杂性。

(1) 根据风玫瑰（常年主导风向）来确定建筑的布局，使建筑的排列和朝向利于自然通风。

(2) 在可能的条件下不设计全封闭的建筑，以减少对机械通风的依赖；即使是全封闭的建筑，也要设置通风空隙为获得一定的自然通风提供可能性。

(3) 在进行平面或剖面上的功能划分时，除考虑空间的使用功能外，也对其热产生或热需要进行分析，尽可能集中配置，使用空调的空间尤其要注意其热绝缘性能。

(4) 在设计阶段合理进行空间划分、平面布置和自然通风气流组织设计，对房间气流组织进行分析计算以提高自然通风效率，建筑设计和构造设计应采取诱导气流、促进自然通风的措施，创造健康、舒适的室内热环境并降低能耗。

(5) 在许多公共建筑中穿堂风是主要通风系统的辅助组成部分，所以建筑平面进深不宜过大，这样有利于穿堂风的形成。应分析和确定建筑门和窗的开口位置、走道的布置等，并考虑建筑的开口和内部隔墙的设置对气流的引导作用，利于穿堂风的形成。

(6) 在气候炎热的地方，进风口尽量布置在建筑背阳温度较低的一侧(通常是遮荫的北侧)。

(7) 窗户的位置和大小应该经过计算确定，尽量使用可开启的窗户。

(8) 太阳能烟囱、中庭或者风塔的拔风效应利于自然通风并提高通风量和通风效率，设计中应积极使用（如新英国国会大厦）。

(9) 应将通风设计和供暖/降温以及光照设计作为一个整体来进行综合研究，室内热负荷的降低可以减少对通风量和效率的要求，尽量利用夜间的冷空气来降低建筑结构的温度。

(10) 在可能的条件下应充分利用水面、植物来降温，进风口附近如果有水面，在夏季其降温效果是非常显著的。

(11) 考虑通过冷却的管道（如地下管道）来吸入空气，以降低进入室内的空气温度。在热空气供给室内之前，可以利用地层 1～3m 以下的恒温层来吸收热量，更深层的地下水可以在维持建筑的热平衡中起到重要作用(如柏林国会大厦改建)。

(12) 良好的通风是自然降温的有效手段，可以配合使用冷却式天花，能减弱室内温度的层化效应，使温度的分布更均匀。

(13) 对于机械通风系统的通风管道，精心设计其路线和尺寸以减少气流阻力，从而减少对风扇功率的要求。此外，还需要注意送风口和进风口位置是否合适，避免送风口和进风口的噪声，同时确保通风系统能防止发生火灾时火焰的蔓延。

(14) 保证空气可以被送到室内每一个需要新鲜空气的地方，并避免令人不适的吹面风，尽量回收排出空气中的热量和湿气。

8. 室内空气质量 (IAQ)

现代人一生中大约有 2/3 的时间是在建筑室内度过的，改善生存环境、提高生活质量成为生态建筑的目标之一，良好的自然通风换气和充足的日照是室内空气质量的基本要素，并控制使用含有有害物质的建筑材料，以及防噪声、防尘、防辐射等等。

(1) 合理设计新风取风口提供足够的新风量，防止由于空调通风系统设计不当而导致室内空气质量恶劣，控制装饰装修材料中有害物的散发，保证室内空气质量满足健康要求。

(2) 对房间气流组织进行分析计算以提高通风效率，将新风直接入室，缩短新风风管长度减少途径污染，为室内提供充足的新风，保证室内空气质量。

(3) 选择合理的通风方式、进风口、排风口位置和风口尺寸，新风采气口的设置应保证所吸入的空气为室外新鲜空气，严禁间接从空调通风的机房、建筑物楼道及顶棚吊顶内吸取新风，防止由于空调通风系统设计不当而导致室内空气质量恶劣。

(4) 选择对室内环境污染小、具有显著环保特性的装饰装修材料，防止由于选材不当造成室内空气质量恶劣，保证室内环境满足健康、舒适的要求。

(5) 避免多层和高层建筑设置排气的内天井和窄缝天井，避免排气扇排风进入邻近的房间内，在排风与换气系统设计中应防止各房间之间的空气串通，控制建筑内可能传播疾病的空气途径。

(6) 确定主要室内污染源以及室外被污染的空气、土壤、水和来自毗邻建筑物或其他移动物体的光热散发、建筑材料散发的有害物质和气体、使用者/设备/家具等产生的其他污染等。另外，采暖通风和空调系统(HVAC) 正日益成为污染物质的来源之一，其新陈代谢的副产品容易引起 VOC 等挥发性有机污染。

(7) 应用过滤器等设施与机械通风系统结合起来，对进入室内的空气进行清洁和过滤，并经常清除表面沉积的污染物。

(8) 日常运营和管理中被忽视或被拖延的维修管理，通常也是导致室内空气质量下降的原因之一，建筑设计时应该提供对 HVAC 采暖通风和空调系统所有组成部分检查，特别是定期清洁吊顶内或者通风管道中沉积的粉尘、微生物、昆虫等等的可能性。

9. 能源策略

在技术经济合理的条件下遵循高效、清洁与可持续发展的要求，从常规能源系统优化利用、可再生能源和新能源利用、能源利用对环境的影响等方面进行综合分析和优化，以提高能源利用效率，推广可再生能源的利用，减少能耗对环境的影响[1]。

(1) 针对不同类型建筑的能耗特点，通过数字模拟分析优化建筑围护结构的节能设计，提高建筑围护结构的保温、隔热和通风性能，降低采暖和空调负荷，缩短能源系统运行时间，努力实现整个建筑自然通风的可能性，减少能耗。结合公共建筑的能耗特点，尽可能降低各项围护结构的传热系数，并通过控制围护结构热工性能来有效降低建筑的空调采暖能耗，在东、南、西朝向的大面积窗户和玻璃幕墙需设计可调节外遮阳（包括通风式幕墙两层玻璃中的遮阳）；结合居住建筑的能耗特点，在兼顾冬夏、整体优化的原则上，通过模拟计算辅助设计的方法，采取各种有效节能途径（包括选择适宜体形系数、合理布置室内空间、提高围护结构保温隔热性能、控制不同朝向窗墙比、设计有效的夏季遮阳装置、改善自然通风等），从整体上降低建筑的空调采暖能耗。

(2) 在技术经济合理的条件下，最大限度地使用被动式能源系统来减少主动式能源系统对能源的依赖。

(3) 在技术经济合理的条件下，采用科学合理的能源策略来满足供电、供热和空调供冷的要求，选取最优的能量转换方式提高能源转换效率，实现能源的梯级利用。

(4) 采用能效高的转换形式，在兼顾经济性的条件下，对于直接以天然气等一次能源作为输出能源的系统，可优先考虑采用热电冷联供形式和回收燃气余热的燃气热泵形式；对于以电作为输入能源的系统，可以选取各种形式的电动热泵。避免一次能源直接燃烧利用，如燃气锅炉、电锅炉等。

(5) 提高系统本身的能源利用效率，尽可能减少系统各能源转换环节的损失，尽量回收系统排放的余热，如利用排风的热（冷）对新风进行预热（冷）以节约能源。

(6) 减少内部能源系统对外部能源供应系统的冲击，提高能源需求的均匀性。

(7) 优先采用各种无污染的可再生能源与新能源，如太阳能、水能、风能、地热能、海洋能、潮汐能、生物质能等，采用先进的水源、地源热

---

1 据估计，目前全球使用的可再生能源只占总能源需求的 2%～4%，1994 年发布的马德里宣言（The Madrid Declaration）确定的目标是在 2010 年这些清洁能源的使用率要达到 15%。

泵技术[1]，利用湖水、河水、污水及浅层地下水进行采暖和空调（取自自然环境的能量）[2]，提高可再生能源与新能源的使用份额减少常规能源的消耗，降低对环境的污染。

（8）太阳能是人类最根本的能量来源，所有矿物燃料（石油、煤、天然气等）的能源都来自太阳光，太阳能也是人类可以直接利用的无穷无尽的能源之一[3]。太阳能利用时应考虑以下方面：应使用计算机系统对日照效果进行分析，尽可能使用模型直观地研究自然采光的效果；分析一年中太阳轨迹和主要立面的关系，用地的朝向和坡度，以及外墙的形式和开窗面积、位置等使之有利于太阳能的收集；分析各个季节太阳的高度和方位以便确定建筑的朝向和主立面，有利于太阳能的收集；充分利用南立面搜集太阳辐射热并以电能、热能等形式存储起来；考虑场地周围建筑物对阳光的遮挡以及场地周围植被潜在的遮荫效果；采用固定或可调节的遮阳装置减少日光直射，防止室内过热从而减少空调系统的能耗。

（9）当今高技术生态建筑往往将水作为能量输送和储存的载体（柏林国会大厦改建）、水作为冷却和发热的媒介（如 Kristinsson 在无能耗住宅中的应用、汉诺威博览会英国馆中一道别致的水墙既成为建筑新奇的皮肤，也对屏蔽太阳热辐射和降低环境温度起到了决定性作用）、水作为空气净化器（如加拿大 Minnaert-building 中的应用）。

（10）充分考虑能源消耗可能对环境造成的负面影响，尽可能使用各种清洁能源及各种可再生能源与新能源，优先采用先进高效的、低污染的供能系统，减少能源消耗对大气环境的影响。

10. 资源与材料策略

在满足使用功能的前提下，减少建设项目的资源和材料占用和消耗，实现资源和材料的重复使用、循环再利用。

（1）合理地延长现有建筑的使用寿命，改造或使用场地内现有的永久性建筑，对需拆除的建筑所拆下的材料进行再利用，对现有资源和材料进

---

1 大地所蕴含的能量为我们提供了一个恒定、安全的可替代能源选择，这种热量来自地球深处释放的巨大能量。有资料显示每年人们可以从地表层获得不少于 4.3×10^{25}J 的能量，而 1987 年的数字表明人类全年的能耗仅仅是 0.3×10^{21}J，虽然这些数字仅为估算值，有待进一步验证，但大地所蕴含的能量资源显然是具有极大潜力的。

2 太阳能利用：太阳能发电、太阳能供暖/空调、太阳能光利用、太阳能供热水；地热利用（必须 100%回灌）：地热发电＋梯级利用、地热梯级利用技术（地热直接供暖与热泵供暖联合利用）、地热供暖技术；风能利用：风能发电；生物质能利用：生物质能发电、生物质能转换热利用；其他可再生能源利用：地源热泵技术、污水热泵技术、湖水与河水水源热泵技术、地下浅层水热泵技术（必须 100%回灌）。

3 目前将太阳能转换成电（光电系统）或热能（光热系统）的运用已十分普遍，此外，还可以使太阳能在建筑物自然的（非机械的）冷却/供热系统里起到重要的作用，例如利用太阳辐射热造成局部的热压差可以引发气流从而使得建筑物自然通风。

行充分利用。

（2）对建设项目主要材料的总消耗量进行科学分析和预测，优先选用可再生和可再利用的建筑材料，优先选用资源消耗小的建筑材料和建筑结构体系，在保证功能的前提下减少材料消耗、节约资源。

（3）优先选用环境亲和、健康和无害化的建筑材料，将建筑材料对环境和人体健康的不利影响限制在最小范围内，并应耐久性好、易于维护管理，同时也兼顾艺术效果等其他方面的特性。避免选用可能导致臭氧层破坏的材料（CFC、HCFC等材料）。

（4）鉴于混凝土在建筑废弃后的难以再利用和降解，应审慎利用混凝土结构，积极合理地利用钢结构，在技术经济合理条件下，选用可回收的、并对环境影响小的结构材料，以节省资源。

（5）从建筑材料全生命周期过程（LCA）——包括材料的生产、运输、使用、维护、废弃、再生利用等考虑所用建筑材料的资源消耗、能源消耗及对环境的影响，降低建筑物所用建筑材料对资源、能源的消耗和对环境的污染[1]。

（6）从全生命周期评价所用建筑材料对天然和矿产资源的消耗量，优先选择可再生、可再利用的、节约资源的建筑材料，降低建筑物所用建筑材料对天然和矿产资源的消耗以保护生态环境。

（7）从全生命周期评价所用建筑材料对能源的消耗量，尽量选择蕴能量低、可再生、可再利用的、节约能源的建筑材料，降低建筑物所用建筑材料对能源的消耗以保护生态环境。

（8）从全生命周期评价所用建筑材料对环境的影响，优先选择可再生、可再利用的、对环境影响小的结构体系和建筑材料，降低建筑物所用建筑材料对环境的污染以保护生态环境。避免使用产生放射性污染的材料。

（9）分析所用建筑材料中当地生产的建筑材料用量占总建筑材料用量的比例，优先使用当地生产的建筑材料，减少建筑材料在运输过程中的能源消耗和污染，并促进当地经济发展。

（10）采取有效的固体废弃物处置方案和技术措施，最大限度地实现垃圾减量化、无害化、资源化和循环利用，控制对环境造成的不利影响。

（11）树立全生命周期观念，在设计时就应充分考虑到将来建筑物拆除后，建筑结构、构件和物质材料的重复使用、循环再利用。在拆除旧建筑时对可利用的旧建筑材料进行分选，最大限度地使用可回收利用

---

1 建筑的能耗一般包括隐形消耗、建设过程中的消耗、建成后运行管理的消耗、拆除建筑所需的能耗等，其他几方面的能耗早已为人们所重视，而隐形能源消耗则通常在人们的视线之外，这部分能耗是指建筑材料生产、制造、运输等过程中发生的总能耗，因此隐形能耗相对来说是不明显的，但是其总量是相当大的。

的旧建筑材料。

5.3.3 智能化运行与管理

运用于建筑领域的智能技术是在数字技术、自动化技术的基础上发展起来的，历经了20年的发展正在向更高级智能技术的阶段迈进，目前已在建筑领域中得到了广泛的应用[1]，如智能室温调控系统、智能采光系统、阳光自动追踪系统等等。当代高技术生态建筑中，智能化运行管理是重要的发展方向之一，它在真正实现以人为本的前提下，通过对建筑物智能化系统功能的配备，强调高效率、低能耗、低污染，达到节约资源能源、保护环境和可持续发展的目的。

5.3.3.1 高技术生态建筑的自觉应变能力

在被动式气候防护、环境的滤波器、第三层皮肤以及生物学理论基础上，我们试图在理论上建立高技术生态建筑智能系统的应激性概念及自觉应变能力，将高技术生态建筑的智能化运行与管理赋予生物学意义，并指出高技术生态建筑的理想目标——建筑物本身就是一座能源发电站同时也是一个环境净化器。

1. 被动式气候防护、环境的滤波器、第三层皮肤

具有原始生态倾向的传统民居对气候和环境的适应[2]，以及柯布西耶、柯里亚、法赛、厄斯金[3]等采取的适应气候的设计策略基本上相同，都立足于被动式的能源策略，充分利用自然生态环境中的太阳、风、空气、水、土壤等因子，作为气候防护的主要手段，都属于气候防护的范畴。

勃罗德彭特认为系利尔、马斯格拉夫和沙利文等人提出“建筑是环境的滤波器”的观点[4]，将建筑看成是抑制一些刺激，防止它们影响建筑中的人，同时促进其他一些刺激。建筑可以作为刺激的过滤器，也可以生成刺激，它们传递意义和价值，例如要被抑制的刺激是风和雨，光线和声音是被过滤的刺激，而各种社会行为可能是要被促进的刺激。但这种“滤波器”的概念过于强调对气候的抑制作用，导致了设计和运行管理的误区——过于依赖各种设备将人与自然生态环境武断地隔绝起来，这也是人的异化、技术异化的典型特征与表现[5]。

生物建筑运动[6]和一些技术决定论类型注重生态的建筑设计理论和实践[7]将建

---

1 参见本文.5.1.1.3 使用和管理阶段.

2 参见本文.4.2.1 具有原始生态倾向的传统民居原型.

3 参见本文.4.2.3.2 生物气候地方主义建筑设计理论的形成和实践.各地针对不同地域气候的设计策略探索.

4 （英）勃罗德彭特著.建筑设计人文科学.张韦译.北京：中国建筑工业出版社，1990：450.

5 参见本文.2.2.3 异化与技术异化.

6 参见本文.4.2.4.4 生物建筑运动及盖娅运动.

7 参见本文.4.2.5 “技术决定论”类型注重生态的建筑设计理论和实践.

筑的外围护结构视为类似人类的“皮肤”[1]，它们认为建筑同自然环境的作用是通过外围护结构进行的，所以建筑的外围护结构同人体皮肤的功能是类似的，担负着建筑生态系统与外部生态系统之间物质和能量交换的功能，并且还提出了利用外围护结构进行自我调节的理念。从建筑生态系统的角度来说，这种具有生物学意义的“皮肤”概念无疑是进步的，但是一些技术决定论类型注重生态的建筑设计理论和实践，由于受到富勒“国际化”思想和盲目运用高新技术的影响，在实践中往往忽略了气候和环境因素对建筑的朝向、形态、开窗大小和形式的影响，特别是太阳和季风等因素恰恰是造成极端气候条件的主要因素。

2. 高技术生态建筑的应激性与自觉应变能力

彼得·科林斯（Peter Collins）在其著作《现代建筑设计思想的演变》中，将建筑的类生命特征归纳为：有机体与其环境的联系；器官之间的相互作用；形式与功能的关系；生命力原理。事实上，将建筑比拟于生物可以追溯到公元1750年前后的欧洲，当时的建筑理论家认为“有机生命”的意思就是“植物”类机能的总称，当时的人们认为“动物可简单地视作拥有移动能力的植物有机体”[2]。一直到1800年科学家泽维尔·比查德的著作《对生与死的生理学研究》出版之前，正常的生物比拟却总是动物而不是植物，所以当时“有生命力”的建筑也就突出了动物的形态特征——对称，直到19世纪初开始，“有机的”才不再被当做“动的生命”的一种独有性质，正因为这样，植物的不对称性才开始被人们注意并被认为是有机形态的构造特征，此后开始被“有生命力”的建筑作为借鉴，这成为后来现代主义建筑“理性中的自由形式”的思想源泉。

生物学意义上的应激性（Irritability）是指生物在多变的环境中对外来自然界的各种刺激给出不同程度和不同性质反映的过程[3]，它是生命物质区别于非生命物质的重要特征。生命系统的应激现象广泛存在于自然界中[4]，应激行为是生物体对外界环境变化的反应反射调节和应变过程，是所有生物机体最基本的属性。应激性使得生物在面对环境变化时能够实现自我调节、适应所在环境，自动修复缺损和排除故障，以恢复和保持机体正常的结构和功能以求得生存。生物学研究认为环境的动态变化特别是自然气候的剧烈变化对生物产生生存压力，

---

1 将建筑的外围护结构比拟为人类的“皮肤”，最初是 Michael Davies 于1981年提出的，他提出了一个多功能外立面的构想，这种外立面可作为纳米吸收器、反应器、过滤器和传输器。后来 Ted Kruger 把建筑形容为人类的“第二层皮肤”，事实上第二层皮肤应该是我们穿的衣服，衣服为我们提供重要的保暖和保护控制，建筑外围护结构担负着第三层皮肤的功能。

2 （英）彼得·科林斯著．现代建筑设计思想的演变．英若聪译．北京：中国建筑工业出版社，1987：175.

3 刘曼西著．生命科学导论．北京：中国电力出版社，2000：219.

4 例如，含羞草的叶子因受冷热或机械性的触动而闭合，向日葵的花盘随着太阳的起落而转动，毛毡苔的腺毛对极其轻微的振动就能发生卷曲的反应等等，都是生物界的应激性反应过程。

促进了生物的进化，是生物进化的最基本动力。在这一点上，建筑的生成发展过程与生物的进化过程极其相似[1]，建筑在其漫长的发展过程中，同样需要借助各种技术手段不断地自我完善，以获得高效低耗和自觉应变，实现机体的功能、结构同自然环境、气候的不断适应，同时也再次诠释了建筑的类生命特征。

当代信息科学与生态科学成为跨世纪科学发展的主流，数字技术、生态技术等高新技术与建筑科学技术高度分化、高度综合的发展，特别是20世纪80年代以来，基于数字技术和自动化技术的智能建筑技术的快速发展[2]，使得当代高技术生态建筑的智能系统即不但能够实时地“知道”其内部和外部正在发生的事情（了解）、“决定”效率最高的途径为使用者提供舒适便捷的生活环境（决定）、迅速对使用者所提出的要求做出反应（反映），而且更为重要的是赋予其生物特性，能够学习、了解、调节并本能地对实时的环境变化做出反应，从而把不可再生能源的需求及环境污染降至最小，并创造舒适健康的室内声、光、热环境，高技术生态建筑智能系统的这种类生命的自觉应变即智能系统的应激性。当代人工智能技术的发展使高技术生态建筑的智能系统日趋完善，建筑逐渐物化了自身的智能神经网络系统，而向功能复杂、设备精密、智能化程度高的方向发展，使建筑的自我调节摆脱了繁琐庞杂的人工控制，而成为自动应变调控的整体协同运行，将不可再生资源能源的消耗、对环境的污染降至最小，同时类似植物担负净化环境的功能。从这个意义上来说，赋予高技术生态建筑智能系统自觉应变的能力，将促进实现其理想目标——建筑物本身就是一座能源发电站同时也是一个环境净化器。高技术生态建筑的自觉应变能力在建筑的智能化运行管理中具有十分现实的意义，是生态措施得以成功实施的基本条件之一，从简单的光敏控制照明、温控自动供暖，到计算机系统与气象监测系统综合控制下的楼宇气候自控系统等等，不但能够创造自动、精确、舒适、高效、低耗的室内气候环境，而且有益于物质材料、水资源的节约以及垃圾的减少和环境质量的提高。

5.3.3.2 高技术生态建筑自觉应变系统的基本构成与特征

高技术生态建筑自觉应变系统基本上包括数字管理系统、分析能力、环境数据的采集、反应性人工照明系统、日照控制系统、阳光控制系统、使用者控制系统、能源自给自足系统、通风控制系统、取暖和温度控制系统、降温系统、双层立面等等。

1. 数字管理系统

高技术生态建筑的数字管理系统是中央处理单元，作为整个建筑的大

---

1 参见本文.4.2 注重生态的建筑设计理论和实践.

2 参见本文.5.1.1.3 使用和管理阶段.

脑，它接受来自各部分传感器的信息，并实时决定采取自我调节的方式。当代高技术生态建筑管理系统已能够监测并根据天气的变化，采取相应的被动式或主动式能源措施，同时控制并监测系统的运行情况，从而保证尽量使用可再生能源而避免不可再生能源的使用。它最重要的功能之一是通过启动建筑的控制系统，自动而精确地调节室内的温度、湿度和光照。

2. 分析能力

高技术生态建筑的数字管理系统在网络技术、气象软件系统与模糊逻辑理论的支持下，具有分析能力，首先它十分了解建筑本身的能源使用情况和效率以及建筑本身的调节能力；其次能够把历史或当前的天气数据、流行气候条件与以前的运行措施综合分析；最后使用当前和预先处理的天气数据，实时地分析并计算出最适合建筑的供暖（供冷）、照明及遮阳等级，并付诸实施。

3. 环境数据的采集

当代许多高技术生态建筑能够收集与建筑内、外环境条件相关的环境数据，例如风向及风速、外部温度、表面及内部温度、外部湿度、阳光分离、内部空气和室内温度、日照水平及湿度，它们是数字管理系统分析与决策的必要因素。

4. 反应性人工照明系统

反应性人工照明系统由感应器驱动，不但能够对自然日照水平产生反应，还能对感应到的内部光照水平产生反应，从而从0%到100%调整自身的工作量。

5. 日照控制系统

人工照明是电力能源消耗的主要部分之一，所以争取日照最大化、尽量减少人工照明一直是低能耗建筑的重要发展目标之一。当代许多高技术生态建筑利用感应器测量外部太阳辐射强度、内部光照水平和温度，以便根据这些数据调控能对太阳角度做出反应的主动性系统，这些主动性系统能对机动性光引导、光反射、光遮挡设备提供最佳位置，改变和调整光传播来适应内部需要。

6. 阳光控制系统

太阳光作为无穷无尽的可再生能源，可作为建筑能量的首要提供者，但是阳光过强也可能影响室内舒适条件，所以控制和调节阳光增强其使用功能并减少其负面影响是非常必要的。高技术生态建筑的数字管理系统在气候软件的支持下，输入时间、纬度和经度就能确定实时的太阳照射角度，并能跟踪太阳每年、每月的变化轨迹，根据这些数据以及传感器提供的实时数据进行综合分析，自动调控窗帘、活动百叶窗、天窗及其他保护性遮阳设备，减少过强阳光的过度照射。

7. 使用者控制系统

高技术生态建筑的数字管理系统配有人工代用装置，例如屏幕式控制板、手动远距离控制装置，实现使用者本人对当前环境进行最大程度的控制，另外，使用者本人出现失误操作可能破坏常规舒适度和能源节约策略时，数字管理系统还能提醒使用者出现错误，停止或不允许进一步操作。

8. 能源自给自足系统

当代许多高技术生态建筑采用光电反应、风能涡轮机以及联合供热、供能系统来发电，实现电力能源的自给自足。相信在不久的将来，随着高新技术的进一步发展，高技术生态建筑将会具有人体的某些固有功能，通过最大限度地储存和循环，使用每一种可得到的再生能源。

9. 通风控制系统

当代许多高技术生态建筑采取混合式的通风方式，数字管理系统在极端条件下才使用机械通风设备，因此使自然通风最大化、能源消耗最小化；另外，还可以通过建筑构造中的可移动构件，如可伸缩屋顶、机动窗户、气流风挡等等，自动调节通风情况，不仅提高其功效还可以克服自然通风中出现的空气污染、噪声污染等问题；此外，还可以采用通过建筑结构的空气分布系统，这种整体的空气流通措施类似于生物的循环系统。

10. 取暖和温度控制系统

当代有些高技术生态建筑配备了自动追踪太阳的设施从而获得更多的太阳能达到取暖的要求；有些则通过精确的机动控制、使用被动式太阳能设施来满足室内加热、水加热的要求；大多数则通过感应器测量室内温度，在极端气候条件下才使用机械供暖来配合被动式取暖。

11. 降温系统

在利用被动式降温设施进行机动控制的同时，即地热交换、井水及地下水，许多高技术生态建筑还利用计算机控制的夜间通风策略，来对白天晒热的建筑进行降温。大多数则通过感应器测量室内温度，在极端气候条件下才使用机械供冷来配合被动式降温。

12. 双层立面

目前双层立面已经在高技术生态建筑中被广泛地采用，这一系统包括一个增加的第二层玻璃立面，它能为日照最大化和提高能源技术提供现实的可能。夏季双层立面可降低对太阳能的获取，这是由于内侧立面可以通过通风腔来减少其能量负荷；冬季通过自动调节进入室内的空气，或阻止空气的进入，双层立面在建筑物和外界之间起到热量缓冲区的作用，利于减少热量的损耗并减少紫外线量。

5.3.3.3 典型个案分析

Götz GmbH 包装公司总部办公楼是由 Webler＋Geissier 公司设计的

（能源顾问是 Loren Butt 和 Marcus Puttmer），设计中运用了 TRNSYS 方案进行电脑模拟，并于 1993～1995 年建造并投入使用，该办公楼位于德国维尔茨堡（Würzburg）小镇旁的工业区内（图 5-22），该地区属于大陆性气候。该建筑是一个全玻璃立面的两层办公楼，由 12m 跨度的钢框架构成，内部有一个长宽 12m 的全高中央大厅，这个大厅通过顶部可伸缩式玻璃屋顶进行采光，其间设有一个水池以及水池附近的一个休闲区域。办公楼容纳了公司的销售、管理以及设计等部门，每个员工均有开放式布置的大约 $20m^2$ 的办公空间，在一楼的角落位置还安排了办公室以及会议室。

图 5-22　Götz GmbH 包装公司总部办公楼及室内

资料来源：迈克尔·威金顿，（英）祖德·哈里斯著．智能建筑外层设计．大连：大连理工大学出版社，2003：93，92.

1. 能源策略

整个建筑的外墙都是由空腔夹层为 600mm 的双层低辐射玻璃和滑动门构成，空腔夹层内设置可旋转的铝质百叶窗，百叶窗一面采用暗色处理利于吸收太阳能，另一面则具有反射功能可以将阳光反射出去，这个空腔夹层可以调节建筑表面在照明、取暖以及通风过程中的热量损失。另外，建筑的吸收式热力泵依靠一台热电机和主动式太阳能集热器所提供的能源向建筑提供热水和冷水。

2. 建筑结构

建筑的结构采用跨度为 12m 的钢框架构成，楼板则是钢筋混凝土楼板，建筑内部使用玻璃来分隔每个办公空间，地面用花岗石铺设，顶棚则采用纤维材料，目的是使其和楼板进行充分的热量接触并且能够隐蔽混凝土拱腹。

3. 供暖

建筑通过吸收折射的太阳能以及从人体或室内设备获得热量，其内部温度可以保持在 20℃以上；在低温条件下，关闭双层外墙使阳光直接加热空腔夹层中的空气，或者旋转百叶窗角度采用暗色处理的一侧吸收阳光辐射，经过阳光加热后的空气，可以通过通风机横向分散到建筑的各个位置，使建筑每一侧的热负荷保持一致。建筑的太阳能热水系统是由 $200m^2$ 的平板集热器构成，设置在离建筑较远的地方，这个集热器组安装在钢架上，被设计为能够跟踪太阳的位置变化而转动，不需要热量时还会自动脱离太阳的照射位置。地板下热循环系统，通过太阳能热水系统或天然气热电合成装置的供热提供辅助的供暖热量；在低日照度的情况下，建筑可以利用吸收式热力泵，将温度提高到适宜的 28～30℃。由于地板下供热相应比较慢，可以利用相对迅速的滑动屋顶来增加热量。排出的气体经过空气到水的热转换，可以向吸收式热力泵提供更多的热量；夏季跟踪式太阳能集热器可以提供热水，冬季则由热电机来提供热水。

4. 制冷

位于地下室的吸收式热力泵，能根据吸收循环的情况来决定将低档热能转化为热水或者是凉水，如果需要凉水，热力泵所需的能量将来源于主动式太阳能系统或者是热电合成装置，通过地板下热循环系统以及顶棚供暖盘管[1]输送来自热电吸收式热力泵的 4～20℃的冷水；屋顶的纤维板使得楼板之间的空间及物质保持接触；太阳能板输出热能的最大时间恰好与制冷需求的最大时间一致；双层外墙的自然通风和百叶窗反射阳光都能减少阳光热量积累、减轻制冷的负担；双层外墙的外层通风折翼板、内层滑动门以及可伸缩式玻璃屋顶，在夏季夜间打开使建筑的结构和楼板等构件可以得到充分的冷却，在第二天也能够起到作用；为了实现夏季夜晚降温也可以启动位于高处的自动控制电动窗户；另外，在大厅内密集型地基以及水的特性可以对空气进行加湿和净化。

5. 通风

建筑物可以通过双层玻璃外墙进行自然通风；在外层底部安装的通风阀可以控制新鲜空气进入夹层，而内层的手动滑动门可以将新鲜空气引入室内；位于卫生间、厨房以及格形办公室的机械通风系统可以排放这些区域内的废空气，并通过热交换器回收热量；夏季打开可伸缩性玻璃屋顶也可以作为额外的通风口来加强自然通风。

6. 发电

位于地下室的燃气热电机可以同时向建筑物提供热力和电力，在最初运行的两年里发电机提供大约 24000kW・h 的电力和 48000kW・h 的热力。

7. 日照

由于建筑物四面都采用玻璃幕墙，自然地就达到最大化的日照。上方的玻璃窗可以受独立的一套百叶窗保护，光线由其调节可以被反射到屋顶，也可以减少过度的刺目阳光。

---

1 顶棚供暖盘管装置安装在大厅以及建筑的周围、开放式屋顶网格板的后面。

8. 人工照明

办公区域内的人体探测器可以自动启动照明设备，同时记录并优化光的强度。每一个照明设备都是在顶棚中央的2 400mm边长的正方形照明板上安装的三套双曲小型荧光灯管，这些灯具会按照光线多一点或少一点的方式调节，而不是简单地开或关。

9. 阳光控制

双层立面空腔夹层中的铝质百叶窗可对刺目阳光进行反射和遮挡，百叶窗既可以通过计算机控制也可以通过人工控制，百叶窗的较低位置上还装有可视孔；大厅屋顶处的百叶窗片可以根据太阳的位置自行转动来反射顶部的阳光，从而起到反射和遮挡强烈光线的作用。

10. 控制系统

这座建筑物的建筑数字管理系统（BMS）应用了模糊逻辑技术以及神经网络，这种新的技术可以使计算机根据好的状态标准学会分析并做出最佳反应。随着对这座建筑掌握的知识的不断更新，神经网络会预测出建筑受到某种外部影响后的反应，并提出解决这些影响的具体措施；计算机会分析建筑的能源状态系统，并找到针对大气变化的最佳解决方案；由于结合了神经网络技术的智能化思考功能，建筑数字管理系统就可以更加有效地完成各项任务。

神经网络包括两个网络，建筑内的传感器可以通过这些网络与建筑数字管理系统或者是在各自之间进行联系。有250多个传感器可以向建筑智能管理系统提供数据，诸如风速、风向、降雨、室外气温和湿度、工作区域人员情况、光照强度、内部气温和湿度。根据这些数据，建筑数字管理系统就可以通过"总线"来控制建筑的1 000多个控制器，比如对太阳能集热器、电热机、供暖和制冷系统、百叶窗和通风装置，以及人工照明设备的控制。建筑顶部的百叶窗以及跟踪式太阳能装置，都可以通过一种算法控制，从而随太阳的位置反动。

11. 使用者控制

使用者可以通过屏幕上的控制面板，来对常规的电脑网络进行控制。在每个工作站内工作人员可以针对设定区域的供暖和制冷情况进行调节。灯光可以通过电脑根据所要求的光线多一点或少一点的原则进行调解。夹层内的百叶窗可以根据每一个区域用户的要求被调节到稍倾斜、放下或者是升起的状态。地板下供暖系统被分离到每个居住区域内，所以就可以实现自行控制。不过这个系统的反应速度较慢，而顶棚供暖盘管装置的反应速度相对较快。

12. 运作模式

在冬季，低角度的太阳光线，可以通过顶部的百叶窗片反射到建筑物较深的区域；从抽风系统排出的热空气被回收后，可以为吸收式热力泵提供热量，太阳能集热板和热电机也同样可以完成这个任务，经过这个过程后热力泵能输出30～80℃的热水；如果需要的话，顶棚供暖盘管装置可以作为地板下供暖系统的补充；采光夹层将关闭以尽量减少热量的损失，并且可以作为建筑内外的热空气缓冲区，夹层中的风扇可以使热量传递到建筑四周；电脑可以将百叶窗调节到吸收模式（启用黑色表面）。

在夏季，百叶窗会被调节成反射模式来反射阳光；从排出的热空气和太阳能集热板中吸收的热量，可以输送到吸收式热泵内，使其能够提供4～20℃的制冷，冷水通过地板下和顶棚处的循环装置，传送到建筑的每个角落；双层外墙的夹层会被充分打开，最大限度地加强通风效果和减少阳光热量的聚集，屋顶也可被增高以加速建筑的抽吸效应进行通风；在夜晚空腔夹层通风口也会被打开，使外面的空气通过滑动门进入室内，屋顶会被进一步打开，来加速建筑的抽吸效应与通风，冷空气依靠风扇传播到建筑四周。

13. 能源消耗

在建筑的设计阶段，预计与传统的节能型建筑相比，这座建筑可以节约60%的能量。

5.4 高技术生态建筑研究体系的理论框架

在科学技术高度发展的今天，技术已成为人类社会生活的决定性力量，发端于20世纪50～60年代的高技派建筑，从在建筑中积极采用并表现高技术的本原阶段，历经了异化和软化阶段[1]，在世纪之交的数字时代、生态时代走上了与数码建筑（数字建筑）、生态建筑“三位一体”的复归道路。其间，我们可以清晰地看到技术作为推动建筑发展的原动力，从材料技术、结构技术、设备技术、施工技术的生成发展，到数字技术、生态技术在建筑领域的广泛运用，再到数字技术、生态技术和建筑科学技术的高度分化、高度融合，技术发展的阶段性成果直接导致了高技术生态建筑演进的阶段性特征，技术作为“一种拯救的力量”[2]，在新的历史时期的转向直接导致了建筑的环境观、文化观、美学观、伦理观等等的转向和跃迁。高技术生态建筑作为建筑领域的新生事物，无疑是技术与建筑进步的体现，是人类面对当今和未来严峻的资源和环境问题的一种积极、理性的探索，具有重要的理论意义和实用价值，需要初步建立理论研究的体系，使理论研究和实践探索在深度和广度上得到拓展。

1　参见本文.3.3　“高技派”建筑的异化、软化和复归.

2　参见本文.2.2.6　对技术的多元批判.

5.4.1 高技术生态建筑的哲学观（共生的理性主义哲学）

建筑哲学观是对建筑的根本看法和基本观点，是对建筑的本质及其规律的认识，也是世界观在建筑领域的表现，同时也是建筑观形成的基础。不同的建筑哲学观将产生不同的建筑价值体系和价值观，同样也会影响到建筑的创作观、技术观、环境观、文化观、美学观、伦理观和时代观等等。

高技术生态建筑的哲学观的生成发展和当代科学技术的发展紧密相关，并有着其深刻的哲学背景，当代自然科学的发展使人们逐渐放弃了用单一、普遍有效的规律阐释世界的观念而趋向于多元、敞蔽、容忍的原则，当代哲学的发展也否定了以确定性时间方式存在的本体性实体，肯定了事物及其关系的本质乃是一种"不在场的共存"，使得在认识论上从否定和矛盾转向了包含有否定和矛盾，从亚里士多德和康德转向非亚里士多德和康德，整个知识体系由布鲁巴基体系（Bourbaki）转化为非布鲁巴基体系[1]，哲学思想的多元化发展在一定程度上也说明了哲学思潮的混沌和含糊，反映到建筑领域，20 世纪 70 年代以后建筑哲学观逐渐形成了明显的多元化倾向，现代主义建筑哲学观仍占有相当的地位，另外，建筑哲学观还出现了建筑本质的语言观、建筑本质的神秘主义观、建筑本质的有机体整体观、建筑本质的文化观等等多种倾向，建筑思潮也呈现出多元化的格局。

以欧洲理性主义为代表的现代建筑哲学观的基本特征是以科学的客观方式去理解事物，以逻辑推理的方式去追求万物的本原，充满着科学理性的乐观主义精神。认为建筑必须符合经济效益的原则、满足使用功能、适应大工业生产的需要，在美学上以对功能的完善表达和对经济、社会条件的周密考虑为原则。理性主义的建筑哲学观可以说是对时代进步、工业文明充满信心并与之相契合，这一观念从 19 世纪末、20 世纪初到两次世界大战间的 20 世纪 20 年代逐渐发展成为一个普遍的主导性的认识；在战后经历了阿尔托、夏隆等人的人道主义的修正，十人小组的改良，到 1959 年 CIAM 解体的这一现代建筑的"普化阶段"，这种哲

---

1 布鲁巴基体系是基于二元论的客观主义、合理主义的概念，将能够证明的和无法证明的事物区分开来的科学实证主义。布鲁巴基体系包括：伽利略、牛顿力学、笛卡尔、欧几里德几何学、安托万的化学和达尔文主义等等，与此相对的非布鲁巴基体系则包括：莱布尼茨、斯宾诺莎的巴洛克自然科学、戴卫·博姆的内藏秩序、大卫·彼得的共时性、黎曼空间、凯斯特勒的整体协调、曼戴尔布罗特的佛拉塔尔几何学和普里高津的耗散结构论等等。布鲁巴基体系是以定理和公理为前提的，是绝对重视并创造这些前提的体系，而非布鲁巴基体系是接受这些前提的体系，所以从某种意义上讲，非布鲁巴基体系也可以称作是未定（问题）体系。所谓未定（问题）指的是问题提出的程序：布鲁巴基体系的做法，是先去发现正确的定理和公理，然后再用实验和科学来证明这些定理和公理，而非布鲁巴基体系的做法，却并不是先去发现真理而是先提出问题，再根据这些问题去寻求答案。

学观广为流行同时其影响也极其深远。在高技派建筑的本原时期[1]，传承了理性主义的现代建筑哲学观，在技术观、美学观上有所修正，表现为注重高度工业技术和讲求技术精美；在高技派建筑的异化时期，将现代建筑哲学观发挥到极致——极端的理性主义，但同时其走向异化的局限性也暴露无遗，在技术观上积极倡导运用和表现高新技术，发展了第二代机器美学（极端的理性主义美学）；在高技派建筑的软化时期，改良和扬弃了现代建筑哲学观，在提倡运用和表现高新技术的同时，走向与历史文脉、场所精神和自然环境的融合，高新技术的表现也实现了从"物化"到"人化"的跃迁，并以此为基础发展了软化的理性主义哲学观和第三代机器美学（软化的理性主义美学）。

在人类面临严峻的全球性环境和资源问题的背景下，当代高技术生态建筑（高技派建筑的复归时期）在数字技术、生态技术和建筑科学技术等高新技术高度分化、高度融合的技术条件下，不再局限于门户之见，在积极追求新技术、表现新技术并与历史文脉、场所精神和自然环境融合的同时，从更深层次重新思辨技术的价值与本质，走向浴火重生的涅槃道路——将节约资源和环境保护作为建筑设计和运行管理的基本出发点，将数字技术、生态技术和理念导入到建筑设计中，将技术的运用和表现纳入到人性化的轨道上来，重建建筑的精神文化价值。从哲学层面上来说，高技术生态建筑在坚持以科学的客观方式去理解事物、以逻辑推理的方式去追求万物的本原等等理性主义哲学观的基础上，一如既往地秉承了技术乐观主义精神，摒弃了极端对立的西方二元论、修正了欧洲中心主义（Euro-centrism）、改良了理性主义或普遍主义（Universalism）的局限性，同时又汲取了西方哲学家凯斯特勒的"子整体结构"、法国哲学家勒泽的生命结构和庞蒂的多价哲学，将东、西方高技术生态建筑的哲学观统一到"共生的理性主义"哲学，以期当代和未来的建筑实现人、建筑与环境的和谐共生（图 5-23）。

图 5-23　皮阿诺设计的 UNESCO LAB & WORKSHOP
资料来源：李华东主编．高技术生态建筑．天津：天津大学出版社，2002：165.

1　参见本文．3.3　"高技派"建筑的异化、软化和复归.

5.4.2 高技术生态建筑的技术观

科学技术起源于人类改造物质世界的意念，为人类提供了更舒适的生活但也带来了负面影响甚至意想不到的灾难。海德格尔认为，现代科技过于强调自身的工具性，并越来越漠视事物的天然存在权利，把它们仅仅当做攻克与克服的目标。物质世界的一切，包括人本身，都必须千篇一律地展现为功能性、物质性的存在，并且成为可预测、可计算、可耗尽的技术对象。就这样，人类被迫进入非自然的存在。海德格尔式的技术观代表了当代许多学者对科技发展的看法，他们反对盲目的技术乐观主义思想，对现代科技不计后果的发展以及社会文化的"泛技术化"趋势提出忧虑；但也有一些人都走向了另一个极端，他们夸大了科技发展的副作用，认为先进科学技术无法解决当今人类面临的能源与环境危机，甚至对现代技术持敌对态度。20世纪哲学的科学主义思潮和人本主义思潮辐射到技术哲学领域，产生了与两种哲学思潮相对应的两种不同走向的技术观——"技术乐观主义"与"技术悲观主义"，这两种对立的技术观导致了"发展有极限"和"发展无极限"两种对立的发展观[1]。

20世纪80年代后人们对资源与环境危机根源的反思，逐渐深入到技术、经济、文化、价值和伦理层面，与两种技术观和发展观相对应，可持续发展思想也产生了两种不同的倾向：一种倾向认为，资源与环境危机是人类科技和社会发展过程中不可避免的现象，当前的危机恰恰说明了当代科学技术发展的滞后性，只要我们坚持发展科学技术终将解决一切问题，因为科学技术具有无限发展的可能性，而一切由科技进步所导致的负面影响将为新的科技进步所弥补，提倡在现有经济、社会、技术框架下通过具体的科技方案来解决资源与环境问题，这是一种发展无极限的技术乐观主义倾向；与之相对应的另一种倾向认为，要从根本上解决资源与环境问题，必须对技术与人、自然的关系做出批判性的考察，并对人类生活的各个方面尤其是价值观念、生活态度等精神领域进行根本性的变革。这种倾向是着眼于现代技术视野中的自然失去了诗意和神灵的庇护，成为随时供人进行无限制技术掠夺和剥削的"持存物"，同时人自身也遭到危险，成为物质化、功能化的对象，因此认为现代技术在本质上有一种非人道的价值取向，呼吁人们反思技术的本质，认清技术对人和事物的绝对控制，以寻找对现代技术的超越，这是一种发展有极限的技术悲观主义倾向。

当代建筑领域，现代建筑理性主义的乐观实用主义技术观走向分化和多元，根据不同的技术路线使得建筑呈现出不同的建筑形象和特征。而当

---

1 参见本文.2.2.4 技术观的两大走向及2.2.5发展观的两大走向.

代高技术生态建筑在面对严峻的资源与环境危机的背景下，一方面不但秉承了理性主义的乐观主义技术观，提倡积极运用和展现当代数字技术、生态技术等高新技术，而且修正了高技派建筑异化时期的极端理性主义技术观的局限性，体现着人类理性进步的极端乐观主义精神；另一方面将生态技术的运用和展现置于建筑的首要地位，积极地应对当前和未来的资源与环境危机，体现着人类理性的全局性、前瞻性体认。本质上是一种将两种可持续发展思想倾向结合的技术观，把技术理性纳入到价值理性的体系下，将技术文明导入到人性化、自然化的发展轨道之中，并从浅层的“高技术”层面走向“高技术生态”层面，使建筑中的高新技术运用迈向保持生态平衡与人类社会可持续发展的道路。例如，皮阿诺设计的、于2000年竣工的Daimler Benz Offices位于波茨坦广场周围，由三栋办公楼组成，面积约60000m^2，积极乐观地利用高新技术在高密度城区实现低能耗、低污染的生态策略，建筑投入运营后的检测数据显示，相比同样气候环境下的其他建筑人工照明减少了35%、热能消耗减少了30%、CO_2排放量减少了35%，虽然节能和环保措施的采用使得工程造价比传统的办公楼有所增加，但从全生命周期来看增加的造价和低廉的运营和维护费用是值得投入的（图5-24）。

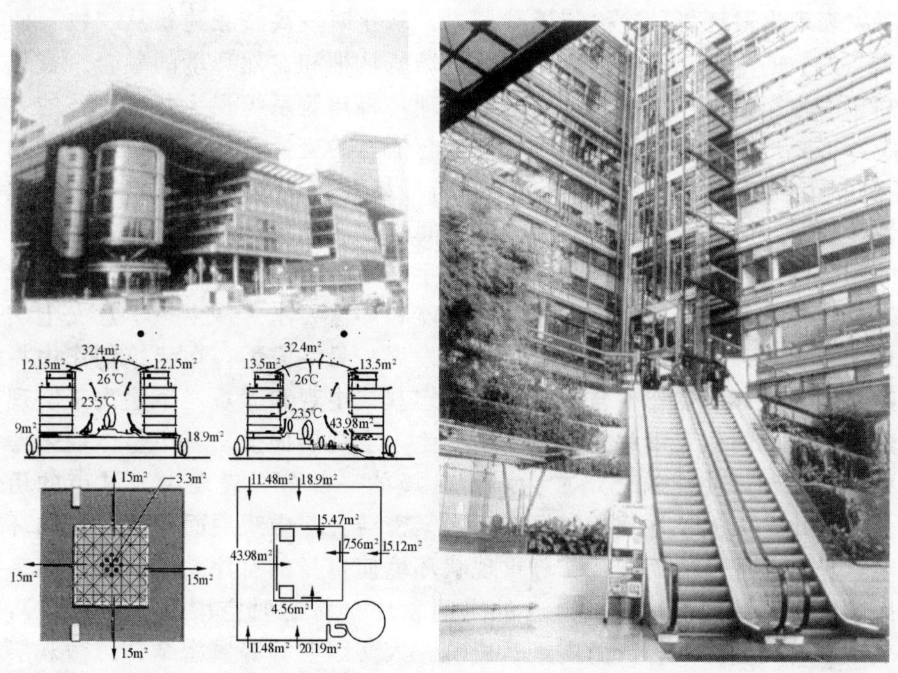

图5-24 皮阿诺设计的Daimler Benz Offices外景、室内、自然通风及温控示意

资料来源：李华东主编．高技术生态建筑．天津：天津大学出版社，2002：130，133，132.

5.4.3 高技术生态建筑的环境观

“环境是指与人类密切相关的、影响人类生活和生产活动的各种自然（包括人工干预下形成的第二自然）力量（物质和能量）或作用的总和”[1]，它不仅包括各种自然要素的组合而且包括人类与自然要素之间各种关系的组合，人类活动的本身就是改造自然的过程。自古以来，建筑及环境的创造是人们有目的、有计划地改造和利用自然环境的创造性活动的结果，建筑在自然生态环境的生态平衡系统中担负着重要的作用，是人与自然生态环境产生矛盾的根源，同时也是调节人与自然生态环境关系的重要手段。从早期具有原始生态倾向的传统民居原型给人们提供了利用天然条件保护自然的启示，到当代的各种流派、各种类型的建筑利用各种技术手段努力地探索着人、建筑与自然的关系，尤其是全球性的可持续发展思想确立后，逐渐形成了建筑与自然生态环境是不可分割的整体，建筑活动应保护自然生态环境、尊重生态平衡，不强调自我表现的集体共识。此外，从人类在不同时期的建筑活动中，同样可以清晰地看到不同的环境观与不同时期的技术水平、技术理念紧密相关。

异化时期高技派建筑观认为建筑与环境是时代所赋予的、是那个时代观念的体现，把场所空间、风格传统、城市文脉置于相对次要的位置，表现出对环境的冷漠与极端对立。软化时期高技派建筑从“物”回到“人”的本身，走向与历史文脉、场所精神和自然环境的融合。当代高技术生态建筑一方面基于生态学原理，将建筑系统视为开放完整的系统，不断地同外界进行着物质、能量与信息的交换，并与其他子系统相互联系、相互依存，建筑系统具有与环境相关的系统的整体性、开放性、随时间维度变化的动态性、随空间维度变化的区域性、与资源相关的系统的可持续性，积极利用当代数字技术、生态技术、建筑科学技术等高新技术手段，努力追求建筑的节能和环保要求，从生态学意义上实现人、建筑和环境的和谐共生、持续发展；另一方面，在建筑创作中将建筑创作与环境创作整合为一体，从宏观、中观和微观三个层次来实现建筑与环境的建筑学意义上的和谐共生。宏观层面上从城市整体性来考虑环境问题，使建筑环境成为城市环境的一部分，表现出与城市的历史、文化、人文、地理、气候等因素紧密结合。中观层面上从区域的环境状况来考虑环境问题，在尊重现状环境使自身的有序结构与周围诸多因素统一的基础上，形成自己的空间秩序（特定时空中的有序结构），表现出与周围区域、街坊道路、建筑、人文因素等等紧密结合。微观层面上从环境的空间形态、尺度、比例、细部、质感、肌理、色彩以及构

---

1 宋健主编，惠永正副主编．现代科学技术基础知识．北京：科学出版社，1994：419.

造措施等能被人直接体验、感知的因素入手，创造出与人和建筑和谐共生的人工环境。

例如，皮阿诺设计的位于新喀里多尼亚的奇芭欧文化中心（Jean Marie Tjibaou Culture Center）是高新技术[1]与地域环境、文化、建筑风格完美结合的典范，皮阿诺在深入了解小岛的环境和人文情况后，选择了一组民舍般的建筑形式，不仅使建筑群与小岛美丽的自然环境融为一体，也再现了传统种族文化的奇妙和魅力，堪称理性与浪漫交织的神话般的创造(图5-25)。

图 5-25　奇芭欧文化中心

资料来源：（韩）C3 设计编．诺曼·福斯特 & 伦佐·皮阿诺．王西敏译．陈红，谭晓红审校．郑州：河南科学技术出版社，2004：188.

5.4.4　高技术生态建筑的文化观

当代经济、文化全球化背景下，一方面，由于文化传播的全球网络化，使各地的生活方式和无历史、无地域特征的文化产品趋同，形成同质性的全球文化；另一方面，二战以后以欧美文化为中心的影响呈下降趋势，世界各国进入对民族、地域与本土文化的发掘和弘扬阶段，在大量吸收西方先进科学技术的同时，并未失去自身的本土文化特色；世界文化在全球化与本土化的对立统一中发展演进。从“建筑是石头的史书”、“建筑是凝固的音乐”等人们对建筑的理解中，我们可以看到建筑作为人类物质文明与精神文明的产物，担负着表征人类物质与精神成就的作用，始终是人类文化与艺术的一种表现形式。建筑文化作为人类文明的一个组成部分属于上层建筑的范畴，受一定历史时期的经济基础支配和制约，因此建筑文化呈现出动态发展并带有强烈的时代烙印。当代经济、文化全球化背景下，建筑文化一方面呈现出全球一体化的趋势，另一方面隐藏着另一种更强大的趋势——多元化、分散化、地域化、本土化，所以当代建筑文化是这两种趋势并存的矛盾统一体，既有全球一体化、集中化、单一化发展又有多元化、分散化、地域化、本土化发展。

高技派建筑异化时期继承了传统的西方理性中心主义二元论，多数建筑对社会文化采取漠视的态度，以“反文化”的社会角色自居，自诩为反映时代精神的先锋艺术，表现出普通人很难接受的非大众化的、非人性化的艺术，建筑中文化的内涵很难为人所感知或者根本不存在，对人们来说

1　皮阿诺用了大约两年的实践对方案进行了严密的实验论证，通过实验模型和局部全比例模型，利用计算流体力学 CFD（Computational Fluid Dynamics）的模拟气流分析以及对模型进行风洞实验，使设计趋于完善，实现了低能耗、低污染和自我调节的目标。

呈现在眼前的只是冷漠的技术构筑物或者是密集技术的载体。在高技派建筑软化时期通过与历史文脉、场所精神和自然环境的融合，从现代的和传统的众多风格流派中引入异质要素、相互兼容而克服这一文化观的局限性，走向高技术与高情感的统一。当代高技术生态建筑在全球化背景下，一方面摒弃了欧洲中心论，在吸收世界优秀文化的同时认识到其积极和消极的两方面，努力发掘、继承和弘扬地域文化；另一方面在继承地域文化的同时也看到其深邃、优秀和封闭、落后的两方面，努力协调和解决全球文化与地域文化的关系，认为各种文化不是相互排斥、相互取代，而是优势互补、互融共生的，使建筑文化的共性与个性、普遍性与特殊性统一起来，并积极引入数字技术和生态技术等高新技术，赋予建筑物以生态学的文化内涵，相信数字时代、生态时代的建筑是不同文化的和谐共生，这种共生的建筑文化观在一定意义上也是东西方建筑文化交融的结晶。

例如，皮阿诺设计的奇芭欧文化中心、福斯特设计的柏林国会大厦改建工程、霍普金斯牵头完成的 Portcullis House 都是将国际化和地域化有机结合的成功实例（图 5-26）。

图 5-26 Portcullis House

资料来源：李华东主编. 高技术生态建筑 . 天津：天津大学出版社，2002：156，157.

5.4.5 高技术生态建筑的美学观（共生的理性主义美学）

自古以来，对建筑的真、善、美及其相互关系的本体论解释是建筑美学的核心问题之一，由于对于这一问题的基本立场的不同、解释不同，形成了不同的建筑美学观。大多数建筑美学观均以和谐统一作为建筑美的本体和主要的美学原则，例如西方古典形式美学以和谐为美，认为美来自杂多的和谐统一，这种和谐是形式或数理方面的和谐；中国古典建筑美学也以和谐为美，但这种和谐多侧重于社会和伦理关系方面的和谐（曾坚，2005 年）。黑格尔认为：“建筑是与象征型艺术形式相对应的，它最适宜于实现象征型艺术的原则，因为建筑一般只能用外在环境中的东西去暗示移植到它里面去的意义"[1]，黑格尔将建筑视为艺术的开端，把建筑作为象征型艺术的代表，通过将建筑艺术与雕刻艺术相比较，他认为"美是理念的感性显现"，作为黑格尔哲学思想一部分的美学思想也是对西方古典形式美学哲学思想的总结。

从黑格尔到康德都认为多元化的美学观不可能分高低、也没有可比性，只能说在一定的时空范围内更接近于大众的审美取向。当代哲学思潮的多元化导致了建筑哲学观的多元化，建筑哲学观的多元化是当代建筑美学观多元化的基础，当代各种流派的建筑师各自从不同的哲学观念思考和重新建构着各自的美学思想和美学观。然而，以理性主义哲学观为基础的理性主义的美学观在新的历史时期并未消退，也在随时代的发展而处于不断的扬弃、超越、复归与重构的进程中。现代建筑的美学观（第一代机器美学或理性主义美学）[2]将功能作为形式塑造的逻辑起点，认为建筑美来自于功能与形式表现的和谐统一，本质上是一种追求普遍性的功能主义的美学观，带有明显的工业化社会的时代烙印；异化时期高技派建筑的美学观（第二代机器美学或极端理性主义美学）[3]，基本上继承了第一代机器美学的理性主义哲学思想，过于依赖技术、过于乐观与自信，而将理性主义的观点、手法推向了极端夸张的形式——极端的逻辑性、极端的重复模数构件、极端强调流线和机械设备，本质上是一种追求技术表现的极端理性主义美学观；软化时期高技派建筑的美学观（第三代机器美学或软化的理性主义美学）[4]，在继承第一代、第二代机器美学的理性主义哲学思想的基础上，吸收各流派理论中的进步内核，融合了理性与非理性这一对哲学范畴，为对立的双方提供了一个对话、交融的平台，技术表现呈现软化趋势并与历史文脉、场所精神和自然环境融合，本质上是一种具有人文精神的软化的理性主义美学观。这三种美学观基本上还是属于技术美学的范畴。

数字时代、生态时代的高技术生态建筑以生态哲学为出发点，秉承了理性主义和技术乐观主义精神，认为新时期建筑的美不但要实现数理和形式等美学要素的和谐共生，更为重要的是建立在生态学基础之上的系统的、整体的、综合的共生理性主义美学观，其核心内容包括：其一，提倡积极运用并表现当代数字技术、生态技术、建筑科学技术等高新技术，高新技术的运用与表现应体现人道化、人性化的特征，建筑美来自于技术与人、建筑、自然的和谐共生；其二，建筑与自然环境的和谐不仅体现在布局、

---

1 （德）黑格尔著．美学（第三册，上卷）．朱光潜译．北京：商务印书馆，1979：38.

2 参见本文．3.2.2.3 现代主义的美学观——第一代机器美学（理性主义美学）.

3 参见本文．3.3.1.3 异化时期"高技派"建筑的美学观——第二代机器美学（极端理性主义美学）.

4 参见本文．3.3.2.4 软化时期"高技派"建筑的特征——软化的理性主义.

图 5-27　不列颠博物馆改建工程鸟瞰及室内
资料来源：（韩）C3 设计编．诺曼·福斯特 & 伦佐·皮阿诺．王西敏译．陈红，谭晓红审校．郑州：河南科学技术出版社，2004：56，58.

空间形态等等与自然环境和谐统一，而且建筑必须实现低能耗、低污染以适应生态系统的自然规律，建筑美来自于建筑与自然建筑学意义和生态学意义上的和谐共生；其三，承认各种异质文化在精神上等距、等价和平等的内在价值，促进各种异质文化的共存与相互交融，使之与人类文明的发展目标和谐统一，建筑美来自于建筑文化的国际化和地域化的有机结合；其四，坚持可持续发展思想，使人、建筑、环境的这一生态系统和谐发展，使建筑、自然、社会与经济和谐发展，建筑美来自于建筑与环境可持续发展同社会与经济可持续发展的和谐共生。共生的理性主义美学观其本体论是共生本体论，认识论是辩证反映论，方法论是信息论与系统论，价值观是生态价值观，技术观是辩证的技术观，发展观是可持续发展观，目标是走向高技术、高情感、高艺术与人性化的统一。例如，由福斯特设计完成的不列颠博物馆改建工程（British Museum Redevelopment）就是共生的理性主义美学观的典型代表，福斯特巧妙地利用高新技术实现了高技术、高情感、高艺术与人性化的完美统一（图 5-27）。

5.4.6　高技术生态建筑的伦理观

正如深层生态学[1]认为单纯依靠技术的方式并不能从根本上解决资源与环境问题，高技术生态建筑的伦理观认为必须摒弃人与自然关系的人类中心主义立场，建立人、技术、建筑、自然和谐共生的生态价值观，在根本性变革人类社会现有的社会体制、政治经济结构、生产与消费模式、伦理价值观念的前提下，抑制不断扩张的物质贪欲、告别工业文明的发展模式，通过技术设计和创新的方式来解决资源与环境问题。人类的生态觉悟不只是科技发展的道德觉悟，也是人类文明的理性觉悟，不只是人与自然关系的价值觉悟，也是人类群己关系和代际关系的价值觉悟。

以往对生态建筑的研究与实践受到技术决定论的影响，仅仅注重技术这

1　参见本文．4.2.4.1　奈斯及深层生态学理论.

一维度，将重点集中在如何设计和创新各种技术手段以达到节能和环保的目的。当代高技术生态建筑引入以生态伦理为核心的人文内涵，在强调生态建筑中高新技术运用与表现的同时，将生态伦理作为限制高新技术负面影响的内在维度之一。其核心思想包括：其一，全球性的资源与环境危机并非仅仅是科学技术问题，不能仅仅依赖技术手段去实现可持续发展，需要人们从哲学高度重新认识人类与自然的依存关系，认识人类应对自然生态环境担负的责任；其二，当前要走出资源与环境危机，需要人类在思维方式上由人类中心主义转向生态中心主义，并在道德意识和观念上彻底转变，形成利于人类、技术、建筑、自然生态环境、社会、经济、人文可持续发展的新道德规范；其三，当前所面临的资源与环境危机同人类过度膨胀的贪欲直接相关，所以在生活方式上应摒弃挥霍、浪费和抑制贪欲，提倡物质生活的简朴而追求道德进步与精神充实，这是人类解决资源与环境问题的治本之道。高技术生态建筑的伦理价值取向主要来自于生态学和生态伦理学[1]的基本理念（图 5-28），是科学的技术观、系统的生态观、普遍的伦理观和可持续发展观在当代建筑领域的集中体现，预示着当代人类对资源与环境危机根源的反思，从经济、技术层面逐渐深入到了制度、伦理价值层面。

5.4.7 高技术生态建筑的时代观

早在八十多年前柯布西耶曾大声疾呼，“一个伟大的时代刚刚开始……存在着一个新精神……”，正如柯布西耶所说，伴随着工业化时代的普遍性、公共性和均质性所强调的速度、效率和精密等特征，带来的历史性变革势不可挡地造就了波及全球的现代建筑运动，在建筑史上开创了一个崭新的时代。从中我们可以清晰地看到，无论是形式还是功能的变革都不是关键，关键是工业革命浪潮的本身而不是浪尖上泛起的白色泡沫，工业时代建筑相对于农业时代建筑的形式和功能的跃迁仅仅是浪尖上泛起的白色泡沫，真正实现这种跃迁的是形式和功能背后大工业技术支撑下汹涌的工业化大生产。处于工程和艺术、技术与文化交汇点上的建筑，是人类时代信息的载体和表达者，与时代的发展紧密相关，每个时代都有诠释时代特征、哲学思想、技术特征、环境观念、文化思潮、美学思想、伦理观念的代表性建筑。

人类已然迈入信息时代，随着 20 世纪 80 年代末全球性的可持续发展观的建立，人类也步入了生态时代，以计算机的应用与普及为代表的数字技术革命，以及以生态学原理为核心的生态技术革命正从根本上改

---

1 生态伦理学是指把道德——调整人与人利益关系的行为规范和准则，延伸为调整人与自然关系的科学。即人类既要关注和追求自身的生存和发展权利，也要尊重自然界其他生物的生存和发展的权利，在享有对自然的权利的同时，应承担起保护生态环境的伦理责任，杜绝急功近利、没有规划和毫无节制地掠夺大自然。人类不仅要安排好当前的发展，还要为子孙后代着想，这样人类自身才能得以持续地生存和发展。

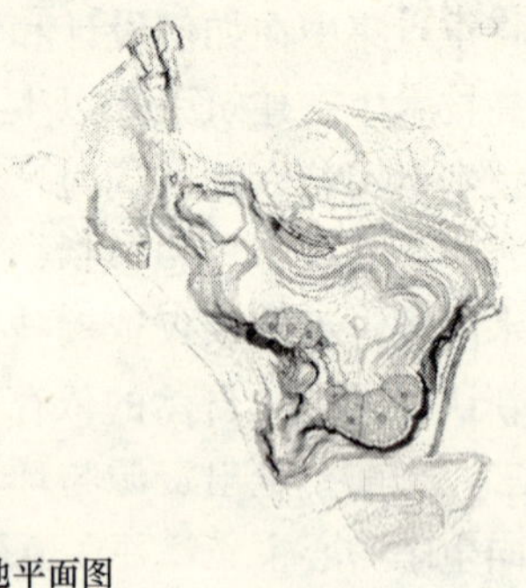

场地平面图

图 5-28 格里姆肖设计的伊甸园工程

资料来源：（西）帕高・阿森西奥著. 高技派建筑. 合肥：安徽科学技术出版社，2003：156.

变着人们的生产、生活、思维方式和伦理道德观念，也为建筑的发展带来了新的契机，可以预见，数字技术革命和生态技术革命浪潮对于建筑的影响将比历史上任何一次浪潮的影响更为迅猛与深远。正如雷姆・库哈斯在2000年5月接受普利茨凯建筑奖时，发表的近乎耸人听闻的预言："……在数十年，也许近百年来，我们建筑学遭遇到了极其强大的竞争……我们在真实世界难以想像的社区正在虚拟空间中蓬勃发展。我们试图在大地上维持的区域和界限正以无从察觉的方式合并、转型，进入一个更直接、更迷人和更灵活的领域——电子领域……我们仍沉浸在砂浆的死海中。如果我们不能将我们自身从永恒中解放出来，转而思考更急迫、更当下的新问题，建筑学不会持续到2050年。"所以，当代和未来的建筑发展必须要顺应时代的巨变和社会的急剧转型。当代高技术生态建筑积极顺应这一时代转型，以共生的理性主义哲学为基础，以乐观主义精神倡导运用和表现数字技术、生态技术、建筑科学技术等高新技术，从建筑的节能和环保、功能内涵的拓展、空间模式的跃迁和形态审美的重构等方面，努力探索新时代建筑内涵的多维语义表达和建筑的新形式，并且将建筑赋予具有感官和智能功能的类生命特征，努力实现人、技术、建筑和自然的和谐共生，是一种面向当代和未来的、积极乐观的、生态理性主义时代观（图 5-29）。正如吴良镛先生曾对 21 世纪建筑学的展望：“这是一个前所未有的变革时代，一个令人惊异而又向往的政治、经济、社会改革的时代，一个令人瞩目的技术发展的时代，这是一个思想活跃的文化复兴的时代。‘一切固定的东西都烟消云散了’，建筑师需要能动地认识时代，从不同角度思考建筑发展的契机；重新审视自己的价值观和行为方式，以适应时代，并奋力走在时代的前列。”[1]

图 5-29　福斯特设计的大宇电子科技总部大楼

资料来源：（韩）C3 设计编．诺曼・福斯特 & 伦佐・皮阿诺．王西敏译．陈红，谭晓红审校．郑州：河南科学技术出版社，2004：45.

5.4.8　认同的力量——当代高技术生态建筑

高技术生态建筑作为新生事物以共生的理性主义精神坚持高技术路线，以技术乐观主义精神积极地研究和探索当代和未来建筑的发展方向，以可持续发展的、共生的生态观理性地解决当代和未来人类面临的资源和环境危机，受到了广泛的关注和认同。但是，有很多学者对于高技术生态建筑的技术路线仍提出质疑，例如李大夏曾提出：“建筑师面对社会高能耗的需求而做出高能耗的设计，又推出最先进（先进一般也意味着高能耗）的‘生态’系统来向大家示范，其最终的结果会是什么？能引导全球的业主和建筑界真正重视‘生态’、‘可持续发展’，还是更恶劣的隐性的，然而是实质上的‘挥霍’资源？在我有限的理解能力中，看不到这些实例达成了对‘可持续发展’的良知与这种纪念碑式行为之间的会合点。”[2] 刘卫兵曾提出“高技派（高技术生态建筑）的低能耗、高效使用仍值得怀疑，一方面建筑师视节能、节地为己任，另一方面产品的制造却是高能耗、高污染，其节能的方式难道足以抵消它的负面效应吗？”[3]

首先，客观地说由于不同国家和地区的经济、技术水平发展的不均衡，在面对资源与环境危机的策略上，适宜技术、中间技术和高技术三种技术路线的探索和实践，在未来相当长的一段时间里仍然会长期共存，这是由于技术的社会属性所决定的[4]，运用技术仅仅是我们的手段而不是目的；其

1　吴良镛．21 世纪建筑学的展望——“北京宪章”基础资料．建筑学报，1998，12：5.

2　李大夏．“可持续发展”的纪念碑？——关于生态建筑的疑问”．新建筑，2003，1：6.

3　刘卫兵．走向全面的技术思想——评《北京宪章》的技术思想．建筑学报，2001，1：29.

4　参见本文．1.1.3.1　科学与技术．

次，当前建筑界的确存在从形式和手法上刻意模仿高技术生态建筑的不良现象，这一类伪生态建筑仅仅只有简单模仿高技术生态建筑的构思草图、效果图或者建筑立面、造型等等，没有常年气候累积数据、风压计算、建筑能耗计算、CO_2 排放量计算等等以计算和具体的技术方案为基础的设计，丢失了高技术生态建筑最根本的、以节能和环保为核心的生态观、技术观、环境观和伦理价值观，仅仅只是打着“生态”的旗号而实质上是背离生态价值和环境伦理价值的伪生态建筑[1]；再次，当代高技术生态建筑采取高技术路线，比如采用表面上看起来高能耗的钢材和铝材等金属建筑材料和玻璃等，如果我们从全生命周期（LCA）的角度来看待这个问题，恰恰是这一类材料是利于再利用、循环使用和节能的，例如铝材循环铸造的能耗仅仅是提炼新铝锭所需能耗的10%以下[2]。诚然，高技术路线意味着先期比常规建筑投入额外的成本，然而从全生命周期（LCA）来看，随着运行和使用的延续，其节能和环保措施带来的经济效益将越来越显著，在某个特定的时间积累的经济效益必将超过为“高技术生态化”而付出的额外成本。最后，历史地看，科学技术的每一次重大突破性进展都会直接推动人类文明和建筑文明质的飞跃，当代的高新技术因其是一个具有时空性的发展的、动态的、相对的概念[3]，随着时间的推移必将成为明日的中间技术或适宜技术，所以当代的高技术生态建筑也必将成为明日的中间技术建筑或适宜技术建筑，我们应以乐观谨慎的态度运用高新技术（并消除其负面影响），以广泛认同的力量鼓励高技术生态建筑的探索和实践（图 5-30）。

图 5-30　福斯特设计的伦敦千年塔

资料来源：（韩）C3 设计编．诺曼·福斯特 & 伦佐·皮阿诺．王西敏译．陈红，谭晓红审校．郑州：河南科学技术出版社，2004.

当代高技术生态建筑已通过实践阐明自己的信念，利用技术的进步来创造高技术、高质量、高情感、高和谐、高艺术、人性化的，并且是促进人类可持续发展的、自然与人文、技术与艺术、科学与伦理、节能与环保高度统一的，整体有机的人工与自然环境，必将成为未来建筑发展的主要方向之一。另外，

1　正是因为当前生态建筑的研究和实践相对混乱，所以笔者在第四章建立了系统的生态观、界定了生态建筑的概念，并建构了生态建筑设计的宏观生态策略和中观设计原则以正视听。

2　Ken Yeang. The Skyscraper——The basis for designing sustainable intensive buildings. Prestel, 1999：136.

3　参见本文．1.1.3.4　当代的大科学与高技术趋势.

我们总不至于为了节能和环保而放弃高新技术、抛弃人类文明的发展，而回到原始技术支撑下的洪荒年代，过着自给自足男耕女织的生活吧？

5.5 本章小结

20世纪科学技术的进步与社会生产力的高速发展加速了人类文明的历史进程，同时人类面临的资源和环境危机也到了一触即发的地步，严峻的现实终于唤醒了人类20世纪最大的觉悟——可持续发展观的确立。伴随着数字技术革命和生态技术革命的到来，我们在世纪之交满怀深情地回顾过去一个世纪的建筑发展轨迹，不免在欣慰中交织着遗憾，新世纪的情结也时时让我们豪情万丈地审视着当代、展望着未来建筑的发展，“要让新世纪建筑学百川归海，就必须把现有的成就整合起来，回归基本的理论，并以此为出发点，从时代的高度，发展基本理论，从事更伟大的创造”[1]。

本章首先分别论述了数字技术在当代建筑领域的广泛运用及其影响以及数字技术在当代生态建筑设计中的广泛运用及其影响，探讨了当代建筑在数字技术、生态技术革命中的演进，指出当代数字技术、生态技术和建筑科学技术的高度分化和高度融合，对处于建筑学研究前沿的生态建筑设计和理论产生了很大的影响。

其次，界定了基于数字技术和生态技术的高技术生态建筑的内涵和外延，以及广义和狭义之分。系统地分析了当代高技术生态建筑及多元化探索，并指出在当代数字技术、生态技术和建筑科学技术融合的趋势下，数字时代、生态时代的数码建筑（数字建筑）、生态建筑和高技术建筑通过融合的技术手段走向了“三位一体”的融合道路，并成为当代和未来建筑发展的主流方向之一。

再次，以系统生态建筑观的宏观生态策略框架为出发点，在中观层面的生态建筑设计策略和当代数字技术在建筑领域的运用状况为基础，系统地建立了高技术生态建筑技术体系的理论框架——基本出发点与目标、微观设计原则与技术措施以及智能化运行与管理，以促进理论研究和实践应用的互动式发展。

最后，通过深刻剖析高技术生态建筑的的哲学观、技术观、环境观、文化观、美学观、伦理观和时代观，建立了高技术生态建筑研究体系的理论框架。指出在科学技术高度发展的今天，技术作为“一种拯救的力量”使得高技术生态建筑成为人类面对当今和未来严峻的资源和环境危机的一种积极、理性的探索，无疑是人类文明、科学技术与建筑进步的具体体现，必将成为当代和未来建筑发展的主流方向之一。

---

1 吴良镛．国际建协“北京宪章”．建筑学报，1999，6：7.

6 结论

(1) 建筑技术理念虽然一开始并没有系统的存在，但在人类建筑实践之初便已表现出来，并如同技术一样带有明显的自然属性和社会属性（阶级性、民族性和地域性）。运用和表现技术的不同理念，直接影响到建筑创作的思想和方法，客观上表现为不同的建筑形式和风格。科学技术表现为建筑发展的最根本的原动力之一，通过直接的和间接的两种途径对建筑发生着影响，建筑的发展历程经历了多次阶段性飞跃，与历史上技术发展进步的阶段性特征具有紧密的互动联系。

(2) 20 世纪多元化的哲学思潮直接影响到建筑领域，奠定了众多建筑流派的哲学基础；哲学的科学主义思潮和人本主义思潮辐射到技术哲学领域，形成了技术观的两大走向——技术乐观主义和技术悲观主义、发展观的两大走向——发展有极限论和发展无极限论。通过分析海德格尔的存在主义哲学和法兰克福学派对技术多元批判的思想，我们应树立人类决不是简单地抛弃现代科技文明而回到原始洪荒时代，而是要促进科技的人性化（人道化）以及科技、生态、社会和文化的协调发展，确保当今和未来发展可持续性的建筑技术观。

(3) 现代主义、未来主义、构成主义、产品主义、粗野主义、阿基格拉姆（建筑电信集团）等风格流派对“高技派”建筑的诞生产生了直接的影响，高技派建筑的诞生是对现代主义的继承和发展、是对现代主义的扬弃。能够全面、综合和准确地体现和表达当今和未来的技术与技术思想的发展水平和趋势的建筑类型，应当是高技术建筑而非仅仅是高技派建筑（狭义的高技术建筑）。

(4) 高技派建筑的发展分为本原阶段、异化阶段、软化阶段和复归阶段共四个阶段（高技术生态建筑阶段），自 20 世纪 70 年代以后的计算机技术、光纤通信技术、电子技术和节能技术等高技术进入建筑领域，使得数字化技术和网络基础设施迅猛发展，原有物质化的空间方式被信息化的空间方式所代替，“信息流”改变和重新定义了城市、建筑和环境的现实意义，尤其是 20 世纪 80 年代末、90 年代初全球可持续发展观和环境意识的确立，使得当代高技派建筑（狭义上的高技术建筑）沿着数字化（信息化）

和生态化的道路复归，复归的目标是追求异质文化的共生、人与技术的共生、内部与外部的共生、部分与整体的共生、地域性与普遍性的共生、历史与未来的共生、理性与感性的共生、宗教与科学的共生、建筑与自然的共生、人与自然的共生。

（5）生态建筑理论和实践的探索历经了具有原始生态倾向的传统民居原型、早期具有朴素生态倾向的建筑设计思想和实践、20 世纪 60 年代以前的“生物气候地方主义”类型注重生态的建筑设计理论和实践、20 世纪 60 年代以后（全球性的绿色运动以后）“生态决定论”类型注重生态的建筑设计理论和实践以及“技术决定论”类型注重生态的建筑设计理论和实践，在 20 世纪 80 年代末、90 年代初（全球性的可持续发展运动以后）其发展趋势是将保护环境与节约资源作为研究和实践的起点，以寻求建筑、环境、人三大系统和谐共生的、基于生态学原理的生态建筑理论与实践探索。

（6）由于当代对生态建筑的不同理解和认识（可持续发展思想包括尊重地区和文化差异），当前的许多关于生态建筑的理论研究和实践探索在价值观念、方法论和技术层面上都不同程度地存在一定的误区甚至走向极端；各学科、各专业的研究过于散乱和无序，研究成果往往不成系统、流于空泛，在建筑实践中往往使建筑师无所适从；所以当前的生态建筑理论研究和实践探索急需建立科学的、系统的生态建筑观及其相应的宏观生态策略框架，并进一步建立中观层面的生态建筑设计原则或策略框架，为微观层面的具体的生态建筑设计及其技术策略提供现实可行的、可操作性的理论依据。

（7）当前世界范围的生态建筑理论研究和实践沿着适宜生态技术、中间生态技术和高生态技术三条技术路线发展。特别是以数字化为特征的第三次技术革命辐射到建筑领域的第三次建筑技术革命以来，数字技术、智能技术、结构技术、材料技术、施工技术和其他领域的高新尖端技术为生态建筑带来了更广阔的发展空间，开辟了运用高新尖端技术手段实现可持续发展目标的道路，使当代生态技术与生态建筑的发展呈现出高技化、数字化趋势。另外，必须从“浅层”的技术和经济层面走向“深层”的价值和制度层面才能实现生态建筑的普及与推广。

（8）当代建筑在数字技术、生态技术革命中的演进主要表现在，数字技术在当代建筑领域的广泛运用及其影响以及数字技术在当代生态建筑设计中的广泛运用及其影响。当代数字技术、生态技术和建筑科学技术的高度分化和高度融合，对处于建筑学研究前沿的生态建筑设计和理论以及实践探索产生了很大的影响。

（9）数字时代、生态时代的数字技术、生态技术和建筑科学技术的高度分化、高度融合走向了“三位一体”的融合道路，使得数码建筑（数字建筑)、生态建筑和高技术建筑通过融合的技术手段实现了“三位一体”——高技术生态建筑。

(10) 当代高技术生态建筑理论和实践探索的多元化表现在：融合多种技术思维的探索；积极采用被动式节约能源消耗和降低污染的探索；通过高新技术达到低能耗、高资源效率、广适应性的探索；积极主动对可持续设计的探索；以“生物—气候”为主题的探索；以仿生建筑学为主题的探索等等。

(11) 高技术生态建筑作为建筑领域的新生事物，其理论研究和实践探索应以系统生态建筑观的宏观生态策略框架为出发点，以中观层面的生态建筑设计策略为基础，系统地建立高技术生态建筑技术体系的理论框架——基本出发点与目标、微观设计原则与技术措施以及智能化运行与管理体系，并建立高技术生态建筑研究体系的理论框架，以促进理论研究和实践应用的互动式发展。

(12) 20世纪以来，科学技术的进步与社会生产力的高速发展加速了人类文明的历史进程，同时人类面临的资源和环境危机也到了一触即发的地步，严峻的现实终于唤醒了人类20世纪最大的觉悟——可持续发展观的确立。伴随着数字技术革命和生态技术革命的到来，技术作为“一种拯救的力量”使得高技术生态建筑成为人类面对当今和未来严峻的资源和环境危机的一种积极、理性的探索，无疑是人类文明、科学技术与建筑进步的具体体现，必将成为当代和未来建筑发展的主流方向之一。

参考文献索引

A

A. Tzonis, L. Lefaivre. Architecture in Europe Since 1968. London: Thames and Hudson, 1997: 168.

(美) Amos Rapoport 著. 住屋形式与文化. 张玫玫译. 台北: 境与象出版社, 1979.

(美) Amos Rapoport 著. 建成环境的意义——非言语表达方式. 黄兰谷等译. 北京: 中国建筑工业出版社, 1992.

(美) 阿尔温·托夫勒著. 第三次浪潮. 朱志焱等译. 北京: 新华出版社, 1996.

(美) 奥尔多·利奥波德著. 沙乡的沉思. 侯文蕙译. 北京: 经济科学出版社, 1992.

B

Brenda and Robert Vale. The Autonomous House: design and planning for self sufficiency. New York: Universe Books, 1975.

(美) 巴厘·康芒纳著. 封闭的循环——自然、人和技术. 侯文惠译. 长春: 吉林人民出版社, 1997.

(美) 比尔·盖茨著. 未来之路. 辜正坤等译. 北京: 北京大学出版社, 1996.

(美) 勃罗德彭特著. 建筑设计人文科学. 张韦译. 北京: 中国建筑工业出版社, 1990.

(意) 布鲁诺·塞维著. 现代建筑语言. 席云平, 王虹译. 北京: 中国建筑工业出版社, 1986.

(美) B·吉沃尼著. 人·气候·建筑. 陈士驎译. 王建瑚校. 北京: 中国建筑工业出版社, 1982.

(英) 布赖恩·爱德华兹著. 可持续性建筑. 周玉鹏, 宋晔皓译. 北京: 中国建筑工业出版社, 2003.

(英) 彼得·科林斯著. 现代建筑设计思想的演变. 英若聪译. 北京: 中国建筑工业出版社, 1987.

布兰顿. 巴黎蓬皮杜中心的演变与冲击. 美国建筑师学会会刊, 1997, 8.

白静, 于华. 数字化技术与建筑发展. 华中建筑, 2002, 2.

C

Colin Amery. Architecture, Industryan Innovation—— The early work of Nicholas Grimshaw & Parterners. London: Phaidon Press Limited, 1995.

Colin Davies. High-Tech Structure. First Edition. London: Thames and Hudson. 1988.

B. Commoner The Closing Circle: confronting the environmental crisis. London: Jonathan Cape, 1971.（中文译本：巴里·康芒纳著．封闭的循环——自然、人和技术．侯文惠译．长春：吉林人民出版社，1997.）

Charles Jencks. The Architecture of the Jumping Universe——a Polemic: How Complexity Science is Changing Architecture and Culture. Wiley, 1997.

Charles Jencks. Architecture 2000 and beyond : success in the art of prediction . West Sussex: Wiley-Academy, 2000.

（美）Charles Jencks 著．后现代建筑语言．李大夏摘译．北京：中国建筑工业出版社，1986.

（荷）C·A·冯·皮尔森著．文化战略．刘利圭，蒋国田，李维善译．北京：中国社会科学出版社，1992.

（美）C·亚历山大著．建筑模式语言．王听度，周序鸣译．北京：中国建筑工业出版社，1989.

（法）Corbusier-Saugnier Le 著．走向新建筑．吴景祥译．北京：中国建筑工业出版社，1981.

（美）查尔斯·詹克斯著．晚期现代建筑及其他．刘亚芬等译．北京：中国建筑工业出版社，1977.

陈昌曙著．技术哲学引论．北京：科学出版社，1999.

陈志华著．外国建筑史（19 世纪末以前）．北京：中国建筑工业出版社，1979.

陈植著．园冶注释．北京：中国建筑工业出版社，1988.

陈其荣著．自然辩证法导论——自然论、科学论和方法论的新综合．上海：复旦大学出版社，1995.

陈易编著．城市建设中的可持续发展理论．上海：同济大学出版社，2003.

程世丹编著．现代世界百名建筑师作品．天津：天津大学出版社，1993.

查尔斯·M·柯里亚．建筑形式遵循气候：一份来自印度的报告．李孝美，杨淑蓉译．高亦兰，孙凤岐校．世界建筑，1982，1.

蔡镇钰．中国民居的生态精神．建筑学报，1999，7.

陈清硕．生态学在现代科学发展中的地位．生态学杂志，1992，11.

陈易．生态危机的对策．建筑学报，2001，5.

曹伟．论生态建筑及其技术．工业建筑，2001，6.

D

D. Gordon. Green Cities: Ecologically Sound Approaches to Urban Space. Black Rose Book, 1990.

David M. Gann. Building innovation complex constructs in a changing world. London: Thomas Telford Publishing, 2000.

（法）丹纳著．艺术哲学．张伟译．北京：北京出版社，2004.

（美）大卫·格里芬编．后现代科学——科学魅力的再现．马季方译．北京：中央编译出版社，1995.

（美）大卫·格里芬著．后现代精神．北京：中央编译出版社，1997.

窦以德等编译．詹姆士·斯特林．北京：中国建筑工业出版社，1993.

董卫，王建国编著．可持续发展的城市与建筑设计．南京：东南大学出版社，1999.

戴天兴编著．城市环境生态学．北京：中国建材工业出版社，2002.

邓浩．面向区域特征的高技术建筑．东南大学硕士学位论文，1999.

邓鸿成．异化、软化、整合——高技术建筑人性化历程．重庆建筑大学硕士学位论文，2000.

戴复东，戴维平．欲与天公试比高：高层建筑的现状及未来．世界建筑，1997，3.

戴复东．热爱自然，取自自然——过去、现在与未来的石板与海草乡土建筑．“当代乡土建筑——现代化传统”国际学术研讨会会议论文，1997.

邓小红．建筑·第二自然——长谷川逸子建筑哲学观及作品简析．新建筑，1996，4.

董春波．“技术性思维”——伦佐·皮阿诺的创作思路分析．华中建筑，2002，2.

E

Ehrlich P. R.，Ehrlich A. H. Population，Resources，Environment：essay in human ecology. San Francisco：W. H. Druman，1970.

E·拉兹洛著．决定命运的选择．李饮波等译．北京：三联书店，1993.

（英）E·舒马赫著．小的是美好的．虞鸿钧，郑关林译．刘静华校．北京：商务印书馆，1984.

（英）E·舒尔曼著．科技文明与人类未来．李小兵等译．北京：东方出版社，1995.

（美）E·P·奥德姆著．生态学基础．孙儒泳，钱国桢，林浩然等译．北京：人民教育出版社，1981.

（德）恩格斯著．自然辩证法．北京：人民出版社，1984.

F

F. L. Wright：The Future of Architecture. New York：Horizon Press，1953.

傅永军等著．批判的意义．济南：山东大学出版社，1997.

冯雅，向莉．生态环境的建筑设计．建筑学报，1996，6.

冯江，苏畅．主题，在技术之外——伦佐·皮阿诺的设计活动和设计观分析．华中建筑，2000，2.

G

Gropius，W. Scope of Total Architecture. London. Allen and Unwin，1956.

（韩）C3 设计编．诺曼·福斯特 & 伦佐·皮阿诺．王西敏译．陈红，谭晓红审校．郑州：河南科学技术出版社，2004.

国家教委社会科学研究与艺术教育司组编．自然辩证法．北京：高等教育出版社，1991.

高亮华著．人文主义视野中的技术．北京：中国社会科学出版社，1996.

高介华主编．建筑与文化论文集．武汉：湖北美术出版社，1993.

陈波著．分析哲学的价值．北京：中国社会科学出版社，1997.

高利明著．传播媒体和信息技术．北京：北京大学出版社，1998.

郭继严著．中国社会发展蓝皮书．昆明：云南人民出版社，1996.

高强，覃力．“高技术”与“高情感”——一种信息社会中的建筑设计倾向．建筑师，81.

顾孟朝．建筑哲学概论（本体篇）．建筑学报，1997，1.

顾孟朝．关于建筑理论结构框架的思考．建筑学报，2001，10.

高辉．英国剑桥大学建筑系的科研与研究生教学．新建筑，1997，3.

郭琳．建筑风格．时代建筑，1992，2.

郭笑平．英恩霍文和他的事务所．世界建筑，2001，4.

H

Hugh Pearman. Equilirium—The Work of Nicholas Grimshaw & Partners. London：Phaidon Press Limited，2000.

（德）黑格尔著．美学（第三册，上卷）．朱光潜译．北京：商务印书馆，1979.

（德）海德格尔著．面向思的事情．孙周兴译．北京：商务印书馆，1999.

（德）海德格尔著．基本著作．纽约：哈普和劳出版社，1977.

（德）霍克海默著．批判理论．李小兵等译．重庆：重庆出版社，1989.

（德）哈贝马斯著．交往与社会进化．张博树译．重庆：重庆出版社，1989.

（德）哈贝马斯著．公共领域的结构转型．曹卫东等译．上海：学林出版社，1999.

何强，井文涌，王翔亭编著．环境学导论．北京：清华大学出版社，1994.

胡海棠著．高技术与高技术产业．北京：社会科学文献出版社，1994.

胡继武著．信息科学与信息产业．广州：中山大学出版社，1995.

赫尔佐格及合伙人建筑师事务所专集．建筑创作，2004，1.

黄科，曹家树，吴秋云，温庆放．生物信息学．情报学报，2002，8.

黄薇．建筑形态·自然条件·建筑文化——荒漠地区建筑形态研究．建筑师．

胡京．建筑的进化：原生到自觉的生态建筑．建筑学报，1998，4.

胡德华，方平．生物信息学研究进展．情报科学，2000，9.

I

J

（英）J·D·贝尔纳著．科学的社会功能．陈体芳译．北京：商务印书馆，1982：507.

吉迪恩·S·格兰尼著．城市设计的环境论理学．张哲译，张燕云校．沈阳：辽宁人民出版社，1995.

荆其敏，张丽安．世界传统民居——生态家屋．天津：天津科学技术出版社，1996.

井文涌著．当代世界环境．北京：中国环境科学出版社，1989.

居延安著．信息·沟通·传播．上海：上海人民出版社，1986.

蒋玮．当代高技术建筑的情感化趋向．同济大学硕士学位论文，1998.

加博尔·博亚尔．CAD在建筑领域．世界建筑，1999，6.

荆其敏．生土建筑．建筑学报，1994，5.

K

Ken Yeang. The Skyscraper—The basis for designing sustainable intensive buildings. Prestel，1999.

Klaus Daniels. Low-tech Light-tech High-tech—Building in the Information Age. Basel：Birkhauser Publishers，1998.

Klaus Daniels. The Technology of Ecological Building，Basic Principles and Measures，Examples and Ideas. Berlin：Birkhauser Verlag，1994.

Kahn H. The Next 200 Years. London：Abacus，1978.（中文译本：（美）卡恩等著．未来200年——建构22世纪全球新蓝图．赖金男译．台北：远流出版事业股份有限公司，1992.）

（美）肯尼斯·弗兰姆普敦著．现代建筑——一部批判的历史．原山等译．北京：中国建筑工业出版社，1988.

（美）凯文·林奇著．城市形态．林庆怡等译．北京：华夏出版社，2001.

（美）卡思腾·哈里斯著．建筑的伦理功能．申嘉，陈朝晖译．北京：华夏出版社，2001.

L

Lovelock J. Gaia and the balance of nature // Ph. Bourdeau，Fasella PM，Teller A. eds. Environmental Ethics：man’s relationship with nature interactions with science. Luxembourg：Office for Official Publications of the European Communities，1989.

Lovelock J. Gaia：a new look at life on earth. New York：Oxford University Press，1987.

（奥）路德维希·冯·贝塔兰菲著．一般系统论．秋同，袁嘉新译．北京：社会科学文献出版社，1987.

（奥）路德维希·冯·贝塔兰菲，A·拉威奥莱特著．人的系统观．张志伟等译．华夏出版社，1989

（美）拉普普著．住屋形式与文化．张玫玫译．汉宝德校．台北：境与象出版社，1987.

（法）勒·柯布西耶著．走向新建筑．陈志华译．天津：天津科学技术出版社，1998.

（美）蕾切尔·卡逊著．寂静的春天．吕瑞兰，李长春译．长春：吉林人民出版社，1997.

（美）罗伯特·文丘里著．建筑的复杂性与矛盾性．周卜颐译．北京：中国建筑工业出版社，1991.

罗家昌著．从物质实体到关系实在．北京：中国社会科学出版社，1996.

李思孟，宋子良，钟书华主编．自然辩证法新编．武汉：华中理工大学出版社，1997.

梁思成著．梁思成文集（三）．北京：中国建筑工业出版社，1985.

刘育东编．数码建筑．大连：大连理工大学出版社，2002.

刘曼西著．生命科学导论．北京：中国电力出版社，2000.

刘先觉编著．密斯·凡·德·罗．北京：中国建筑工业出版社，1992.

刘先觉编著．阿尔瓦·阿尔托．北京：中国建筑工业出版社，1998.

刘先觉主编．现代建筑理论．北京：中国建筑工业出版社，1999.

李华东主编．高技术生态建筑．天津：天津大学出版社，2002.

李春秋，陈春花著．生态论理学．北京：科学出版社，1994.

绿色奥运建筑研究课题组著．绿色奥运建筑评估体系．北京：中国建筑工业出版社，2003.

理查德·罗杰斯事务所专辑．世界建筑导报，2005，6.

李道增．重视生态原则在规划中的运用．世界建筑，1982，3.

栗德祥，周榕．建筑学的千年涅槃——建筑的学科困境与自我拯救．建筑学报，2001，4.

李大夏．“可持续发展”的纪念碑？——关于生态建筑的疑问”．新建筑，2003，1.

李保峰．生态，技术和诗意表达——格里姆肖的建筑创作之路．世界建筑，2002，1.

刘丛红．现代建筑之前和现代建筑之后．建筑师，36.

雷毅．深层生态学：一种激进的环境主义．自然辩证法研究，1999，2.

刘卫兵．走向全面的技术思想——评《北京宪章》的技术思想．建筑学报，2001，1.

刘煜．国际绿色生态建筑评价方法介绍与分析．建筑学报，2003，3.

M

Manuel Castells. The Rise of the Network Society. Oxford: Basil Blackwell Ltd，1996.

Manuel Castells. The Power of Identity. Orford：BLACKWELL Publishers，1997.

Manuel Castells. End of Millennium. Oxford：BLACKWELL Publishers，1998.

Morris H. Architects' approach to architecture. RIBA Joural，1996.

Meadows D. H. Meadows D. L，Randers J. The Limits to Growth：Potomac. London：Earth Island，1973.（中文译本：（美）丹尼斯·米都斯等著．增长的极限——罗马俱乐部关于人类困境的报告．李宝恒译．长春：吉林人民出版社，1997.

（德）马克思，恩格斯著．马克思恩格斯选集．第3卷．北京：人民出版社，1972.

（德）马克思，恩格斯著．马克思恩格斯全集．第20卷．北京：人民出版社，1972.

（德）马克思，恩格斯著．共产党宣言．北京：人民出版社，2000.

（美）马尔库塞著．单向度的人——发达工业社会意识形态研究．张峰译．重庆：重庆出版社，1988.

（美）马丁·杰伊著．法兰克福学派史．广州：广东人民出版社，1996.

（法）米歇尔·福柯著．词与物——人文科学考古学．莫伟民译．上海：上海三联书店，2002.

（法）马克·第亚尼（Marco Diani）编著．非物质社会——后工业世界的设计、文化与技术．滕守尧译．成都：四川人民出版社，1998.

马光，胡仁禄编著．城市生态工程学．北京：化学工业出版社，2003.

（英）迈克尔·威金顿，祖德·哈里斯著．智能建筑外层设计．大连：大连理工大学出版社，2003.

N

（美）N·维纳著．人有人的用处．陈步译．北京：商务印书馆，1978.

（美）尼古拉·内格罗彭特著．胡冰，数字化生存．范海雁译．海口：海南出版社，1996.

聂梅生，秦佑国，江亿，张庆风，蔡放编著．中国生态住宅技术评估手册．北京：中国建筑工业出版社，2003.

倪波，霍丹著．信息传播原理．北京：书目文献出版社，1996.

O

O. N. Yanistky：Cities and Human Ecology，Social Problems of Man' s Environment：Where We Live And Work. Moscow：Progress Publishers，1981.

Olgyay V，Olgyay A. Solar Control and Shading Devices. Princeton：Princeton University Press，1957.

欧阳志远著．生态化——第三次产业革命的实质与方向．北京：中国人民大学出版社，1994.

覃力．建筑创作中的技术表现．建筑学报，1999，7.

P

Paola Soleri. Arcology：The City in the image of Man. Cambridge：MIT Press，1969.

Paola Soleri. The city of the Future. G. Thompson Linsifarnel Harper & Row Books，1977.

（西）帕高·阿森西奥著．高技派建筑．合肥：安徽科学技术出版社，2003.

潘谷西主编．中国建筑史．北京：中国建筑工业出版社，2004.

彭怒．多元时代建筑设计思潮．同济大学博士学位论文，1998.

裴成发．信息的结构与功能分析．图书情报工作，1998，4.

潘雄伟．生态建筑的实践与理论．宁波：宁波大学学报（理工版），2001，3.

Q

戚昌滋著．现代设计方法论．北京：中国建筑工业出版社，1985.

齐振海著．认识论新论．上海：上海人民出版社，1988.

秦佑国，周榕．建筑信息中介系统与设计范式的演变．建筑学报，2001，6.

秦佑国．建筑技术概论．建筑学报，2002，7.

秦佑国，韩慧卿，俞传飞．计算机集成建筑系统（CIBS）的构想．建筑学报，2003，8.

威影．生态建筑与可持续建筑发展．建筑学报，1998，6.

R

Renzo Piano. The Renzo Piano Logbook. London：Thames and Hudson，1997.

（法）让·拉特利尔著．科学和技术对文化的挑战．吕乃基，王卓君，林啸宇译．北京：商务印书馆，1997.

S

Structure. Raum Und Haut. Nigula Grimshaw Und Partners Bauten Und Projekte. Ernst Und Sohn，1993.

Sim Van der Ryn，Stuart Cowan. Ecological Design. Washington，D. C.：Island Press：1996.

Sim Van der Ryn. Integral design. //Crump R. W，Harms M. J，eds. The Design Connection：Enery and technology in architecture. New York：Van Nostrand Reinhold Company，1981.

世界环境与发展委员会．我们共同的未来．北京：世界知识出版社，1989.

（前苏联）什科连科（Щколенко，Ю.А.）著．哲学·生态学·宇航学．范习新译．沈阳：辽宁人民出版社，1987.

（美）塞格·车麦耶夫，克里斯托弗·亚历山大著．公共与私密性．彭奎因图书公司，1963.

（日）市川政宪等著．后现代佳作图集．胡惠琴译．天津：天津大学出版社，1990.

（德）孙志文著．现代人的焦虑和希望．陈永禹译．北京：三联书店，1995.

佘正荣著．生态智慧论．北京：中国社会科学出版社，1996.

沈清基编著．城市生态与城市环境．上海：同济大学出版社，1998.

宋德萱著．建筑环境控制学．南京：东南大学出版社，2003.

尚玉昌，蔡晓明著．普通生态学．北京：北京大学出版社，1992.

宋健主编，惠永正副主编．现代科学技术基础知识．北京：科学出版社，1994.

宋晔皓．结合自然整体设计——注重生态建筑设计研究．清华大学博士论文，1998.

孙澄．现代建筑创作中的技术理念发展研究．哈尔滨工业大学博士学位论文，2003.

宋晔皓．欧美生态建筑理论发展概述．世界建筑，1998，1.

宋晔皓．建立生态环境意识——评格雷姆肖的环境策略及实践．世界建筑，2000，4.

宋晔皓．生态建筑设计需要建立整体生态建筑观．建筑学报，2001，1.

宋颖，王群．高技派的回顾与反思．华中建筑，2003，3.

沈克宁．建筑现象学理论概述．建筑师，70.

宋海林，胡绍学．关于生态建筑的几点认识和思考．建筑学报，1999，3.

T

（德）特·绍伊博尔德著．海德格尔分析新时代的技术．北京：中国社会科学出版社，1993.

（英）T·A·马克思，E·N·莫里斯著．建筑物·气候·能量．陈士驎译．北京：中国建筑工业出版社，1990.

童寯著．新建筑与流派．北京：中国建筑工业出版社，1980.

同济大学，清华大学，南京工学院，天津大学．外国近现代建筑史．北京：中国建筑工业出版社，1982.

唐军．“高技派”与当代建筑的高技术表现．东南大学硕士学位论文，1998.

U

V

Vale B.，Vale R. Green Architecture：Design for an energy-conscious future. London：Thames and Hudson，1991.

Victor Olgyay. Design with Climate：Bioclimatic Approach to Architectural Regionalism. Princeton：Princeton University Press，1963.

W

（美）William J. Mitchell 著．比特之城——空间，场所，信息高速公路．范海雁，胡冰译．北京：三联书店，1999.

（美）William J. Mitchell 著．伊托邦——数字时代的城市生活．吴启迪，乔非，俞晓译．上海：上海科学教育出版社，2001.

（美）威廉·福格特著．生存之路．北京：商务印书馆，1988.

（古罗马）维特鲁威著．建筑十书．高履泰译．北京：中国建筑工业出版社，1986.

吴良镛著．广义建筑学．北京：清华大学出版社，1989.

吴良镛著．北京旧城与菊儿胡同．北京：中国建筑工业出版社，1994.

吴良镛著．建筑学的未来——世纪之交的凝思．北京：清华大学出版社，1999.

吴良镛著．人居环境科学导论．北京：中国建筑工业出版社，2001.

王如松著．高效·和谐——城市生态调控原则与方法．长沙：湖南教育出版社，1988.

王滨著．技术创新过程论——对中间试验的哲学探索．上海：同济大学出版社，2002.

王滨著．科技革命与社会发展．上海：同济大学出版社，2003.

吴季松著．知识经济．北京：北京科技出版社，1998.

吴焕加著．现代西方建筑．北京：中国建筑工业出版社，1997.

吴彤，张锡梅，任玉凤等著．人与自然——生态、科技、文化和社会．呼和浩特：

内蒙古大学出版社，1995.

王雨田著．控制论·信息论·系统科学与哲学．北京：中国人民大学出版社，1986.

吴良镛．关于建筑学未来的几点思考（上）．建筑学报，1997，2.

吴良镛．关于建筑学未来的几点思考（下）．建筑学报，1997，3.

吴良镛．21世纪建筑学的展望——“北京宪章”基础资料．建筑学报，1998：12.

吴良镛．再论建筑学的未来．建筑学报，1998：1.

吴良镛．国际建协“北京宪章”．建筑学报，1999，6.

吴硕贤，何光华．信息技术革命对未来建筑领域的影响．建筑师，1997，2.

汪坦．现代建筑设计方法论．世界建筑，1980，2.

汪坦．现代西方建筑理论动向．建筑师，1981，14.

王建国．生态原则与绿色城市设计．建筑学报，1997.

王书明，张文喜等．技术开发与环境问题——全球问题与可持续发展研究．自然辩证法研究，1997，13（1）.

吴启迪．智能建筑和信息技术．微型电脑应用，1999.

王维．熵理论的哲学意义．自然辩证法通讯，1987，9（3）.

王冬．劳埃德大厦——一个矛盾的现象．华中建筑，1998，16.

王德华．生态学的实质浅析．生态学杂志，1992，11.

X

项秉仁著．赖特．北京：中国建筑工业出版社，1993.

徐嵩龄著．环境伦理学进展：评论与阐释．北京：社会科学文献出版社，1999.

夏云，夏葵著．节能节地建筑基础．西安：陕西科学技术出版社，1994.

徐理．高技术建筑的异化与复归．同济大学硕士学位论文，1997.

徐昉．计算机系统在可持续设计中的应用．同济大学硕士学位论文，2004.

夏云，夏葵．生态建筑与建筑的持续发展．建筑学报，1995，6.

Y

Yeang K. Designing with Nature：the ecological basis for architectural design. New York：McGraw-Hill，Inc. 1995.

（美）伊恩·伦诺克斯·麦克哈格著．设计结合自然．芮经纬译．北京：中国建筑工业出版社，1992.

（美）约翰·奈斯比特著．大趋势——改变我们生活的十个新趋向．孙道章等译．北京：新华出版社，1984.

（德）英格伯格·弗拉格编．托马斯·赫尔佐格——建筑＋技术．李保峰译．张凌云校．北京：中国建筑工业出版社，2003.

（日）岩佐茂著．环境的思想．韩立新等译．北京：中央编译出版社，1997.

严耕，陆俊著．网络悖论．北京：国防科技大学出版社，1999.

结合太阳能设计//（德）英格伯格·弗拉格编．托马斯·赫尔佐格——建筑＋技术．李保峰译．张凌云校．北京：中国建筑工业出版社，2003.

叶开源等著．新技术革命辞典．石家庄：河北人民出版社，1990.

杨士弘等编著．城市生态环境学．北京：科学出版社，2003.

余谋昌著．生态学哲学．昆明：云南人民出版社，1991.

余谋昌著．文化新世纪——生态文化的理论阐释．哈尔滨：东北林业大学出版社，1994.

杨士弘等编著．城市生态环境学．北京：科学出版社，2003.

尹国均．当代中国建筑——未能实现的“先锋”．建筑师，80.

姚涛．建筑异化与后现代建筑．建筑师，31.

袁镔．生态建筑设计的技术套路．房材与应用，2003，2.

俞宣孟．海德格尔对现代技术的哲学思考//黄万盛主编．危机与选择．上海：上海文艺出版社，1988.

Z

Zeiher L C. The Ecology of Architecture：a complete guide to creating the environmental conscious building. New York：Whitney Library of Design，1996.

Zeiher L C. The Ecology of Architecture. New York：Whitney Library of Design，1996.

（美）朱利安·林肯·西蒙著．没有极限的增长（The Ultimate Resource 最后的资源）．黄江南，朱嘉明译．成都：四川人民出版社，1985.

（日）中野尊正等著．都市生态学．东京：共立出版株式会社，1978.

郑光复著．建筑的革命．南京：东南大学出版社，1999.

诸大建著．20 世纪科技革命与社会发展．上海：同济大学出版社，1997.

郑师章，吴千红，王海波等著．普通生态学——原理、方法和应用．上海：复旦大学出版社，1994.

曾坚著．当代世界先锋建筑的设计观念．天津：天津大学出版社，1995.

张家诚，林之光著．中国气候．上海：上海科学技术出版社，1983.

周淑贞主编．气象学与气候学．北京：高等教育出版社，1997.

张利．信息时代的建筑与建筑设计．东南大学出版社，2002.

郑炜．当代建筑的生态高技化导向．同济大学博士学位论文，1999.

郑泳．数码技术和建筑学．同济大学硕士学位论文，2003.

自科学与哲学研究资料，1980，5.

张利．谈一种综合的建筑技术观．建筑学报，2002，1.

致　谢

当这篇论文最后完成，已是夏日炎炎、酷暑来临之时，最初正式动笔是在两年前的这个时节，而资料的收集整理和最初论文提纲的提出是在三年前了！从开始研究这个课题，就隐约感到接下来的道路不会一帆风顺，许多老师和同学也曾对此提出过疑虑，然而随着时间和精力的投入，研究的道路是如此的漫长和艰辛，这是最初所不曾预料的！两年多来日复一日伏案而书，不敢有一刻的松懈和歇息，窗外的景色一年又一年的四季交替，似乎同与世隔绝的我丝毫无关，巨大的压力伴随着惊悸时常从梦中醒来，最初的激情和追求渐渐变成了挥之不去的困惑，先生的督促、鼓励和具体细致的指导使我一次又一次满怀信心、豪情万丈地面对困难和挫折！这种压力随着论文渐近尾声有所缓解，课题研究最初的模糊性逐渐清晰起来，然而莫名的惆怅和遗憾却渐渐袭来，心中的万千感慨难以言表！

这篇论文不仅凝聚了笔者的心血，也是许许多多无私帮助和支持的结晶！

五年的学习即将告一段落，首先要感谢的是我的导师刘云教授，先生大气和睿智的治学风格，帮助我确定了研究的方向，使我得以在自己感兴趣的学术领域里遨游探索；先生既是良师又是慈父般的鼓励和信任，使我在极度困顿和徘徊中重拾信心得以不断前进；先生开阔的眼界和磊落的性格，则使他替我分担了许多由“不确定性”带来的重重压力，也促使我逐渐步入了一个全新的领域。常言道“师徒如父子”，这句话何等地意味深长，先生的许多许多都需要我在今后的学习和工作中，细细地感悟和体会！在这里，我想表达对先生由衷的感激之情，深深地谢谢先生对我的培养！

舒秋桦教授是我硕士阶段的导师，长期以来她始终如一地关注着我的每一点进步，并时时给我以支持和鼓励。感谢舒老师给了我基础的科学研究方法和理念，带我走进建筑学研究的殿堂，老师的博学与谦虚将激励着我再攀高峰！

感谢戴复东院士、魏敦山院士、蔡镇钰建筑设计大师、王士桐教授级高级建筑师、项秉仁教授、莫天伟教授、陈易教授对论文的指导和宝贵具体的修改意见，使我获益匪浅也使我增添了许多信心！在此表示衷心的感谢！

在同济求学期间，同门和同窗也给予我许多帮助。感谢师兄李振宇博士、宁奇峰博士对我论文的督促和指导！感谢师弟高德宏博士、王新博士、师妹孙朝阳博士、李蕾博士、要威博士对我的支持和帮助！感谢室友杨云飞博士、闻阅博士、白仲安硕士对我的鼓励和支持……与他们在一起的快乐日子，给我带来了许多暖暖的友情和许多美好的回忆！

最后，尤其要感谢太太李霞博士和我九岁的女儿，以及我的家人们，有了他们的理解和支持，论文才能顺利完成！五年来，我欠他们的实在太多太多……

在论文杀青搁笔之际，我要把对以上各位的感激之情连同数以百计的调研、访谈，和数以百计伏案耕耘的不眠之夜一起，融为最美好的回忆！

刘云胜

2005 年 6 月 8 日　于同济园

图书在版编目（CIP）数据

高技术生态建筑发展历程——从高技派建筑到高技术生态建筑的演进/刘云胜著．—北京：中国建筑工业出版社，2008

（博士论丛）

ISBN 978-7-112-10268-6

Ⅰ．高…　Ⅱ．刘…　Ⅲ．生态学-应用-建筑学　Ⅳ．TU18

中国版本图书馆 CIP 数据核字（2008）第 119826 号

责任编辑：李　东

责任设计：张政纲

责任校对：汤小平

博士论丛

高技术生态建筑发展历程

——从高技派建筑到高技术生态建筑的演进

刘云胜　著

*

中国建筑工业出版社出版、发行（北京西郊百万庄）

各地新华书店、建筑书店经销

北京红光制版公司制版

北京云浩印刷有限责任公司印刷

*

开本：787×1092 毫米　1/16　印张：22¼　字数：410 千字

2008 年 9 月第一版　2008 年 9 月第一次印刷

印数：1—2,500 册　定价：**48.00** 元

ISBN 978-7-112-10268-6

（17071）

（邮政编码　100037）